视频自学 全彩版

Photoshop CC 数码照片处理从入门到精通

创锐设计 编著

机械工业出版社
China Machine Press

图书在版编目（CIP）数据

Photoshop CC数码照片处理从入门到精通：视频自学全彩版 / 创锐设计编著. —北京：机械工业出版社，2018.7

ISBN 978-7-111-60207-1

Ⅰ. ①P… Ⅱ. ①创… Ⅲ. ①图像处理软件 Ⅳ. ①TP391.413

中国版本图书馆CIP数据核字（2018）第133013号

在数码摄影时代，要得到一幅优秀的摄影作品并不是按下快门那么简单，对数码照片进行后期处理已成为不可或缺的关键一步。本书以 Photoshop CC 为软件平台，以实际应用为主导思想，结合编者多年的实践经验，全面解析了数码照片后期处理的经典技法。

全书分 15 章。第 1 章讲解 Photoshop CC 的入门操作。第 2 ~ 11 章讲解数码照片后期处理的核心技法，包括二次构图、瑕疵修正、调光调色、抠图、特效添加、照片合成等。第 12 ~ 14 章讲解人像、风景、商品这三大常见题材照片的后期处理。第 15 章讲解如何运用 Camera Raw 插件处理 RAW 格式照片。

本书内容丰富、图文并茂、技巧全面，既适合想要学习 Photoshop CC 软件操作与应用的初级读者阅读，也适合广大摄影爱好者和有一定图像处理经验的相关从业人员参考，还可作为培训机构、大中专院校的教学辅导用书。

Photoshop CC数码照片处理从入门到精通（视频自学全彩版）

出版发行：机械工业出版社（北京市西城区百万庄大街22号 邮政编码：100037）

责任编辑：杨 倩　　责任校对：庄 瑜

印 刷：北京天颖印刷有限公司　　版 次：2018年8月第1版第1次印刷

开 本：185mm×260mm 1/16　　印 张：19

书 号：ISBN 978-7-111-60207-1　　定 价：79.80元

凡购本书，如有缺页、倒页、脱页，由本社发行部调换

客服热线：（010）88379426 88361066　　投稿热线：（010）88379604

购书热线：（010）68326294 88379649 68995259　　读者信箱：hzit@hzbook.com

版权所有 · 侵权必究

封底无防伪标均为盗版

本书法律顾问：北京大成律师事务所 韩光/邹晓东

前言

PREFACE

随着数码相机的日渐普及，照片的拍摄似乎变得越来越容易。然而，要得到一幅优秀的摄影作品并不是按下快门那么简单。摄影技术、摄影设备、拍摄环境等因素都会导致拍出的照片不尽如人意，对于大多数业余摄影爱好者来说更是如此。因此，使用图像处理软件对数码照片进行后期处理成了一项必要的工作。本书以功能强大的照片后期处理软件 Photoshop CC 为软件平台，以实际应用为主导思想，结合编者多年的实践经验，为读者全面讲解数码照片后期处理的经典技法，并通过剖析一系列重点、难点和有启发性的实例，带领读者运用 Photoshop CC 尽情展示自己的创意。

◎内容结构

全书分 15 章。第 1 章讲解 Photoshop CC 的入门操作，包括认识工作界面、屏幕显示模式和辅助工具的使用等。第 2 ～ 11 章讲解数码照片后期处理的核心技法，包括照片的二次构图、照片中瑕疵的修正、动态范围和曝光缺陷的补救、色彩校正和特殊色彩效果制作、快速抠图和精细抠图、绘画艺术效果和天气效果等特效的制作、照片合成等。第 12 ～ 14 章讲解人像、风景、商品这三大常见题材照片的后期处理。第 15 章讲解如何运用 Camera Raw 插件处理 RAW 格式照片。

每个章节的内容都经过精心安排，一般包括以下几个模块。

★基础知识：关于如何使用 Photoshop CC 的工具和功能处理某一特定主题照片的详尽介绍。

★技巧：让照片处理、创意设计工作更加准确、快捷的小技巧。

★应用：相关技术的拓展说明、衍生操作或功能列表。

★实例演练：特定效果照片的处理思路和处理过程详解。

◎编写特色

★任何一项照片后期处理任务都有多种完成方法，本书选择了编者认为效率最高、效果最好的方法进行介绍，有助于新手在学习过程中建立信心并保持兴趣。

★各章的每个小节标题都对应一个基础知识或基本技法，读者浏览目录中的章节标题就可快速找到想要了解和学习的内容。可以说本书既是一本适合新手循序渐进学习的教材，也是一本方便老手随时查阅的工具书。

★随书附赠的云空间资料包含所有知识点和实例的素材、源文件和教学视频，读者按照书中和视频的讲解进行实际动手操作，能够更好地理解和掌握相应技法。

★书中的知识点和实例都支持“扫码看视频”的学习方式。使用手机微信或其他能识别二维码的 App 扫描相应内容旁边的二维码，即可直接在线观看高清学习视频，学习方式更加方便、灵活、直观、高效。

◎读者对象

本书既适合想要学习 Photoshop CC 软件操作与应用的初级读者阅读，也适合广大摄影爱好者和有一定图像处理经验的相关从业人员参考，还可作为培训机构、大中专院校的教学辅导用书。

由于编者水平有限，在编写本书的过程中难免有不足之处，恳请广大读者指正批评，除了扫描二维码关注订阅号获取资讯以外，也可加入 QQ 群 795824257 与我们交流。

编者

2018年6月

如何获取云空间资料

步骤 1：扫描关注微信公众号

在手机微信的“发现”页面中点击“扫一扫”功能，如下左图所示，页面立即切换至“二维码 / 条码”界面，将手机对准下右图中的二维码，即可扫描关注我们的微信公众号。

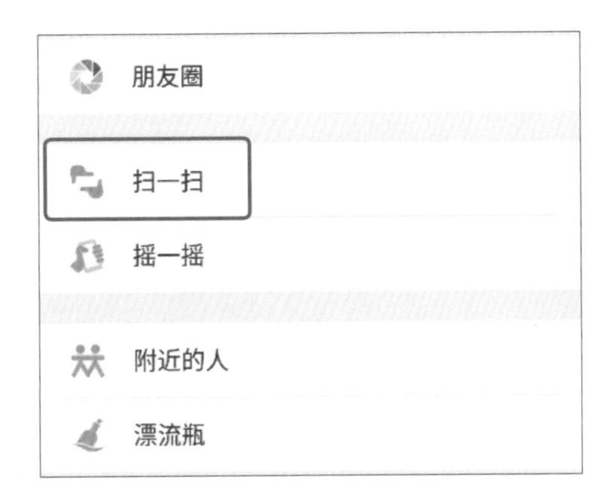

步骤 2：获取资料下载地址和密码

关注公众号后，回复本书书号的后 6 位数字“602071”，公众号就会自动发送云空间资料的下载地址和相应密码，如下图所示。

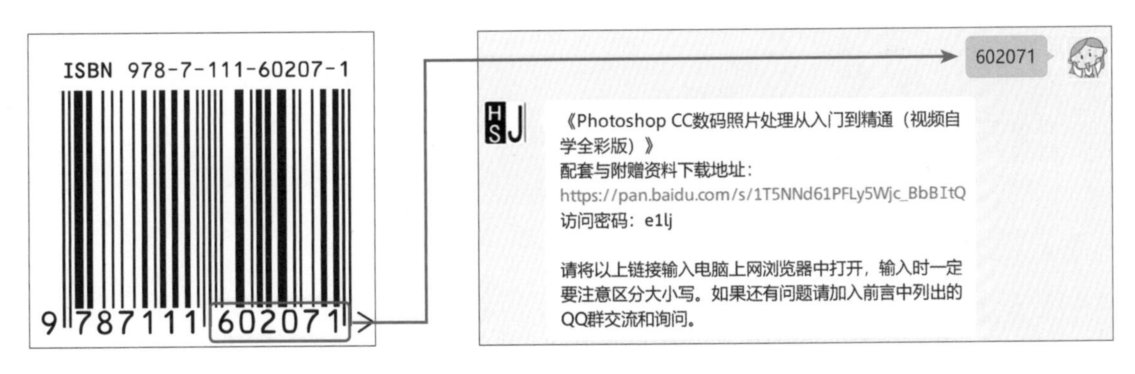

步骤 3：打开资料下载页面

方法 1：在计算机的网页浏览器地址栏中输入获取的下载地址（输入时注意区分大小写），如右图所示，按 Enter 键即可打开资料下载页面。

方法 2：在计算机的网页浏览器地址栏中输入“wx.qq.com”，按 Enter 键后打开微信网页版的登录界面。按照登录界面的操作提示，使用手机微信的“扫一扫”功能扫描登录界面中的二维码，然后在手机微信中点击“登录”按钮，浏览器中将自动登录微信网页版。在微信网页版中单击左上角的“阅读”按钮，如右图所示，然后在下方的消息列表中找到并单击刚才公众号发送的消息，在右侧便可看到下载地址和相应密码。将下载地址复制、粘贴到网页浏览器的地址栏中，按 Enter 键即可打开资料下载页面。

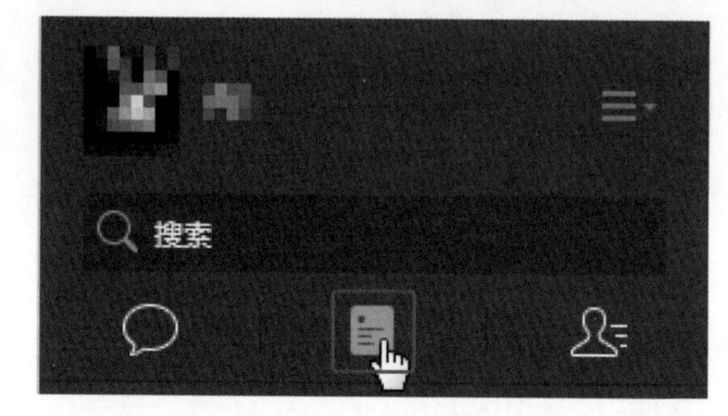

步骤 4：输入密码并下载资料

在资料下载页面的“请输入提取密码”下方的文本框中输入步骤 2 中获取的访问密码（输入时注意区分大小写），再单击“提取文件”按钮。在新页面中单击打开资料文件夹，在要下载的文件名后单击“下载”按钮，即可将云空间资料下载到计算机中。如果页面中提示选择“高速下载”还是“普通下载”，请选择“普通下载”。下载的资料如为压缩包，可使用 7-Zip、WinRAR 等软件解压。

步骤 5：播放多媒体视频

如果解压后得到的视频是 SWF 格式，需要使用 Adobe Flash Player 进行播放。新版本的 Adobe Flash Player 不能单独使用，而是作为浏览器的插件存在，所以最好选用 IE 浏览器来播放 SWF 格式的视频。如下左图所示，右击需要播放的视频文件，然后依次单击“打开方式 >Internet Explorer”，系统会根据操作指令打开 IE 浏览器，如下右图所示，稍等几秒钟后就可看到视频内容。

如果视频是 MP4 格式，可以选用其他通用播放器（如 Windows Media Player、暴风影音）播放。

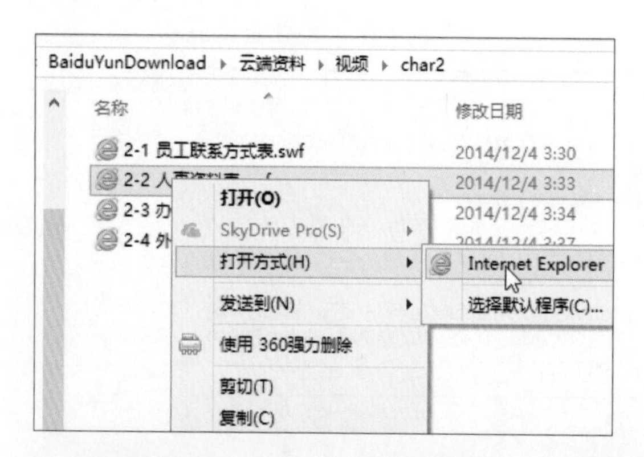

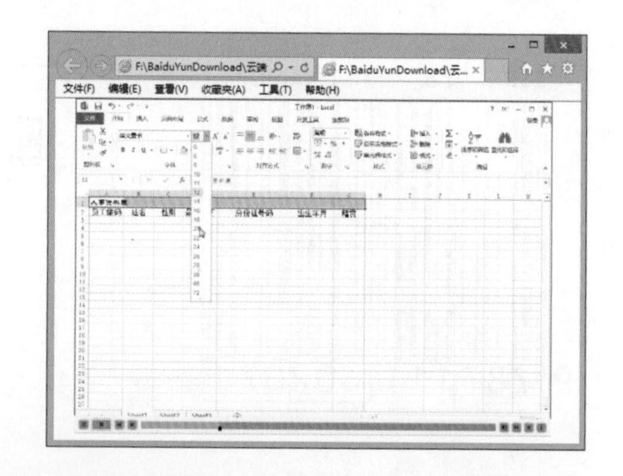

提示

若由于云服务器提供商的故障导致扫码看视频功能暂时无法使用，可通过上面介绍的方法下载视频文件包在计算机上观看。在下载和使用云空间资料的过程中如果遇到自己解决不了的问题，请加入 QQ 群 795824257，下载群文件中的详细说明，或寻求群管理员的协助。

目录

CONTENTS

第4章 动态范围不足的后期补救

第5章 曝光过度和不足的后期补救

第6章 数码照片的色彩校正

第7章

制作特殊色彩效果

第8章

快速抠图技法

第9章

精细抠图技法

第10章

为数码照片添加艺术特效

第11章

数码照片的完美合成技法

第12章 人像照片的后期修饰

第13章 风景照片的美化和增色

第14章

商品照片的后期修饰

第15章

轻松编辑RAW格式照片

第1章 Photoshop软件入门

Photoshop 是一款专业的图像处理软件，具有很强大的图像编辑和处理功能。本章将介绍 Photoshop CC 的基本知识，如工作界面的构成、屏幕显示和辅助工具的应用等内容，帮助读者快速认识 Photoshop CC，为日后的学习奠定坚实的基础。

1.1 Photoshop的工作界面

Photoshop 的整个工作界面默认以深灰色为背景色，同时将常用的面板置于工作界面右侧，为数码照片的处理留下了更多操作空间。下面就来详细介绍 Photoshop 的工作界面。

扫码看视频

1.1.1 Photoshop工作界面的组成

Photoshop 的工作界面既有菜单栏等常见元素，也有面板等特色元素，下面就来简单介绍 Photoshop 工作界面的组成。如下图所示为在 Photoshop 中打开“01.jpg”素材图像后的工作界面。

❶菜单栏：提供了 11 组菜单命令，几乎涵盖了 Photoshop 中能使用的所有菜单命令。

❷选项栏：用于控制工具属性值，选项栏的内容会根据所选择的工具发生变化。

❸面板：主要用于设置和修改图像，功能相似的选项设置会集合到一个面板中。

❹工具箱：将 Photoshop 的功能以图标按钮的形式聚在一起，在工具箱中单击按钮可以选择用于编辑图像的工具。

❺图像编辑窗口：用于对图像进行绘制、编辑等操作。在 Photoshop 中，几乎所有图像编辑操作的效果都会显示在图像编辑窗口中。

❻状态栏：显示当前图像的文件大小、显示比例等信息。

1.1.2 工具箱和工具选项栏

工具箱中包含用于图像绘制和编辑的各个工具，如下图所示。运行 Photoshop 时，工具箱就会出现在工作界面左侧，可通过单击并拖动工具箱的标题来调整其位置，还可执行“窗口 > 工具”菜单命令来显示或隐藏工具箱。工具箱中的各个工具如下图所示。

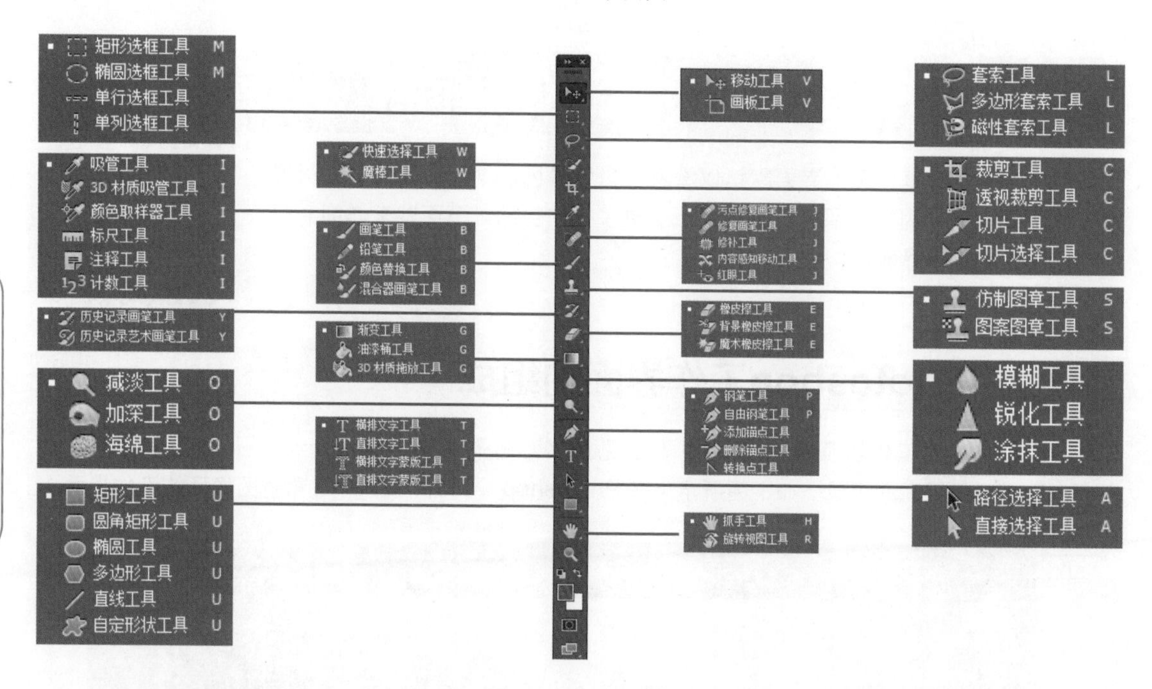

工具选项栏提供了当前工具对应的选项。选择的工具不同，选项栏所提供的选项也会不同。下图所示分别为选中“矩形选框工具”和“画笔工具”后显示的选项栏。

技巧一 使用工具箱中的隐藏工具

方法一：单击工具箱中的某个工具，若工具的右下角有小三角形，则可以按住鼠标来查看隐藏的工具，然后在弹出的工具条中单击需要的工具即可，如右图所示。

方法二：在右图中可以看到，有些工具的名称后带有相同的字母，它就是这组工具共用的循环切换快捷键。默认情况下，在工具箱中单击带有隐藏工具的工具，然后连续按 Shift+ 字母，就会依次显示隐藏的工具。

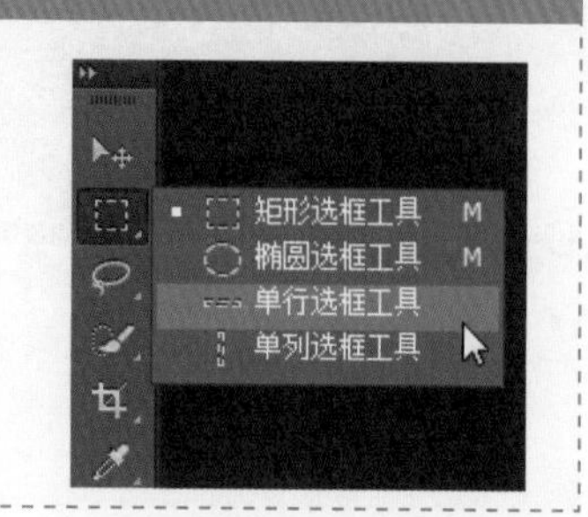

技巧二 设置循环切换隐藏工具的方式

执行“编辑 > 首选项 > 工具”菜单命令，在弹出的对话框中取消勾选“使用 Shift 键切换工具”复选框，如右图所示。这样用户在循环切换隐藏工具时就不用按住 Shift 键了。

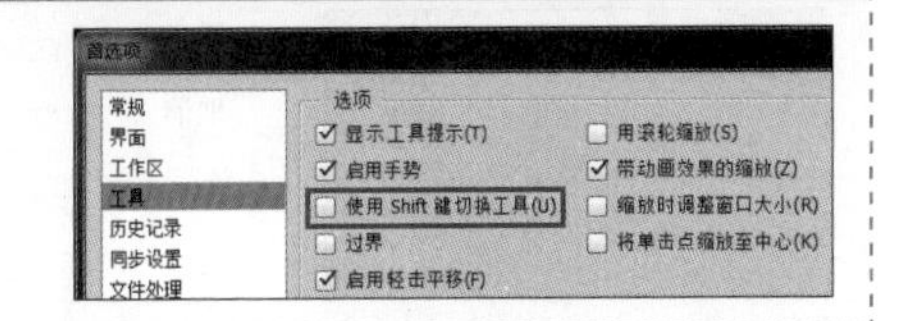

1.1.3 菜单栏

Photoshop 的菜单栏由 11 组菜单组成，如下图所示，在菜单上单击就可以打开相应的下级菜单，选择后即可执行相应的菜单命令。

文件(F) 编辑(E) 图像(I) 图层(L) 文字(Y) 选择(S) 滤镜(T) 3D(D) 视图(V) 窗口(W) 帮助(H)

（1）**“文件”菜单**：其中的命令主要用于对文件进行处理，如新建、打开、存储、置入、关闭和打印文件等。

（2）**“编辑”菜单**：用于对图像进行编辑，包括图像的还原、复制、粘贴、填充、描边、变换、内容识别和定义图案等操作。

（3）**“图像”菜单**：用于对图像的颜色模式、色调、大小等进行调整和设置。在数码照片处理中，“图像”菜单是最为常用的菜单之一。

（4）**“图层”菜单**：用于对图层做相应的操作，包括图层的新建、复制、删除、排列等。

（5）**“文字”菜单**：主要用于对创建的文字进行调整和编辑，包括文字面板的选项、文字变形、字体预览大小等。

（6）**“选择”菜单**：主要用于对选区进行操作。使用各种选区创建工具在图像中创建选区后，执行“选择”菜单中的命令，可对选区进行反向、修改、变换等操作，使选择的区域更准确。

（7）**“滤镜”菜单**：提供多种命令，用于对图像添加纹理效果、艺术效果、渲染效果等特殊效果，让图像的表现力更加丰富。

（8）**“3D”菜单**：用于对 3D 对象进行操作，如打开 3D 格式文件、将 2D 图像转换为 3D 图形、进行 3D 对象的渲染等。

（9）**“视图”菜单**：用于对整个视图进行调整和设置，包括视图的缩放、显示标尺、设置参考线和调整屏幕显示模式等。

（10）**“窗口”菜单**：用于控制工具箱和各面板的显示与隐藏。在“窗口”菜单中选中面板名称，就可以在工作界面中打开该面板；若取消选中，则会隐藏该面板。

（11）**“帮助”菜单**：能帮助用户解决操作过程中遇到的各种问题。

1.1.4 对话框和面板

在 Photoshop 窗口中执行某些菜单命令后会打开相应的对话框或面板，在其中进行设置，可制作出各种图像效果。本小节将介绍对话框和面板的相关内容。

1. 对话框

打开“02.jpg”素材图像，执行“滤镜 > 模糊 > 高斯模糊”菜单命令，打开“高斯模糊”对话框，如下图所示。在该对话框中可进一步设置选项，得到理想的模糊效果。

❶“确定”按钮：单击该按钮，即可应用对话框中设置的参数，也可以直接按 Enter 键确定。

❷“取消”按钮：单击该按钮，可取消操作并关闭对话框。如果按下 Alt 键，那么“取消”按钮将更改为“复位”按钮，单击该按钮可恢复到默认设置或之前的设置。

❸“预览”复选框：勾选该复选框，可在图像编辑窗口中即时预览设置后的图像效果。

❹“半径”选项：用于调整模糊的程度。用户既可在文本框中直接输入半径大小，也可用鼠标拖动下方的滑块来调整半径大小。

2. 面板

面板汇集了照片处理中常用的选项或功能，在编辑图像时，选择工具箱中的工具或执行菜单栏中的命令后，可进一步细致调整面板上的各种选项或将面板上的功能应用到图像上。下面对一些常用面板的主要功能做简单介绍。

（1）“调整”面板：用于为图像添加调整图层，如右图一所示。

（2）“属性”面板：用于针对调整图层、蒙版进行设置和编辑。单击“调整”面板中的按钮，则在创建调整图层的同时显示相应的“属性”面板。双击“图层”面板中的蒙版缩览图，则可显示蒙版的“属性”面板。如右图二所示即为单击“调整”面板中的“色阶”按钮后显示的“属性”面板。

（3）“图层”面板：可对多个图层进行编辑，如右图一所示。面板底部的按钮用于快速完成图层的相关操作。

（4）“通道”面板：显示设置的颜色模式下的通道信息，通过设置达到管理颜色信息的目的，如右图二所示。在该面板中，可设定选区以及创建或管理通道。

（5）“路径”面板：用于新建、存储和载入路径，如右图一所示。通过单击底部的按钮可对路径进行相关操作。

（6）“样式”面板：样式是可以直接运用的图像效果，通过该面板可快速为图层应用预设样式，如右图二所示。

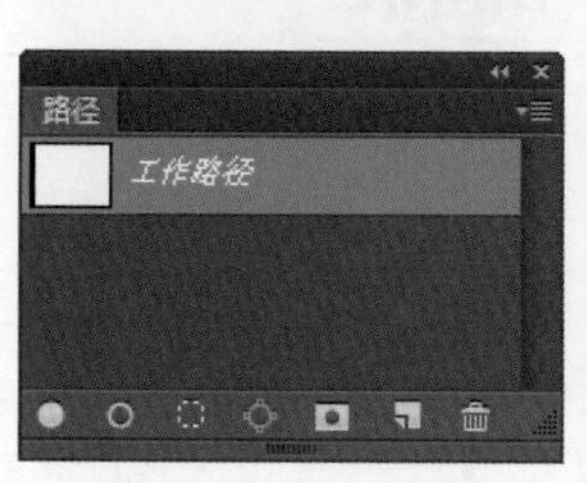

技巧一 用快捷键打开面板

Photoshop 中的部分面板可以用快捷键来显示或隐藏，例如：F5——“画笔”面板；F6——“颜色”面板；F7——“图层”面板；F8——“信息”面板；Alt+F9——“动作”面板。

（7）“颜色”面板：用于设置前景色和背景色，如右图一所示。

（8）“色板”面板：用于存储常用的颜色，如右图二所示。单击面板中的色块可将其设置为前景色，按住 Ctrl 键单击色块可将其设置为背景色。

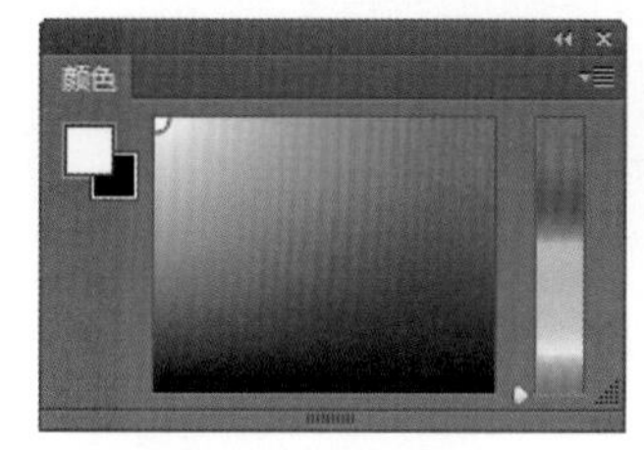

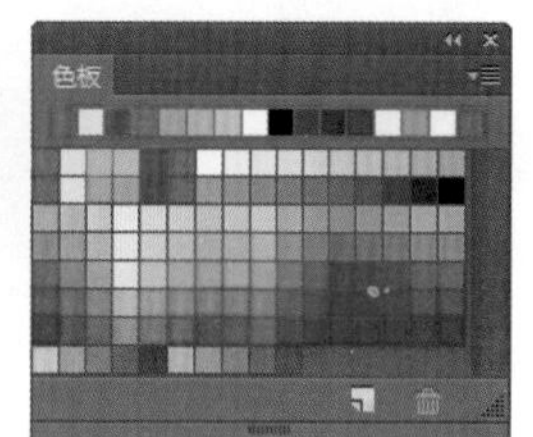

（9）“字符”面板：用于对文字的字体、大小、间距和颜色等进行设置，如右图一所示。

（10）“段落”面板：用于设置文字的段落选项，如对齐设置、缩进设置等，如右图二所示。

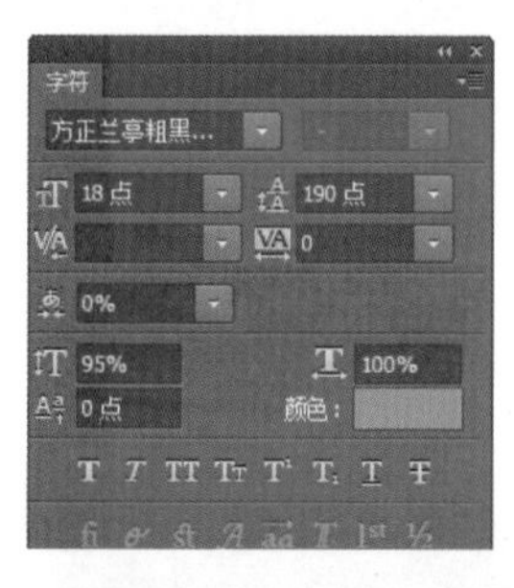

（11）“动作”面板：用于对多个图像应用同一种操作过程，可选择预设的多种动作，也可自己录制动作，如右图一所示。

（12）“画笔”面板：可在其中设置画笔笔尖的外形、大小和柔和程度等效果，还可以创建新画笔并更改画笔名称，如右图二所示。

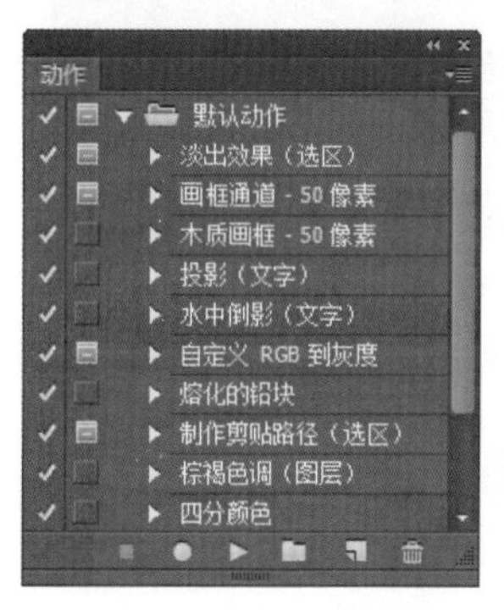

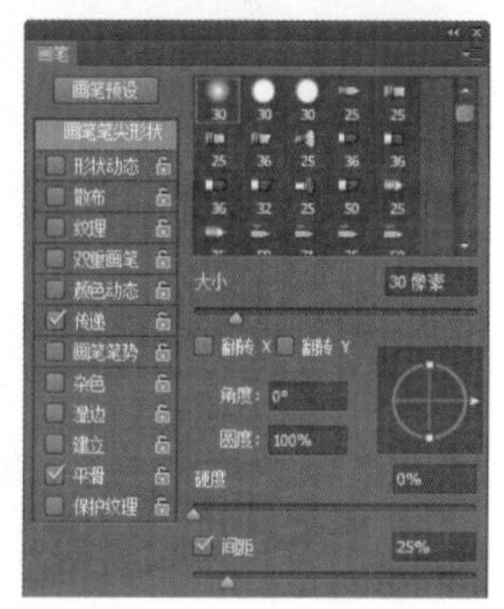

技巧二 组合和拆分面板

在使用 Photoshop 的过程中，为了提高工作效率，可按照操作习惯对面板进行组合和拆分。

1．组合面板

单击“调整”面板组中的“样式”面板标签，按住鼠标左键不放，然后向上拖动至“颜色”面板组中的标签位置，释放鼠标即可将“样式”面板与“颜色”和“色板”面板组合在一起，如图❶和图❷所示。

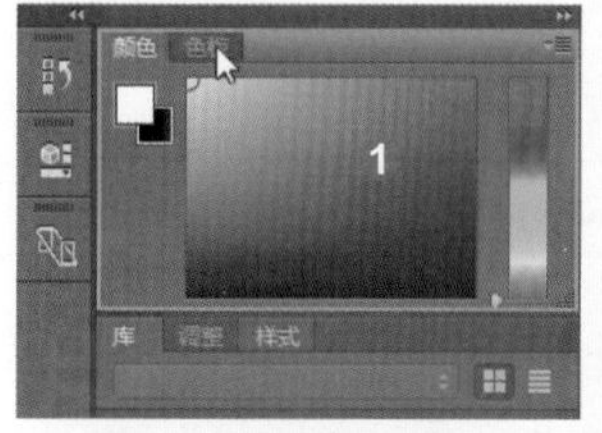

2．拆分面板

拆分面板时，只要单击并拖动面板标签即可。如图❸所示，单击“图层”面板标签，并将其拖动至界面左侧，此时会将“图层”面板从原组合中分离出来形成独立的面板。如图❹所示，单击并拖动“通道”面板标签，将“通道”面板分离出来成为独立的面板。

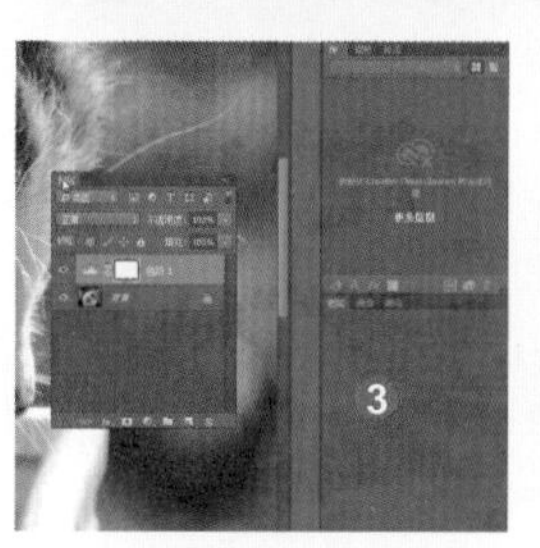

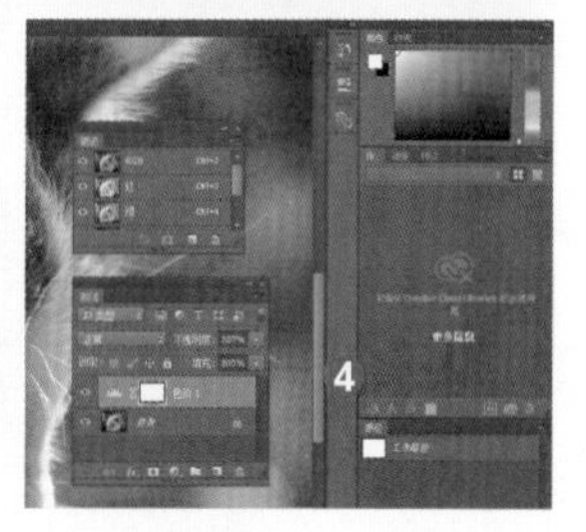

技巧三 切换工作区

执行“窗口 > 工作区”菜单命令，在弹出的级联菜单中可查看并选择预设的工作区，以显示相应的面板组合。例如，如果是对照片进行颜色调整，则可以执行“窗口 > 工作区 > 摄影”菜单命令，如图❶所示。执行该命令后，将会显示与照片处理相关的“调整”“直方图”等面板，如图❷所示。

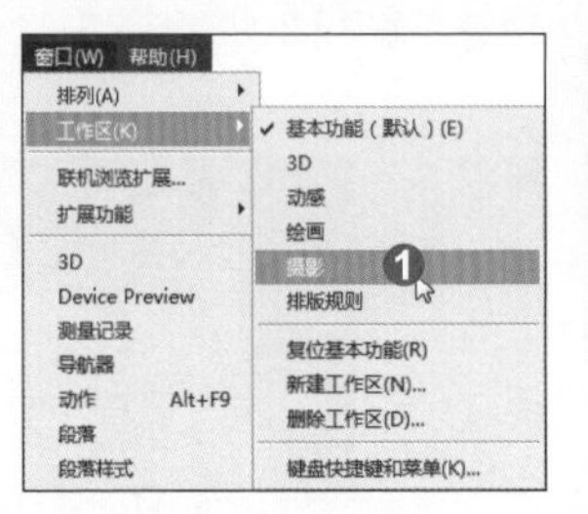

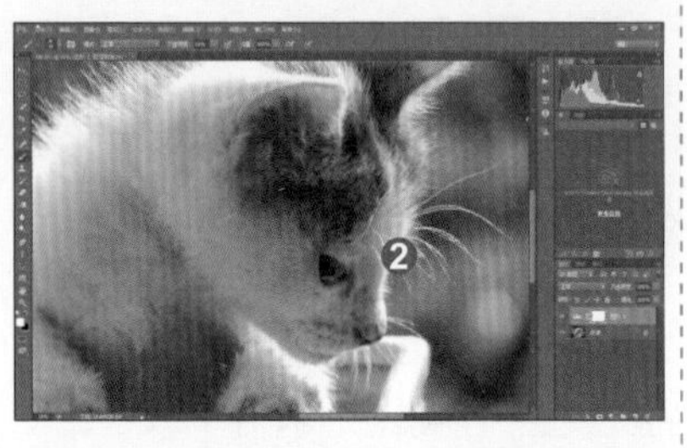

技巧四 移动面板和调整面板大小

在 Photoshop 中，不但可以随意移动面板位置，还能调整面板大小。

用户可根据自己的工作习惯调整面板的位置。单击面板标签，按住鼠标左键不放，如图❶所示，即可将面板拖动到任意位置，如图❷所示。

如要调整面板的大小，可将鼠标指针放置在拖移出的面板下端，如图❸所示。当鼠标指针变为双向箭头形状时，单击鼠标并向下或向上拖动即可缩放面板，如图❹所示。

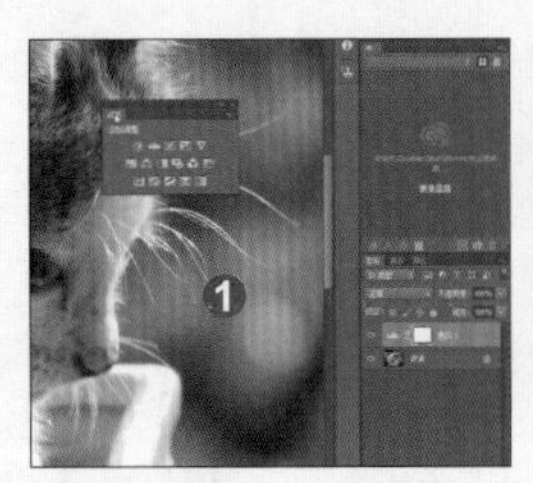

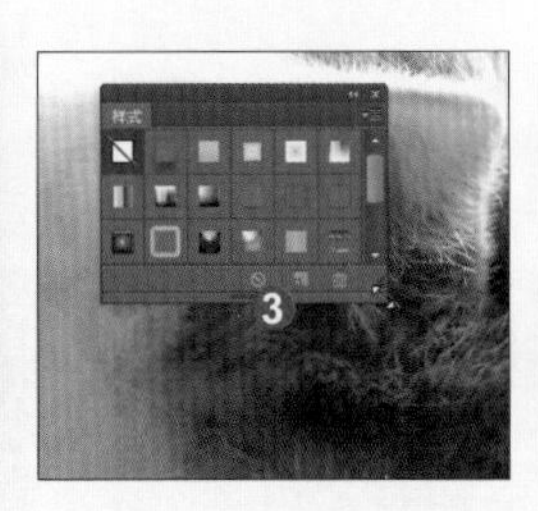

第1章

1.2 屏幕显示和辅助工具的应用

Photoshop 提供标准屏幕模式、带有菜单栏的全屏模式及全屏模式 3 种屏幕显示模式。此外，Photoshop 还提供了一系列辅助工具，帮助用户更加精确地编辑和调整图像。

扫码看视频

1.2.1 Photoshop的屏幕显示模式

不同的屏幕显示模式为用户提供了不同的操作空间及图像显示效果。若要将图像全屏显示而又不影响图像的缩放和其他面板的显示，则可以切换到带有菜单栏的全屏模式；若要查看更完整的图像编辑效果，则可以切换到黑色背景的全屏模式。本小节将简单介绍 Photoshop 的屏幕显示模式。

1. 更改屏幕显示模式

在 Photoshop 中更改屏幕显示模式非常简单，具体操作方法如下。

（1）**标准屏幕模式：** 该模式是默认的屏幕显示模式，在此模式下会显示菜单栏、滚动条和其他屏幕要素。打开“03.jpg”素材图像，右击或长按工具箱中的“更改屏幕模式”按钮，在弹出的菜单中选择“标准屏幕模式”选项，或执行“视图 > 屏幕模式 > 标准屏幕模式”菜单命令，即可切换至该模式，如下左图所示。

（2）**带有菜单栏的全屏模式**：该模式下整个窗口扩至全屏，Windows 任务栏被隐藏，但会保持菜单栏、工具箱、面板等窗口元素可见。右击或长按工具箱中的“更改屏幕模式”按钮，在弹出的菜单中选择“带有菜单栏的全屏模式”选项，或执行“视图 > 屏幕模式 > 带有菜单栏的全屏模式”菜单命令，即可切换到该模式，如下右图所示。

（3）**全屏模式**：右击或长按工具箱中的“更改屏幕模式”按钮，在弹出的菜单中选择“全屏模式”选项，或执行“视图 > 屏幕模式 > 全屏模式”菜单命令，将弹出提示对话框，单击“全屏”按钮，即可切换到全屏模式，如右图所示。此时屏幕上只显示当前图像，Photoshop 窗口的其他元素则被隐藏起来。按 F 键或 Esc 键可返回标准屏幕模式。另外，用户可通过按 F 键在 3 种屏幕显示模式间切换。

技巧 更改全屏模式的背景颜色

将 Photoshop 的屏幕显示模式设置为全屏模式后，可以对屏幕的背景颜色进行更改。在窗口空白部分右击，在弹出的快捷菜单中选择“浅灰”选项，如图❶所示，便可将全屏模式的背景颜色设置为浅灰色，如图❷所示。

若在弹出的快捷菜单中选择“选择自定颜色”选项，如图❸所示，将打开“拾色器（自定画布颜色）”对话框，在该对话框中可自定义背景颜色，如图❹所示。设置完成后单击“确定”按钮，即可将全屏模式的背景颜色设置为新定义的颜色。

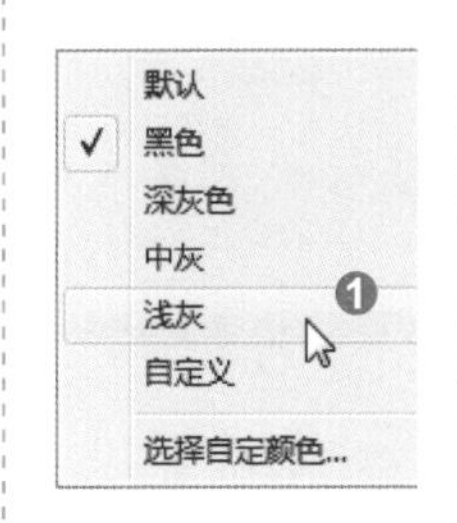

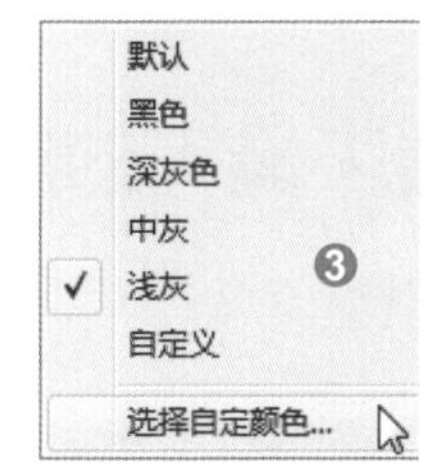

2. 放大和缩小图像的显示比例

在 Photoshop 中，对图像显示比例的缩放主要是通过“缩放工具”来实现的。打开“04.jpg”素材图像，单击工具箱中的“缩放工具”按钮。若要放大图像，则单击选项栏中的“放大”按钮，再在图像中单击，即可将图像放大；若要缩小图像，则单击选项栏中的“缩小”按钮，再在图像中单击，即可缩小图像，如右图所示。

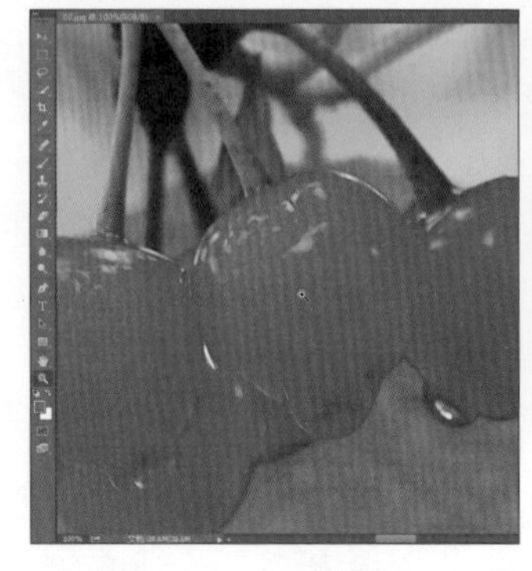

技巧二 快速放大或缩小

选择“缩放工具”，然后单击并按住图像，可实现连续运动的平滑放大。按住 Alt 键单击并按住图像可连续缩小。

3. 查看图像的其他区域

（1）**使用窗口滚动条**：用鼠标拖动滚动条来查看靠近图像边缘的区域。打开“05.jpg”素材图像，应用“缩放工具”在要查看的图像上单击，将其放大，然后拖动窗口右侧或底部的滚动条对图像进行查看，如下左图所示。

（2）**使用“抓手工具”**：单击工具箱中的“抓手工具”按钮或按 H 键，然后在图像中单击并拖动，即可查看图像的其他区域；要在已选定其他工具的情况下使用“抓手工具”，则可按住空格键在图像中拖动，如下右图所示。

第1章

应用 使用“导航器”面板查看图像的特定区域

打开“06.jpg”素材图像，执行“窗口 > 导航器”菜单命令，打开“导航器”面板，单击并拖动“导航器”面板中的彩色框（代表视图区域），即可查看图像的特定区域。图❶和图❷所示分别为查看不同区域图像的效果。

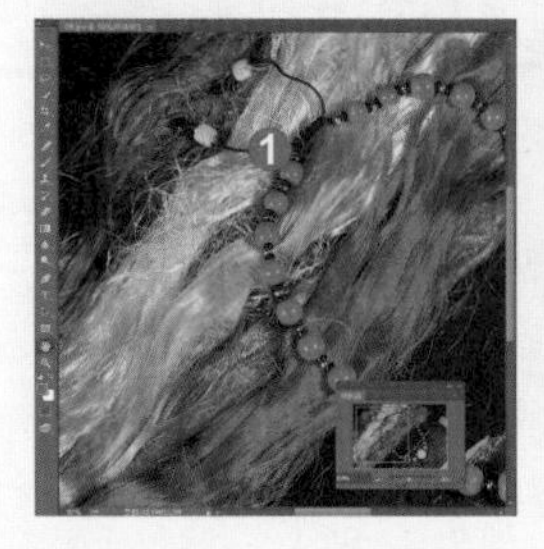

1.2.2 “旋转视图工具”的应用

使用 Photoshop 中的“旋转视图工具”，可以在不破坏图像的情况下旋转画布。下面简单介绍该工具的应用。

打开“07.jpg”素材图像，单击并按住工具箱中的“抓手工具”按钮不放，在弹出的菜单中选择“旋转视图工具”，然后在图像中单击并拖动，便可对图像进行旋转。无论当前画布是什么角度，图像中的罗盘都将指向北方。需要注意的是，必须启用图形处理器才能使用该功能，否则将弹出如右图所示的对话框。

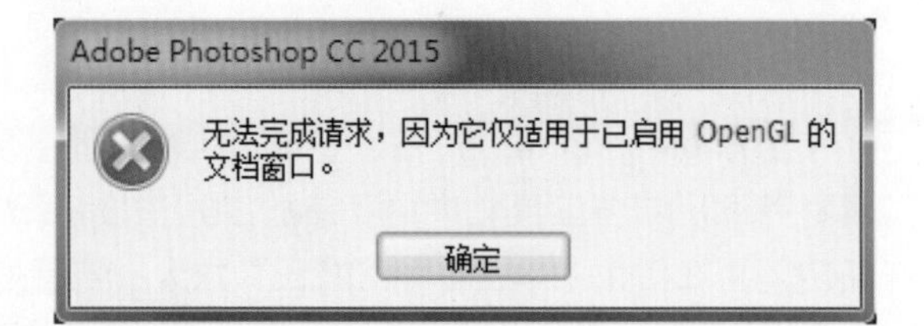

技巧 启用图形处理器

执行“编辑 > 首选项 > 性能”菜单命令，打开“首选项”对话框，在“图形处理器设置”选项组中勾选“使用图形处理器”复选框即可，如右图所示。

1.2.3 使用辅助工具让工作更轻松

标尺、参考线和网格都是 Photoshop 提供的图像编辑辅助工具。本小节将简单介绍如何使用辅助工具使工作更加轻松。

1. 使用标尺测量照片的尺寸

若要精确地编辑图像，可通过标尺来进行测量。打开“07.jpg”素材图像，执行“视图 > 标尺”菜单命令，如右图一所示；可以将标尺在图像编辑窗口中显示出来，如右图二所示。

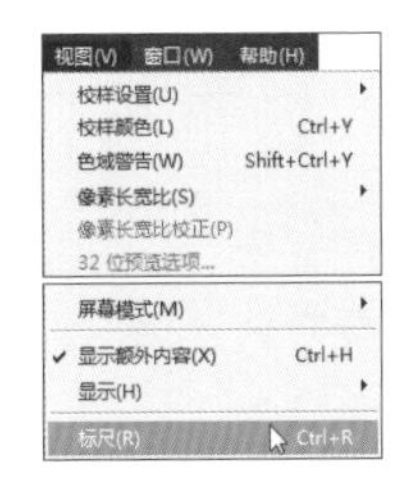

技巧 更改标尺的测量单位

方法一：执行“编辑 > 首选项 > 单位与标尺”菜单命令，打开“首选项”对话框，在“单位”选项组的“标尺”下拉列表框中选择一种度量单位，如图❶所示。

方法二：右击标尺，在弹出的快捷菜单中选择一个新单位，如图❷所示。

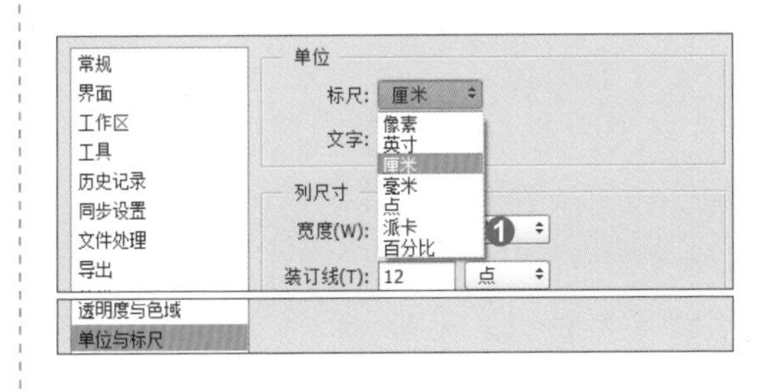

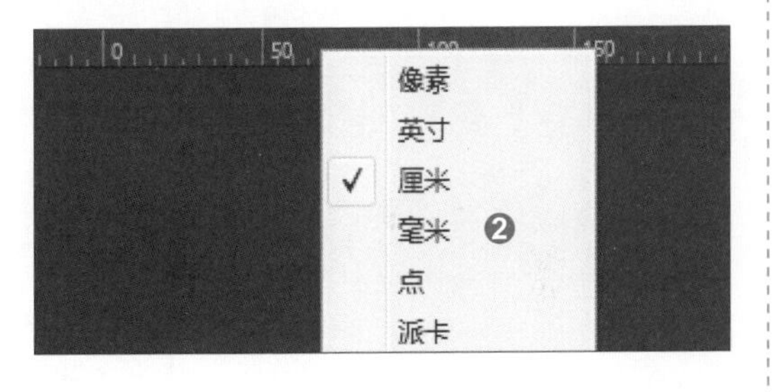

2. 用参考线和网格定位

参考线和网格可精确地定位图像位置。参考线显示为浮动在图像上方的不会打印出来的线条。网格对于处理对称排列的图像非常有用。网格在默认情况下显示为不打印出来的线条，也可显示为点。

（1）**参考线定位**：参考线的作用是在绘制图像时得到准确的图像边缘，使图像边缘紧靠在参考线上。打开“08.jpg”素材图像，执行“视图 > 新建参考线”菜单命令，打开“新建参考线”对话框，如右图一所示。在该对话框中可以设置所创建的参考线的方向及位置，设置完成后单击“确定”按钮即可。不应用菜单命令也可以创建参考线，将标尺在图像编辑窗口中显示出来后，应用“移动工具”从标尺边缘向图像中间拖动，释放鼠标后即可创建一条新的参考线，如右图二所示。

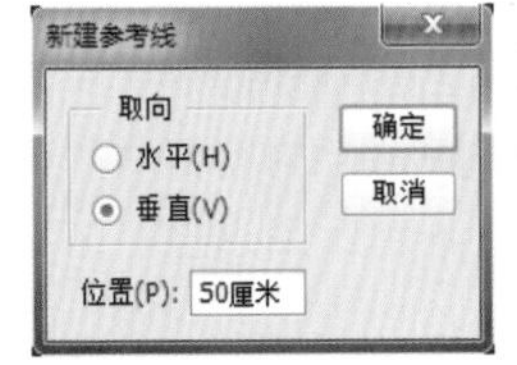

使用“移动工具”拖动参考线可改变其位置，而将参考线拖动到标尺上可将其删除。若要锁定或清除所有参考线，可使用“视图”菜单中的相应命令。

技巧二 通过拖动创建参考线

从水平标尺向下拖动可创建水平参考线，按住 Alt 键从垂直标尺拖动也可创建水平参考线，如图❶所示；从垂直标尺向右拖动可创建垂直参考线；按住 Shift 键从水平或垂直标尺拖动，可创建与标尺刻度对齐的参考线，如图❷所示。

（2）**网格定位**：网格就是在画面上显示的格子形态的图像，显示在图像编辑窗口中的网格将会和图像的左侧和顶部对齐。执行“视图 > 显示 > 网格”菜单命令，如右图一所示；将显示网格效果，如右图二所示。若要隐藏网格，则执行“视图 > 显示额外内容”菜单命令。

技巧三 Photoshop首选项的设置

Photoshop 将许多程序设置都存储在 Adobe Photoshop Prefs 文件中，包括常规显示选项、文件存储选项、性能选项、光标选项、透明度选项、文字选项、增效工具和暂存盘选项等。

执行“编辑 > 首选项”菜单命令，在展开的级联菜单中选择所需的选项组命令，即可打开“首选项”对话框并切换到相应的选项卡进行选项的设置，如右图所示。在对话框左侧单击某个标签也可切换到相应的选项卡。

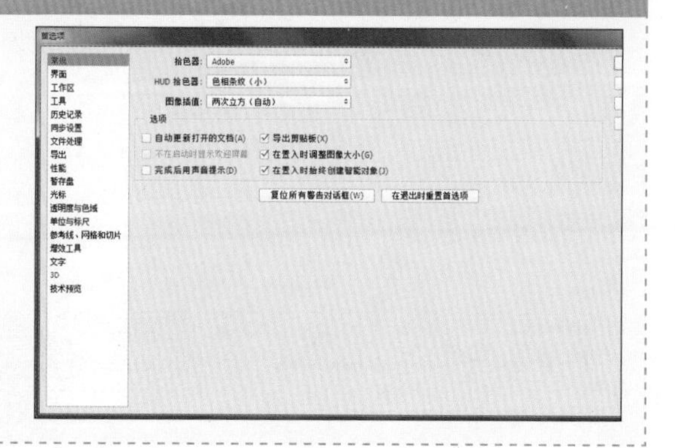

3. 显示和隐藏额外内容

参考线、网格、目标路径、选区边缘、切片、文本边界、文本基线和文本选区是不会打印出来的额外内容，它们可以帮助用户选择、移动或编辑图像和对象。打开“09.jpg”素材图像，随后用户可以打开或关闭一个额外内容或额外内容的任意组合，这对图像没有影响；也可以通过执行“视图 > 显示额外内容”菜单命令来显示或隐藏额外内容，如右图一所示。显示额外内容的效果如右图二所示。隐藏额外内容只是禁止显示额外内容，并不会关闭这些选项。

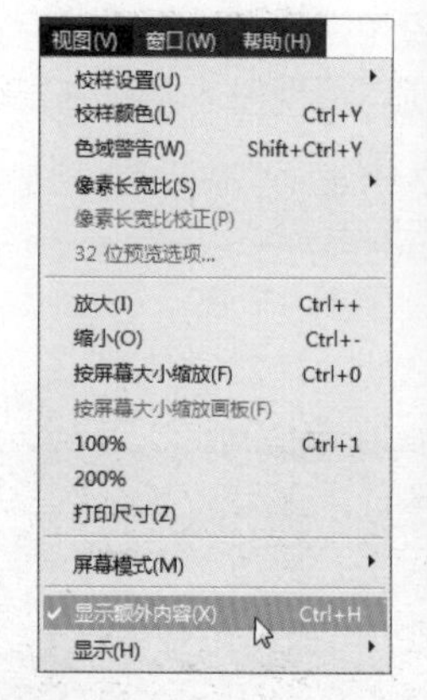

第2章 数码照片的二次构图

构图就是在画面范围内有美感地选择和安排物体。许多拍摄者只顾抓住画面的主体，而忽视对画面框架内各种线条、形状及明暗区域的选择、安排和布置，导致拍出的照片极其普通，缺乏视觉感染力。除此之外，由于拍摄者缺乏经验或受场地、拍摄器材的限制，拍出的照片会出现倾斜、扭曲和变形的现象，同样使得照片的视觉效果大打折扣。本章就来介绍如何应用 Photoshop 中的工具和命令校正有构图缺陷的照片，并根据不同的创作要求将照片调整至合适的尺寸。

2.1 修改数码照片的大小和比例

在改善数码照片构图、删除背景中不必要的图像或减少修复照片的工作量时，应用 Photoshop 中的裁剪操作可对照片进行二次构图。裁剪是移去部分图像以突出或加强照片构图效果的过程。Photoshop 提供了多种裁剪照片的方法，下面将简单介绍应用 Photoshop 中的“裁剪工具”和“裁剪”命令修改数码照片大小和比例的方法。

扫码看视频

1. 裁剪工具

使用“裁剪工具”可在裁剪过程中自由地控制裁剪范围。打开“01.jpg”素材图像，选中“裁剪工具”，在数码照片需要保留的位置单击并拖动鼠标，即可创建裁剪框。若按住 Shift 键单击并拖动鼠标，可创建正方形的裁剪框，如下左图所示。创建裁剪框后，用户可通过单击并拖动裁剪框的角控制手柄来进一步调整裁剪框的大小和比例，如下右图所示。

选中工具箱中的“裁剪工具”后，用户可进一步在其选项栏中设置参数，使裁剪的尺寸和外形更加准确。下面将简单介绍“裁剪工具”选项栏中各项参数的设置，如下图所示。

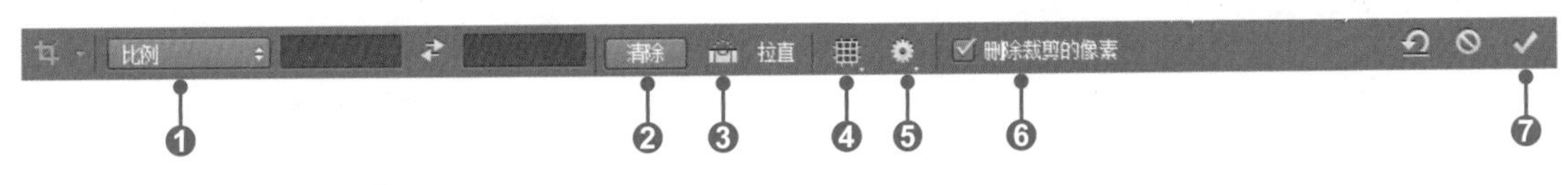

❶选择预设长宽比或裁剪尺寸：提供多种预设的裁剪长宽比。默认情况下选择“比例”选项，此时在照片中单击并拖动可绘制任意长宽比的裁剪框。单击右侧的下三角按钮，在展开的下拉列表中可以选择其他预设的长宽比来裁剪图像。选择“1 ：1（方形）”时创建的裁剪框效果如右图一所示，选择“5 ：7”时创建的裁剪框效果如右图二所示。

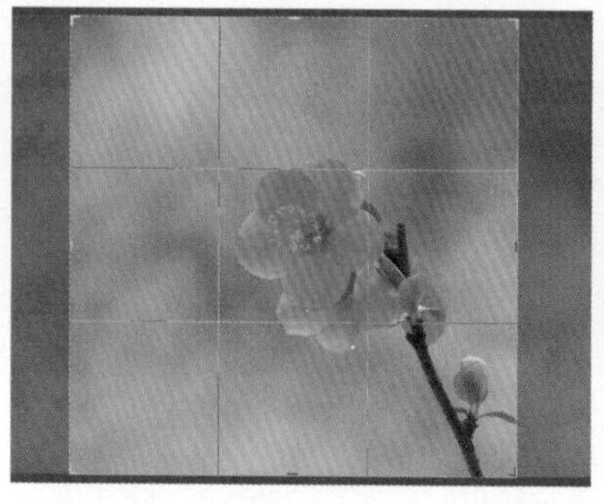

❷清除：单击该按钮，可清除之前选择的裁剪长宽比。

❸拉直：单击该按钮，可通过在图像上绘制一条直线来拉直倾斜的照片。

❹设置裁剪工具的叠加选项：选择“裁剪工具”的叠加方式，除了默认的“三等分”外，还有“网格”“对角”“三角形”等。选择不同的叠加方式后，运用“裁剪工具”裁剪时会显示出不同的参考线叠加效果，如下图所示。

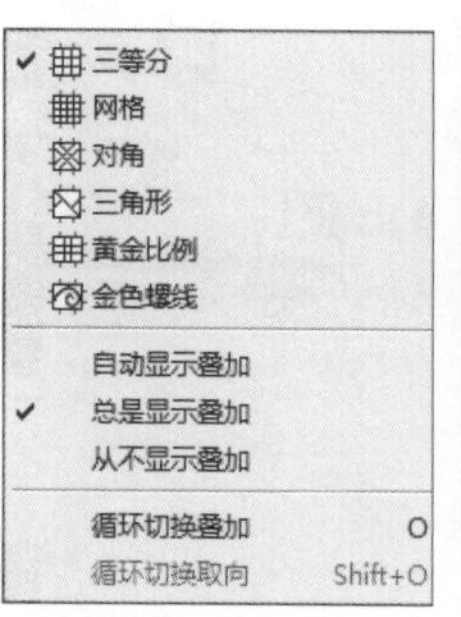

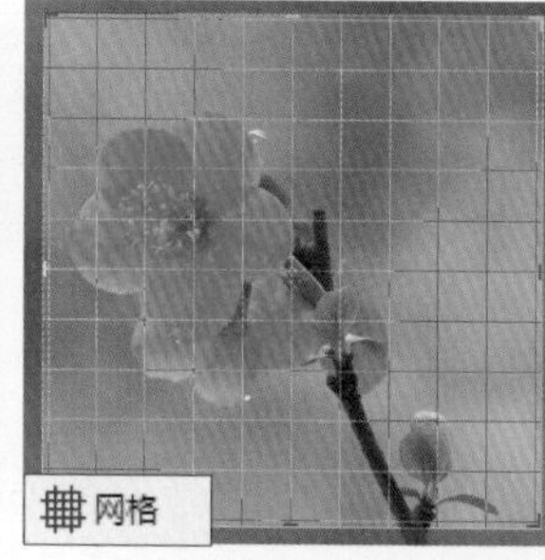

❺设置其他裁剪选项：包含一些相对不常用的裁剪选项，如右图一所示。例如，“启用裁剪屏蔽”选项可用指定颜色遮盖剪裁框之外的图像区域。

❻删除裁剪的像素：勾选该复选框，在裁剪时会直接删除裁剪框之外的图像；不勾选该复选框，在裁剪时会隐藏裁剪框之外的图像（重新裁剪时可恢复），并将“背景”图层转换为“图层 0”图层，如右图二所示。

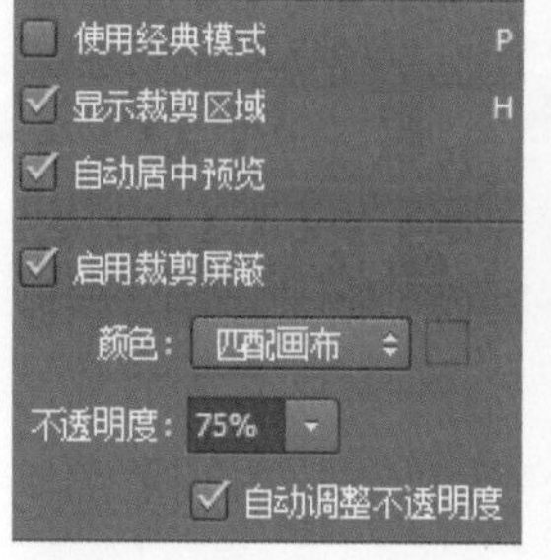

❼提交当前裁剪操作：单击该按钮，确认照片的裁剪操作。

应用 应用“裁剪工具”快速调平画面

打开“02.jpg”素材图像，在图像中创建裁剪框后，单击并拖动裁剪框的角控制手柄，旋转裁剪框，如图❶所示，即可快速拉直倾斜的图像，如图❷所示。

技巧 应用或取消裁剪操作

使用"裁剪工具"创建并调整好裁剪框后，若要应用裁剪，则按 Enter 键或在裁剪框内双击鼠标；若要取消裁剪操作，则按 Esc 键。

2. "裁剪"命令

"裁剪"命令的使用方法非常简单。打开"03.jpg"素材图像，首先使用选框工具或其他选择工具在需要保留的区域创建选区，然后执行"图像 > 裁剪"菜单命令，即可快速将未选中的区域裁剪掉，如右图所示。

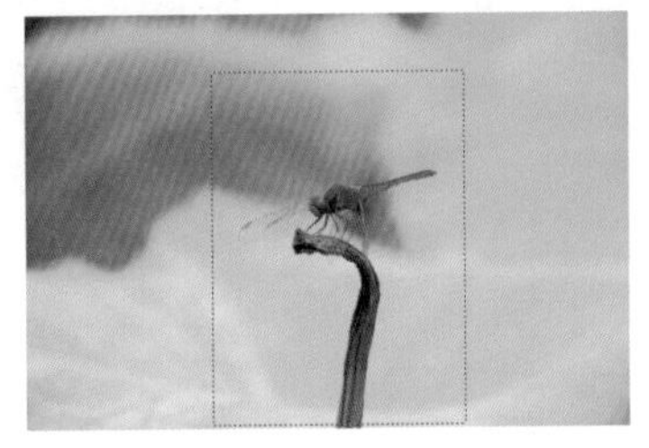

2.2 调整照片尺寸——"图像大小"命令

目前数码相机的可拍像素上千万，拍摄出来的照片文件极大，对后期处理来说绰绰有余。在照片的后期处理中，摄影师也经常调整照片尺寸，以满足特定的输出要求，如制作特定尺寸的海报。本节将介绍如何应用 Photoshop 中的"图像大小"命令来扩大或减小照片的尺寸，使照片符合输出需求。

打开需要调整大小的"04.jpg"素材图像，执行"图像 > 图像大小"菜单命令或按 Ctrl+Alt+I 键，打开"图像大小"对话框，在该对话框中可设置照片的输出尺寸，如下图所示。

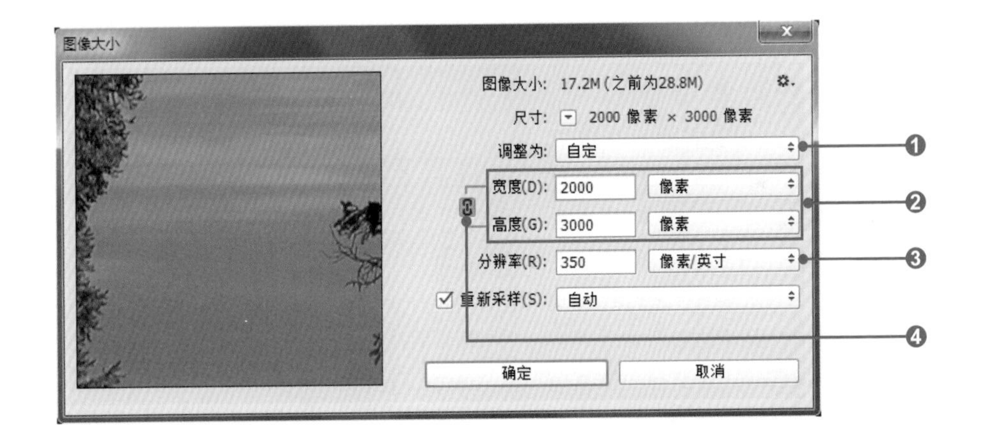

❶调整为：在此下拉列表框中可以选择系统预设的长宽比，快速更改当前照片的大小。若选择"自动分辨率"选项，则会打开如右图所示的"自动分辨率"对话框，在该对话框中可自定义输出打印的挂网精度和打印图像的品质。

❷宽度 / 高度：用于输入照片的宽度和高度。在其右侧可以选择尺寸的单位，包括"像素""英寸""厘米""毫米""点""派卡""列"等。

❸分辨率：用于输入调整后的分辨率。在其右侧可选择分辨率单位，包括"像素 / 英寸""像素 / 厘米"。

❹"限制长宽比"按钮：单击该按钮，使其为已链接状态时，更改"高度"或"宽度"中的任意一个数值，另一个数值也会自动更改，以维持原比例。

更改数码照片的像素大小不仅会影响数码照片在屏幕上的显示大小，还会影响照片的质量及打印特性。通过设置“图像大小”对话框中的“分辨率”，可调整数码照片的分辨率。下图所示分别是将分辨率设置为 350 像素 / 英寸、50 像素 / 英寸和 150 像素 / 英寸时数码照片的显示和质量效果。

2.3 旋转或翻转照片——“图像旋转”命令

拍摄数码照片时，为了配合拍摄现场的情景和构图需要，有时会将数码相机竖起来拍摄，这样拍摄的数码照片不便于后期的浏览。这时可以使用 Photoshop 中的“图像旋转”命令旋转或翻转整张数码照片，将倒立或镜像的数码照片进行校正。

扫码看视频

执行“图像 > 图像旋转”菜单命令，即可在弹出的级联菜单中选择需要的命令，对图像进行旋转，如右图所示。若选择“180 度”命令，则可将照片旋转 180°；若选择“顺时针 90 度”命令，则可将照片顺时针旋转 90°；若选择“逆时针 90 度”命令，则将照片逆时针旋转 90°；若选择“任意角度”命令，则会打开“旋转画布”对话框，在“角度”数值框中可输入 -359.99 ～ 359.99 之间的数值，对数码照片进行任意角度的旋转；若选择“水平翻转画布”命令，则可将照片进行水平镜像翻转；若选择“垂直翻转画布”命令，则可将照片进行垂直镜像翻转。

图像大小(I)... Alt+Ctrl+I
画布大小(S)... Alt+Ctrl+C
图像旋转(G)
裁剪(P)
裁切(R)...
显示全部(V)
复制(D)...
应用图像(Y)...

180 度(1)
顺时针 90 度(9)
逆时针 90 度(0)
任意角度(A)...
水平翻转画布(H)
垂直翻转画布(V)

应用 将图像进行水平翻转

打开“05.jpg”素材图像，如图❶所示。执行“图像 > 图像旋转 > 水平翻转画布”菜单命令，即可将图像进行水平翻转，如图❷所示。

2.4 调整画布大小——“画布大小”命令

在后期处理中，一些数码照片由于受拍摄时的尺寸设置和拍摄角度的影响，不便于裁剪或重设像素，这时可通过调整画布大小来解决后期的输出问题。Photoshop 中的“画布大小”命令可快速增大或减小照片的画布大小，使照片满足后期的输出要求。

打开“06.jpg”素材图像，执行“图像 > 画布大小”菜单命令或按 Ctrl+Alt+C 键，打开“画布大小”对话框，在该对话框中可设置照片的输出尺寸，如下图所示。

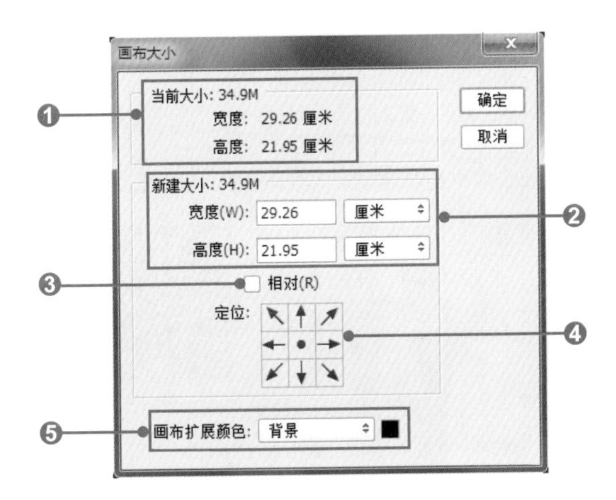

❶当前大小：该选项组显示了当前打开的数码照片的宽度和高度。

❷新建大小：在“宽度”和“高度”数值框中可输入画布的尺寸，在其后的下拉列表框中可选择尺寸的单位。

❸相对：勾选该复选框，然后输入要从当前画布中添加或减去的数值。输入正数，则增大画布大小；输入负数，则减小画布大小。

❹定位：单击某个方块，以指示现有图像在新画布上的位置。

❺画布扩展颜色：在该下拉列表框中可选择扩展画布的颜色，如右图一所示。若选择“前景”或“背景”选项，则用当前的前景或背景颜色填充新画布；若选择“白色”“黑色”或“灰色”选项，则使用白色、黑色或灰色填充新画布；若选择“其他”选项，则打开“拾色器（画布扩展颜色）”对话框，在其中可选择需要的颜色填充新画布，如右图二所示。

2.5 校正相机的扭曲——“镜头校正”滤镜

在拍摄数码照片时，如果选择了错误的镜头，拍出的画面会变得不协调。Photoshop 中的“镜头校正”滤镜专门用于校正由相机造成的照片外形和颜色的扭曲。“镜头校正”滤镜可修复常见的镜头瑕疵，如桶状和枕状变形、晕影、色差等。

打开“06.jpg”素材图像，执行“滤镜 > 镜头校正”菜单命令，打开“镜头校正”对话框，如右图所示。在该对话框中通过调整选项，可校正扭曲的数码照片。

❶工具箱：位于“镜头校正”对话框的左侧，有“移动网格工具”“抓手工具”“缩放工具”3 个用来调节界面的工具，以及“移去扭曲工具”和“拉直工具”两个用来应用滤镜调节的工具。

❷设置：“设置”下拉列表框中有“镜头默认值”“上一校正”“默认校正”“自定”4 个选项。其中，“镜头默认值”使用默认的相机、镜头、焦距和光圈组合；“上一校正”选项使用上一次镜头校正的设置；选择“自定”选项，可通过拖动“移去扭曲”滑块来消除照片中的枕状或桶状变形。

❸色差：用于通过相对其中一个颜色通道调整另一个颜色通道的大小来消除高对比度边缘的边缘效应。在校正时，放大预览的图像可更近距离地查看色边。

❹晕影：消除带特定光圈级数设置和焦长的不需要的晕影，以及镜头遮光器导致的晕影。

❺变换：该选项组中的透视选项可帮助校正平面倾斜状态。若数码照片是在相机没有端平时拍摄的，则可以通过设置“角度”对照片进行修复。通过设置“比例”参数，可快速、自动地按原照片的长宽比进行裁剪。

2.6 校正镜头扭曲——“自适应广角”滤镜

在全景图或采用鱼眼镜头和广角镜头拍摄的照片中，有些原本应该是直线的线条会变得弯曲。例如，使用广角镜头拍摄的建筑物会看起来向内倾斜。使用“自适应广角”滤镜可校正镜头造成的扭曲，快速拉直线条。该滤镜还可以检测相机和镜头型号，并根据检测到的镜头的特性拉直图像。

扫码看视频

打开“07.jpg”素材图像，执行“滤镜 > 自适应广角”菜单命令，即可打开“自适应广角”对话框，在该对话框中可以通过绘制线条或设置参数来校正扭曲变形的数码照片，如下图所示。

❶工具箱：位于“自适应广角”对话框的左侧，用于校正和查看照片调整效果，包括“约束工具”“多边形约束工具”“移动工具”“抓手工具”“缩放工具”。

❷校正：选择校正类型。“鱼眼”选项用于校正由鱼眼镜头引起的极度弯曲；“透视”选项用于校正由视角和相机倾斜引起的汇聚线；“完整球面”选项可校正 360° 全景图，全景图的长宽比必须为 2 ∶ 1。

❸缩放：指定校正后图像的缩放比例。

❹焦距：指定镜头的焦距。如果在照片中检测到镜头参数信息，会自动填充“焦距”值。

❺裁剪因子：指定数值以确定如何裁剪最终图像，将“裁剪因子”与“缩放”结合起来使用可以补偿在应用此滤镜时产生的空白区域。

应用 校正广角镜头拍摄的变形照片

使用“自适应广角”滤镜可快速校正使用广角镜头拍摄的变形照片。打开“07.jpg”素材图像，如图❶所示，执行“滤镜 > 自适应广角”菜单命令，如图❷所示。

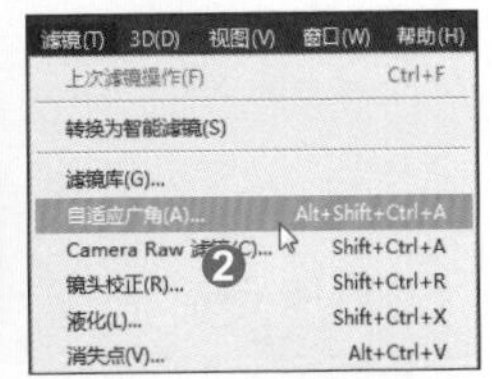

随后弹出“自适应广角”对话框，在“校正”下拉列表框中选择“透视”选项，如图❸所示。选择该选项后，可以看到透视错误的图像得到了初步校正，如图❹所示。

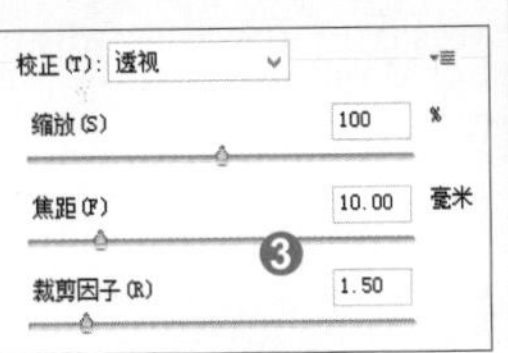

为了进一步校正扭曲变形的图像，在“自适应广角”对话框左侧单击“约束工具”按钮，如图❺所示。运用此工具在扭曲的建筑物图像上单击并拖动鼠标，如图❻所示，绘制约束参考线，拉直扭曲的图像，如图❼所示。

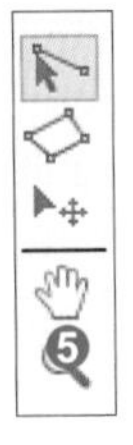

2.7 缩放图像并保护内容——内容识别缩放

在常规情况下，缩放照片的尺寸会影响图像的所有像素，而使用 Photoshop 中的“内容识别缩放”命令，可在不更改重要可视内容（如人像、建筑、动物等）的情况下快速调整数码照片的尺寸。该命令适合处理 RGB、CMYK、Lab 和灰度颜色模式的图像，但不适合处理调整图层、图层蒙版、通道、智能对象、3D 图层、视频图层、图层组或同时处理多个图层。下面将简单介绍如何使用“内容识别缩放”命令。

扫码看视频

1．缩放图像时保护可视内容

打开“08.jpg”素材图像，如果是缩放“背景”图层，首先执行“选择 > 全部”菜单命令或按 Ctrl+A 键，选中所有图像，如下左图所示；然后执行“编辑 > 内容识别缩放”菜单命令，如下中图所示；此时数码照片的四周将出现控制手柄，单击并拖动控制手柄，即可在缩放图像时保护可视内容，设置完成后按 Enter 键，再执行“图像 > 裁剪”菜单命令，如下右图所示。

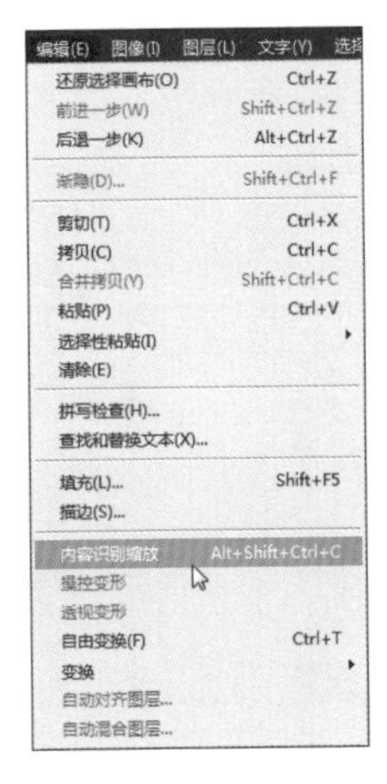

在执行“编辑 > 内容识别缩放”菜单命令后，用户可进一步在其选项栏中设置缩放图像的各项参数，如下图所示。

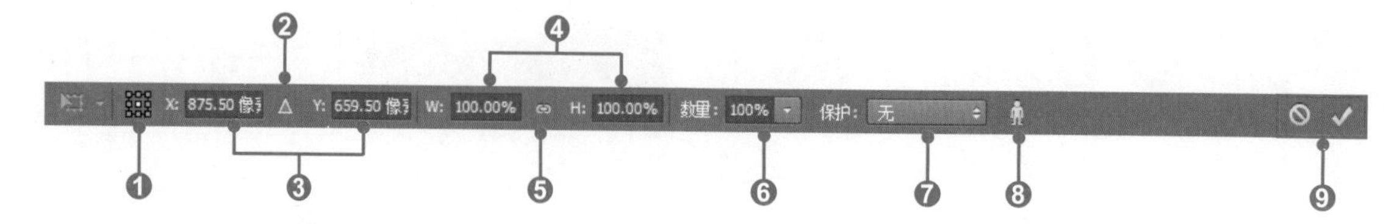

❶参考点位置：单击参考点定位符上的方块，以设置缩放图像时要围绕的固定点。默认状态下，该参考点位于图像的中心。

❷使用参考点相关定位：单击该按钮，可将参考点放置于特定位置，在 X 和 Y 数值框中输入数值即可。

❸水平 / 垂直位置：在数值框中输入数值，可设置参考点的水平位置和垂直位置。

❹水平缩放比例和垂直缩放比例：在 W 和 H 数值框中输入数值，可设置水平缩放和垂直缩放的比例。

❺保持长宽比：单击该按钮，则在缩放时保持图像的长宽比不变。

❻数量：用于设置内容识别缩放与常规缩放的比例，在“数量”数值框中输入数值或拖动滑块，即可设置内容识别缩放的百分比。

❼保护：用于选择要保护的区域或 Alpha 通道中的图像。

❽保护肤色：单击该按钮，可试图保护含肤色的区域不变形。

❾取消变换 / 进行变换：分别用于取消和应用内容识别缩放。

2．指定在缩放时要保护的内容

首先使用选区工具在要保护的图像内容周围建立选区，打开“通道”面板，单击面板底部的“将选区存储为通道”按钮，将选区存储为通道（如 Alpha 1），如下左图所示；按 Ctrl+A 键，然后执行“编辑 > 内容识别缩放”菜单命令，在其选项栏的“保护”下拉列表框中选择之前存储的通道（如 Alpha 1），如下中图所示；再拖动外框上的手柄以缩放图像，如下右图所示。

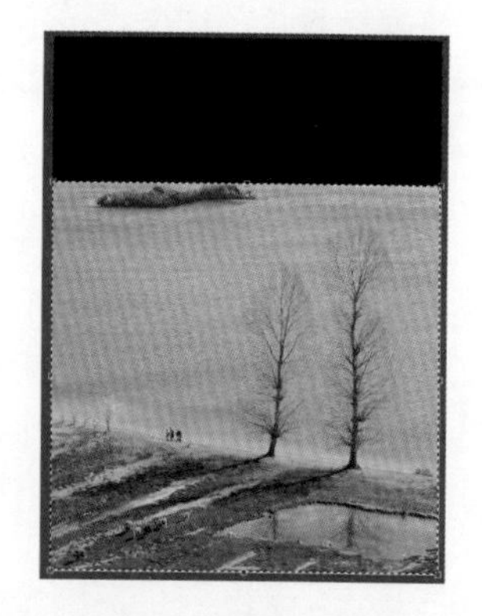

应用一 使用“内容识别缩放”命令调整照片构图

打开“09.jpg”素材图像，按快捷键 Ctrl+A 选中所有图像，再按快捷键 Shift+Ctrl+Alt+C，单击并向左拖动右侧的手柄，如图❶所示。设置完成后按 Enter 键即可，如图❷所示。

应用二 在水平方向上精确缩放数码照片

打开“10.jpg”素材图像，按 Ctrl+A 键全选图像，如图❶所示。执行“编辑 > 内容识别缩放”菜单命令，在其选项栏的 W 数值框中输入数值 60，如图❷所示。软件会自动根据输入的数值调整编辑框，如图❸所示。按 Enter 键裁剪图像，效果如图❹所示。

技巧 图像缩放技巧

当将鼠标指针放置在外框上的手柄上时，指针将变为双向箭头。单击并拖动手柄，可以缩放图像；按住 Shift 键单击并拖动角控制手柄，可按比例缩放图像。

实例演练——将横躺的直幅照片转正

解析：摄影师在拍摄数码照片时，为了配合现场的情景和构图的需要，有时会将相机竖立起来拍摄，这样拍摄的数码照片不便于在后期进行浏览。本实例讲解如何应用 Photoshop 中的“图像旋转”命令将横躺的直幅照片转正。下左图所示为制作前后的效果对比图，具体操作步骤如下。

扫码看视频

◎ 原始文件：随书资源\02\素材\11.jpg

◎ 最终文件：随书资源\02\源文件\将横躺的直幅照片转正.psd

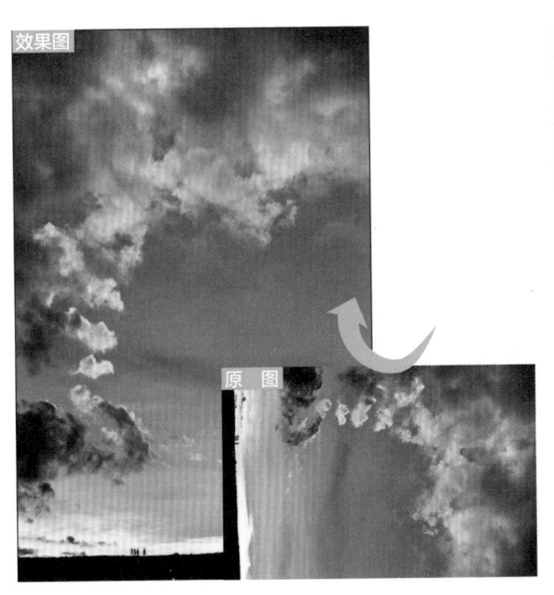

01 执行“文件>打开”菜单命令，打开“11.jpg”文件，打开的图像效果如下图所示。

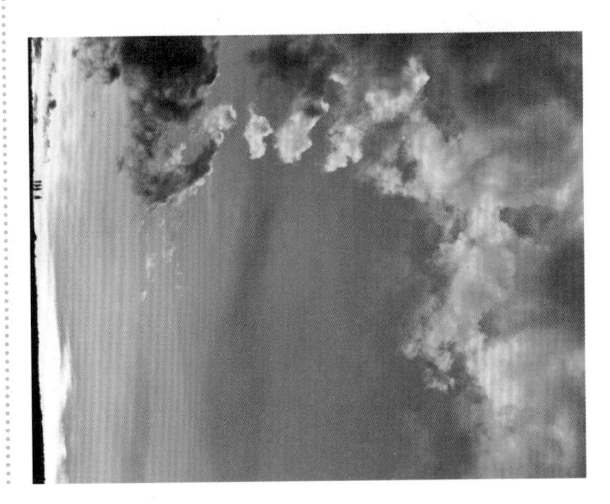

02 执行“图像>图像旋转>逆时针90度”菜单命令，如下左图所示。

03 通过上一步的操作，得到如下右图所示的图像效果，即将横躺的直幅照片转正，完成本实例的制作。

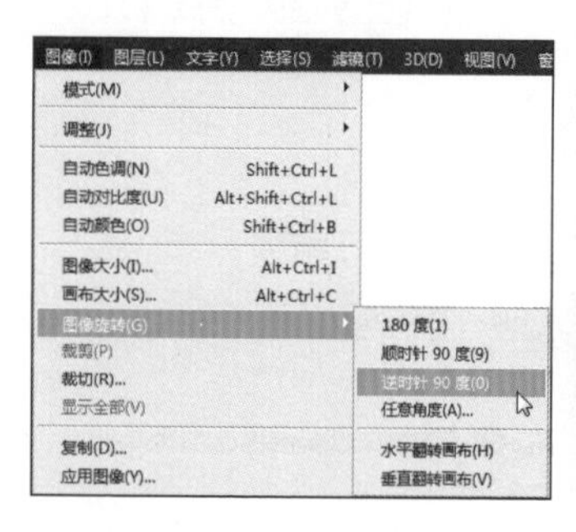

应用 试试其他旋转命令

将数码照片转正后，再次执行“图像>图像旋转>水平翻转画布”菜单命令，如图❶所示，即可将数码照片进行水平翻转，如图❷所示。

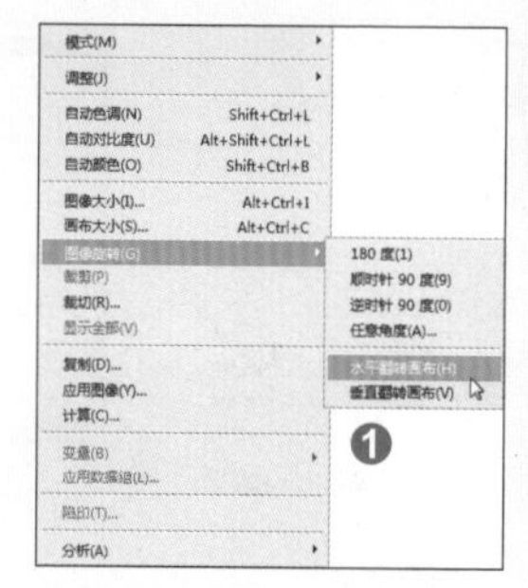

技巧 为什么不使用相机的自动转正功能

一般数码相机都有照片自动转正功能，若用户启用该功能，就不需要再利用 Photoshop 进行转正了。但是启用该功能后在预览时照片会较小，不方便查看。

第2章

实例演练——修复拍摄倾斜的数码照片

解析：就摄影构图而言，除非是特殊的情景，否则倾斜的水平线或垂直线会破坏画面的平衡，使照片的视觉效果大打折扣。本实例讲解如何通过 Photoshop 修复拍摄倾斜的数码照片。下图所示为制作前后的效果对比图，具体操作步骤如下。

扫码看视频

◎ 原始文件：随书资源\02\素材\12.jpg

◎ 最终文件：随书资源\02\源文件\修复拍摄倾斜的数码照片.psd

01 打开“12.jpg”文件，右击工具箱中的“吸管工具”按钮，在弹出的列表中选择“标尺工具”，使用“标尺工具”从画面左侧的水平线开始，沿水平线单击并拖动鼠标，拉出一条参考线，如下图所示。

02 执行“图像>图像旋转>任意角度”菜单命令，打开“旋转画布”对话框，在“角度”数值框中将根据拖出的拉直参考线自动填入数值3.56，如下图所示。

03 设置完“旋转画布”对话框中的参数后，单击“确定”按钮，对数码照片进行逆时针旋转，即可得到如下图所示的图像效果。

04 按M键，切换至“矩形选框工具”，在旋转后的图像中间单击并拖动鼠标，绘制一个矩形选区，选中照片中需要保留的部分，如下图所示。

05 执行“图像>裁剪”菜单命令，对数码照片进行裁剪，按Ctrl+D键取消选区，得到如下图所示的图像效果，完成本实例的制作。

应用 使用“拉直”功能校正倾斜照片

要校正倾斜的照片，除了可以使用“标尺工具”和“图像旋转”命令外，还可以使用“裁剪工具”选项栏中的“拉直”功能。单击工具箱中的“裁剪工具”，此时Photoshop会自动沿照片边缘绘制裁剪框，如图❶所示，再单击选项栏中的“拉直”按钮，沿画面中的水平线拖出拉直参考线，如图❷所示。释放鼠标后，Photoshop将根据绘制的参考线旋转裁剪框并拉直图像，如图❸所示。此时按Enter键即可裁剪图像，完成倾斜照片的校正工作，效果如图❹所示。

技巧 尽量避免对同一图像多次应用"旋转图像"命令

在应用"图像旋转"命令对照片进行拉直校正后，如果觉得图像还是倾斜的，最好不要继续应用该命令进行调整，因为这样会使画面品质变差。此时可以在"历史记录"面板中将图像还原至校正前的状态，再用前面介绍的方法进行拉直，争取一次校正到位。

实例演练——修复变形的数码照片

解析： 为了将更多景物纳入画面，常使用广角镜头进行拍摄，但是拍出的照片往往容易出现左大右小或头小底大等镜头畸变问题，使画面变得极不协调。本实例将介绍如何应用Photoshop中的"镜头校正"滤镜修复变形的数码照片。下图所示为制作前后的效果对比图，具体操作步骤如下。

第2章

◎ **原始文件：** 随书资源\02\素材\13.jpg

◎ **最终文件：** 随书资源\02\源文件\修复变形的数码照片.psd

01 打开"13.jpg"文件，在"图层"面板中将"背景"图层拖至"创建新图层"按钮上，释放鼠标即可复制"背景"图层，得到"背景 拷贝"图层，如右图所示。

02 在“图层”面板中选中“背景 拷贝”图层，执行“滤镜>镜头校正”菜单命令，如右图所示。

03 打开“镜头校正”对话框，在“设置”选项组的“移去扭曲”数值框中输入数值10，如下图所示。

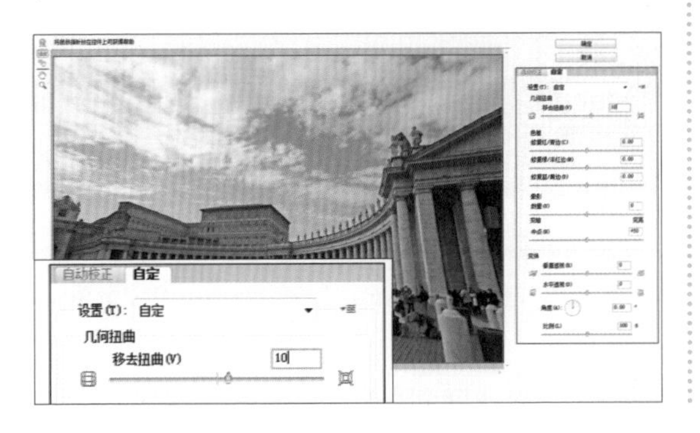

04 在“变换”选项组的“垂直透视”数值框中输入数值-47，在“水平透视”数值框中输入数值-10，在“比例”数值框中输入数值103，其他参数保持不变。设置完“镜头校正”对话框中的各项参数后，单击“确定”按钮，完成本实例的制作，效果如下图所示。

实例演练——用“三分法则”裁剪法二次构图

解析：为捕捉瞬间即逝的日落美景，拍摄时往往会忽略画面的构图，导致拍出的照片构图不理想，这时就需要通过后期处理对照片进行二次构图。本实例将介绍如何应用 Photoshop 的“三分法则”裁剪法对数码照片进行二次构图。下图所示为制作前后的效果对比图，具体操作步骤如下。

扫码看视频

◎ 原始文件：随书资源\02\素材\14.jpg

◎ 最终文件：随书资源\02\源文件\用“三分法则”裁剪法二次构图.psd

01 打开“14.jpg”文件，按Ctrl+J键复制图层，得到“图层1”图层。单击工具箱中的“裁剪工具”按钮，在选项栏中设置叠加选项为“三等分”，如下图所示。

02

使用“裁剪工具”在画面的合适位置单击并拖动，建立裁剪框，如下图所示。

03

创建裁剪框后，借助裁剪参考线调整裁剪框大小，将鼠标移至裁剪框边线位置，当鼠标指针变为双向箭头时，拖动鼠标，调整裁剪框，使云霞占图像的2/3，如下图所示。

04

设置完成后单击“裁剪工具”选项栏中的“提交当前裁剪操作”按钮☑，应用裁剪，得到如下图所示的三分法构图效果。

实例演练——将照片裁剪成适合冲印的大小

解析：数码相机拍摄的照片尺寸比例是固定的，后期处理时会根据实际需要调整其尺寸，这样设置后的照片仅在显示器上观赏，若要冲印照片，则需将照片裁剪至适合冲印的大小。本实例将介绍如何将照片裁剪成适合冲印的大小。下图所示为制作前后的效果对比图，具体操作步骤如下。

扫码看视频

◎ **原始文件：**随书资源\02\素材\15.jpg

◎ **最终文件：**随书资源\02\源文件\将照片裁剪成适合冲印的大小.psd

01 打开“15.jpg”文件，按Ctrl+R键显示标尺，查看照片的宽度和高度，如下图所示。

02 执行“图像>图像大小”菜单命令，打开“图像大小”对话框，按下图所示设置其中的参数。

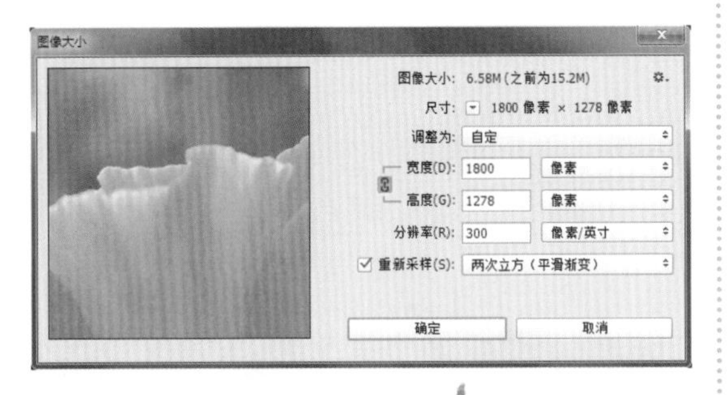

03 单击工具箱中的“矩形选框工具”按钮，显示“矩形选框工具”选项栏，在选项栏的“样式”下拉列表框中选择“固定大小”选项，激活右侧的“宽度”和“高度”数值框，右击鼠标，将单位设置为英寸，然后设置“宽度”为6英寸、“高度”为4英寸，如下图所示。

样式: 固定大小 宽度: 6英寸 高度: 4英寸

04 将鼠标移至照片中间位置，单击鼠标，系统将自动创建6英寸×4英寸的选区，如下图所示。

05 将鼠标移至选区中，此时可以看到鼠标指针会变为形状，拖动鼠标调整选区的位置，最后的调整效果如下图所示。

06 执行“图像>裁剪”菜单命令，对数码照片进行裁剪。裁剪照片后按快捷键Ctrl+D，取消选区的选中状态，如下图所示。

实例演练——删除照片中的多余人物

解析： 优秀的构图有助于打造令人赏心悦目的视觉效果，但只有画面中没有妨碍或干扰观者理解摄影作品所传达信息的要素时，才能达到这一目的。本实例讲解如何应用“裁剪工具”去除照片中的干扰元素，使观者专注于主体对象。下图所示为制作前后的效果对比图，具体操作步骤如下。

扫码看视频

◎ 原始文件：随书资源\02\素材\16.jpg
◎ 最终文件：随书资源\02\源文件\删除照片中的多余人物.psd

01 打开“16.jpg”文件，然后单击工具箱中的“裁剪工具”按钮，如下图所示。

02 在画面需要保留的位置单击并拖动鼠标，创建裁剪框，单击并拖动裁剪框边缘的控制手柄，调整裁剪框的大小和外形，如下图所示。

03 确定裁剪范围后，执行“图像>裁剪”菜单命令，确认裁剪，完成本实例的制作，如下图所示。

实例演练——在裁剪照片时保留特定内容

解析：裁剪数码照片时，很多时候不可避免地会将需要的图像裁剪掉，Photoshop 中的“内容识别缩放”命令可在缩放照片时通过 Alpha 通道来保护不需要缩放的内容。本实例将介绍如何在保留特定内容的情况下裁剪数码照片。具体操作步骤参照“在裁剪照片时保留特定内容”视频文件。

扫码看视频

◎ 原始文件：随书资源\02\素材\17.jpg
◎ 最终文件：随书资源\02\源文件\在裁剪照片时保留特定内容.psd

第3章 数码照片的瑕疵修正与聚焦技法

数码照片中难免会有各种意想不到的瑕疵，有时聚焦效果也不理想。本章将介绍如何使用 Photoshop 解决这些问题，包括使用“修补工具”去除多余对象、应用“减少杂色”命令去除照片中的杂色、修复照片中的噪点、校正图像的锐利度、聚焦技法等。通过本章的学习，读者可以快速掌握去除照片瑕疵的方法和技巧，使照片呈现更理想的效果。

3.1 去除电线等异物——修补工具

扫码看视频

建筑物周围或一些特定的景点中通常都有杂乱的电线等影响画面美观的异物，在拍摄时，有时无论如何改变拍摄角度，都很难避免这些异物入镜。有了 Photoshop 就不用担心，使用 Photoshop 中的“修补工具”即可快速去除画面中的多余电线和其他异物。

使用“修补工具”可快速利用其他区域或图案中的像素来修复选中的区域。首先打开“01.jpg”素材图像，如下左图所示。然后单击工具箱中的“修补工具”按钮，在画面中需要修补的区域单击并拖动鼠标，创建一个选区，将选区拖至要用于替换的区域，如下中图所示。即可对图像进行修复，如下右图所示。

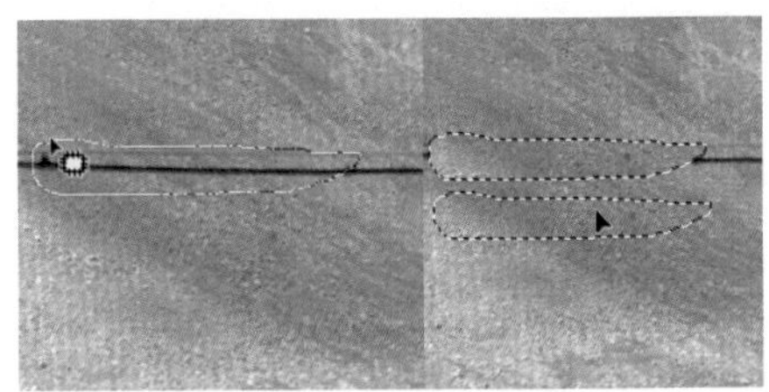

单击工具箱中的“修补工具”按钮后，可在其选项栏中进一步设置工具的各项参数，使图像的修饰工作更加顺利。下图所示为“修补工具”选项栏，具体设置方法和相关技巧如下。

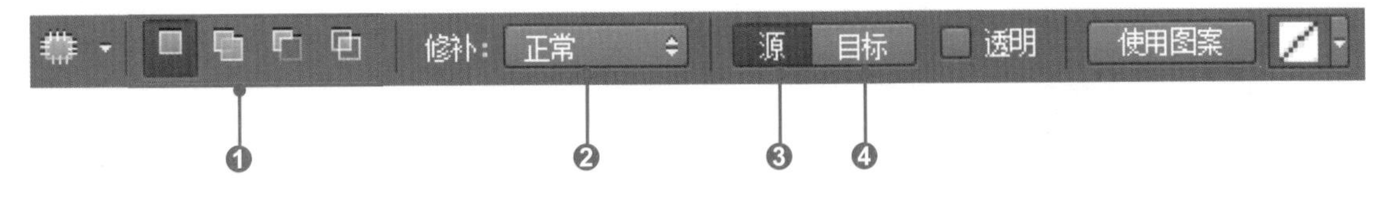

❶选择方式：与选框工具的选取方式相同，使用“修补工具”创建选区后，可以进行添加、减去、与选区交叉等操作来对选区进行编辑。

❷修补方式：选择图像修补方式，有“正常”和“内容识别”两个选项。默认为“正常”修补方式，此时将以修补区域内的图像像素进行修补；如果选择“内容识别”修补方式，则在修补的同时会自动识别周围像素，让修补效果更自然。

❸源：若选中该选项，此时应在要修补的区域上创建选区，然后将选区拖至样本区域上，软件会用样本区域中的图像对选区中的图像进行修补，如下左图所示。

❹目标：若选中该选项，此时应在样本区域上创建选区，然后将选区拖至要修补的区域上，软件会用选区中的图像对要修补区域中的图像进行修补，如下右图所示。

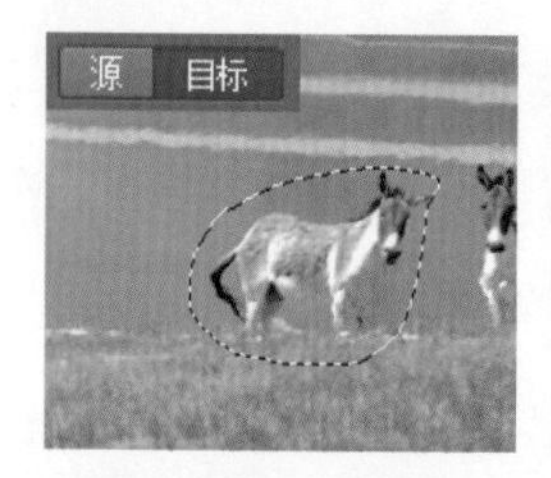

技巧 使用快捷键调整修补图像的区域

在图像的修补过程中，常常需要调整和变换修补的区域，利用快捷键可以轻松完成这一操作。打开“02.jpg”素材图像，使用“修补工具”在图像的适当位置单击并拖动鼠标，创建选区，如图❶所示；然后按住Shift键在海面上的船只位置单击并拖动鼠标，如图❷所示，可添加到现有选区，如图❸所示；按住Alt键在图像中拖动，可从现有选区中减去图像，如图❹所示；若按住Shift+Alt键在图像中拖动，则可选择与现有选区交叉的区域。

3.2 去除照片中的杂色——“减少杂色”滤镜

图像杂色是随机出现的无关像素，如果使用了很高的ISO设置拍照、曝光不足或者用较慢的快门速度在黑暗区域中拍照，则照片中可能会出现杂色。应用“减少杂色”滤镜可基于影响整个图像或各通道的设置保留边缘，同时减少照片中的杂色。本节讲解如何使用“减少杂色”滤镜去除照片中的杂色。

扫码看视频

打开“03.jpg”素材图像，执行“滤镜 > 杂色 > 减少杂色”菜单命令，打开“减少杂色”对话框，在该对话框中设置各项参数即可去除杂色，如下图所示。

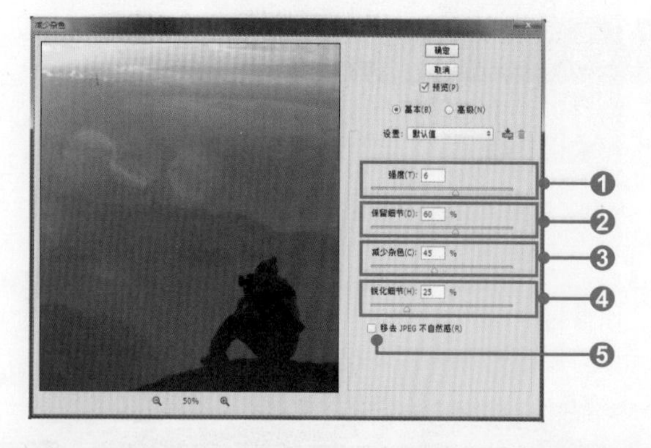

❶强度：用于设置减少杂点的强度，控制应用于所有图像通道的明亮度杂色减少量。

❷保留细节：对图像像素细节进行调整，保留边缘和图像细节。如果值为100，则会保留大多数图像细节，但会将明亮度杂色减到最少。

❸减少杂色：设置减少杂色的数量，移去随机的颜色像素。值越大，减少的杂色越多。

❹锐化细节：移去杂色将会降低图像的锐化程度，利用此选项可对图像像素边缘进行锐化处理。

❺移去 JPEG 不自然感：勾选该复选框，可移去由于使用低 JPEG 品质设置存储图像而导致的斑驳的图像伪像和光晕。

技巧一 “高级”的去杂色技巧

杂色分为明亮度杂色及颜色杂色。明亮度杂色在图像的某个通道（通常是蓝色通道）中可能更加明显，所以使用“减少杂色”滤镜去除杂色时，可以在“高级”模式下单独调整每个通道的杂色，即单击“高级”单选按钮，切换至高级选项设置，然后检查每个通道中的图像，以确定某个通道中是否有很多杂色，然后对杂色较多的通道应用滤镜。图❶、图❷、图❸所示分别为不同通道中查看到的杂色效果。

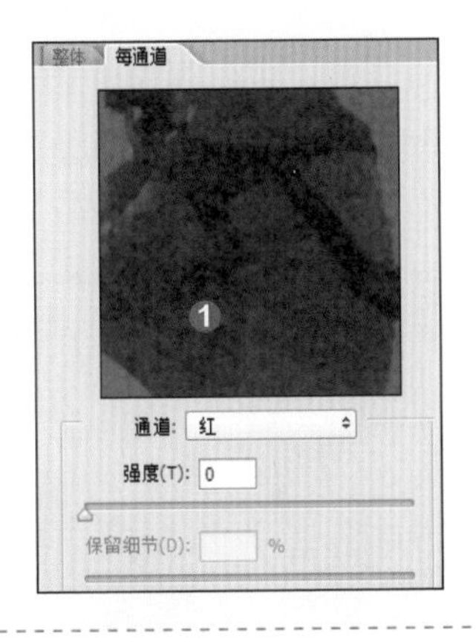

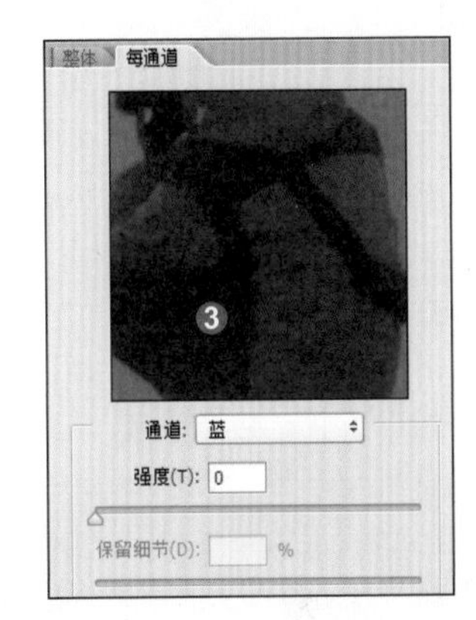

技巧二 缩放图像查看效果

应用“减少杂色”滤镜去除照片杂色时，可以单击图像预览框下方的“放大”和“缩小”按钮来缩放图像。如果需要查看图像细节效果，则单击“放大”按钮🔍；如果需要缩小预览框中的图像以查看整体效果，则单击“缩小”按钮🔍。

3.3 修复照片中的噪点——Camera Raw滤镜

要在 Photoshop 中去除照片中的杂色，除了可以使用“减少杂色”滤镜外，还可以应用全新的 Camera Raw 滤镜来完成。使用 Camera Raw 滤镜中的“细节”选项卡可快速去掉照片中的明亮度杂色和颜色杂色，并且可以实时查看去除杂色后的图像效果。

扫码看视频

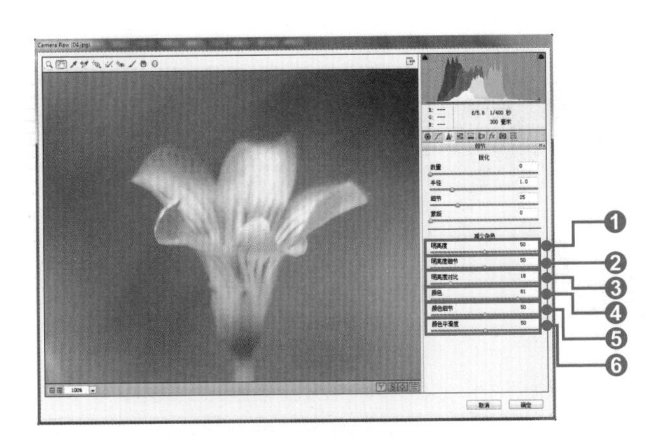

打开“04.jpg”素材图像，执行“滤镜 >Camera Raw 滤镜”菜单命令，即可打开如左图所示的 Camera Raw 对话框。在该对话框中单击“细节”按钮，切换到“细节”选项卡，在下方的“减少杂色”选项组中设置选项可控制杂色去除效果。

❶明亮度：用于减少明亮度杂色。

❷明亮度细节：控制明亮度杂色阈值。值越高，保留的细节就越多；值越低，产生的结果就越干净。

❸明亮度对比：控制明亮度对比。值越高，保留的对比度就越高，但可能会产生杂色的花纹或色斑；值越低，产生的结果就越平滑，但也可能使对比度较低。

❹颜色：用于减少彩色杂色。

❺颜色细节：控制彩色杂色阈值。值越高，边缘就能保持得更细、色彩细节更多，但可能会产生彩色颗粒；值越低，越能消除色斑，但可能会产生颜色溢出。

❻颜色平滑度：用于控制彩色杂色的平滑度。值越高，保留的细节越少，图像越干净。

技巧 在不同视图方式下查看杂色去除效果

在 Camera Raw 对话框的预览区域下方提供了视图切换按钮，通过单击"在'原图/效果图'视图之间切换"按钮，可以在不同的视图显示状态下查看图像效果。默认情况下仅查看应用到图像后的"效果图"设置，如图❶所示。单击按钮会分别切换至应用到图像左右一半的"原图/效果图"设置、应用到整个图像并且并排分开显示的"原图/效果图"设置、应用到图像上下一半的"原图/效果图"设置、应用到整个图像并且垂直分开显示以供比较的"原图/效果图"设置等视图显示模式。单击"在'原图/效果图'视图之间切换"按钮，切换视图后的图像效果如图❷所示。

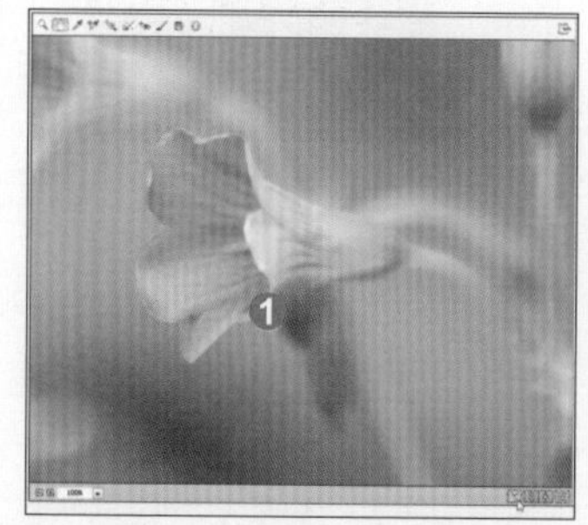

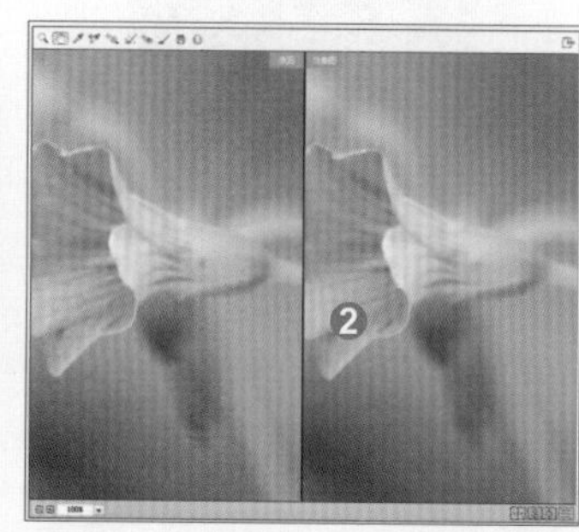

3.4 校正图像的锐利度

在拍摄照片时，由于拍摄技术和拍摄场景的限制，有时拍出的照片会出现图像模糊的问题，而 Photoshop 中的锐化功能可以提高图像的清晰度，使图像边缘和线条看起来更加清楚、锐利。本节讲解如何进行图像的锐利度校正，具体操作方法和相关技巧如下。

扫码看视频

1. 快速锐化图像——锐化工具

使用"锐化工具"可快速增加图像边缘的对比度，以增强外观上的锐化程度，使图像的线条更加清晰，图像效果更加鲜明。该工具常用于将模糊的图像变清晰。使用该工具在图像上单击或拖动绘制，即可完成锐化，但是过度绘制会造成图像失真。打开"05.jpg"素材图像，如右图一所示。然后单击工具箱中的"锐化工具"按钮，在需要锐化的图像上单击并涂抹，使涂抹区域的图像变清晰，如右图二所示。

单击工具箱中的“锐化工具”按钮后，可在其选项栏中进一步设置画笔的笔尖、混合模式、强度等选项，如下图所示。若勾选“对所有图层取样”复选框，则可使用所有可见图层中的数据进行锐化处理；若取消勾选该复选框，则该工具只使用当前图层中的数据进行锐化处理。

700 模式：正常 强度：50% 对所有图层取样 保护细节

2. 增加图像边缘两侧的对比度——“USM锐化”和“高反差保留”滤镜

使用“USM 锐化”滤镜可调整图像的对比度，使画面更清晰。首先打开“06.jpg”素材图像，如下左图所示，然后执行“滤镜 > 锐化 >USM 锐化”菜单命令，打开“USM 锐化”对话框，如下右图所示，设置锐化的各项参数，设置完成后单击“确定”按钮即可。

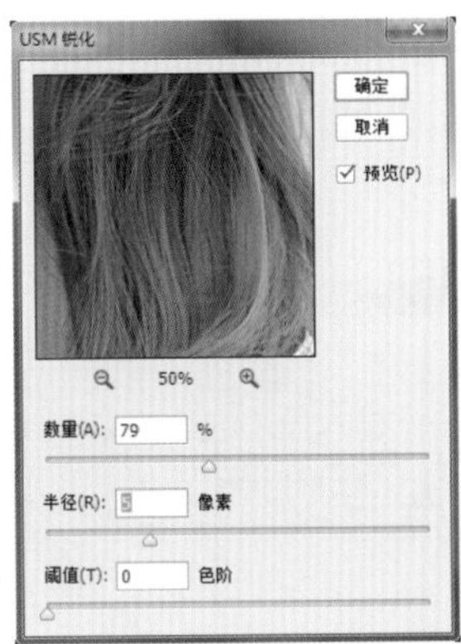

技巧一 使用快捷键复制图层

要在 Photoshop 中复制图层，除了执行“图层 > 复制图层”菜单命令外，还可以选中图层，然后按快捷键 Ctrl+J。

技巧二 渐隐锐化

用滤镜锐化图像后，如果需要降低锐化强度，可以应用“渐隐”命令，减弱锐化效果。打开“07.jpg”素材图像，如图❶所示。按 Ctrl+J 键复制图层，得到“图层 1”图层，然后执行“滤镜 > 锐化 >USM 锐化”菜单命令，打开“USM 锐化”对话框，按图❷所示设置参数后确认。再执行“编辑 > 渐隐 USM 锐化”菜单命令，打开“渐隐”对话框，按图❸所示设置渐隐的各项参数。设置完成后单击“确定”按钮，即可得到如图❹所示的图像效果。

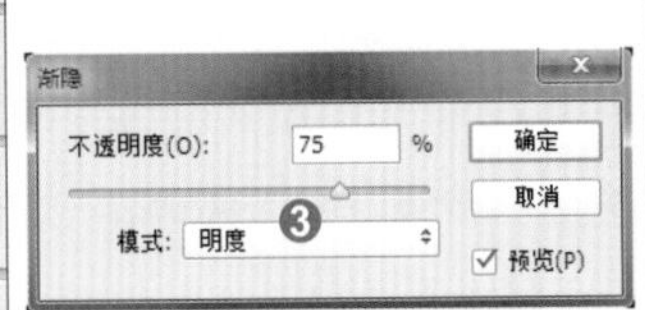

Photoshop 中的“高反差保留”滤镜适用于降低无边缘区域的颜色和对比度，但同时会保留颜色毗邻处的对比度。下面讲解如何应用“高反差保留”滤镜锐化图像。

打开“06.jpg”素材图像，在“图层”面板中将“背景”图层拖动到面板底部的“创建新图层”按钮上，松开鼠标，得到“背景 拷贝”图层，然后将该图层的混合模式设置为“叠加”。执行“滤镜 > 其他 > 高反差保留”菜单命令，打开“高反差保留”对话框，可以看到图像中除彩色边缘外的其他位置已转换成中性灰色，设置“半径”为 8，如下左图所示。

设置完成后单击“确定”按钮，返回“图层”面板。此时在图像编辑窗口中可以看到锐化后的图像变得更清晰了，如下右图所示。

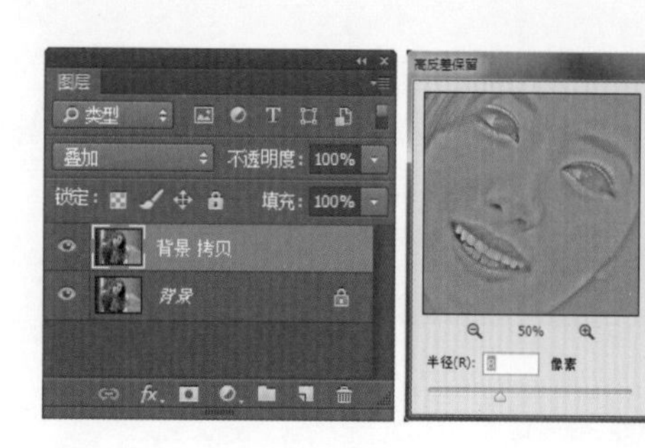

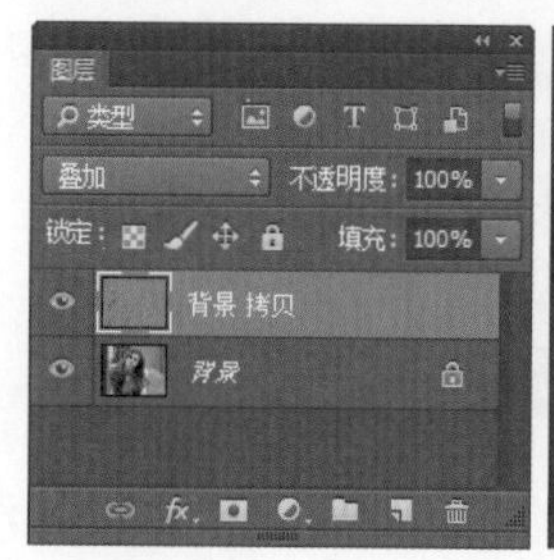

3. 制作逼真的“锐化焦点”——使用“智能锐化”滤镜

应用“智能锐化”滤镜可对图像的锐化进行智能调整，以达到更好的锐化清晰效果。“智能锐化”滤镜可以对图像整体应用锐化效果，也可以有选择性地针对阴影、高光进行锐化。下面将简单介绍如何使用“智能锐化”滤镜制作逼真的锐化焦点。

打开“08.jpg”素材图像，执行“滤镜 > 锐化 > 智能锐化”菜单命令，打开“智能锐化”对话框，在该对话框中可设置各项参数，如下图所示。

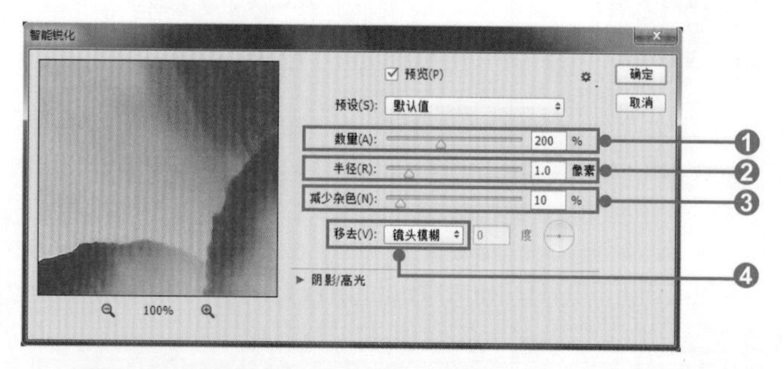

❶数量：设置锐化量。数值越大，边缘像素之间的对比度越大，从而使图像看起来更加锐利。

❷半径：决定边缘像素周围受锐化影响的像素数量。设置的数值越大，受影响的边缘就越宽，锐化的效果也就越明显。

❸减少杂色：用于减少不需要的杂色，同时保持重要边缘不受影响。

❹移去：设置用于对图像进行锐化的算法。“高斯模糊”是“USM 锐化”滤镜使用的算法；“镜头模糊”将检测图像中的边缘和细节，可对细节进行更精细的锐化，并减少锐化光晕；“动感模糊”将尝试减少由相机或主体移动导致的模糊效果。

4. 边缘锐化技术

当模糊的照片包含大量的边缘时，可应用边缘锐化技术对其进行锐化，具体操作步骤如下。

打开“09.jpg”素材图像，按 Ctrl+J 键复制图层，得到“图层 1”图层。执行“滤镜 > 风格化 > 浮雕效果”菜单命令，打开“浮雕效果”对话框，设置浮雕效果的各项参数，如下左图所示，设置完成后单击“确定”按钮。

确认设置后，返回“图层”面板，在面板中将“图层 1”图层的混合模式设置为“强光”，设置后将得到更清晰的图像效果，如下右图所示。

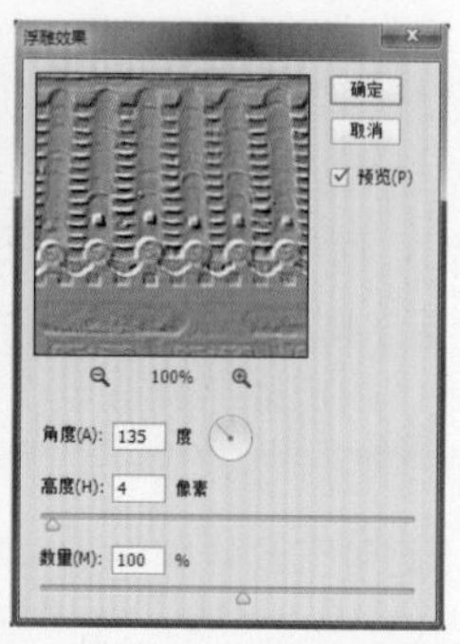

3.5 聚焦技法

在拍摄照片时，为了突出画面中要表现的主体对象，经常会通过虚化背景的方式达到聚焦的视觉效果。对于在拍摄时未做背景虚化处理的照片，也可以通过后期处理来达到聚集效果。本节将简单介绍一些常用的数码照片后期处理聚焦技法。

扫码看视频

1. 渐变的模糊变焦效果——场景模糊

“场景模糊”滤镜通过定义具有不同模糊量的多个模糊点来创建渐变的模糊效果。在使用此滤镜模糊图像时，可以在图像中添加多个图钉，从而定义不同的模糊焦点，并且可以对每个焦点外的图像指定不同的模糊量来调整模糊的程度。

打开“10.jpg”素材图像，按 Ctrl+J 键复制图层，得到“图层 1”图层，执行“滤镜 > 模糊画廊 > 场景模糊”菜单命令，如下左图所示。执行命令后会进入“模糊画廊”编辑状态，调整模糊图钉位置，确定画面的焦点位置，然后调整参数，如下右图所示，设置完成后单击选项栏中的“确定”按钮，就可以合并图钉并模糊图像。

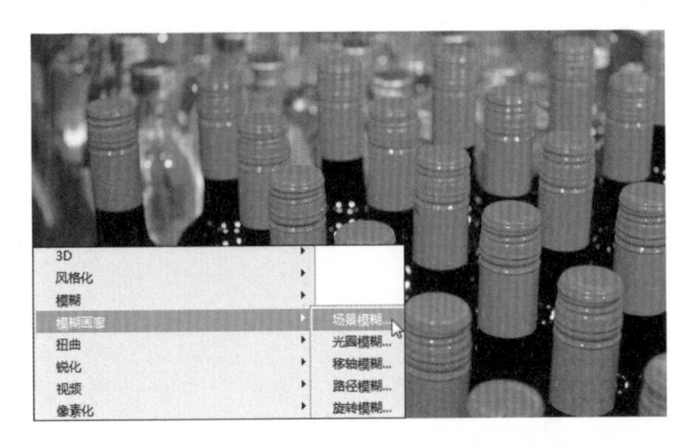

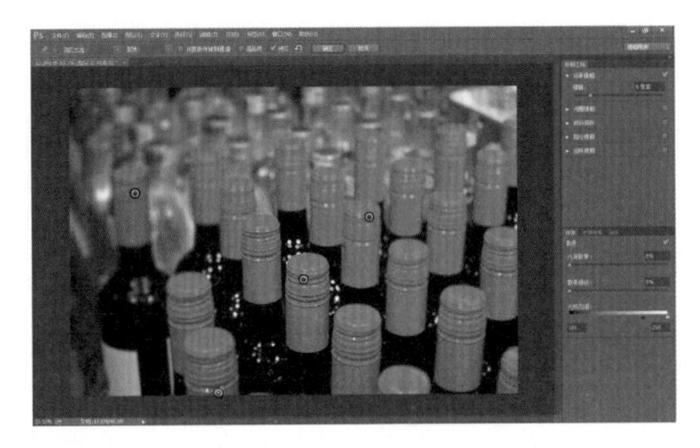

2. 模拟浅景深的聚焦效果——光圈模糊

利用 Photoshop 中的“光圈模糊”滤镜可在照片中模拟较真实的浅景深效果，而不管使用的是什么相机或镜头。在“光圈模糊”滤镜中可以定义多个焦点来实现一般相机几乎不可能实现的效果。

打开“11.jpg”素材图像。按 Ctrl+J 键复制图层，得到“图层 1”图层，如下左图所示。执行“滤镜 > 模糊画廊 > 光圈模糊”菜单命令，进入“模糊画廊”编辑状态。结合左侧的预览区域和右侧的选项设置，即可为照片设置出真实的模糊效果，如下右图所示。

技巧一　定义多个模糊焦点

使用“光圈模糊”滤镜模糊图像时，可以在图像中定义多个模糊焦点。具体方法就是将鼠标移至要设置为焦点的位置，单击鼠标添加模糊图钉，即可定义新的焦点。

3. 模拟移轴效果使画面焦点更突出——移轴模糊

对于没有昂贵移轴镜头的摄影爱好者来说，可以在后期处理时借助 Photoshop 的“移轴模糊”滤镜来创建移轴效果的照片。使用“移轴模糊”滤镜处理后的图像，可以使观者自然而然地被画面中间的主体对象所吸引。

打开“12.jpg”素材图像，按 Ctrl+J 键复制图层，如下左图所示。执行“滤镜 > 模糊画廊 > 移轴模糊”菜单命令，打开“模糊画廊”并选中“倾斜偏移”模糊工具，在其中对“模糊”“扭曲度”选项进行设置，设置后可以在左侧看到模糊后的图像效果，如下右图所示。

4. 设置动感的焦点模糊——路径模糊

使用“路径模糊”滤镜，可以沿绘制的路径创建动感的模糊效果。将“路径模糊”滤镜与图层蒙版结合起来，可以创建更有视觉冲击力的聚焦效果。使用“路径模糊”滤镜模糊图像时，还可以控制形状、模糊量等。当在图像中绘制多条路径时，Photoshop 会自动合并路径并将其应用于图像，得到模糊的画面效果。

打开“13.jpg”素材图像，如下左图所示。按 Ctrl+J 键复制图层，得到“图层 1”图层，执行“滤镜 > 模糊画廊 > 路径模糊”菜单命令，进入“模糊画廊”编辑状态，运用鼠标在画面中沿赛车运动的方向单击并拖动鼠标，绘制一条直线路径，如下右图所示。

绘制路径后，在右侧的“模糊工具”面板中对模糊选项进行设置，调整模糊的“速度”和“锥度”，如下左图所示。设置完成后单击“确定”按钮，对图像应用模糊效果。为了使模糊后的图像焦点更突出，再为“图层 1”添加图层蒙版，用黑色的画笔涂抹赛车图像，还原清晰的主体图像，如下右图所示。

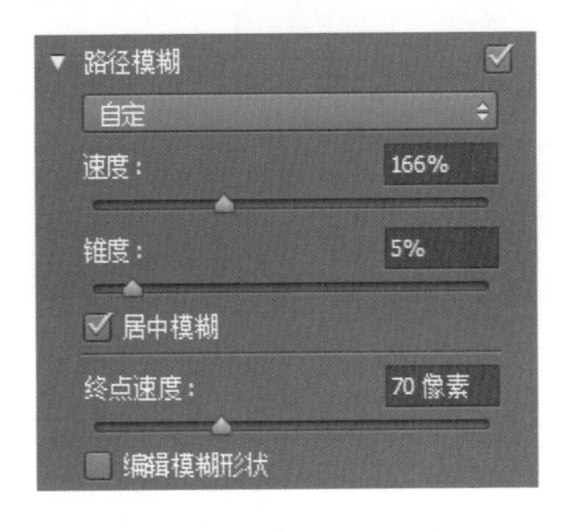

5. 模拟镜头拍摄的浅景深效果——镜头模糊

使用“镜头模糊”滤镜可以快速对焦点以外的图像进行模糊处理，使观者的注意力集中到画面的主体对象上。下面将介绍如何应用“镜头模糊”滤镜创建聚焦照片效果。

打开“14.jpg”素材图像，在应用滤镜模糊图像前，先复制图层，添加图层蒙版，确定模糊的焦点位置，即把焦点以外要模糊的部分涂抹为白色，而将不需要模糊的主体对象涂抹为黑色，如下左图所示。执行“滤镜 > 模糊 > 镜头模糊”菜单命令，打开“镜头模糊”对话框，在该对话框中设置选项，设置完成后单击“确定”按钮，即可模糊图像，效果如下右图所示。

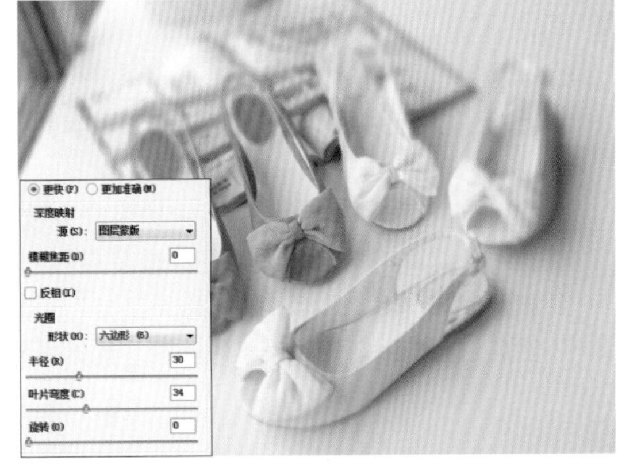

技巧二 转换为智能图层并创建智能滤镜

为了便于后继更改滤镜参数，在使用滤镜编辑图像前，先选中图层，如图❶所示。执行“图层 > 智能对象 > 转换为智能对象”菜单命令，把图层转换为智能图层，如图❷所示。对该智能图层执行滤镜命令，此时应用到图层中的滤镜将会自动转换为智能滤镜，用户可以双击滤镜随时更改滤镜参数。

6. 创建风格化的焦距——径向模糊

“径向模糊”滤镜可以创建风格化的焦距效果。对图像应用此滤镜，可以让主体对象保留在清晰焦距之中，并让图像表现出更强的动感。下面介绍创建风格化焦距效果的具体操作方法。

打开“15.jpg”素材图像，按 Ctrl+J 键复制图层，得到“图层 1”图层。然后执行“滤镜 > 模糊 > 径向模糊”菜单命令，打开“径向模糊”对话框。在该对话框中设置“数量”为 30、“模糊方法”为“缩放”，其他选项不变，如右图一所示。完成后单击“确定”按钮，得到如右图二所示的图像效果。

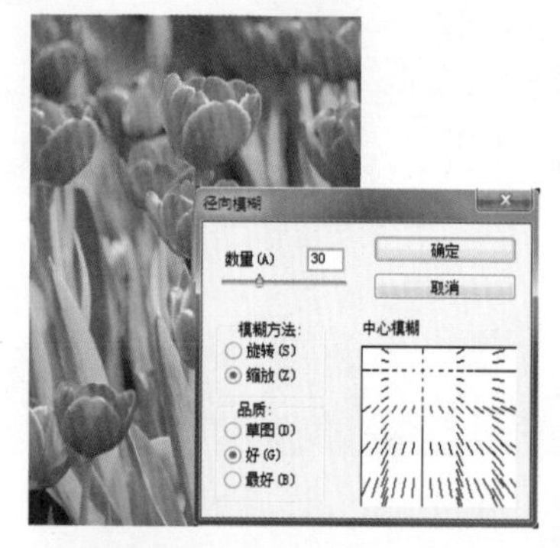

应用滤镜后，确保“图层 1”图层为选中状态，单击面板底部的“添加图层蒙版”按钮，为该图层添加图层蒙版，如右图一所示。按 G 键切换至“渐变工具”，在选项栏中设置工具的各项参数，然后单击并拖动鼠标，用渐变编辑蒙版，如右图二所示。最终效果如右图三所示。

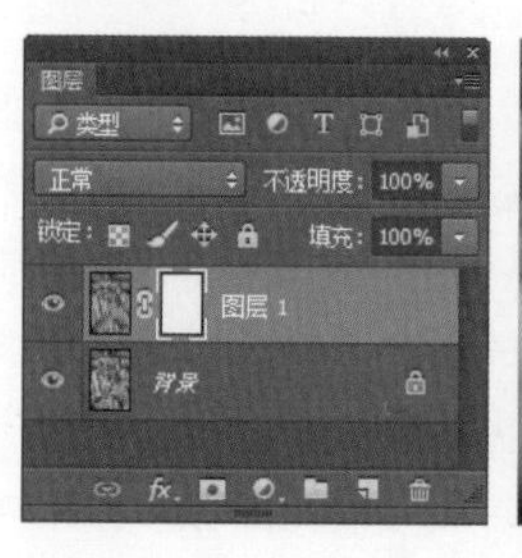

实例演练——去除风景照片中的多余人物

解析： 有时风景照片中多余的人物会破坏照片的整体意境，如何快速去除风景照片中的多余人物是令很多摄影爱好者头痛的问题。本实例将介绍如何使用 Photoshop 中的“修补工具”快速去除风景照片中的多余人物。下图所示为制作前后的效果对比图，具体操作步骤如下。

扫码看视频

◎ **原始文件：** 随书资源\03\素材\16.jpg
◎ **最终文件：** 随书资源\03\源文件\去除风景照片中的多余人物.psd

01 打开“16.jpg”文件，按Ctrl+J键复制图层，单击工具箱中的“修补工具”按钮，然后在选项栏中设置工具的各项参数，如下图所示。

02 使用“修补工具”在人物部分单击并拖动鼠标，创建选区，如下左图所示。

03 单击并向右拖动上一步中创建的选区，如下右图所示，用海水图像代替人物图像。

04 按Ctrl++键将图像放大至合适比例，再使用“修补工具”创建选区，如下左图所示。

05 单击并向左拖动上一步中创建的选区，如下右图所示，用左侧的海滩图像替换未修补干净的图像。

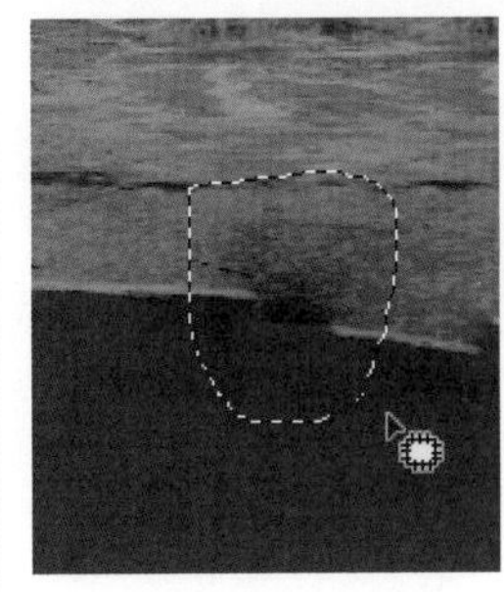

06 继续使用相同的方法，运用“修补工具”在图像中绘制选区，然后拖动选区内的图像进行图像的修补，如下图所示。

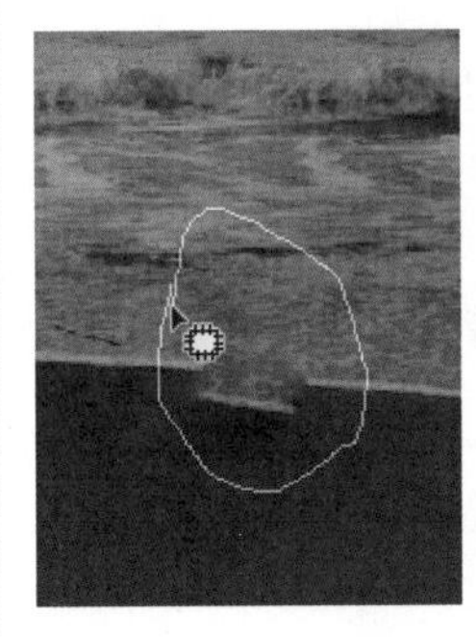

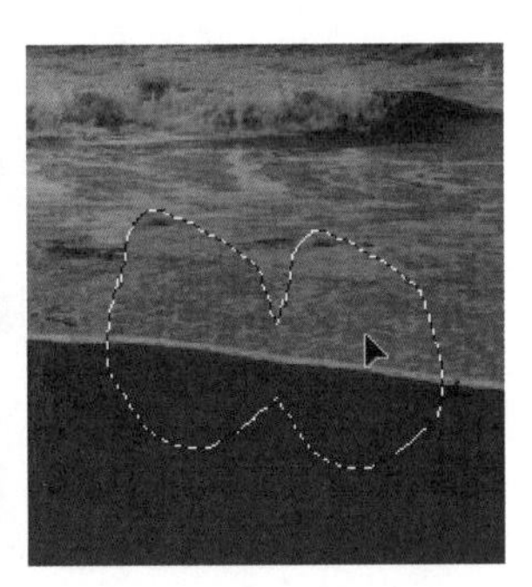

07 根据画面的整体效果，使用“修补工具”修复画面细节，得到更为干净、自然的画面，最后的调整效果如下图所示。

实例演练——清除照片中的水印

解析： 在将照片分享到社交网站之前，许多人习惯为照片添加水印以表明版权的归属，随后却又因为操作失误删除了无水印的原始照片。有没有办法清除水印，以便将照片用于其他场合呢？本实例将介绍如何结合Photoshop中的“修补工具”和“仿制图章工具”清除照片中的水印。具体操作步骤参照“清除照片中的水印”视频文件。

扫码看视频

◎ 原始文件：随书资源\03\素材\17.jpg
◎ 最终文件：随书资源\03\源文件\清除照片中的水印.psd

技巧 快速复制图像

“仿制图章工具”可将指定的图像区域如同盖章一样，复制到其他区域，也可以将一个图层的一部分绘制到另一个图层。

实例演练——使照片中的主体更加突出

解析：在拍摄照片时，虽然可以利用相机中的光圈来控制图像的景深，突出画面中要表现的主体，但是如果照片中的主体不够清晰，则需要在后期处理中对图像进行锐化。本实例将介绍如何结合 Photoshop 中的“USM锐化”滤镜和图层蒙版，锐化照片中的花朵图像，使照片中的主体更加突出。下图所示为制作前后的效果对比图，具体操作步骤如下。

扫码看视频

◎ 原始文件：随书资源\03\素材\18.jpg
◎ 最终文件：随书资源\03\源文件\使照片中的主体更加突出.psd

01 打开“18.jpg”文件，按Ctrl+J键复制图层，得到“图层1”图层，如下左图所示。确保“图层1”为选中状态，执行“滤镜>锐化>USM锐化”菜单命令，打开“USM锐化”对话框，设置锐化的各项参数，如下右图所示。

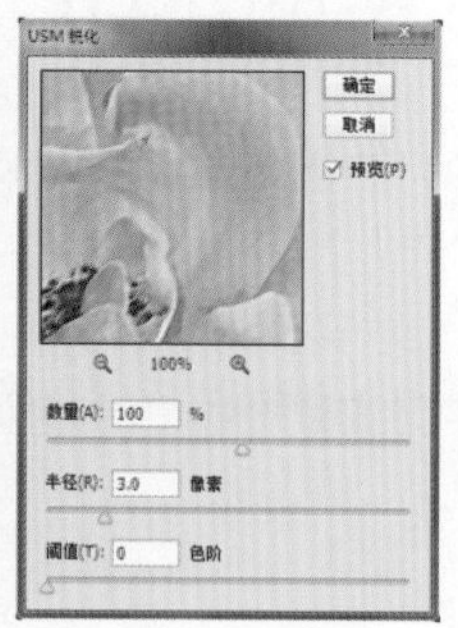

02 设置完成后单击“确定”按钮，即可将模糊的图像清晰化。单击“图层”面板底部的“添加图层蒙版”按钮，为“图层1”图层添加图层蒙版，如下图所示。

03 单击“图层1”图层的蒙版缩览图，将前景色设置为黑色，然后使用“画笔工具”在图像的背景部分单击并涂抹，如下图所示，隐藏锐化的图像。

04 按住Ctrl键单击“图层1”图层的蒙版缩览图，载入选区。这里要选择背景部分以便做模糊处理，因此再执行“选择>反选”菜单命令，反选图像，如下图所示。

05 按快捷键Ctrl+J，复制选区内的图像，得到“图层2”图层，执行“滤镜>模糊>高斯模糊”菜单命令，打开“高斯模糊”对话框，在该对话框中设置选项，设置完成后单击“确定”按钮，应用滤镜模糊图像，突出了画面中间位置的花朵主体，如下图所示。

06 创建“色阶1”调整图层，打开“属性”面板，在面板中对选项进行设置。设置完成后图像被提亮，如下图所示。至此，已完成本实例的制作。

实例演练——快速拯救对焦不准的照片

解析：拍摄时对焦不准，可能导致拍出的数码照片模糊、不清晰。本实例将针对这一问题，结合 Photoshop 中的“智能锐化”滤镜和“高反差保留”滤镜快速拯救对焦不准的照片。下图所示为制作前后的效果对比图，具体操作步骤如下。

扫码看视频

◎ 原始文件：随书资源\03\素材\19.jpg

◎ 最终文件：随书资源\03\源文件\快速拯救对焦不准的照片.psd

01 打开“19.jpg”文件，在“图层”面板中将“背景”图层拖至“创建新图层”按钮上，释放鼠标，复制图层，得到“背景 拷贝”图层，如下图所示。

02 执行“滤镜>锐化>智能锐化”菜单命令，打开“智能锐化”对话框，在该对话框中设置参数，如下图所示。设置完成后单击“确定”按钮，锐化图像。

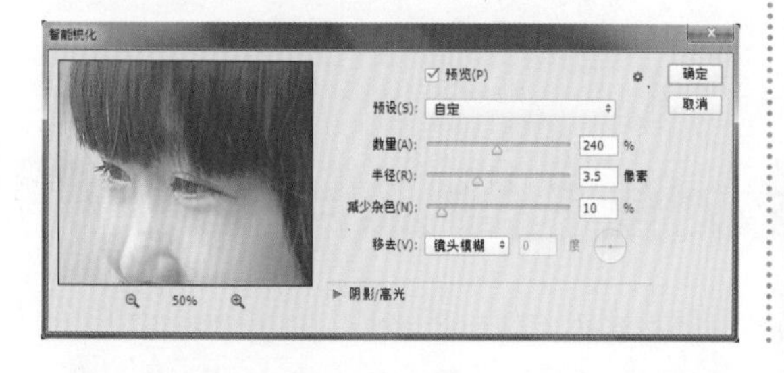

03 按快捷键Shift+Ctrl+Alt+E盖印图层，得到“图层1”图层。执行“滤镜>其他>高反差保留”菜单命令，打开“高反差保留”对话框，在该对话框中设置“半径”为4.2，再单击“确定”按钮，应用滤镜处理图像，效果如下图所示。

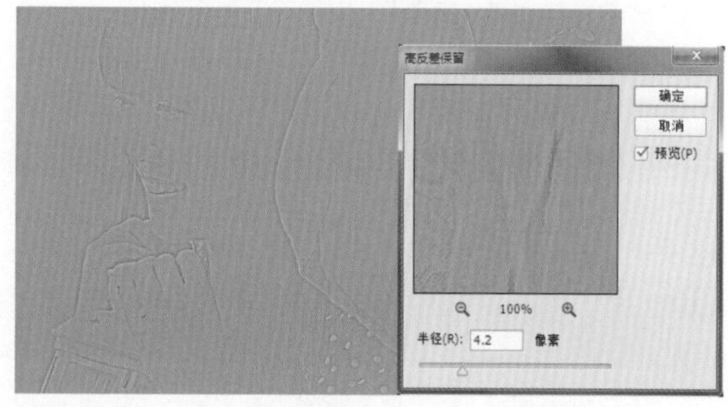

04 在“图层”面板中选中“图层1”图层，将此图层的混合模式设置为“柔光”，得到更清晰的图像效果，如下图所示。

实例演练——模拟逼真的镜头聚焦效果

解析：本实例介绍如何使用极端锐化法使模糊的照片变得清晰。通过使用“模糊画廊”滤镜组中的滤镜指定模糊的焦点，并对焦点外的图像进行模糊处理，使画面呈现出逼真的镜头聚焦感。下图所示为制作前后的效果对比图，具体操作步骤如下。

扫码看视频

◎ 原始文件：随书资源\03\素材\20.jpg

◎ 最终文件：随书资源\03\源文件\模拟逼真的镜头聚焦效果.psd

01 打开“20.jpg”文件，按Ctrl+J键复制图层，得到“图层1”图层，如下图所示。

02 确认“图层1”图层为选中状态，执行“滤镜>模糊画廊>光圈模糊”菜单命令，进入“模糊画廊”编辑状态，如下图所示。

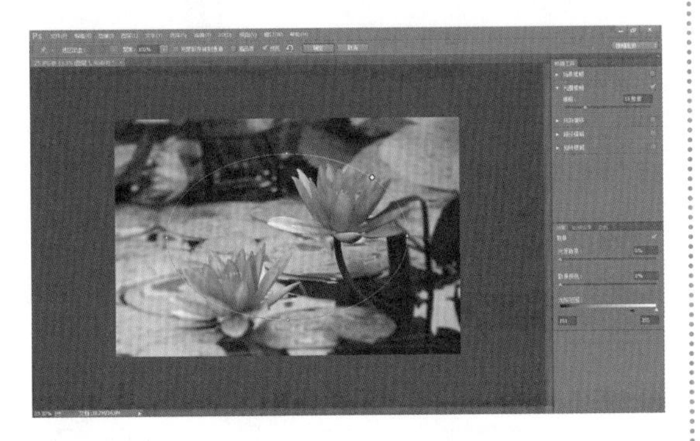

03 单击选中画面中间位置的模糊图钉，将其移至右边花朵所在位置，如下图所示。

04 将鼠标移至椭圆边缘的控制点位置，当鼠标指针变为折线箭头时拖动鼠标，调整椭圆外形，如下图所示。

05 打开“模糊工具”面板，在面板中将“模糊”设置为20像素，设置后可以看到位于椭圆外的图像变得模糊，效果如下图所示。

06 将鼠标移至左边花朵所在位置，单击鼠标，添加一个模糊图钉，设置新的模糊焦点，如下图所示。

07 使用鼠标调整图钉外圆形的形状，然后打开“模糊工具”面板，在面板中将“模糊”设置为23像素，如下图所示。

08 设置完成后单击“确定”按钮，返回图像编辑窗口。单击工具箱中的“椭圆选框工具”按钮，在其选项栏中设置“羽化”为100像素，单击“添加到选区”按钮，如下图所示。

羽化： 100 像素 ☑ 消除锯齿

09 先在左边的花朵图像上单击并拖动鼠标，创建椭圆选区，然后在右边的花朵图像上单击并拖动鼠标，添加选区，同时选中两个花朵图像，如下图所示。

10 按快捷键Ctrl+J，得到“图层2”图层。执行“滤镜>锐化>USM锐化”菜单命令，打开“USM锐化”对话框，设置各项参数，如下左图所示。单击“确定”按钮，锐化图像，效果如下右图所示，可看到花朵上的纹理更清晰了。

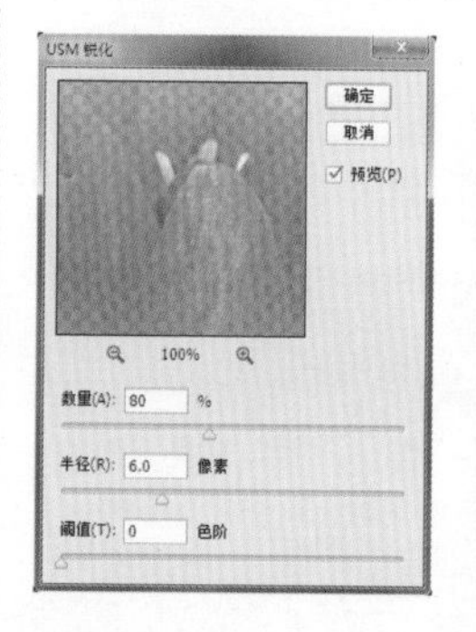

11 打开“调整”面板，单击“曲线”按钮，如下左图所示，创建“曲线1”调整图层。打开“属性”面板，在面板中选择“绿”通道，拖动通道曲线，如下右图所示。

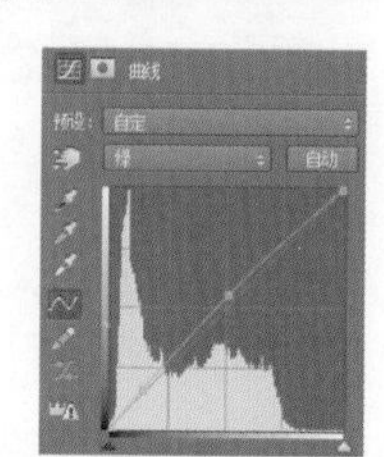

12 单击“通道”下三角按钮，在展开的列表中选择RGB选项，然后运用鼠标在曲线中单击，添加曲线点，并调整曲线形状，增强绿色，最后的调整效果如下图所示。

第3章

实例演练——让照片中杂乱的背景变得整洁

解析： 在拍摄照片时，常常会因拍摄环境的影响，导致拍出的照片中出现多余的杂物，使观者感觉画面过于凌乱。在后期处理时，需要将这些影响主体的杂物去掉，让画面变得更加干净。本实例将学习如何使用修复与修补类工具对照片中杂乱的背景进行调修，以获得整洁的画面。下图所示为制作前后的效果对比图，具体操作步骤如下。

扫码看视频

◎ **原始文件：** 随书资源\03\素材\21.jpg

◎ **最终文件：** 随随书资源\03\源文件\让照片中杂乱的背景变得整洁.psd

01 打开“21.jpg”文件，复制“背景”图层，得到“背景 拷贝”图层，如下图所示。

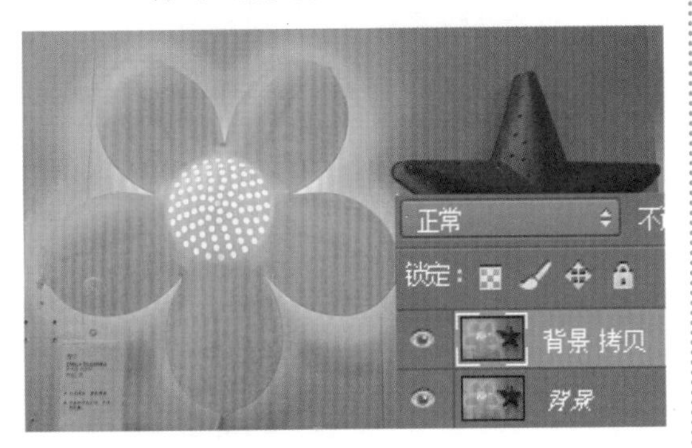

02 单击工具箱中的“修补工具”按钮，在背景墙面部分创建选区，然后向左拖动选区，清除选区中的裂缝图像，如下图所示。

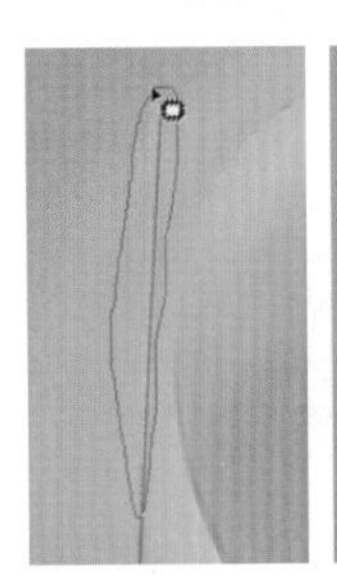

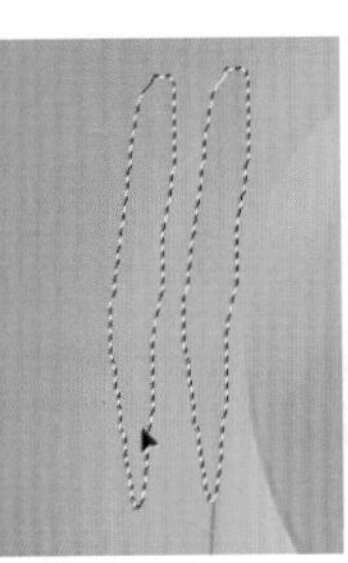

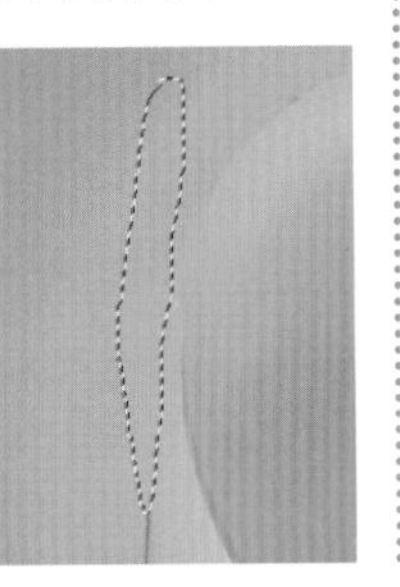

03 按快捷键Ctrl++，将图像放大至合适比例，用“修补工具”选中钉眼图像，并将其拖至旁边干净的图像上，如下图所示。

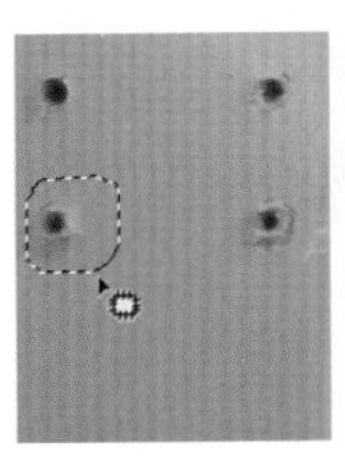

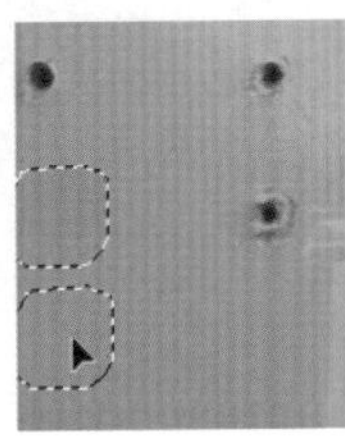

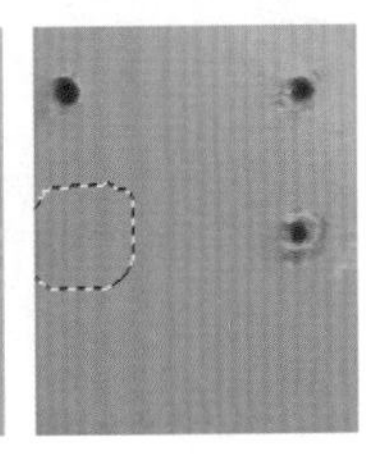

04 使用同样的方法，运用“修补工具”修复画面中墙面上的缝隙。按快捷键Ctrl++，再次放大图像，可以看到画面中的部分细节未处理干净，如下图所示。

05 单击工具箱中的“仿制图章工具”按钮，在其选项栏中对画笔大小做调整，如下左图所示，然后将鼠标移至干净图像的位置，按住Alt键单击，取样图像。

06 将鼠标移至灯具旁边的瑕疵位置，连续单击鼠标，修复图像，如下右图所示。

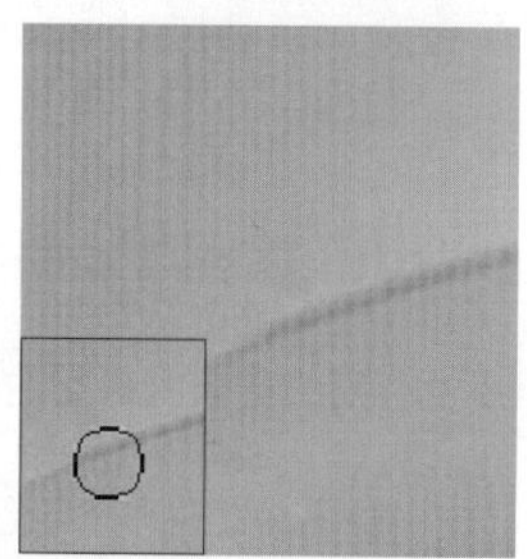

07 继续使用同样的方法修复细节瑕疵，修复后发现画面下方还有较多的电源线，使画面看起来较乱，因此选用“修补工具”在图像上单击并拖动，创建选区，如下左图所示。

08 将上一步创建的选区向右拖动至周围干净的背景墙位置，用干净的墙面替换选中的电源线，如下右图所示。

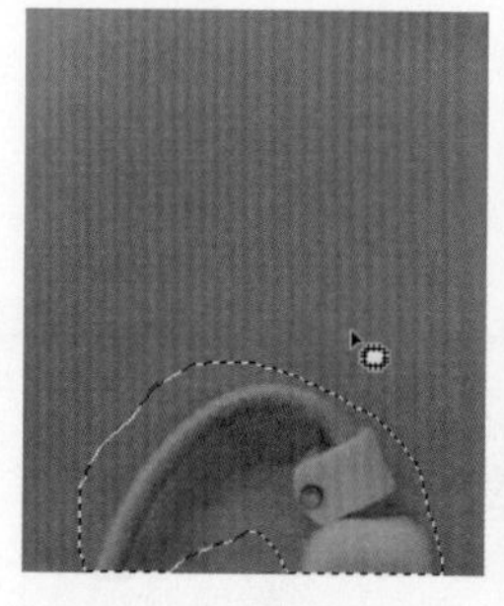

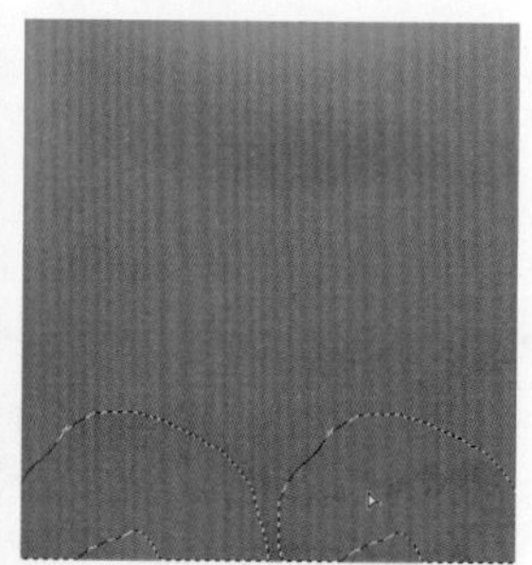

09 使用同样的方法，结合“修补工具”和“仿制图章工具”对照片中的更多瑕疵进行处理，处理后的图像如下图所示。

10 创建“曲线1”调整图层，打开“属性”面板，在面板中选择“红”通道，运用鼠标单击并向上拖动曲线，如下左图所示。

11 选择RGB通道，运用鼠标单击并向上拖动曲线，如下右图所示。

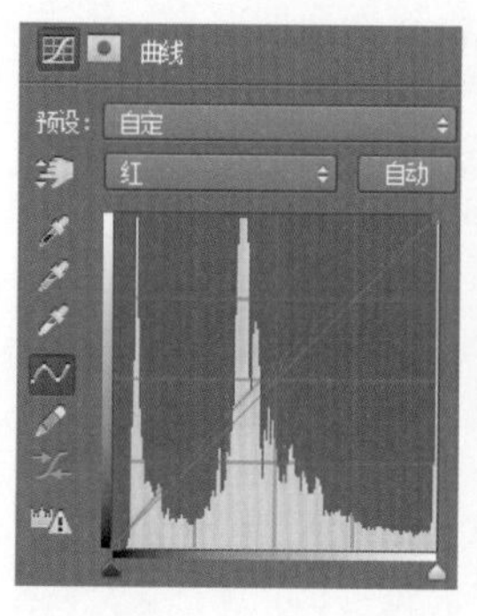

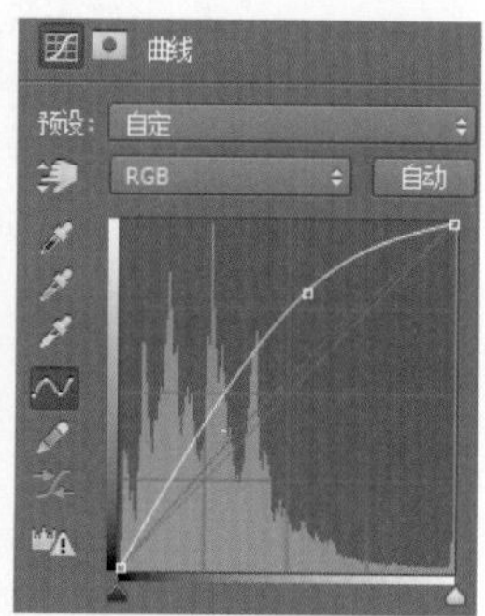

12 单击“曲线1”蒙版缩览图，选择“渐变工具”，在选项栏中选择“黑，白渐变”，在画面中从左向右拖动，创建渐变，如下图所示。

13 按快捷键Shift+Ctrl+Alt+E盖印图层，得到“图层1”图层。执行“滤镜>杂色>减少杂色”菜单命令，在打开的“减少杂色”对话框中设置选项。设置完成后单击“确定”按钮，应用“减少杂色”滤镜去掉照片中的杂色，如下图所示，完成本实例的制作。

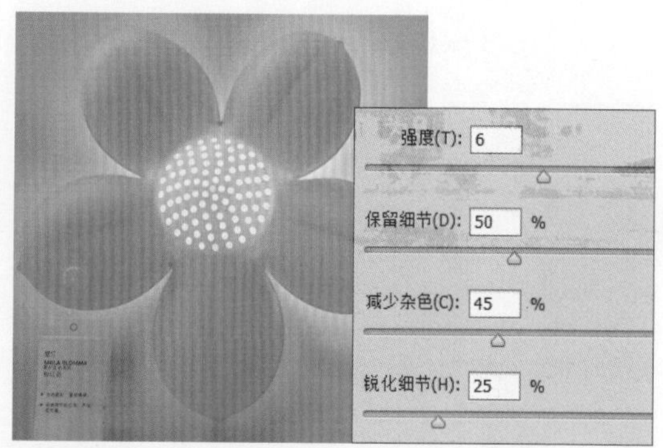

第 4 章 动态范围不足的后期补救

许多专业摄影师为了最大限度地还原真实世界中的美景，会采用高动态范围拍摄，这样拍出的照片无论是高光区域还是阴影区域都有较丰富的细节表现，层次感更强。对于业余摄影爱好者来说，如果所使用的相机没有高动态范围功能，或者虽有该功能却不会使用，拍出的照片就可能存在动态范围不足、细节层次不够丰富的问题，此时可以通过后期处理来还原图像的更多细节，让画面更接近人眼实际看到的效果。本章就来介绍动态范围不足的照片的修复方法。

4.1 控制照片的亮度和对比度

扫码看视频

Photoshop 中的“亮度 / 对比度”命令可用于调整光线不足的数码照片，但是该命令的调整有局限性，在调整过程中改变亮度会使整幅图像变亮或变暗，改变对比度会减少图像的细节。因此，该命令适用于对图像颜色和色调范围进行折中处理。本节将简单介绍如何使用“亮度 / 对比度”命令控制照片的亮度和对比度。

打开素材图像，执行“图像 > 调整 > 亮度 / 对比度”菜单命令，打开“亮度 / 对比度”对话框，在该对话框中可设置图像的亮度和对比度，如下图所示。

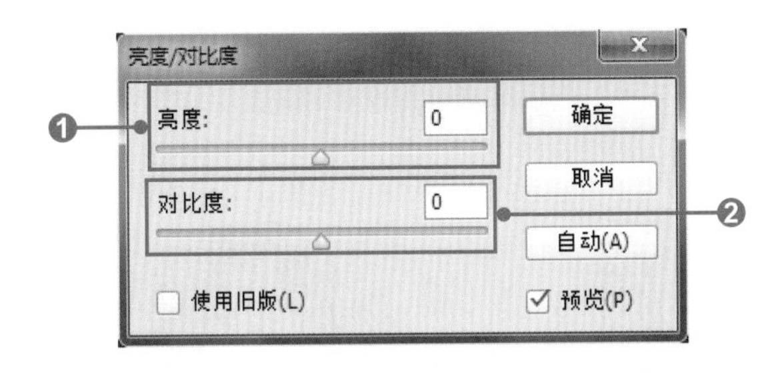

❶亮度：用于调整图像的明暗程度。向右拖动滑块会增加色调值并扩展图像高光，使图像变亮；向左拖动滑块会减少色调值并扩展图像阴影，使图像变暗。

❷对比度：用于调整图像中阴影与高光之间的对比度。设置的数值越大，图像明暗对比越强，图像看起来越清晰。

打开“01.jpg”素材图像，如下左图所示。执行“图像 > 调整 > 亮度 / 对比度”菜单命令，打开“亮度 / 对比度”对话框，在该对话框中设置“亮度”和“对比度”，如下中图所示。设置完成后单击“确定”按钮，应用设置的参数值调整图像的亮度和对比度，效果如下右图所示。

亮度/对比度
亮度: 130
对比度: 59
确定
取消
自动(A)
使用旧版(L)
预览(P)

技巧 自动调整亮度与对比度

为了让明暗对比不够出色的图像恢复到最自然的影调效果，在使用“亮度/对比度”命令调整图像时，可以尝试自动调整亮度/对比度。打开“02.jpg”素材图像，如图❶所示。执行“图像 > 调整 > 亮度/对比度”菜单命令，打开“亮度/对比度”对话框，在该对话框中单击“自动”按钮，如图❷所示。单击按钮后系统将会根据打开的图像情况自动调整“亮度”和“对比度”，如图❸所示。调整后勾选“预览”复选框，可在图像编辑窗口中查看自动调整后的图像效果，如图❹所示。

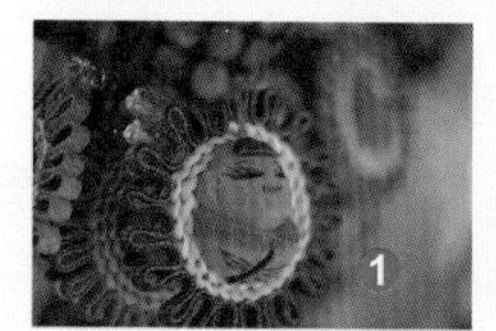

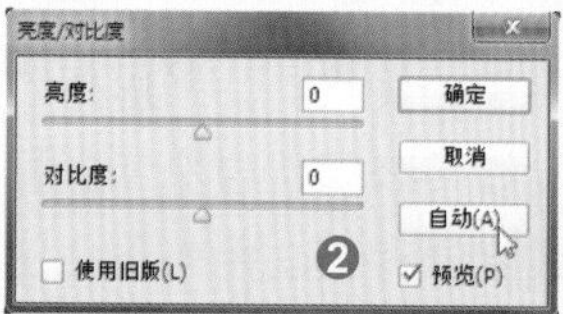

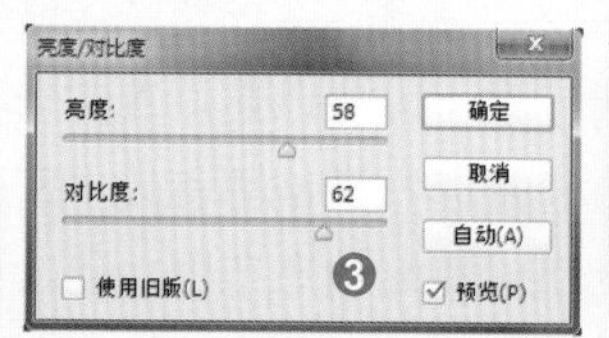

4.2 局部增光——“减淡工具”的应用

“减淡工具”主要用于调节图像中特定区域的曝光度，使用该工具在图像上涂抹，就可以使涂抹区域的图像变亮，涂抹的次数越多，得到的图像亮度越高。

打开“03.jpg”素材图像，单击工具箱中的“减淡工具”按钮，可在选项栏中进一步设置工具的各项参数，如下图所示。

❶画笔：单击该按钮，在弹出的“画笔”列表中可设置画笔的大小和硬度参数。

❷范围：单击该按钮，在弹出的下拉列表中有“阴影”“中间调”“高光”3个选项。选择“中间调”选项可更改图像中灰色的中间色调，如下左图所示；选择“高光”选项可更改图像中较亮的区域，如下中图所示；选择“阴影”选项可更改图像中较暗的区域，如下右图所示。

❸曝光度：用于设置“减淡工具”使用的曝光量，可输入0～100之间的任意一个整数。设置的数值越大，被涂抹区域的图像就会越亮。

❹喷枪：单击该按钮，可为画笔开启喷枪模拟功能。

❺保护色调：勾选该复选框，可最小化阴影和高光中的修剪，还可防止颜色发生色相偏移，在对图像进行减淡的同时更好地保护原图像的色调不产生变化。

技巧 快速选择“减淡工具”

除了可以单击工具箱中的“减淡工具”按钮选择该工具外，还可按O键快速选择该工具。

4.3 局部减光——“加深工具”的应用

“加深工具”用于调整图像中特定区域的曝光度，使该区域中的图像变暗，其作用与“减淡工具”刚好相反。右击工具箱中的“减淡工具”按钮，在弹出的列表中可以选择“加深工具”，然后在图像需要加深的位置单击并涂抹，即可加深图像，使其变得更暗。

扫码看视频

打开“04.jpg”素材图像，如下左图所示。单击工具箱中的“加深工具”按钮，然后在其选项栏中设置选项，将鼠标移至图像中单击并涂抹，如下中图所示。经过反复涂抹，加深了图像，得到更有层次感的画面效果，如下右图所示。

选择“加深工具”后，将会显示与“减淡工具”非常相似的工具选项栏，如下图所示。通过对选项栏中参数的设置，同样可完成更精细的图像加深处理。

❶画笔：单击该按钮，在弹出的“画笔”列表中可设置画笔的大小和硬度参数。

❷范围：用于选择加深的图像范围，提供了“阴影”“中间调”“高光”3个选项，分别用于加深图像中的阴影、中间调、高光部分。

❸曝光度：用于设置“加深工具”使用的曝光量，可输入0～100之间的任意一个整数。

❹喷枪：单击该按钮，可为画笔开启喷枪功能。

❺保护色调：勾选该复选框，可在加深图像时有效地保护原图像的色调不发生改变。

4.4 光影的均匀化——“色调均化”命令

扫码看视频

“色调均化”命令重新分布图像中像素的亮度值，以更均匀地呈现所有范围的亮度级。该命令将重新映射复合图像中的像素值，使最亮的值呈现为白色，最暗的值呈现为黑色，而中间的值则均匀分布在整个灰度中。该命令没有对话框，不需要设置参数，直接执行即可调整图像的整体亮度。在颜色对比较强时，可通过该命令使高光部分略暗，阴影部分略亮。本节将简单介绍如何使用“色调均化”命令将图像的光影均匀化。

打开“05.jpg”素材图像，如下左图所示。按Ctrl+J键复制图层，得到“图层1”图层，然后执行“图像 > 调整 > 色调均化”菜单命令，将图像的光影均匀化，得到如下右图所示的图像效果。

实例演练——用“加深/减淡工具”增强照片层次

扫码看视频

解析： 在处理照片时，如果进行统一的明暗调整，有可能会导致照片局部偏暗或偏亮。因此，在更多时候需要对照片的局部进行明暗调整。本实例将学习如何使用“加深工具”和“减淡工具”对照片中的不同区域进行亮度调整，让照片变得更有层次感。下图所示为制作前后的效果对比图，具体操作步骤如下。

◎ **原始文件：** 随书资源\04\素材\06.jpg
◎ **最终文件：** 随书资源\04\源文件\用“加深/减淡工具”增强照片层次.psd

01 打开“06.jpg”文件，将“背景”图层拖至“创建新图层”按钮上，复制得到“背景 拷贝”图层，如下图所示。

02 单击“加深工具”按钮，在显示的工具选项栏中设置画笔大小为700、“范围”为“阴影”、“曝光度”为30%，如下图所示。

700 范围：阴影 曝光度：30% 保护色调

03 将鼠标移至图像左上角位置，单击并涂抹，加深图像。继续使用“加深工具”涂抹图像四周，为图像添加暗角效果，如下图所示。

04 单击“减淡工具”按钮，在其选项栏中设置画笔大小为900、“范围”为“高光”、“曝光度”为20%，如下图所示。

900 范围：高光 曝光度：20% 保护色调

05 将鼠标移至图像中间的台灯位置，单击并涂抹，提亮图像。继续使用“减淡工具”在画面中涂抹，提高涂抹区域的图像亮度，使高光部分变得明亮，如下图所示。

06 单击“调整”面板中的“亮度/对比度”按钮，创建“亮度/对比度1”调整图层，如下图所示。

07 打开“属性”面板，在面板中设置选项，调整图像的亮度和对比度，效果如下图所示。

技巧 调整图层

与色彩调整命令相比，调整图层能在不破坏原始图层中图像的同时实施色彩调整，并将调整参数保存下来以便随时修改，大大增强了操作的灵活性。多个调整图层可以叠加产生调整效果，还可以分别独立修改参数。单击“调整”面板中的调整按钮即可创建相应的调整图层，并同时创建图层蒙版。通过编辑图层蒙版，可以控制调整图层的作用范围。

实例演练——用“色调均化”命令提亮照片

解析： 本实例的素材照片由于拍摄时光线不足，画面整体偏暗，为使画面更明亮、更有层次感，使用“色调均化”命令进行提亮，再对色彩进行简单修饰，得到更理想的画面效果。如下图所示为制作前后的效果对比图，具体操作步骤如下。

扫码看视频

◎ **原始文件：** 随书资源\04\素材\07.jpg

◎ **最终文件：** 随书资源\04\源文件\用“色调均化”命令提亮照片.psd

01 打开“07.jpg”文件，按快捷键Ctrl+J复制“背景”图层，在“图层”面板中得到“图层1”图层，如下图所示。

02 执行“图像>调整>色调均化”菜单命令，快速调整图像影调，调整效果如下图所示。

03 单击“调整”面板中的“亮度/对比度”按钮，创建“亮度/对比度1”调整图层，并在“属性”面板中设置“亮度”为150，调整图像的亮度，效果如下图所示。

04 由于仅需对右下角的暗部区域做调整，所以单击工具箱中的“画笔工具”按钮，在其选项栏中设置画笔的大小和不透明度参数，然后将前景色设置为黑色，在图像中不需要调整的天空和原野位置涂抹，还原图像的亮度，如下图所示。

05 创建“亮度/对比度2”调整图层，打开“属性”面板，在面板中对“亮度”和“对比度”进行设置。设置后发现照片中的部分区域曝光过度，因此单击工具箱中的“画笔工具”按钮，将前景色设置为黑色，在天空中曝光过度的区域涂抹，还原图像的亮度，如下图所示。

06 按Shift+Ctrl+Alt+E键盖印可见图层，得到“图层2”图层。执行“滤镜>杂色>减少杂色”菜单命令，打开“减少杂色”对话框，在该对话框中设置选项，完成后单击“确定”按钮，应用“减少杂色”滤镜去除因提高图像亮度而出现的噪点，得到更干净的画面，如下图所示。

技巧 查看图层蒙版的内容

在编辑图层蒙版后，可以切换显示方式查看蒙版内容。方法为按住 Alt 键单击“图层”面板中的图层蒙版缩览图，即可以黑、白、灰方式查看该图层蒙版的内容。

实例演练——调整照片的对比度

解析： 由于拍摄时间和拍摄者技术的限制，某些照片的对比度会显得不足，看起来雾蒙蒙的。本实例将介绍如何处理对比不强、画面偏灰的照片，使图像的光影变化更加明显，画面更具层次感。具体操作步骤参照“调整照片的对比度”视频文件。

扫码看视频

◎ 原始文件：随书资源\04\素材\08.jpg

◎ 最终文件：随书资源\04\源文件\调整照片的对比度.psd

技巧 删除创建的调整图层

在图像中创建调整图层后，如果要将调整图层删除，只需在“图层”面板中选中要删除的调整图层，然后将其拖至“删除图层”按钮上即可。如果单击调整图层后面的图层蒙版并将其拖至“删除图层”按钮上，则不会删除调整图层，只会删除该调整图层所对应的图层蒙版。

实例演练——随心所欲改变照片局部的明暗

解析： 在 Photoshop 中虽然可以结合调整图层、“画笔工具”或“渐变工具”调整照片的局部，但是操作较复杂，为了快速完成照片的局部调整，可以使用“加深工具”和“减淡工具”。本实例将结合使用这两个工具改变照片局部的明暗。下图所示为制作前后的效果对比图，具体操作步骤如下。

扫码看视频

◎ **原始文件：** 随书资源\04\素材\09.jpg

◎ **最终文件：** 随书资源\04\源文件\随心所欲改变照片局部的明暗.psd

第4章

01 打开“09.jpg”文件，按快捷键Ctrl+J复制图层，得到“图层1”图层，如下图所示。

02 单击“减淡工具”按钮，在其选项栏中设置画笔大小、“范围”和“曝光度”参数，然后在人物面部单击并涂抹，如下图所示。

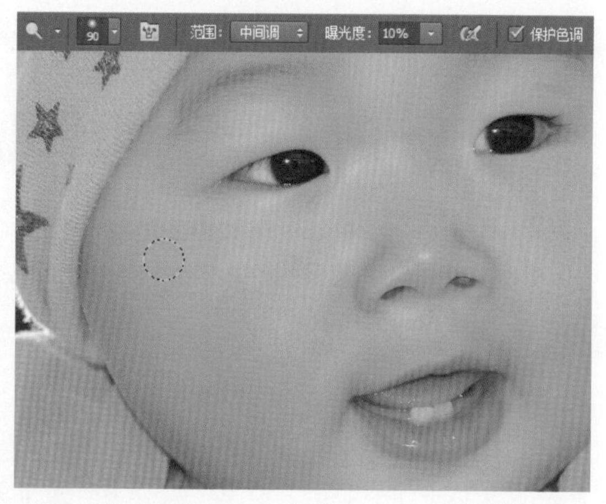

03 继续使用“减淡工具”在人物面部单击并涂抹，如下左图所示。

04 按 [键将画笔缩小，然后在人物面部单击并涂抹，调整人物面部的影调，最后的调整效果如下右图所示。

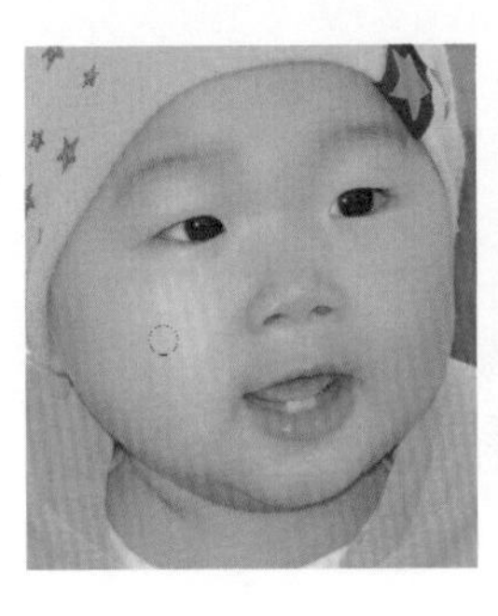

05 在“减淡工具”选项栏中设置画笔大小为25、“曝光度”为15%，然后在人物的眼白部分单击并涂抹，如下图所示。

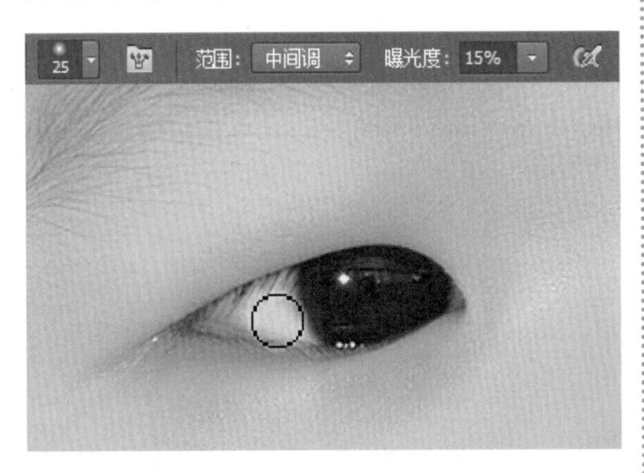

06 在“减淡工具”选项栏中设置画笔大小为60、“范围”为“高光”、“曝光度”为5%，然后在人物的嘴唇部分单击并涂抹，增加嘴唇的高光效果，如下图所示。

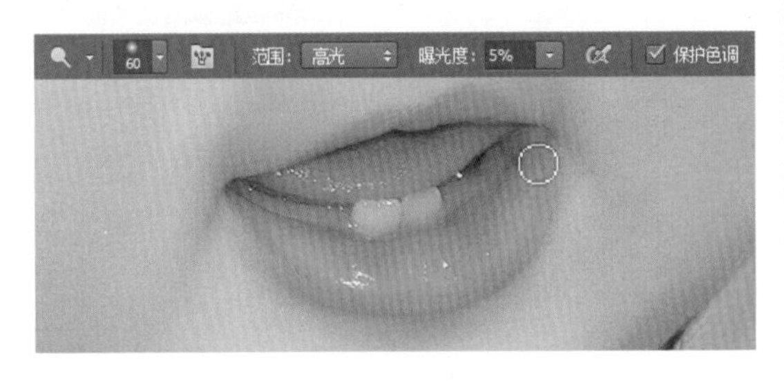

07 继续使用“减淡工具”在图像的适当位置单击并涂抹，增强人物面部的立体感，使人物的皮肤看起来更加白嫩，如下图所示。

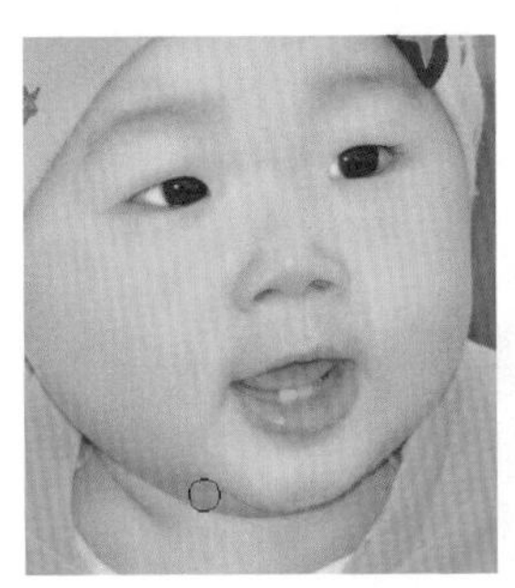

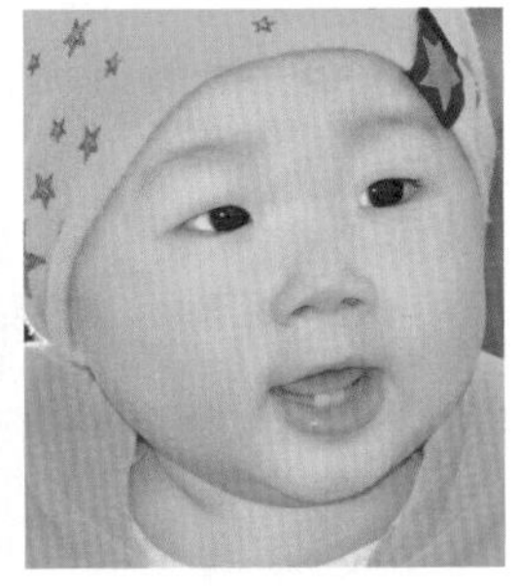

08 右击工具箱中的“减淡工具”按钮，在弹出的列表中选择“加深工具”，如右图所示。

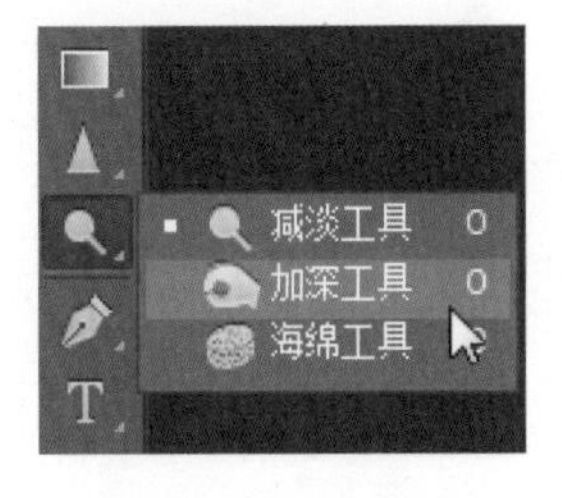

09 在“加深工具”选项栏中设置画笔大小、“范围”和“曝光度”，如下图所示。

10 在人物眼睛的黑色部分单击并涂抹，加深图像局部的影调，最后的调整效果如下图所示。

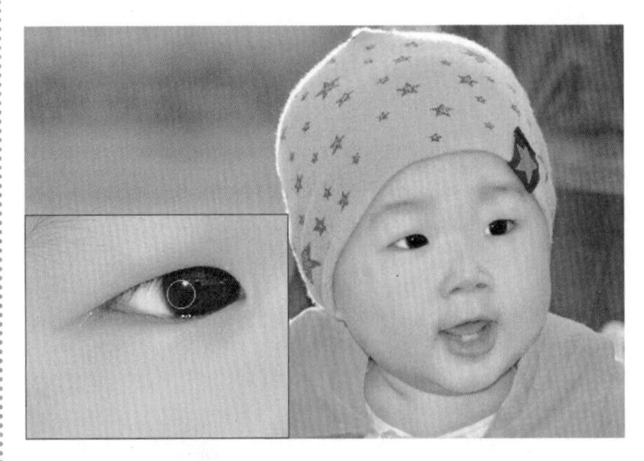

11 单击“调整”面板中的“亮度/对比度”按钮，创建“亮度/对比度1”调整图层，打开“属性”面板，设置“亮度”和“对比度”参数。设置后得到如下图所示的图像效果。

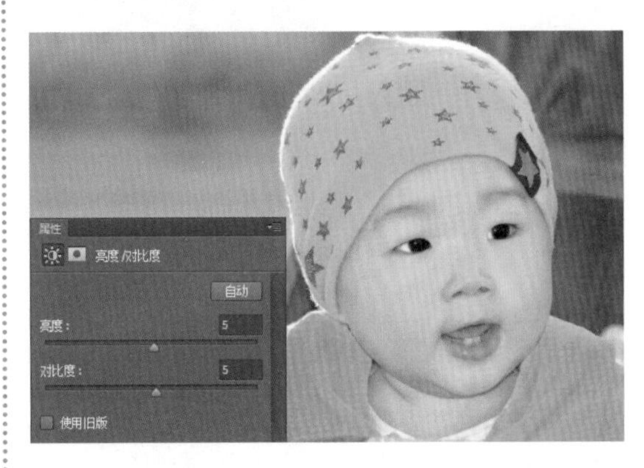

技巧 快速调整画笔大小

使用“加深工具”或“减淡工具”时，若要调整画笔大小，除了可在工具选项栏中设置外，还可按键盘中的 [或] 键快速调整。

实例演练——让灰暗的照片变明亮

解析： 如果拍摄照片时光线太弱，则容易导致拍出的照片整体偏暗。本实例将介绍如何结合“亮度/对比度”调整图层和“色调均化”命令快速调整照片，让灰暗的照片重现清楚的细节。下左图所示为制作前后的效果对比图，具体操作步骤如下。

扫码看视频

◎ **原始文件：** 随书资源\04\素材\10.jpg

◎ **最终文件：** 随书资源\04\源文件\让灰暗的照片变明亮.psd

01 打开素材文件“10.jpg”，复制图层，得到“背景 拷贝”图层，设置图层的混合模式为“滤色”，完成后提亮了图像，效果如下图所示。

02 单击“调整”面板中的“亮度/对比度”按钮，创建“亮度/对比度1”调整图层，打开“属性”面板，在面板中设置选项，如下左图所示。提亮图像、增强对比后的效果如下右图所示。

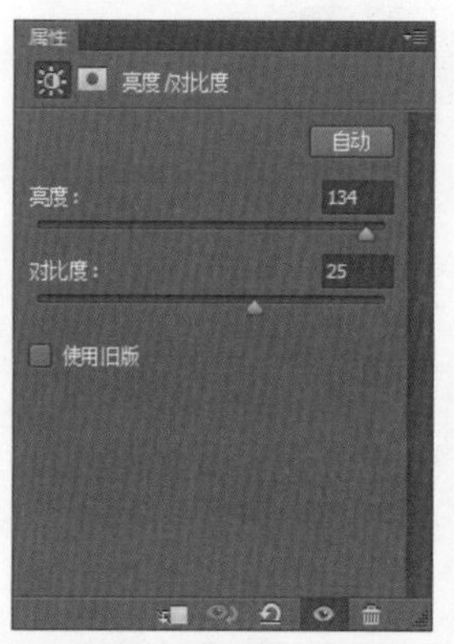

03 按快捷键Shift+Ctrl+Alt+E盖印图层，得到“图层1”图层，如下左图所示。

04 执行“图像>调整>色调均化”菜单命令，调整图像，得到如下右图所示的图像效果。

第5章 曝光过度和不足的后期补救

曝光是摄影最基本的技术元素之一，摄影本身就是通过曝光来获取影像的。可以毫不夸张地说，没有曝光就没有摄影。无论是摄影入门者，还是有经验的摄影家，都希望通过捕捉光线使拍摄的照片出彩，但是实际结果往往不尽如人意，不是太亮就是太暗。现在有了 Photoshop，一切都不成问题，只需利用 Photoshop 中的“色阶”“曲线”“曝光度”“阴影 / 高光”等命令，即可快速还照片一个清晰、明亮的面貌。本章将详细介绍如何应用 Photoshop 快速调整数码照片的影调，将光线欠佳的照片调整到正常效果或更好的效果。

5.1 把握照片的曝光度——“曝光度”命令

Photoshop 中的“曝光度”命令可用于调整 32 位 / 通道模式图像，与“色阶”“曲线”等少数命令同属于可用于 32 位文件的调整命令。由于拍摄时现场光源的影响和个人技术的限制，拍摄的照片常常不是因为曝光过度而整体偏白，就是因为曝光不够而整体偏暗，这时可以通过“曝光度”命令快速调整照片的曝光度，让照片“起死回生”。下面简单介绍“曝光度”命令的使用方法。

扫码看视频

打开“01.jpg”素材图像，执行“图像 > 调整 > 曝光度”菜单命令，打开“曝光度”对话框，如右图所示。通过设置该对话框中的各项参数，可快速调整图像的曝光度，具体设置如下。

❶曝光度：用于设置图像的曝光度。单击并向右拖动“曝光度”滑块，可增强图像的曝光度，但是其对于阴影区域的影响要慢于高光；单击并向左拖动滑块，则可降低图像的曝光度，如下图所示。

❷位移：用于调整图像的整体明暗度。单击并向左拖动滑块，可使图像整体变暗；单击并向右拖动滑块，可使图像整体变亮。该选项使阴影和中间调变暗，对高光的影响很轻微。

❸灰度系数校正：使用简单的乘方函数调整图像灰度系数。

❹吸管工具：用于调整图像的亮度值。单击“在图像中取样以设置黑场”按钮，可设置“位移”参数，同时将所单击的像素改变为黑色；单击“在图像中取样以设置灰场”按钮，可设置“曝光度”，同时将所单击的像素改变为中度灰色；单击“在图像中取样以设置白场”按钮，可设置“曝光度”，同时将所单击的像素改变为白色。

应用　应用“曝光度”命令快速调整图像的整体影调

打开“01.jpg”素材图像，如图❶所示。执行“图像 > 调整 > 曝光度”菜单命令，如图❷所示。打开“曝光度”对话框，在该对话框中设置“曝光度”为 +5.2，再将“位移”滑块向右拖动至 +0.0038 位置，如图❸所示。设置完成后单击“确定”按钮，得到如图❹所示的图像效果。

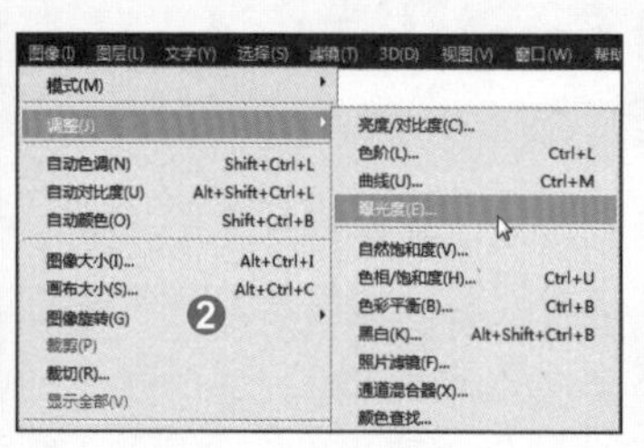

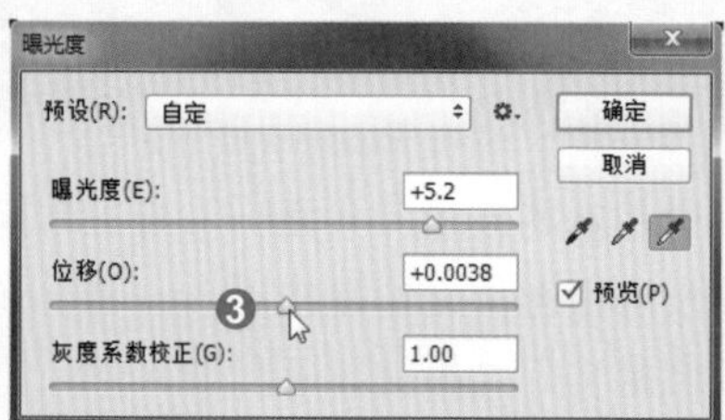

5.2　改善照片全景影调1——“色阶”命令

“色阶”命令是改善照片全景影调的必备工具之一，它通过修改图像的阴影、中间调和高光的亮度水平来调整图像的色调范围和色彩平衡，从而使照片的影调恢复正常。下面简单介绍“色阶”对话框中各项参数的设置。

扫码看视频

打开“02.jpg”素材图像，执行“图像 > 调整 > 色阶”菜单命令或按 Ctrl+L 键，打开“色阶”对话框，如下图所示。

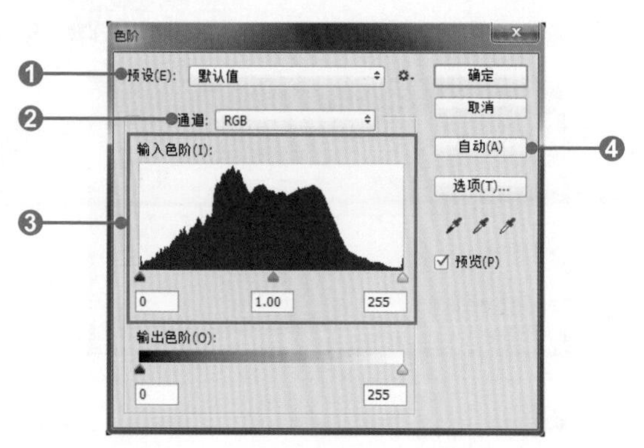

❶预设：单击“预设”下三角按钮，在弹出的下拉列表中可选择多种预设的色阶调整效果。下图所示分别为“预设”下拉列表框中几个预设选项的效果。

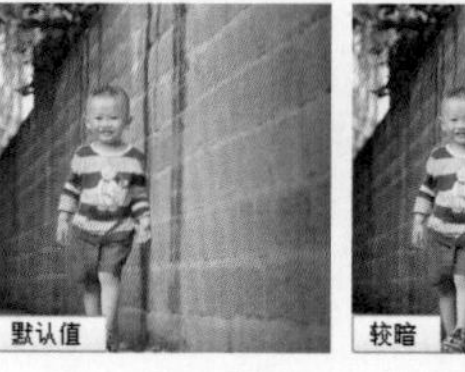

❷通道：单击“通道”下三角按钮，在弹出的下拉列表中可选择需要调整影调的通道。选择不同的通道，将得到不同的图像效果。右图所示为选择“蓝”通道时调整图像影调的效果。

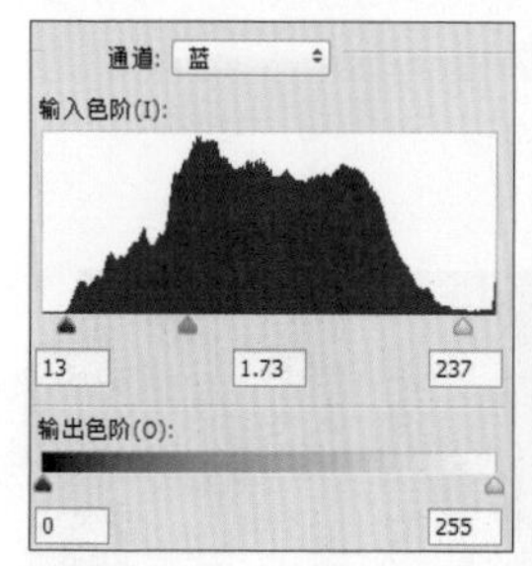

❸输入色阶：该选项中用直方图标识了当前图像的色调分布。通过单击并拖动直方图下方的滑块或在滑块下的数值框中输入数值来调整图像阴影、中间调和高光部分图像的色调和对比度，如下图所示。其中，黑色滑块所指的位置代表最暗（黑色）的像素，灰色滑块代表中间调的像素，白色滑块代表最亮（白色）的像素。

技巧 通过拖动“输入色阶”下方的滑块调整图像的影调

有时，用户可通过查看“色阶”对话框中直方图最左侧和最右侧陡然增大的波峰来判断图像中非常暗或非常浅的像素，如右图所示。这种情况下，可以将黑色或白色滑块轻微地拖至波峰内，以得到更好的图像效果。通过拖动黑色或白色滑块可重构图像的暗调和高光。单击并向右拖动白色滑块，可使所有浅于该值的像素变成白色；单击并向左拖动黑色滑块，则可使所有深于该值的像素变成黑色。

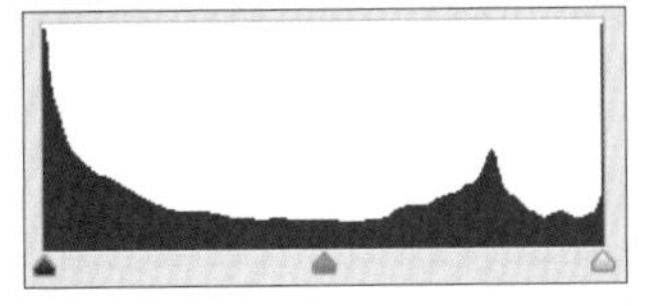

❹自动：单击“自动”按钮，将自动调整图像影调，如下左图所示。若要尝试其他自动调整选项，则在“色阶”对话框中单击“选项”按钮，然后在弹出的“自动颜色校正选项”对话框中更改“算法”及相应的参数，如下右图所示。

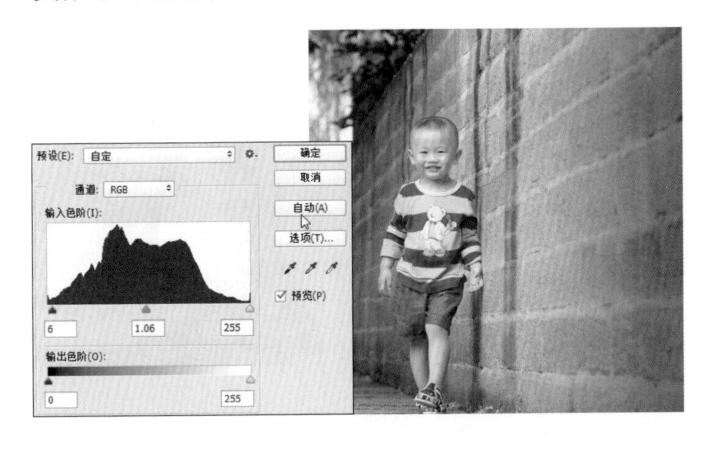

应用 使用“色阶”命令调整图像影调

打开“03.jpg”素材图像，如图❶所示。按 Ctrl+L 键，打开“色阶”对话框，单击并向右拖动黑色滑块，图像中的阴影部分会变得更暗，如图❷所示。单击并向左拖动灰色滑块，图像的中间调部分会变亮，图像整体也会变亮，如图❸所示。单击并向左拖动白色滑块，图像中较亮部分的图像会变得更亮，如图❹所示。

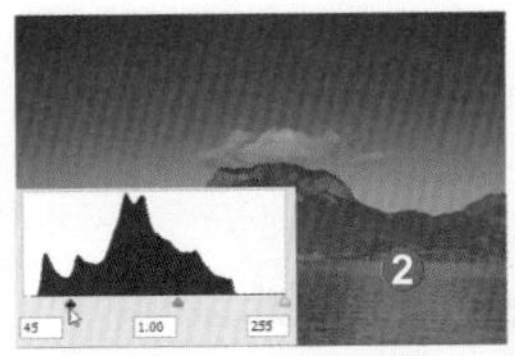

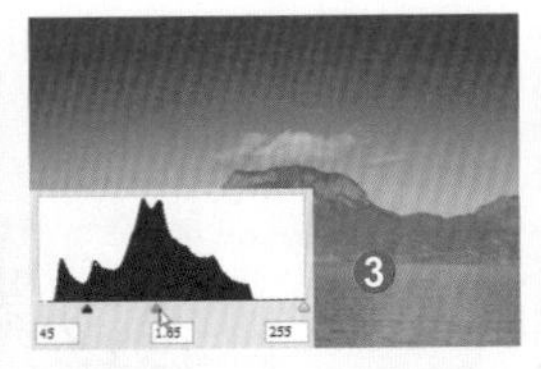

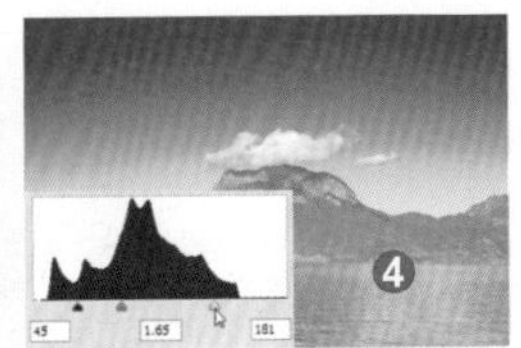

5.3 改善照片全景影调2——“曲线”命令

除了使用“色阶”命令调整图像影调外，还可以使用“曲线”命令调整图像的影调，提高照片的对比度。“曲线”命令非常适合用于调整图像的指定色调范围，而不会让图像整体变亮或变暗。下面简单介绍该命令的使用方法和相关设置。

扫码看视频

打开“04.jpg”素材图像，执行“图像 > 调整 > 曲线”菜单命令或按Ctrl+M键，打开“曲线”对话框，如下图所示。该对话框中的曲线代表了色调调整前后的关系。具体设置方法如下。

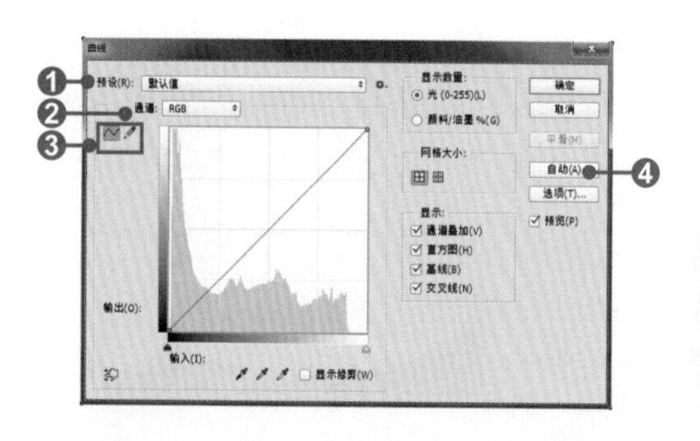

❶预设：用于选择预设的曲线设置。单击“预设”下三角按钮，在弹出的下拉列表中可选择多种预设的曲线调整效果。下图所示分别为选择不同预设选项的图像效果。

❷通道：在此下拉列表框中可以选择要调整的颜色通道。调整通道会改变图像颜色。

❸“曲线/铅笔”按钮：若单击“曲线”按钮，则通过拖动曲线上的点来修改曲线外形，如右图一所示；若单击“铅笔”按钮，则通过绘制来修改曲线外形，如右图二所示。

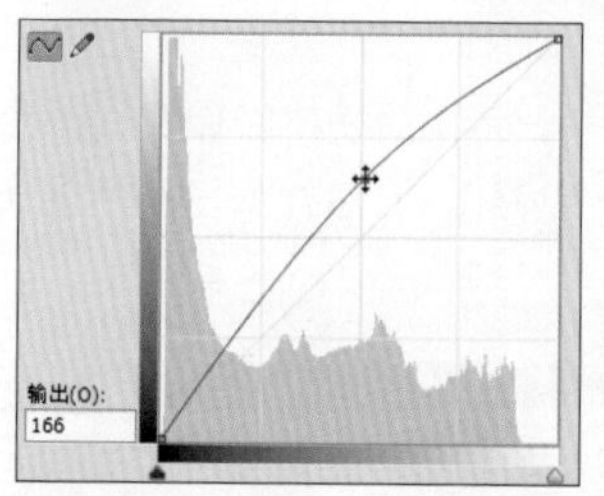

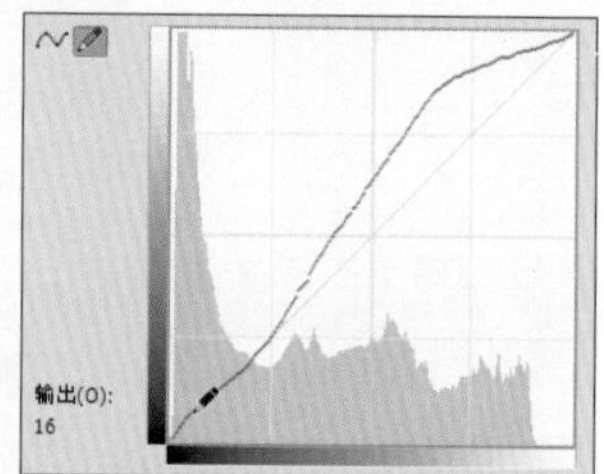

❹自动：单击该按钮，可以对图像应用“自动颜色”“自动对比度”“自动色调”进行校正，具体的校正内容取决于“自动颜色校正选项”对话框中的设置。右图所示为单击“自动”按钮、快速调整图像后的效果。

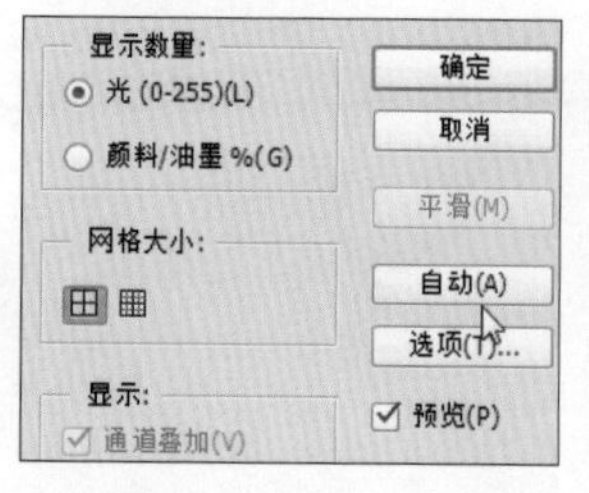

应用 使用“曲线”命令调整图像影调

打开“05.jpg”素材图像，如图❶所示。按快捷键Ctrl+M，打开“曲线”对话框，在该对话框中的曲线上半部分单击，添加一个曲线控制点，然后向上拖动该曲线控制点，如图❷所示。调整后图像的高光部分变得更亮，效果如图❸所示。

继续在曲线左下角位置再次单击，添加另一个曲线控制点，选中该曲线控制点，然后向下拖动调整曲线形状，如图❹所示。经过设置，图像的阴影部分变得更暗，此时可以看到图像的对比增强了，如图❺所示。

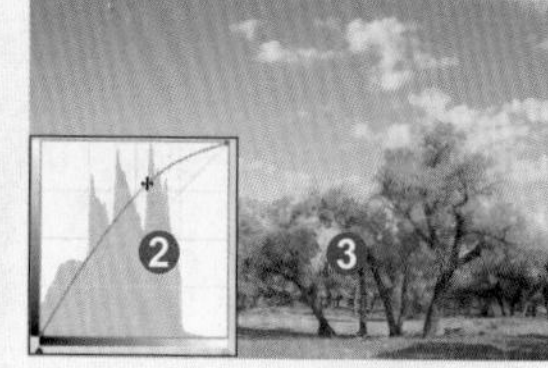

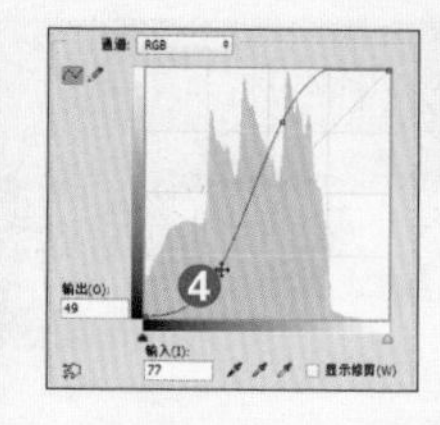

第5章

技巧 曲线控制点的删除

若要删除在曲线上添加的控制点，有两种方法：第一种方法是单击选中控制点后按 Delete 键，第二种方法是单击选中控制点后将其拖出曲线编辑区域。

5.4 控制照片的影调——“阴影/高光”命令

“阴影 / 高光”命令拥有分别控制调亮阴影和调暗高光的选项，该命令先是决定每个像素用来做阴影还是高光，或是不作为两者中的任何一个，然后决定将它调亮或调暗。若执行一次“曲线”或“色阶”命令都无法很好地解决图像的影调问题，那么可以使用“阴影 / 高光”命令对图像进行调整。该命令主要用于修改一些因为阴影或逆光而显得比较暗的数码照片。本节将简单介绍“阴影 / 高光”命令的设置方法。

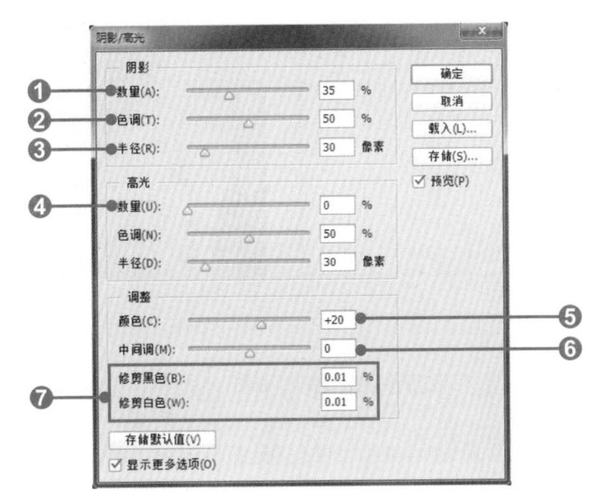

打开“06.jpg”素材图像，执行“图像 > 调整 > 阴影 / 高光”菜单命令，打开“阴影 / 高光”对话框，在该对话框中勾选“显示更多选项”复选框，显示如左图所示的多个选项。拖动各选项滑块或在其后的数值框中输入数值，可快速调整图像的影调，具体如下。

❶**阴影数量**：用于更改阴影中色调调整的比例。过大的值可能会导致交叉，在这种情况下，以高光开始的区域会变得比以阴影开始的区域颜色更深，使调整后的图像看上去“不自然”。下图所示分别为默认图像和设置不同阴影数量时的图像效果。

❷**阴影色调**：用于控制阴影中色调的修改范围，其默认值为 50%。较小的值会限制只对较暗区域进行阴影校正的调整，并只对较亮区域进行“高光”校正的调整。任何浅于 50% 的灰都将被当成高光像素。较大的值将进一步调整为中间调的色调范围。任何深于 50% 的灰都将被当成高光像素。

❸**阴影半径**：用于控制每个像素周围的局部相邻像素的大小，相邻像素用于确定像素是在阴影还是在高光中。向左移动滑块会指定较小的区域，向右移动滑块会指定较大的区域。

❹**高光数量**：与阴影数量相反，高光数量用于控制高光中色调的修改范围，它决定了一个阴影像素的百分之几会被调亮或一个高光像素的百分之几会被调暗。

❺颜色：用于增加阴影/高光已调亮或调暗区域的饱和度。若设置为负数，则降低图像的饱和度。

❻中间调：该选项可以在不使用单个曲线调整的情况下修复中间调的对比度。

❼修剪黑色/白色：可以指定在图像中将多少阴影和高光剪切到新的极端阴影（色阶为0，黑色）和高光（色阶为255，白色）颜色。设置的值越高，图像的对比度越强。

应用 使用“阴影/高光”命令调整图像

打开“06.jpg”素材图像，如图❶所示。按快捷键Ctrl+J复制图层，执行“图像>调整>阴影/高光”菜单命令，打开“阴影/高光”对话框，在该对话框中勾选“显示更多选项”复选框，如图❷所示。在“阴影/高光”对话框中将显示更多选项，然后对这些选项进行设置，如图❸所示。设置完成后单击“确定”按钮，调整图像，效果如图❹所示。

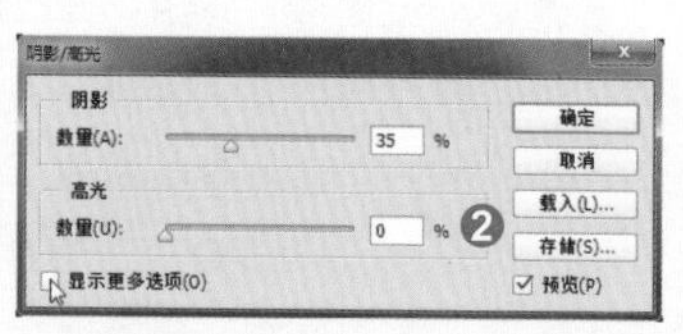

5.5 模拟各种光晕效果——镜头光晕

在拍摄数码照片时，若没有拍出镜头光晕效果，则可通过Photoshop中的“镜头光晕”滤镜为照片添加各种梦幻的光晕效果。下面简单介绍如何使用Photoshop模拟各种光晕效果。

扫码看视频

打开“07.jpg”素材图像，执行“滤镜>渲染>镜头光晕”菜单命令，打开“镜头光晕”对话框，如下图所示。在该对话框中可设置各种光晕效果及镜头内部的反射。

❶光晕效果：通过单击图像缩览图的任一位置或拖动其十字线光标，设置光晕中心的位置。

❷亮度：单击并拖动“亮度”滑块或在其后的数值框中输入数值，可设置光晕的亮度。

❸镜头类型：用于设置镜头的类型。Photoshop提供了“50～300毫米变焦”“35毫米聚焦”“105毫米聚焦”“电影镜头”4个选项，选中不同的单选按钮，将得到不同的镜头光晕效果。

如下图所示为几种镜头类型的效果。

实例演练——调节曝光不足的照片

解析： 现场光线不足、无法使用闪光灯或相机测光错误等因素，会使拍出的数码照片因曝光不足而呈现一片黑暗的效果。本实例将介绍如何结合 Photoshop 中的“曝光度”“色阶”“曲线”调整图层快速调节曝光不足的照片。下图所示为制作前后的效果对比图，具体操作步骤如下。

扫码看视频

◎ **原始文件：** 随书资源\05\素材\08.jpg

◎ **最终文件：** 随书资源\05\源文件\调节曝光不足的照片.psd

01 打开“08.jpg”文件，执行“窗口>直方图”菜单命令，打开“直方图”面板，如下图所示。像素都集中在面板左侧，出现“暗部剪裁”现象，面板右侧没有像素显示。

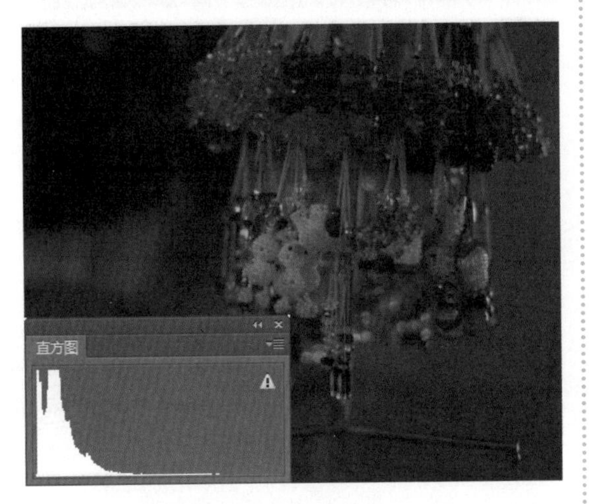

02 单击“调整”面板中的“曝光度”按钮，在“图层”面板中得到“曝光度1”调整图层，如下图所示。

03 打开“属性”面板，在“属性”面板的“曝光度”数值框中输入数值+3.53，在“位移”数值框中输入数值-0.0083，在“灰度系数校正”数值框中输入数值1，设置后得到如下图所示的图像效果。

04 执行“图层>新建调整图层>色阶”菜单命令，创建“色阶1”调整图层，打开“属性”面板。在“预设”下拉列表框中选择“加亮阴影”选项，设置后提高了阴影部分的图像亮度，效果如下图所示。

05 创建“曲线1”调整图层，打开“属性”面板。在“预设”下拉列表框中选择“中对比度（RGB）”选项，调整图像的对比效果，如下图所示。

06 创建“曲线2”调整图层，打开“属性”面板。在曲线中单击创建控制点，并拖动控制点调整曲线外形，如下左图所示。

07 单击“曲线2”调整图层的蒙版缩览图，如下右图所示。

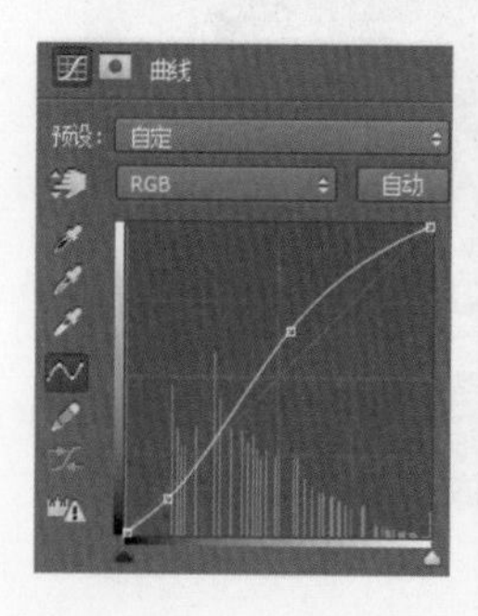

08 将前景色设置为黑色，然后选择“画笔工具”，在其选项栏中将“不透明度”设置为50%，使用“画笔工具”在图像的适当位置单击并涂抹，恢复局部图像的原始影调，如下图所示。

09 按快捷键Shift+Ctrl+Alt+E盖印图层，得到“图层1”图层。执行“滤镜>杂色>减少杂色”菜单命令，打开“减少杂色”对话框，在该对话框中设置选项。设置完成后单击“确定”按钮，去除照片中的噪点，完成本实例的制作，最后的调整效果如下图所示。

技巧 “曲线”与“色阶”调整的区别

“曲线”与“色阶”都允许用户调整图像的整个色调范围。二者的区别在于，“色阶”只允许用户通过黑（黑场）、白（白场）、灰（灰场）3个滑块设置图像影调，而“曲线”允许用户在图像的整个色调范围内调整最多14个不同的点，还可以对图像中的个别颜色通道进行精确设置。

实例演练——调节曝光过度的照片

解析：曝光过度的数码照片会显得苍白，若因此放弃一张构图和景色都很特别的照片，那会相当遗憾。本实例将介绍如何通过Photoshop中的“色阶”和“曝光度”调整图层快速拯救曝光过度的照片。具体操作步骤参照“调节曝光过度的照片”视频文件。

扫码看视频

◎ 原始文件：随书资源\05\素材\09.jpg
◎ 最终文件：随书资源\05\源文件\调节曝光过度的照片.psd

实例演练——调节灰蒙蒙的照片

解析：若由于天气情况和拍摄时间的限制，拍出的照片又灰又暗，可利用Photoshop进行后期处理，使照片恢复活力。本实例将介绍如何使用Photoshop调整灰蒙蒙的数码照片。下图所示为制作前后的效果对比图，具体操作步骤如下。

扫码看视频

◎ 原始文件：随书资源\05\素材\10.jpg
◎ 最终文件：随书资源\05\源文件\调节灰蒙蒙的照片.psd

01 打开“10.jpg”文件，执行“窗口>直方图”菜单命令，打开“直方图”面板，如下图所示，可以看到像素都集中在面板左侧和中间，说明照片偏暗且对比度不够。

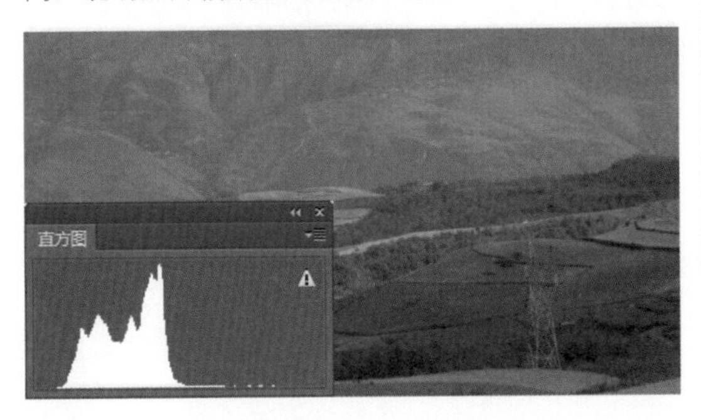

02 单击“调整”面板中的“色阶”按钮，创建“色阶1”调整图层，打开“属性”面板，设置“输入色阶”值为18、1、179，调整后的效果如下图所示。

03 单击“调整”面板中的“亮度/对比度”按钮，创建“亮度/对比度1”调整图层，在打开的“属性”面板中设置“亮度”和“对比度”选项，调整图像的亮度和对比度，得到如下图所示的图像效果。

04 按快捷键Shift+Ctrl+Alt+E盖印图层，得到“图层1”图层。设置此图层的混合模式为“柔光”、“不透明度”为60%，增强图像层次，如下图所示。

05 选择“快速选择工具”，在远处的山景位置连续单击，创建选区。执行“选择>修改>羽化”菜单命令，打开“羽化选区”对话框，在该对话框中设置“羽化半径”为1，单击“确定”按钮，羽化选区，如下图所示。

06 执行“选择>反选”菜单命令，反选选区，如下图所示。

07 确保“图层1”图层为选中状态，单击“图层”面板底部的“添加图层蒙版”按钮，为“图层1”图层添加图层蒙版。按住Ctrl键单击“图层1”图层蒙版，将此图层中未被蒙版遮盖的非透明区域作为选区载入，如下图所示。

08 执行“选择>反选”菜单命令，反选选区，如下图所示。

09 单击“调整”面板中的“色阶”按钮，创建“色阶2”调整图层，打开“属性”面板，在面板中设置参数，得到如右图所示的最终效果。

技巧 衡量色阶调整程度

调整“色阶”时，按住 Alt 键拖动黑色和白色滑块，画面就会变为全白或全黑，并以色彩标示出调整后将会丧失细节的地方。用户可以用这种方法来判断调整的程度，若有太多区域出现色彩，则说明调整过度。

实例演练——调节高反差的照片

解析：在白天光线强烈时拍摄，拍出的照片中阴影部分会过暗，导致画面的色彩反差较大。对于这样的照片，需要在后期处理时提高暗部区域的亮度，降低亮部区域的亮度，从而缩小明暗的反差，使画面层次更为丰富。下图所示为制作前后的效果对比图，具体操作步骤如下。

扫码看视频

◎ 原始文件：随书资源\05\素材\11.jpg
◎ 最终文件：随书资源\05\源文件\调节高反差的照片.psd

01 打开“11.jpg”文件，单击“图层”面板底部的“创建新的填充或调整图层”按钮，在弹出的菜单中选择“色阶”选项，创建“色阶1”调整图层。打开“属性”面板，在“预设”下拉列表框中选择“加亮阴影”选项，如右图所示，将图像阴影部分的图像调亮。

02 选中“色阶1”调整图层，按快捷键Ctrl+J复制图层，得到“色阶1拷贝”图层，将此图层的“不透明度”设置为40%，进一步提亮阴影，如下图所示。

03 单击“色阶1拷贝”调整图层的蒙版缩览图，选择“渐变工具”，在其选项栏中设置渐变选项，如下图所示。

04 从图像右上角往左下方拖动，当拖至合适位置后，释放鼠标，填充渐变，如下图所示。

05 利用“渐变工具”编辑“色阶1拷贝”调整图层的图层蒙版后，得到如下图所示的效果。

06 单击“调整”面板中的“曲线”按钮，创建“曲线1”调整图层，并打开“属性”面板，在面板中设置曲线形状，设置后的效果如下图所示。

07 单击“图层”面板中的“曲线1”图层蒙版，单击工具箱中的“画笔工具”按钮，设置前景色为黑色，在画面中不需要调整的图像上涂抹，还原图像的亮度，如下图所示，完成本实例的制作。

第5章

实例演练——调整逆光的照片

解析：很多人都会使用“曲线”命令或调整图层来调整逆光的数码照片，这种方法虽然可以将暗部调亮，但是亮部会变得更亮，变成了曝光过度，使图像的细节损失严重。本实例将介绍一种快速有效地调整逆光照片的方法。下左图所示为制作前后的效果对比图，具体操作步骤如下。

扫码看视频

◎ 原始文件：随书资源\05\素材\12.jpg
◎ 最终文件：随书资源\05\源文件\调整逆光的照片.psd

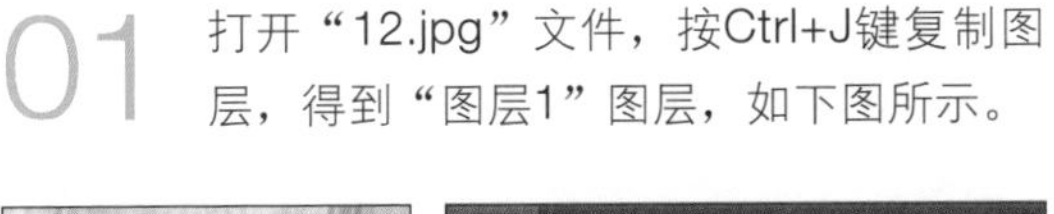

01 打开“12.jpg”文件，按Ctrl+J键复制图层，得到“图层1”图层，如下图所示。

02 执行“图像>调整>阴影/高光”菜单命令，打开“阴影/高光”对话框，设置参数，设置完成后单击“确定”按钮，如下左图所示。

03 经过上一步的操作后，得到如下右图所示的图像效果，快速调整了图像阴影部分的影调，使图像阴影部分变得明亮起来。

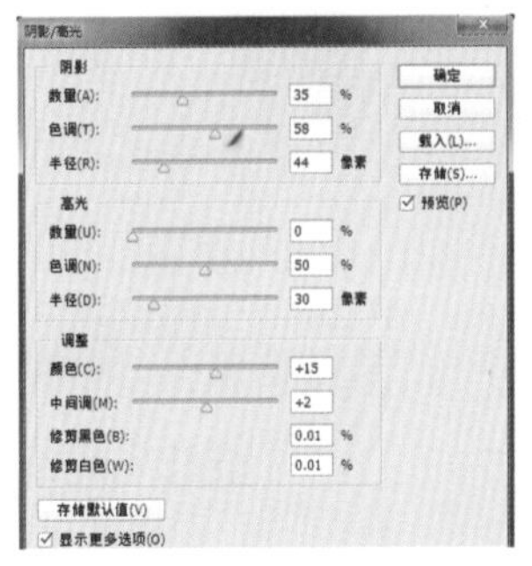

04 按快捷键Shift+Ctrl+Alt+E盖印图层，得到“图层2”图层，将此图层的“不透明度”设置为35%，如下左图所示。

05 执行“图像>自动颜色”菜单命令，软件将自动调整图像颜色，调整效果如下右图所示。

06 创建“色阶1”调整图层，打开“属性”面板，在“预设”下拉列表框中选择“较亮”选项，提亮图像，如下图所示。

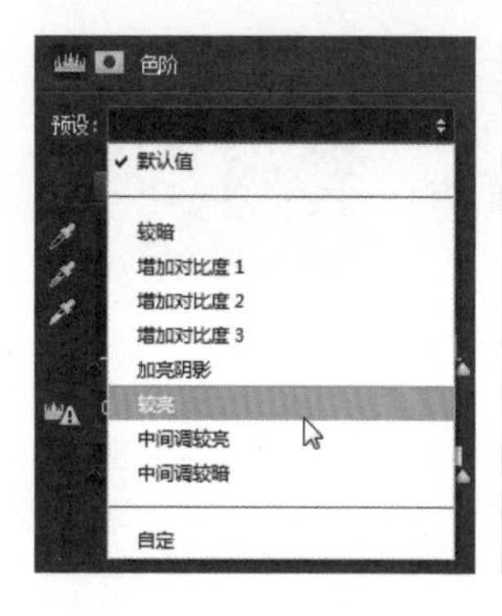

07 单击“色阶1”图层蒙版缩览图，选择“画笔工具”，在选项栏中将“不透明度”设置为30%，将前景色设置为黑色，在人物旁边的背景处涂抹，还原图像亮度，如下图所示。

08 单击工具箱中的“椭圆选框工具”按钮，在选项栏中设置“羽化”值为40像素，如下图所示。

羽化：40 像素

09 在人物的脸部单击并拖动鼠标，绘制椭圆选区，如下左图所示。

10 执行“选择>变换选区”菜单命令，打开自由变换编辑框，单击并拖动编辑框，调整选区的大小和角度，如下右图所示。

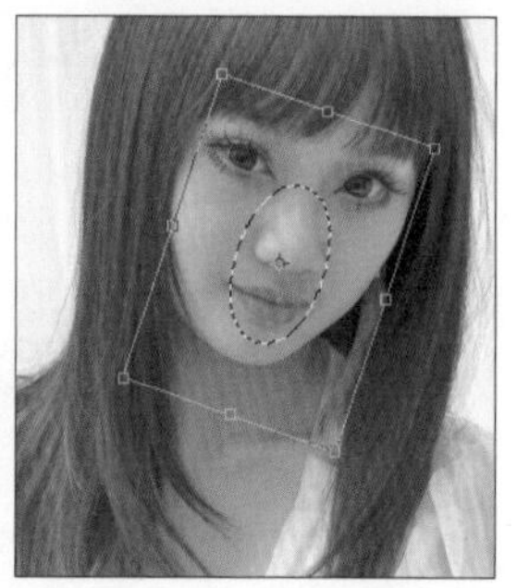

11 按Enter键变换选区。再创建“曲线1”调整图层，在打开的“属性”面板中设置曲线，调整选区内的图像，完成本实例的制作，效果如下图所示。

实例演练——渲染光晕突显浪漫氛围

解析：镜头光晕是一种特殊的曝光效果，能为画面渲染独特的意境。本实例讲解如何结合调整图层和“镜头光晕”滤镜调整图像，打造浪漫唯美的画面效果。下图所示为制作前后的效果对比图，具体操作步骤如下。

扫码看视频

◎ 原始文件：随书资源\05\素材\13.jpg

◎ 最终文件：随书资源\05\源文件\渲染光晕突显浪漫氛围.psd

01 打开“13.jpg”文件，按Ctrl+J键复制图层，得到“图层1”图层。选中该图层，设置其混合模式为“滤色”、“不透明度”为60%。可看到图像变得更亮了，效果如下图所示。

02 单击“调整”面板中的“曲线”按钮，创建“曲线1”调整图层，打开“属性”面板，选择“红”通道，再用鼠标单击并向上拖动曲线，提高红通道图像的亮度，如下左图所示。

03 继续在“属性”面板中选择“蓝”通道，然后用鼠标单击并向上拖动曲线，提高蓝通道图像的亮度，如下右图所示。

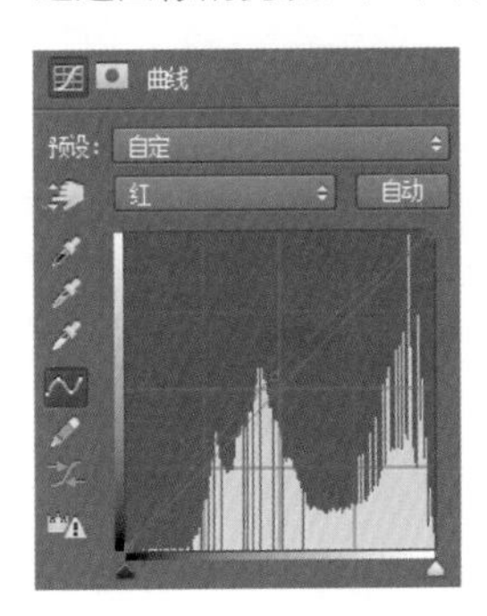

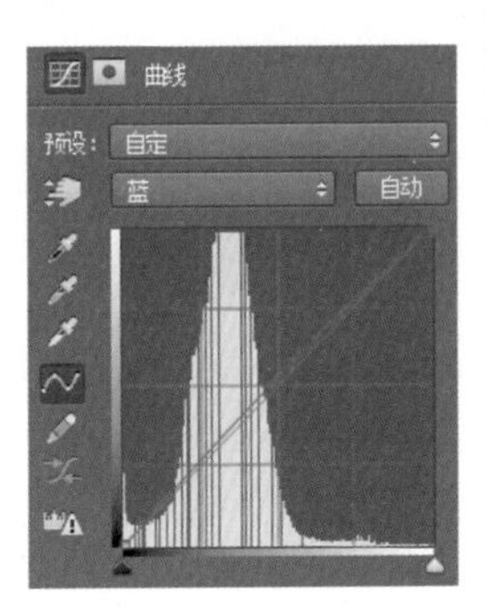

04 在“通道”列表框中选择RGB通道，单击并向上拖动RGB通道曲线，调整图像的亮度，得到更清晰的画面，效果如下图所示。单击“曲线1”蒙版缩览图，使用黑色的画笔涂抹调整过度的区域。

05 按快捷键Shift+Ctrl+Alt+E盖印图层，得到“图层2”图层，如下左图所示。执行“滤镜>渲染>镜头光晕”菜单命令，打开“镜头光晕”对话框，在该对话框图像预览区的右上角单击，定义光晕位置，如下右图所示。

06 设置后单击“确定”按钮，应用滤镜为照片添加逼真的镜头光晕效果。在“图层”面板中选中“图层2”图层，将此图层的“不透明度”设置为60%，如下图所示。

07 根据设置的“不透明度”选项，降低光晕的不透明度，使光晕效果更加自然，如下图所示。

08 单击“图层”面板底部的“创建新的填充或调整图层”按钮，在弹出的菜单中选择“纯色”命令，创建“颜色填充1”填充图层。打开“拾色器（纯色）”对话框，设置填充颜色为R208、G148、B88，如下图所示。

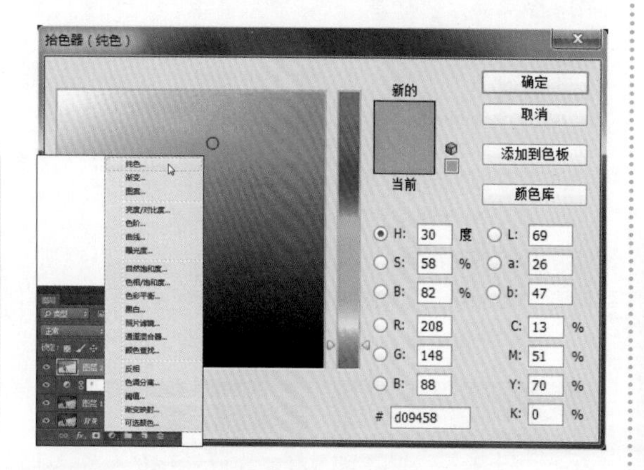

09 设置完成后单击“确定”按钮，返回“图层”面板，在面板中设置“颜色填充1”填充图层的混合模式为“滤色”、“不透明度”为40%，效果如下图所示。

10 在工具箱中设置前景色为黑色、背景色为白色，单击工具箱中的“渐变工具”按钮，然后在选项栏中选择“前景色到背景色渐变”，单击“线性渐变”按钮，如下图所示。

11 单击“颜色填充1”填充图层的图层蒙版缩览图，在图像编辑窗口中将鼠标从图像左下角往右上角拖动，拖至一定位置后释放，填充渐变，隐藏图像左下角的填充颜色，如下图所示，完成本实例的制作。

第5章

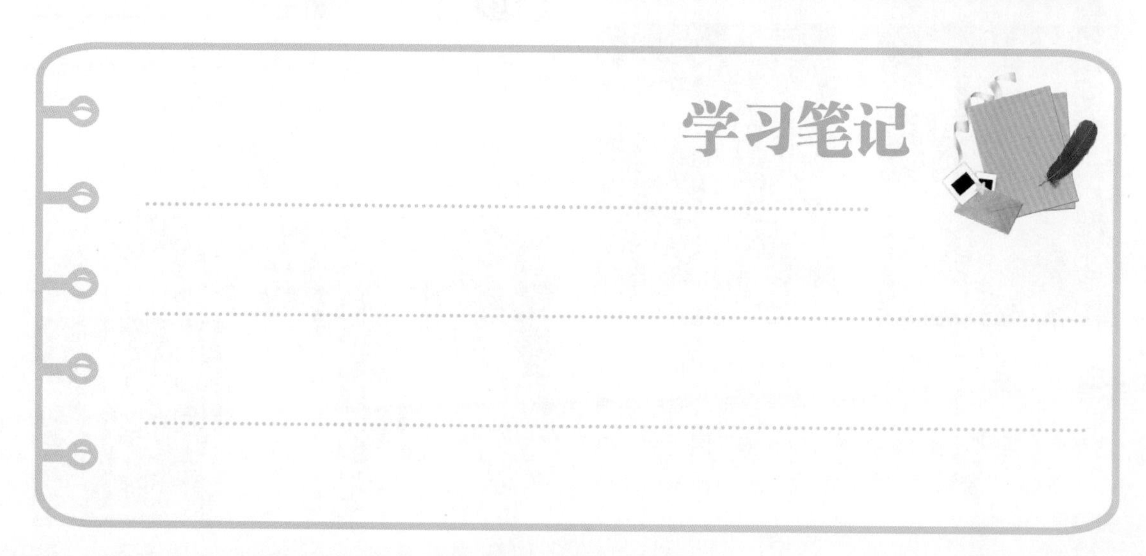

第6章 数码照片的色彩校正

无论是专业摄影师还是业余摄影爱好者，都明白摄影作品的色彩在表达情感方面发挥着举足轻重的作用，然而拍摄的数码照片中的色彩往往会和现场看到的不一样，影响了作品的效果。本章就来介绍专业的色彩校正方法和相关技巧，展示在后期处理过程中如何让照片色彩达到最佳效果，内容包括数码照片颜色和影调的自动调整及各种颜色控制方法。

6.1 自动调整数码照片的颜色和影调

在 Photoshop 中进行颜色调整时，调整命令的选择常常会让新手犯难，此时可以尝试使用“图像”菜单中的“自动色调”“自动对比度”“自动颜色”3 个命令，快速完成照片颜色和影调的自动调整。下面简单介绍这 3 个自动调整命令。

扫码看视频

1. 自动色调

“自动色调”命令根据图像的色调来自动调整图像的明度、纯度和色相，一次性将图像的整个色调均匀化。打开“01.jpg”素材图像，执行“图像 > 自动色调”菜单命令，软件将自动调整图像的影调，如下图所示。

3. 自动颜色

“自动颜色”命令可平衡任何接近中性的中间调，并提高其对比度，快速还原图像的真实颜色。打开“03.jpg”素材图像，执行“图像 > 自动颜色”菜单命令，即可快速调整图像的颜色，如右图所示。

2. 自动对比度

“自动对比度”命令可在维持图像整体颜色关系的前提下快速调整图像的对比度，使图像的高光区域更亮，阴影区域更暗。该命令适用于色调较灰、明暗对比不强的图像。打开“02.jpg”素材图像，执行“图像 > 自动对比度”菜单命令，即可快速调整图像的对比度，如下图所示。

6.2 提高数码照片的饱和度

风和日丽的好天气可遇而不可求，而在阴天或雾天拍摄的照片，往往显得暗淡无光、毫无生气。Photoshop 中的“自然饱和度”命令可快速为数码照片增色，使暗淡的照片重现光彩。

扫码看视频

打开“04.jpg”素材图像，执行“图像 > 调整 > 自然饱和度”菜单命令，打开“自然饱和度”对话框，如下图所示。在该对话框中可设置图像的饱和度，具体方法如下。

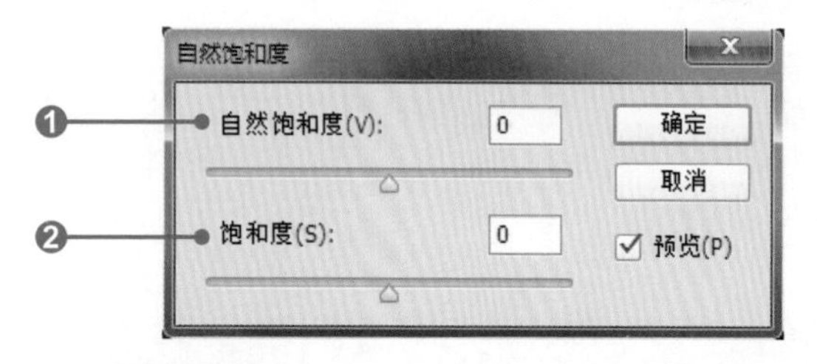

❶自然饱和度：用于提高画面整体的颜色浓度，向左拖动滑块或在数值框中输入负数将降低图像颜色浓度，向右拖动滑块或在数值框中输入正数将提高图像颜色浓度。下图所示为不同“自然饱和度”下图像的效果。

❷饱和度：用于提高图像整体的颜色鲜艳度，其调整的程度比“自然饱和度”选项更强一些。

应用　使用“自然饱和度”调整图层增强颜色鲜艳度

打开“05.jpg”素材图像，如图❶所示。执行“图层 > 新建调整图层 > 自然饱和度”菜单命令，打开“新建图层”对话框，单击对话框中的“确定”按钮，打开“属性”面板，在面板中设置各项参数，如图❷所示。软件会应用设置的数值调整图像，效果如图❸所示。

6.3 增强指定颜色的色相与饱和度

要调整照片的颜色饱和度，除了使用“自然饱和度”命令，还可以使用“色相 / 饱和度”命令。

扫码看视频

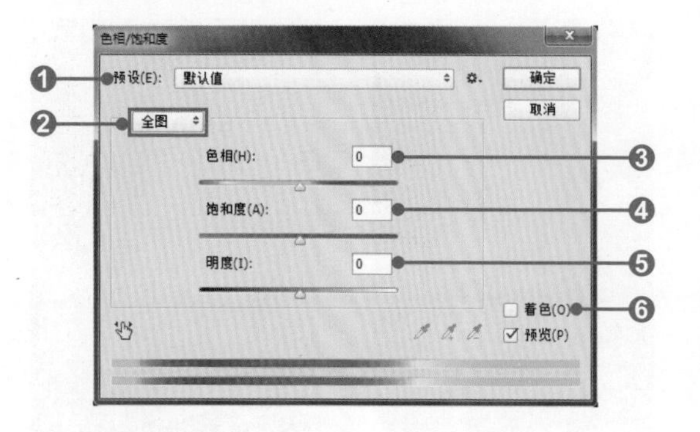

打开“06.jpg”素材图像，执行“图像 > 调整 > 色相 / 饱和度”菜单命令，打开如左图所示的“色相 / 饱和度”对话框。在该对话框中，用户可以选择是调整全图的整体颜色，还是针对红色、黄色、绿色等色系分别进行调整。选择好颜色的调整范围后，还可以单独控制色相、饱和度、明度。具体设置如下。

❶预设：选择系统预先设置好的色相 / 饱和度调整效果。单击“预设”下拉列表框右侧的下三角按钮，在展开的列表中即可进行选项的选择。下图所示分别为“预设”下拉列表框中几个预设选项的效果。

默认值

深褐

进一步增加饱和度

❷编辑：在该下拉列表框中可选择要改变的颜色，共有“红色”“蓝色”“绿色”“黄色”“全图”等 7 个选项，如下左图所示。

❸色相：用于改变图像的颜色。用户可通过在“色相”后的数值框中输入数值或拖动“色相”滑块来设置图像的颜色倾向。

❹饱和度：用于设置图像色彩的鲜艳程度。用户可通过在“饱和度”后的数值框中输入数值或拖动“饱和度”滑块进行设置。

❺明度：用于设置图像的明暗程度。设置的数值越大，图像越明亮；设置的数值越小，图像越暗淡。

❻着色：勾选该复选框，可使用单一颜色为图像着色。下右图所示为“着色”效果。

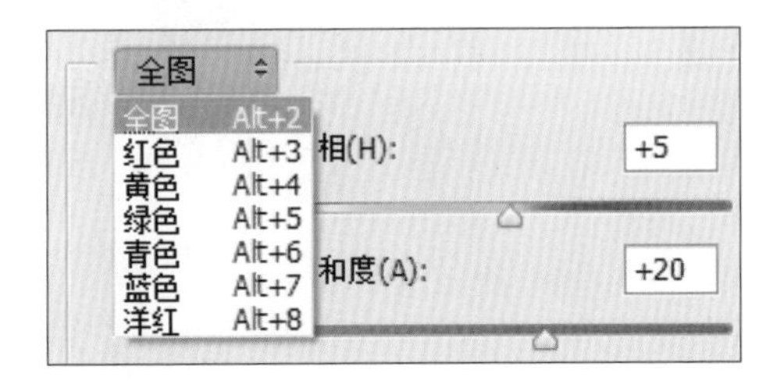

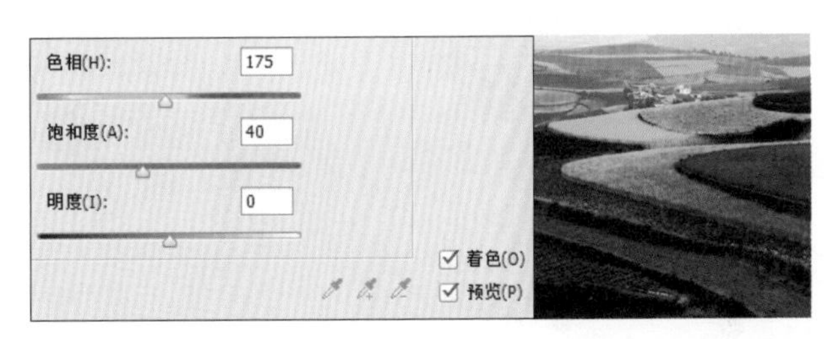

应用 使用“色相/饱和度”命令调整照片颜色

打开“07.jpg”素材图像，如图❶所示。执行“图像 > 调整 > 色相 / 饱和度”菜单命令，打开“色相 / 饱和度”对话框，在对话框中向右拖动“饱和度”滑块，如图❷所示。选择“黄色”，设置“色相”和“饱和度”选项，如图❸所示。设置完成后单击“确定”按钮，增强照片颜色的艳丽度，效果如图❹所示。

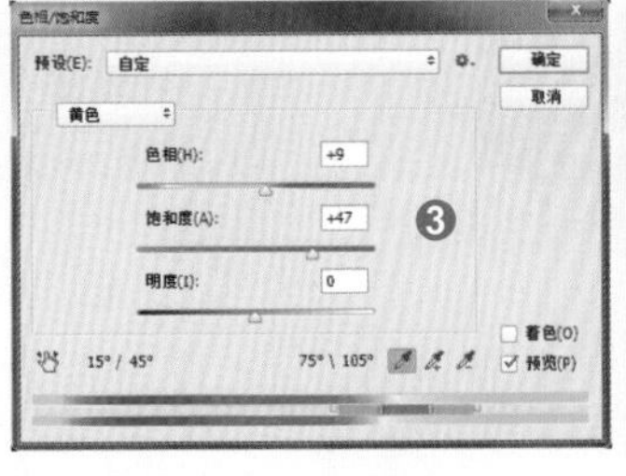

6.4 颜色控制命令——“色彩平衡”命令

“色彩平衡”命令可单独为高光、中间调或阴影应用颜色更改。该命令可更改图像的总体颜色混合，但应确保在“通道”面板中选择了复合通道，只有查看复合通道时，此命令才可用。下面将简单介绍如何应用“色彩平衡”命令控制图像的颜色。

打开“08.jpg”素材图像，执行“图像 > 调整 > 色彩平衡”菜单命令，打开“色彩平衡”对话框，如下图所示。在该对话框中可通过设置各项参数控制图像的颜色，具体如下。

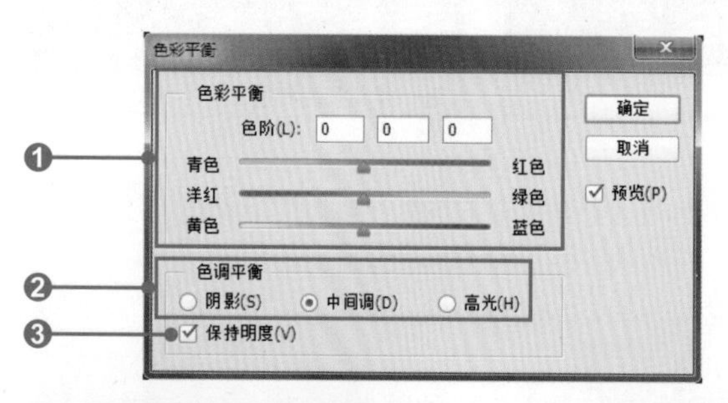

❶色彩平衡：可在此选项组中拖动滑块或直接输入数值进行颜色的增减，从而更改画面的色调。原始图像如下左图所示，在“色彩平衡”对话框中，向左拖动“青色、红色”滑块，效果如下中图所示；向右拖动“黄色、蓝色”滑块，效果如下右图所示。

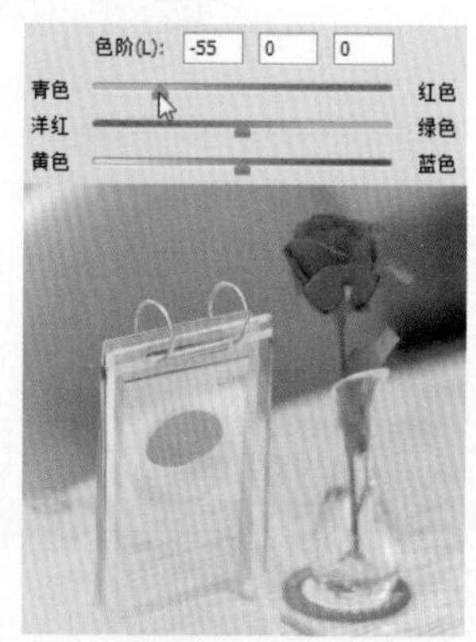

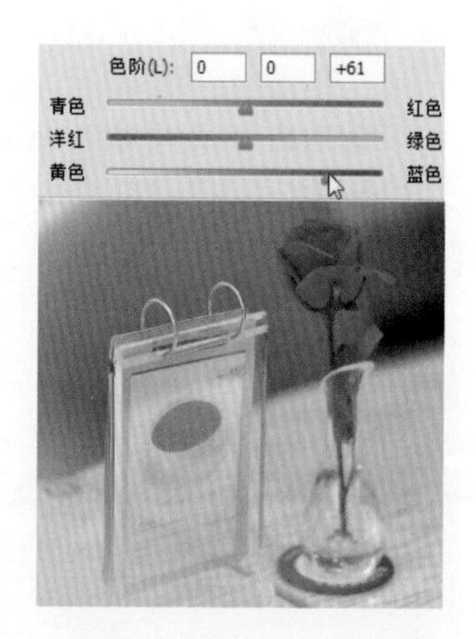

❷色调平衡：用于选择要着重更改的色调范围。选中“阴影”“中间调”“高光”单选按钮，可分别对阴影部分、中间调部分、高光部分应用色彩平衡调整。下图所示分别为选中不同单选按钮后调整的图像效果。

❸保持明度：勾选该复选框，可防止图像的亮度值随颜色的更改而改变。该选项可以保持图像的色调平衡。

应用 使用“色彩平衡”命令校正颜色

打开“09.jpg”素材图像，如图❶所示。按快捷键 Ctrl+J 复制图层，执行“图像 > 调整 > 色彩平衡”菜单命令，打开“色彩平衡”对话框，在该对话框中单击“中间调”单选按钮，并拖动“色彩平衡”组下的 3 个颜色滑块，如图❷所示。

单击“高光”单选按钮，选择要调整的范围为高光部分，然后拖动“色彩平衡”组下的 3 个颜色滑块，如图❸所示。最后单击“确定”按钮，调整后的图像如图❹所示。

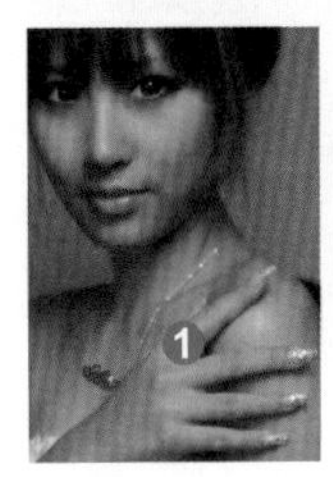

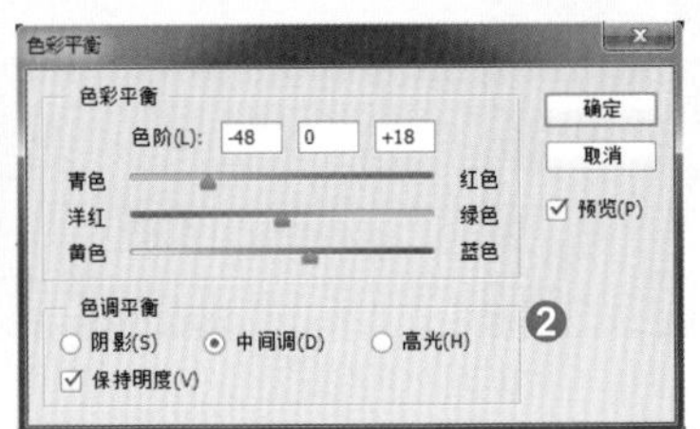

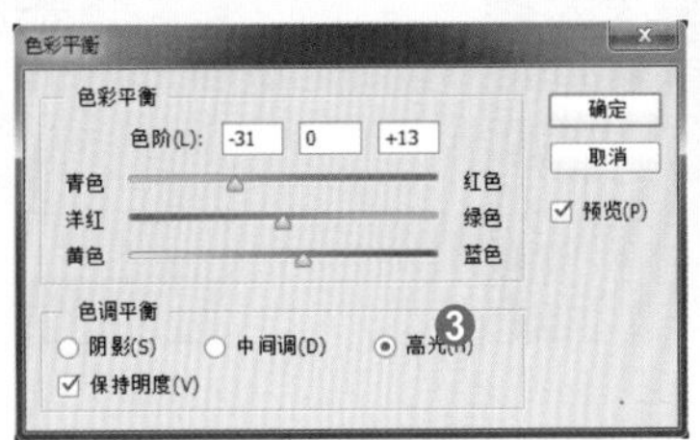

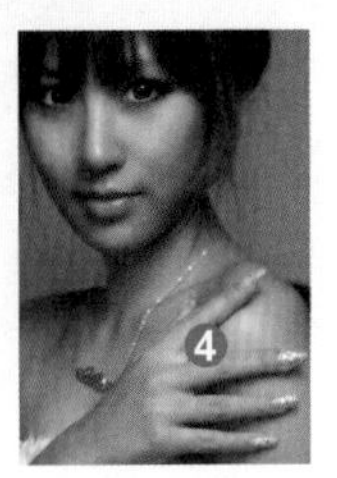

6.5 提高某种色温——照片滤镜

Photoshop 中的“照片滤镜”命令能模拟相机镜头上的彩色滤镜效果，它提供了加温和冷却滤镜选项，与常用镜头滤镜的联系更为紧密。该命令允许用户自由选择颜色预设，以便将色相调整应用到图像。下面将简单介绍如何使用“照片滤镜”命令提高照片的某种色温。

打开“10.jpg”素材图像，执行“图像 > 调整 > 照片滤镜”菜单命令，打开“照片滤镜”对话框，如下图所示。在该对话框中可设置滤镜颜色和浓度，具体设置方法如下。

❶滤镜：在“滤镜”下拉列表框中可选择预设的滤镜选项，快速调整照片颜色。

❷颜色：选中该单选按钮，再单击其后的色块，打开“拾色器（照片滤镜颜色）”对话框，如右图所示。用户可在该对话框中自定义滤镜颜色。

❸浓度：设置应用于图像的颜色数量。

技巧 应用预设照片滤镜

加温滤镜（85 和 LBA）及冷却滤镜（80 和 LBB）是用于调整图像中白平衡的颜色转换滤镜。如果图像是在色温较低的光（微黄色）下拍摄的，则冷却滤镜（80）会使图像的颜色更蓝，以便补偿色温较低的环境光。相反，如果照片是在色温较高的光（微蓝色）下拍摄的，则加温滤镜（85）会使图像的颜色更暖，以便补偿色温较高的环境光。加温滤镜（81）和冷却滤镜（82）都是使用光平衡滤镜来对图像的颜色品质进行细微调整的，加温滤镜（81）使图像变暖（变黄），冷却滤镜（82）使图像变冷（变蓝）。图❶～❸所示为原始图像效果及分别应用加温或冷却滤镜得到的图像效果。

应用　用照片滤镜校正色偏

“照片滤镜”命令可用于校正照片的颜色。打开偏色的“11.jpg”素材图像，如图❶所示。按快捷键 Ctrl+J 复制图层，执行“图像 > 调整 > 照片滤镜”菜单命令，打开“照片滤镜”对话框，在该对话框中选择“青”滤镜并调整其浓度，如图❷所示。设置完成后单击“确定”按钮，图像效果如图❸所示。

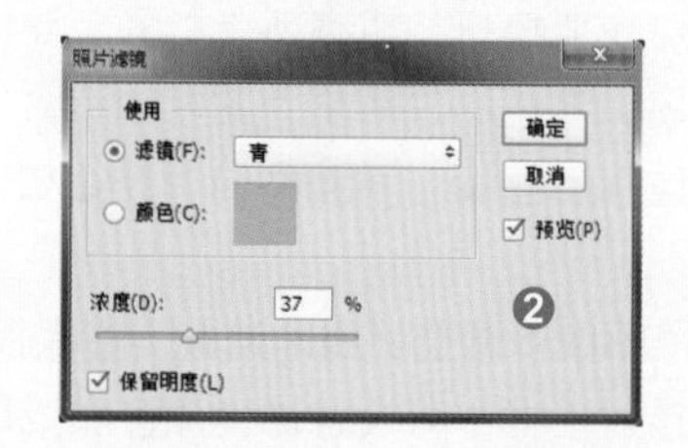

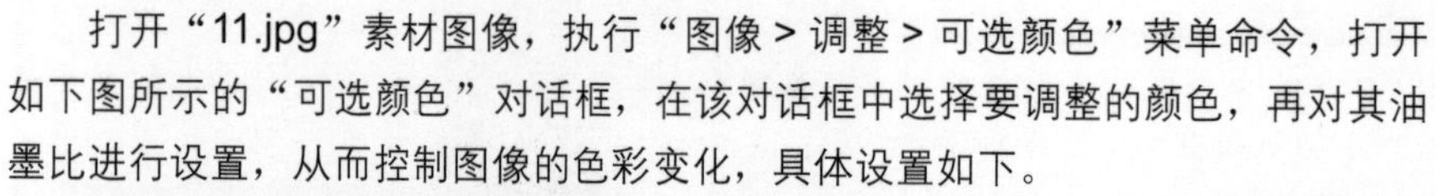

6.6 针对单一颜色的色彩校正

“可选颜色”命令通过调整印刷油墨的含量来控制图像颜色。印刷色由青、洋红、黄、黑 4 种油墨混合而成。使用“可选颜色”命令可以有选择地修改主要颜色中印刷色的含量，但不会影响其他主要颜色。

扫码看视频

打开“11.jpg”素材图像，执行“图像 > 调整 > 可选颜色”菜单命令，打开如下图所示的“可选颜色”对话框，在该对话框中选择要调整的颜色，再对其油墨比进行设置，从而控制图像的色彩变化，具体设置如下。

❶颜色：在“颜色”下拉列表框中可以选择需要调整的颜色区域，包括“红色”“黄色”“青色”“黑色”等多种颜色。选择不同的选项，即可对与之相对应的图像区域进行颜色调整。

❷方法：包括“相对”和“绝对”两个单选按钮。选中“相对”单选按钮，将按照总量的百分比更改现有的颜色的量。假设图像中现有 50% 的红色，如果再增加 10% 的红色，那么实际增加的红色就是 5%，即增加后的红色为 55%。如果选中“绝对”单选按钮，则采用绝对值调整颜色。假设图像中现有 50% 的红色，如果再增加 10% 的红色，那么增加后就有 60% 的红色。由此可以看出“绝对”调整效果比“相对”调整效果要强。

实|例|演|练——用自动命令快速调整色调和影调

解析： 数码照片的色调是指其色彩外观的基本倾向，包括纯度、色相和明度 3 个方面。应用 Photoshop 中的“自动色调”命令可快速根据图像的色调来调整图像的纯度、色相和明度，将照片的色调和影调调整至理想状态。下左图所示为制作前后的效果对比图，具体操作步骤如下。

扫码看视频

◎ **原始文件：** 随书资源\06\素材\12.jpg

◎ **最终文件：** 随书资源\06\源文件\用自动命令快速调整色调和影调.psd

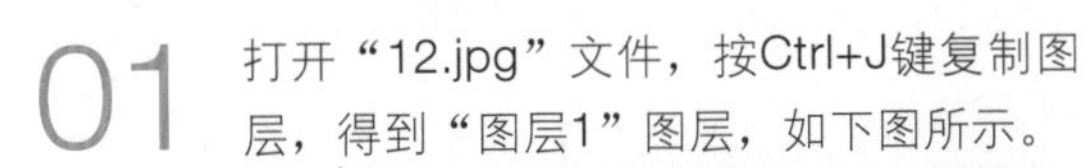

01 打开“12.jpg”文件，按Ctrl+J键复制图层，得到“图层1”图层，如下图所示。

02 确保“图层1”图层为选中状态，执行“图像>自动颜色”菜单命令或按Shift+Ctrl+B键，如下左图所示。

03 经过上一步的操作后，自动调整了图像的色调和影调，得到如下右图所示的图像效果。

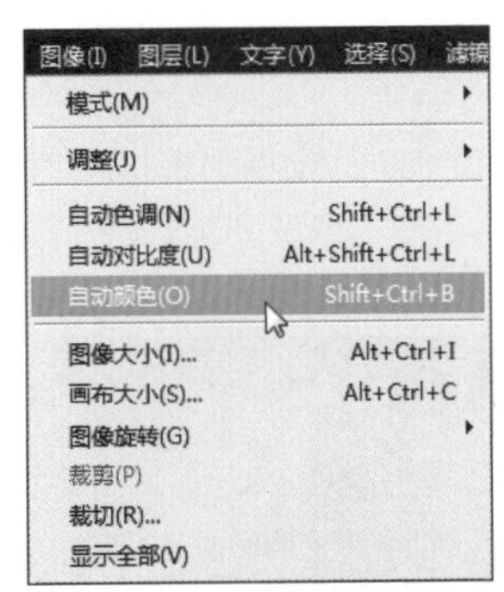

04 执行“图像>自动色调”菜单命令或按Shift+Ctrl+L键，进一步调整图像的色调和影调，最后的调整效果如下图所示，完成本实例的制作。

实例演练——快速移除照片的色彩偏差

解析： 在日落时拍摄照片，图像会因光线的影响而整体偏黄或偏红，此时就需要通过后期处理校正颜色，还原景物原来的色彩。在Photoshop中要想快速移除数码照片的色彩偏差，可使用“色阶”命令中的自动颜色校正功能。具体操作步骤参照“快速移除照片的色彩偏差”视频文件。

扫码看视频

◎ **原始文件：** 随书资源\06\素材\13.jpg
◎ **最终文件：** 随书资源\06\源文件\快速移除照片的色彩偏差.psd

实例演练——查看色彩值快速修复色彩失衡

解析： 打开一张照片以后，选择“吸管工具”，并将鼠标移至照片中，在“信息”面板中就会显示鼠标所在位置的具体颜色。借助此功能，可以对色彩失衡的照片进行校正。本实例将介绍如何通过查看颜色值修复偏色的照片。下左图所示为校正前后的效果对比图，具体操作步骤如下。

扫码看视频

◎ **原始文件：** 随书资源\06\素材\14.jpg
◎ **最终文件：** 随书资源\06\源文件\查看色彩值快速修复色彩失衡.psd

01 打开“14.jpg”文件，执行“窗口>信息”菜单命令，打开“信息”面板，单击工具箱中的“吸管工具”按钮，在其选项栏的“取样大小”下拉列表框中选择“3×3平均”选项，如下图所示。

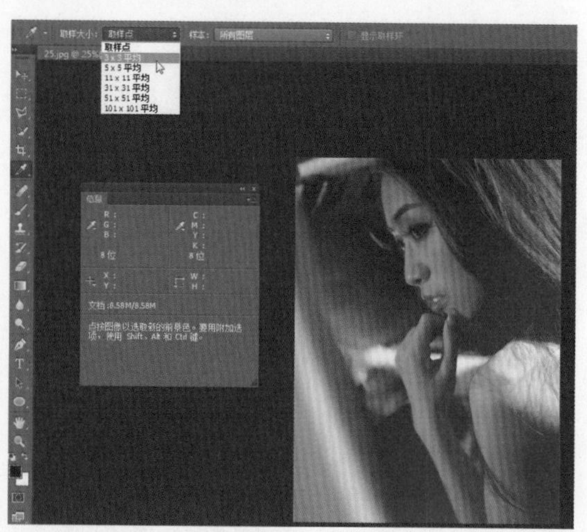

02 将鼠标指针移至人物的面部皮肤部分，如下左图所示。

03 在“信息”面板中可以看到，图像的G值和B值比R值要低很多，说明图像中缺少绿色和蓝色，如下右图所示。

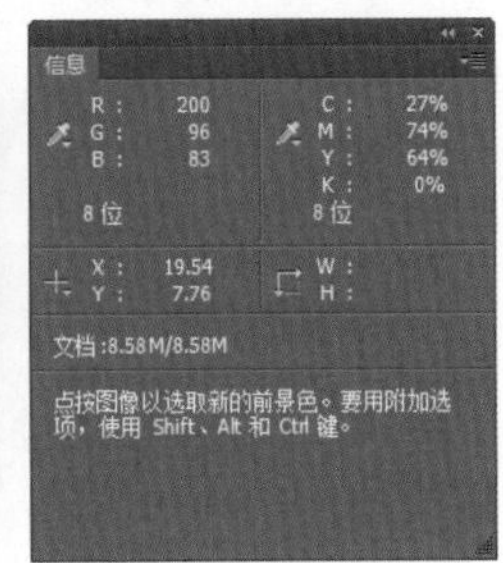

04 按Ctrl+J键复制图层，执行“图像>调整>色彩平衡”菜单命令，打开“色彩平衡”对话框。由于照片中缺少绿色，因此将滑块分别向青色、绿色和黄色方向拖动，增加这些颜色，减少互补色，调整时确保“信息”面板为打开状态。将鼠标指针移至人物面部，可查看调整后RGB颜色值的变化，如下图所示。

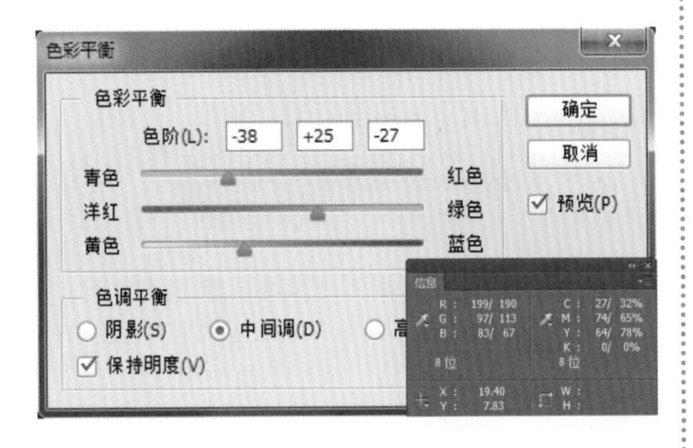

05 选中“色彩平衡”选项组中的“阴影”单选按钮，将滑块分别向青色、绿色和黄色方向拖动，如下图所示。

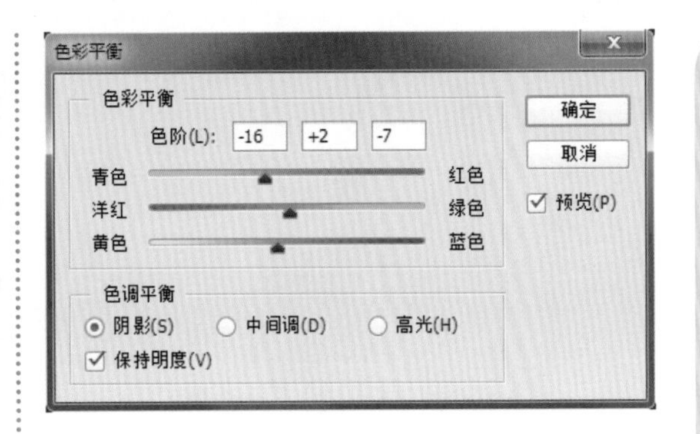

06 选中“色彩平衡”选项组中的“高光”单选按钮，将滑块分别向青色、绿色和黄色方向拖动，设置完成后单击“确定”按钮，得到如下图所示的图像效果，完成本实例的制作。

实例演练——校正严重偏绿/偏蓝的照片

解析： 在室内拍摄物体时，受室内光线的影响，拍出的照片可能会偏绿或偏蓝，这时就需要通过后期处理加以校正。在 Photoshop 中可以利用互补色原理，使用“照片滤镜”中预设的滤镜来校正偏绿或偏蓝的照片，使照片中物品的颜色还原至自然状态。本实例以一张偏绿的照片为例进行校正，下图所示为制作前后的效果对比图，具体操作步骤如下。

扫码看视频

◎ **原始文件：** 随书资源\06\素材\15.jpg

◎ **最终文件：** 随书资源\06\源文件\校正严重偏绿/偏蓝的照片.psd

01 打开“15.jpg”文件，可看到图像明显偏绿。单击“调整”面板中的“照片滤镜”按钮，如下左图所示。

02 经过上一步的操作后，打开“属性”面板，可看到默认选择了“加温滤镜（85）”选项，如下右图所示。

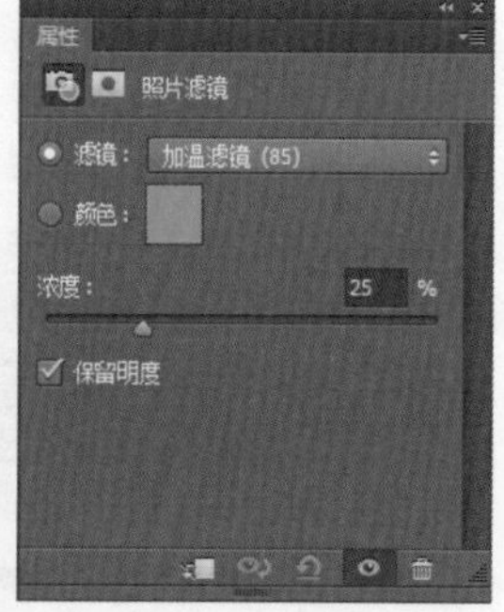

03 单击“滤镜”下三角按钮，在展开的列表中选择与绿色互补的“洋红”选项，如下左图所示。

04 单击并向右拖动“浓度”滑块，增强颜色浓度，如下右图所示。

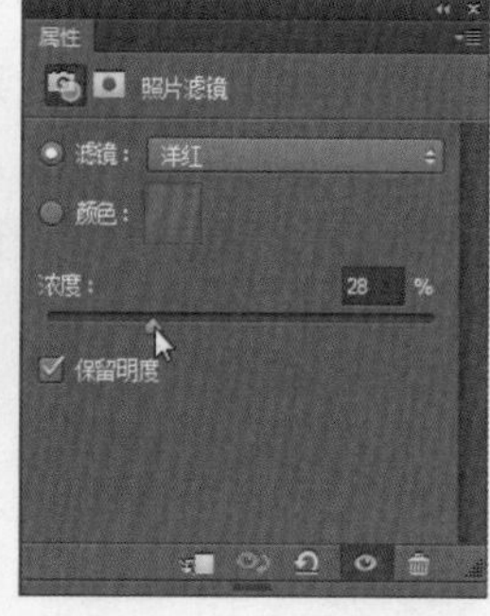

05 设置完成后，可看到照片的颜色更加自然，如下图所示。

06 为了突出照片中的女包，创建“色阶1”调整图层，在打开的“属性”面板中向左拖动灰色和白色滑块，调整图像中间调和高光部分的亮度，如下图所示。

07 盖印图层，执行“图像>自动色调”菜单命令，调整颜色，得到如下图所示的图像效果。至此，已完成本实例的制作。

实例演练——修复色彩暗淡的照片

解析： 虽然使用 Photoshop 的“色彩平衡”“曝光度”“亮度/对比度”等命令可以极大地改善照片的质量，但如果是在阴天或雾天拍摄的照片，即使调整过色阶，照片仍然会如蒙上一层灰般没有生气。本实例将介绍如何利用 Photoshop 中的“色相/饱和度”调整图层快速为照片“上妆”。下图所示为制作前后的效果对比图，具体操作步骤如下。

扫码看视频

◎ 原始文件：随书资源\06\素材\16.jpg

◎ 最终文件：随书资源\06\源文件\修复色彩暗淡的照片.psd

01 打开“16.jpg”文件，单击“调整”面板中的“色相/饱和度”按钮，如下图所示，创建“色相/饱和度1”调整图层。

02 确保“色相/饱和度1”调整图层为选中状态，在“属性”面板的“饱和度”数值框中输入数值47，如下图所示。

03 选择“红色”通道，然后设置其“饱和度”为+27，如下左图所示。

04 选择“黄色”通道，设置“色相”及“饱和度”参数，如下右图所示。

05 选择“蓝色”通道，设置“饱和度”参数。软件会根据设置的选项，调整图像颜色，得到如下图所示的效果。

06 创建“色阶1”调整图层，在打开的“属性”面板中设置参数，修复色彩暗淡的照片，增强图像的饱和度，得到如下图所示的图像效果，完成本实例的制作。

实例演练——增强局部色彩让照片更迷人

解析：使用 Photoshop 中的调整命令或调整图层，不但可以对照片进行整体调色，还可以对画面中的部分区域应用调整，达到突出主体或细节的目的。本实例将介绍如何使用“色相 / 饱和度”和“可选颜色”调整图层对照片中人物的皮肤颜色进行调整，增强皮肤的颜色饱和度，使皮肤变得更加红润。下图所示为制作前后的效果对比图，具体操作步骤如下。

扫码看视频

第6章

◎ 原始文件：随书资源\06\素材\17.jpg
◎ 最终文件：随书资源\06\源文件\增强局部色彩让照片更迷人.psd

01 打开“17.jpg”文件，单击“调整”面板中的“色相/饱和度”按钮，创建“色相/饱和度1”调整图层，如下图所示。

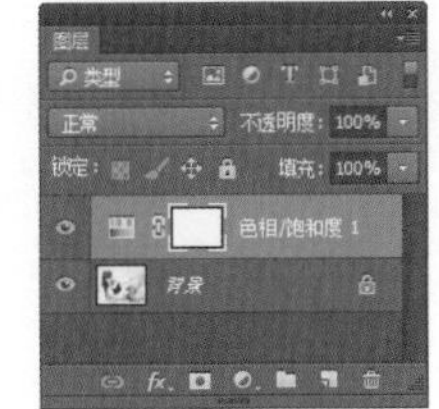

02 打开“属性”面板，在面板中单击“编辑”下三角按钮，在展开的列表中选择“红色”选项，然后设置其“饱和度”为+24，如下图所示。

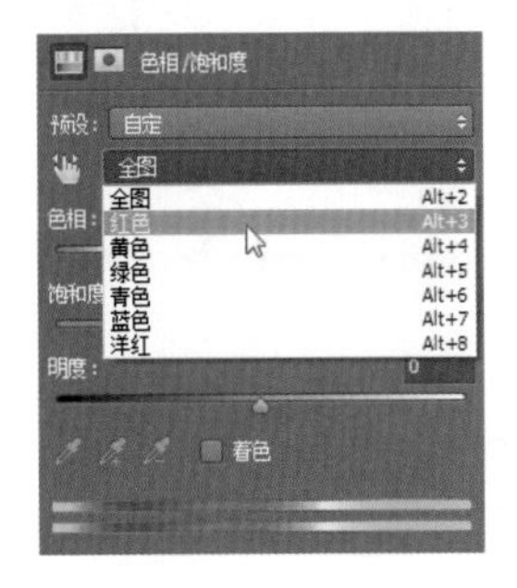

03 单击“编辑”下三角按钮，在展开的列表中选择“黄色”选项，然后设置其“饱和度”为+14，如下图所示。

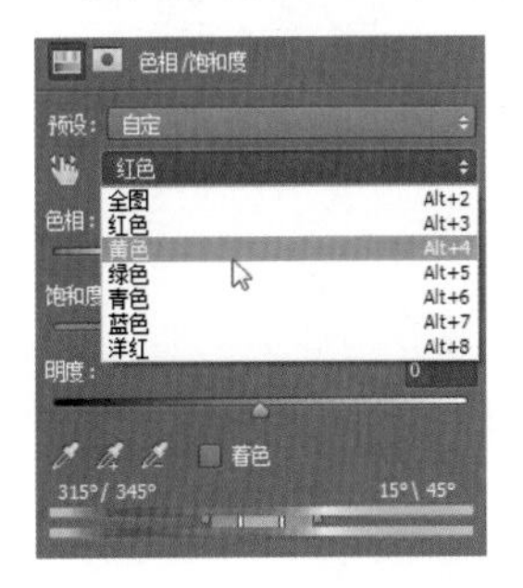

04 打开“图层”面板，单击面板中的“色相/饱和度1”图层蒙版缩览图，选择“画笔工具”，设置前景色为黑色，在选项栏中设置画笔大小、不透明度，如下图所示。

90 模式：正常 不透明度：15%

05 将鼠标移至人物的头发位置涂抹，按键盘中的[或]键调整画笔大小，继续在除皮肤外的其他区域涂抹，还原图像颜色，如下图所示。

06 单击“调整”面板中的“可选颜色”按钮，创建“选取颜色1”调整图层，如下图所示。

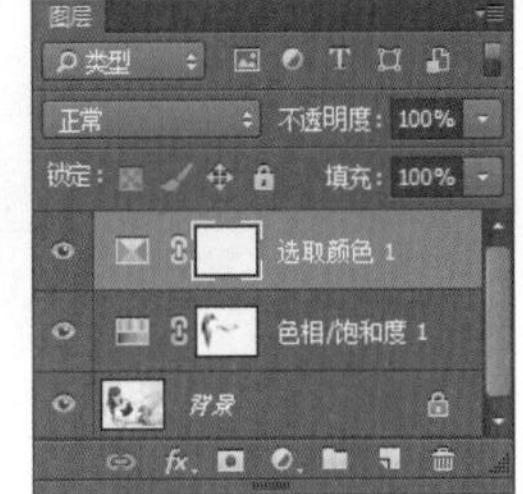

07 打开“属性”面板，在面板中默认选中“红色”选项，设置颜色百分比，如下左图所示。

08 单击“颜色”下三角按钮，在展开的列表中选择“黄色”选项，如下右图所示。

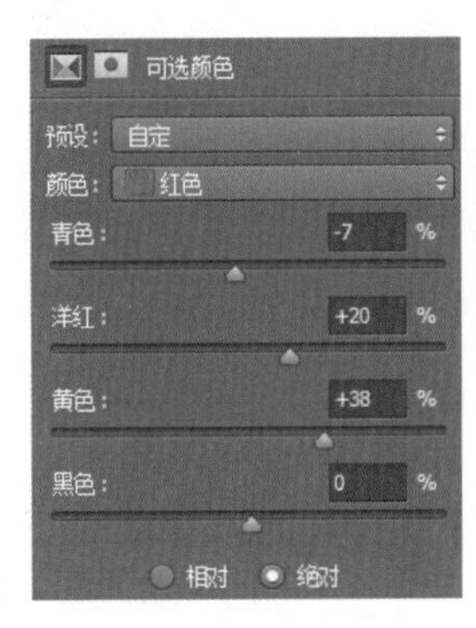

09 在面板中设置黄色的颜色百分比，得到如下图所示的效果，可看到增强了红色和黄色。

10 打开“图层”面板，单击“选取颜色1”图层蒙版缩览图，选择“画笔工具”，在人物的头发位置涂抹，如下图所示。

11 继续使用画笔涂抹图像，还原头发的颜色，如下图所示。至此，已完成本实例的制作。

实例演练——校正暖光下拍摄的偏色照片

解析：在拍摄照片时，很容易因为环境光线的影响导致拍出的照片偏黄。此时需要通过后期处理对偏色的照片进行校正，展现拍摄对象最真实、自然的一面。下图所示为制作前后的效果对比图，具体操作步骤如下。

扫码看视频

◎ 原始文件：随书资源\06\素材\18.jpg

◎ 最终文件：随书资源\06\源文件\校正暖光下拍摄的偏色照片.psd

01 打开“18.jpg”文件，单击“调整”面板中的“色彩平衡”按钮，创建“色彩平衡1”调整图层，如右图所示。

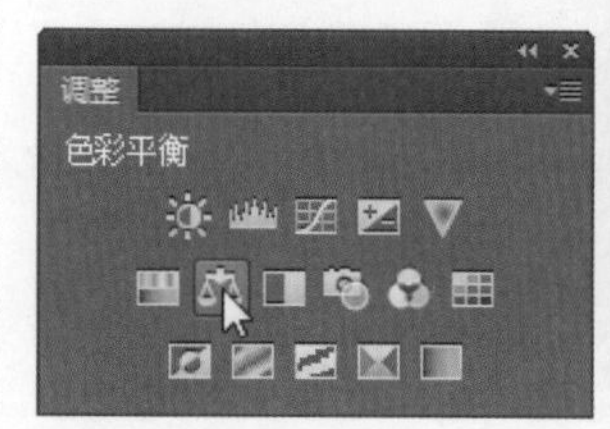

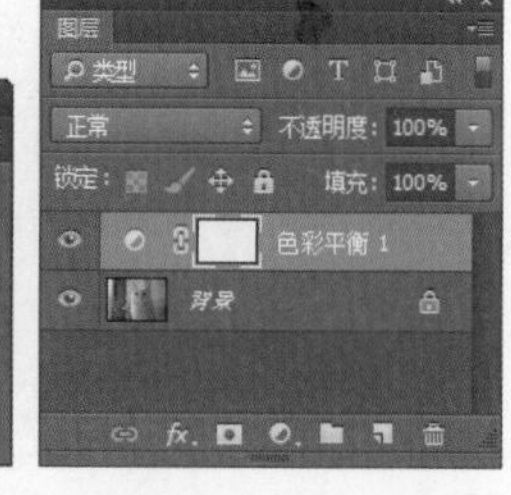

02 打开“属性”面板，在面板中默认选择“中间调”选项，设置颜色值为-36、0、+15，如下左图所示。

03 单击“色调”下三角按钮，在展开的下拉列表中选择“阴影”选项，如下右图所示。

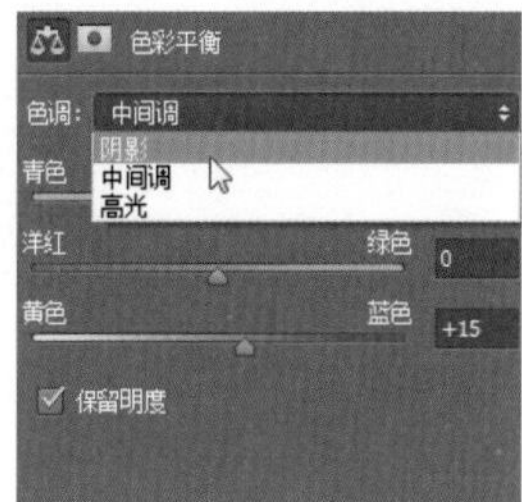

04 设置颜色值为-2、0、-2，如下左图所示。

05 单击“色调”下三角按钮，在展开的下拉列表中选择“高光”选项，如下右图所示。

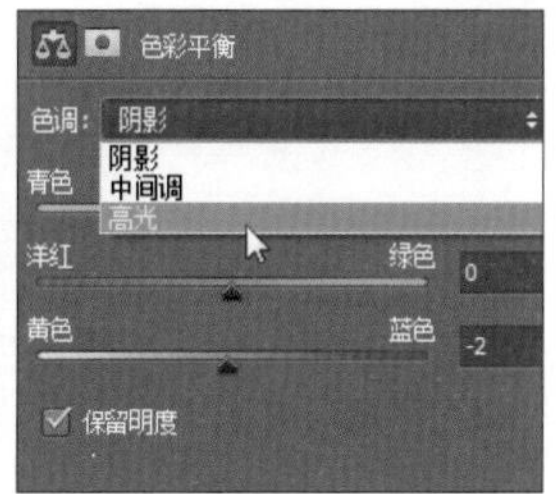

06 设置颜色值为-8、0、+5，此时可看到照片颜色被调整至更加接近自然状态，如下图所示。

07 单击“图层”面板底部的“创建新的填充或调整图层”按钮，在弹出的菜单中选择“照片滤镜”选项，如下左图所示。

08 打开“属性”面板，单击“滤镜”下三角按钮，选择“冷却滤镜（80）”选项，然后设置“浓度”为21%，如下右图所示。

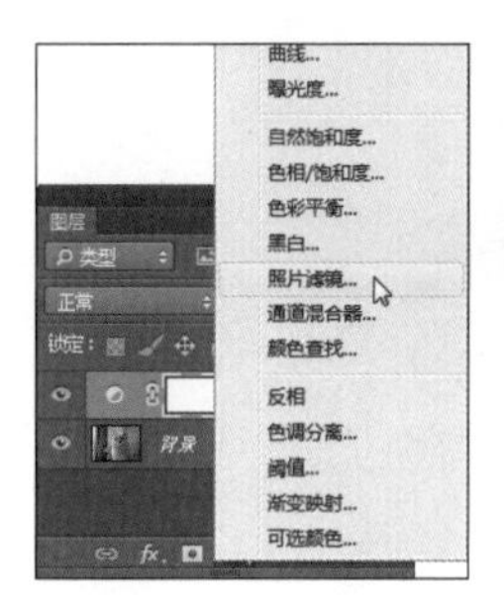

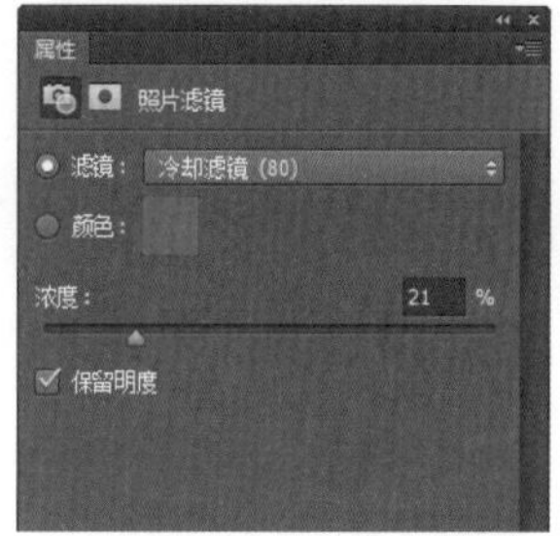

09 通过上一步设置，进一步调整图像颜色。单击“调整”面板中的“曲线”按钮，创建“曲线1”调整图层，如下图所示。

10 打开“属性”面板，在面板中单击并向上拖动曲线，提亮图像，使画面更明亮，如下图所示。

11 单击“曲线1”图层蒙版缩览图，选择“画笔工具”，在其选项栏中设置画笔大小、不透明度等，如下图所示。

12 设置前景色为黑色，在较亮的毛发等曝光过度的部位涂抹，还原其亮度，如下图所示。

13 经过前面的操作，画面颜色已变得不错了，但是图像右侧感觉还是偏暗，因此选择“矩形选框工具”，在右侧较暗的部分单击并拖动鼠标，创建选区。执行“选择>修改>羽化”菜单命令，打开“羽化选区”对话框，在该对话框中设置“羽化半径”为100，单击“确定”按钮，羽化选区，如下图所示，使绘制的选区更为柔和。

14 单击“调整”面板中的“曲线”按钮，创建“曲线2”调整图层，打开“属性”面板，在面板中单击并向上拖动曲线，提亮图像，如下图所示。至此，已完成本实例的制作。

实例演练——用“可选颜色”调整照片色彩

解析： Photoshop 中的“可选颜色”命令或调整图层可对图像局部进行选择并调整，而未被选择的区域则保持原有的效果不变。本实例将介绍如何应用“可选颜色”调整图层调整图像的饱和度。下图所示为制作前后的效果对比图，具体操作步骤如下。

扫码看视频

◎ **原始文件：** 随书资源\06\素材\19.jpg

◎ **最终文件：** 随书资源\06\源文件\用“可选颜色”调整照片色彩.psd

01 打开“19.jpg”文件，复制“背景”图层，得到“背景 拷贝”图层，如下图所示。

02 执行“图像>自动色调”菜单命令或按Shift+Ctrl+L键，自动调整图像色调，如下图所示。

03 单击“图层”面板底部的“创建新的填充或调整图层”按钮，在弹出的菜单中选择“可选颜色”选项，如下左图所示。

04 创建“选取颜色1”调整图层后，打开“属性”面板，在“颜色”下拉列表框中选择“黄色”选项，如下右图所示。

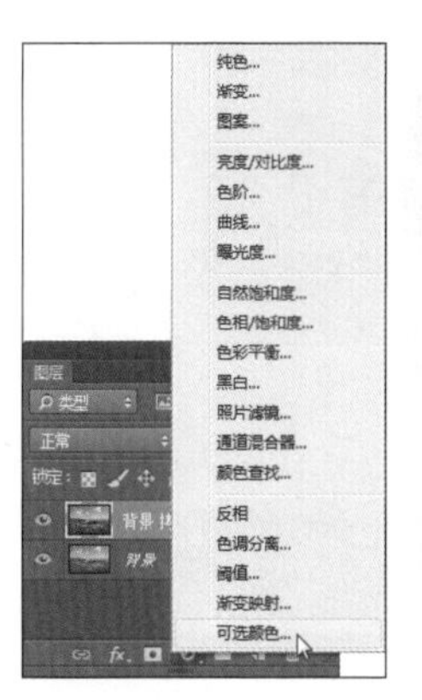

05 设置“黄色”的各选项参数，如下左图所示。

06 在“颜色”下拉列表框中选择“绿色”选项，按下右图所示设置各选项参数。

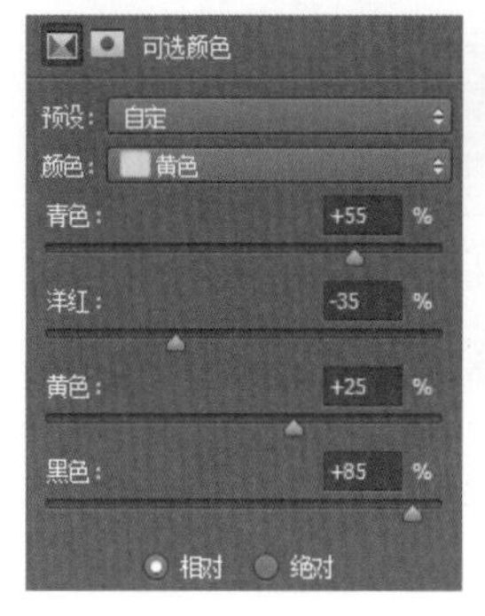

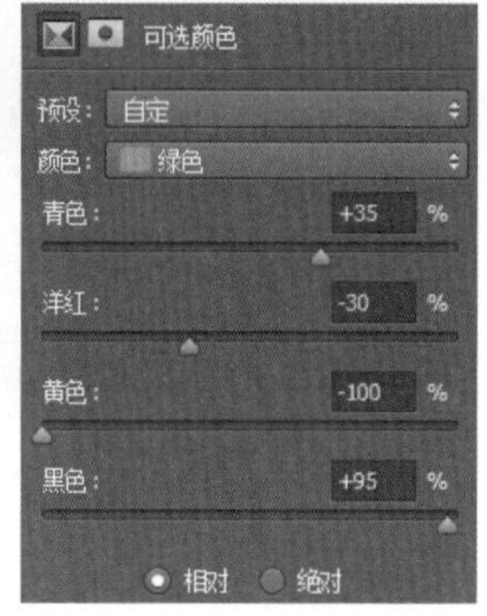

07 在“颜色”下拉列表框中选择“青色”选项，按下左图所示设置各选项参数。

08 在“颜色”下拉列表框中选择“白色”选项，按下右图所示设置各选项参数。

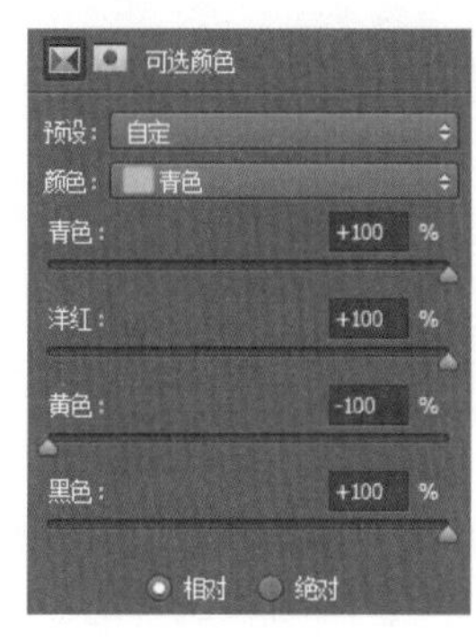

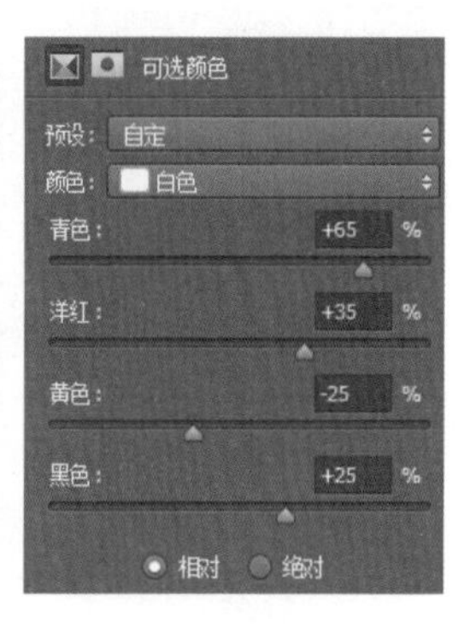

09 在“颜色”下拉列表框中选择“中性色”选项，设置各选项参数。经过上述设置后，得到如下图所示的图像效果。

10 单击“选取颜色1”调整图层的蒙版缩览图，单击工具箱中的“渐变工具”按钮，从图像上方向下拖动鼠标，如下图所示。

11 拖动至合适位置后释放鼠标，还原天空部分的图像颜色，如下图所示。

12 按住Ctrl键，单击“选取颜色1”调整图层的蒙版缩览图，载入选区。执行“选择>反选”菜单命令，或按快捷键Shift+Ctrl+I，反选选区，如下图所示。

13 创建“色阶1”调整图层，打开“属性”面板，在面板中设置参数，调整图像亮度，得到如下图所示的效果。

14 按住Ctrl键，单击“色阶1”调整图层的蒙版缩览图，载入选区，如下图所示。

15 创建“自然饱和度1”调整图层，打开“属性”面板，在面板中将“自然饱和度”滑块拖至+100的位置，如下图所示。至此，已完成本实例的制作。

第7章 制作特殊色彩效果

前面学习了数码照片色彩校正的基本方法，本章将介绍如何应用 Photoshop 将平淡无奇的照片转换为色彩层次丰富、富有个性的精美照片，包括通过通道设置照片色彩、添加多色油墨效果、快速为照片添加梦幻影调、制作高反差效果等。

7.1 设置照片色彩——通道混合器

Photoshop 中的“通道混合器”命令采用增减单个颜色通道的方法调整图像的颜色，它在将彩色图像转换为黑白图像时表现尤为出色。利用“通道混合器”命令可创建高品质的灰度图像、棕褐色调图像或其他色调图像，还可以对图像进行创造性的颜色调整。下面将详细介绍如何使用“通道混合器”命令设置数码照片的色彩。

扫码看视频

1. 将彩色照片转换为单色

打开“01.jpg”素材图像，执行“图像 > 调整 > 通道混合器”菜单命令，打开“通道混合器”对话框，勾选左下角的“单色”复选框，即可将彩色照片转换为单色效果，如右图所示。若在设置时选不出合适的通道，则可以尝试设置“红色”为 30%、“绿色”为 60%、“蓝色”为 10%。

2. 使用通道混合器预设

打开“02.jpg”素材图像，打开“通道混合器”对话框，单击“预设”下三角按钮，在打开的下拉列表中可选择通道混合器预设选项。如右图所示即为应用预设选项得到的图像效果。

应用 在RGB颜色模式下应用通道调整

打开 RGB 颜色模式的“03.jpg”素材图像，如图❶所示。按快捷键 Ctrl+J 复制图层，执行“图像 > 调整 > 通道混合器”菜单命令，打开“通道混合器”对话框。在该对话框中单击“输出通道”下三角按钮，在展开的下拉列表中选择“蓝”选项，如图❷所示。选择要调整的颜色通道后，设置通道中的颜色比，如图❸所示。设置完成后单击“确定”按钮，得到如图❹所示的图像效果。

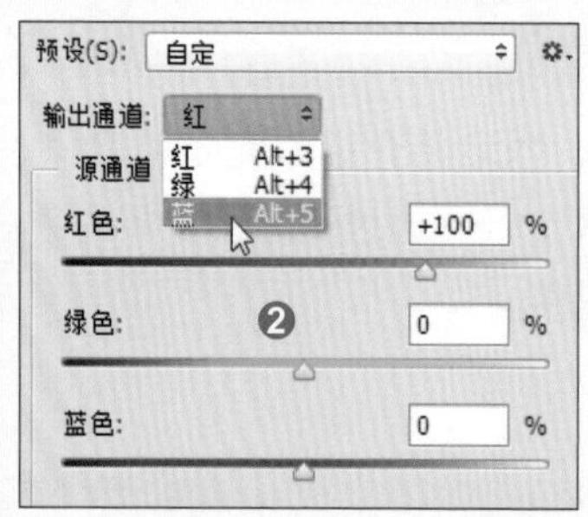

技巧 调整输出通道比例

在“通道混合器”对话框中，要减少一个源通道在输出通道中所占的比例，则应将相应的滑块向左拖动；要增加一个源通道的输出比例，则应将相应的滑块向右拖动。

第7章

7.2 添加多色油墨效果——双色调

Photoshop 中的“双色调”命令能创建单色调、双色调、三色调和四色调图像。单色调是用非黑色的单一油墨打印的灰度图像，双色调、三色调和四色调分别是用 2 种、3 种和 4 种油墨打印的灰度图像。下面将简单介绍如何使用“双色调”命令添加多色油墨效果。

扫码看视频

打开“04.jpg”素材图像，由于只能将 8 位灰度图像转换为双色调，所以先执行“图像 > 模式 > 灰度”菜单命令，将图像转换为灰度图像。再执行“图像 > 模式 > 双色调”菜单命令，打开“双色调选项”对话框，如下图所示。该对话框中各项参数的具体设置如下。

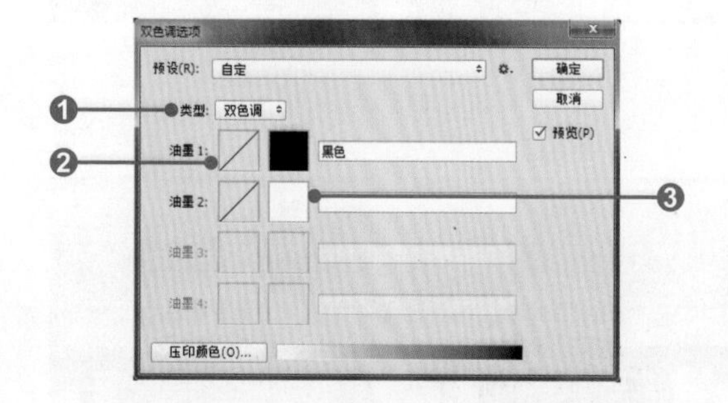

❶类型：用于选择色调类型，提供“单色调”“双色调”“三色调”“四色调”4 个选项，如下图所示。

❷曲线框：单击颜色框旁边的曲线框，将打开“双色调曲线”对话框，如右图所示。在该对话框中可设置每种油墨颜色的双色调曲线。为了巧妙地使用颜色，以扩展中间调和阴影的可用色调数量，可调整曲线以缓慢添加油墨。

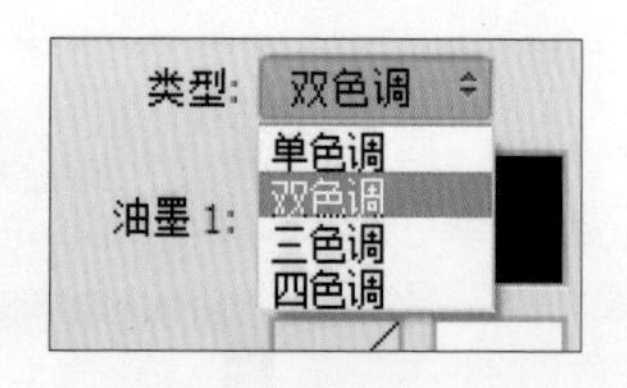

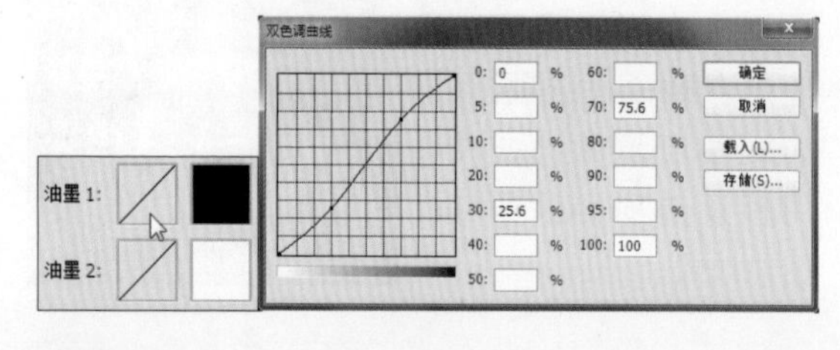

❸颜色框：单击颜色框（实心方形），打开拾色器，如下左图所示。然后单击“颜色库”按钮，在打开的“颜色库”对话框中可选择油墨库和颜色，如下右图所示。若要生成完全饱和的颜色，则需按降序指定油墨。

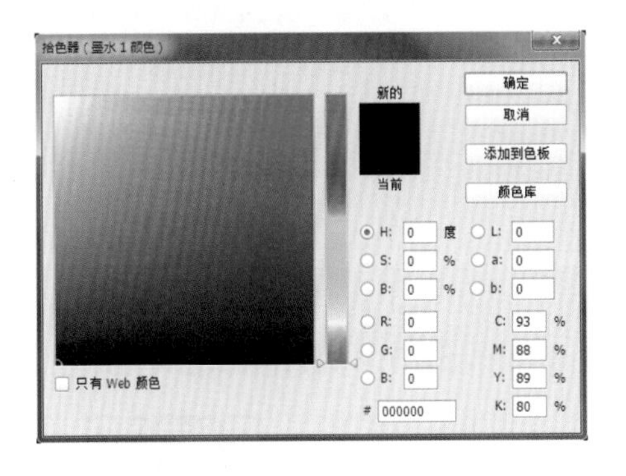

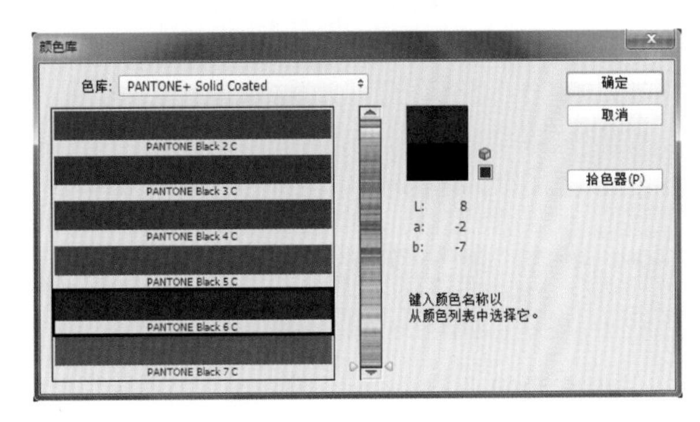

技巧 快速创建双色调效果

要在 Photoshop 中创建双色调图像，除了使用“双色调”命令，还可以使用“色相 / 饱和度”命令或调整图层中的“着色”功能。打开“04.jpg”素材图像，如图❶所示。创建“色相 / 饱和度 1”调整图层，并在“属性”面板中勾选“着色”复选框，如图❷所示。调整色相及饱和度参数，如图❸所示。转换后的双色调照片效果如图❹所示。

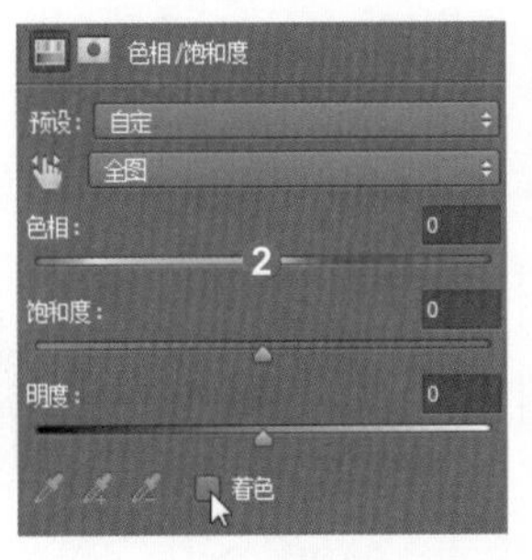

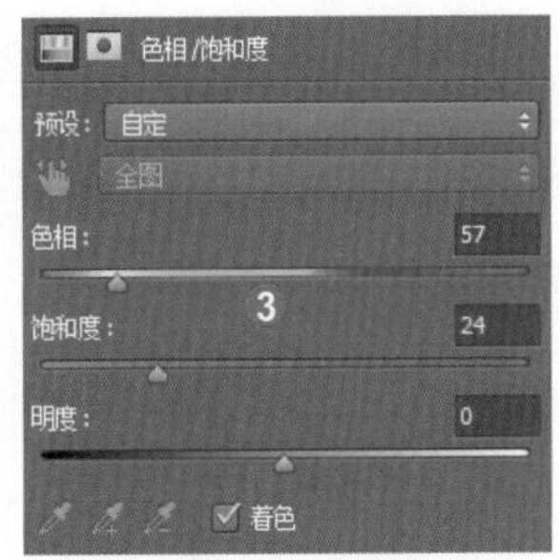

7.3 为照片添加梦幻影调——渐变映射

Photoshop 中的“渐变映射”命令或调整图层将相等的图像灰度范围映射到指定的渐变填充色，可以在为照片添加颜色的同时保留该照片的原始色调。下面将简单介绍如何使用“渐变映射”调整图层为照片添加梦幻影调。

扫码看视频

打开“05.jpg”素材图像，单击“图层”面板底部的“创建新的填充或调整图层”按钮，在打开的菜单中选择“渐变映射”选项，创建“渐变映射 1”调整图层，打开“属性”面板，单击渐变填充右侧的下三角按钮，在弹出的下拉列表中选择需要的渐变填充色，然后设置该调整图层的混合模式为“颜色”即可，如右图所示。

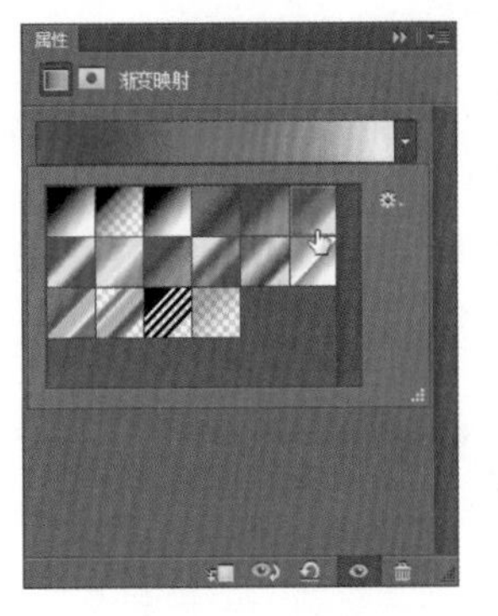

技巧 设置渐变映射的颜色

要编辑当前显示在“属性”面板中的渐变填充，可以单击渐变填充色块，如图❶所示。打开“渐变编辑器”对话框，在该对话框中设置渐变填充参数，如图❷所示。设置完成后单击“确定”按钮，返回“属性”面板，面板中的渐变颜色会根据设置的颜色改变，如图❸所示。

7.4 制作高反差效果——阈值

Photoshop 中的“阈值”命令或调整图层可将图像中的各个像素转换成黑色或白色。用户可以设置某个色阶为阈值，则所有比阈值亮的像素将被转换为白色，而所有比阈值暗的像素将被转换为黑色。下面将介绍如何使用“阈值”命令或调整图层制作高反差的图像效果。

扫码看视频

执行“图像 > 调整 > 阈值”菜单命令，打开“阈值”对话框，如下左图所示。在该对话框中可通过拖动滑块或在“阈值色阶”数值框中输入数值来控制图像色调范围内黑色与白色的划分界限。

打开“06.jpg”素材图像，执行“图层 > 新建调整图层 > 阈值”菜单命令，在打开的“新建图层”对话框中单击“确定”按钮，打开“属性”面板，该面板中会显示当前选区中像素亮度的直方图。下右图所示分别为原图、默认“阈值色阶”和“阈值色阶”为 200 时的图像效果。

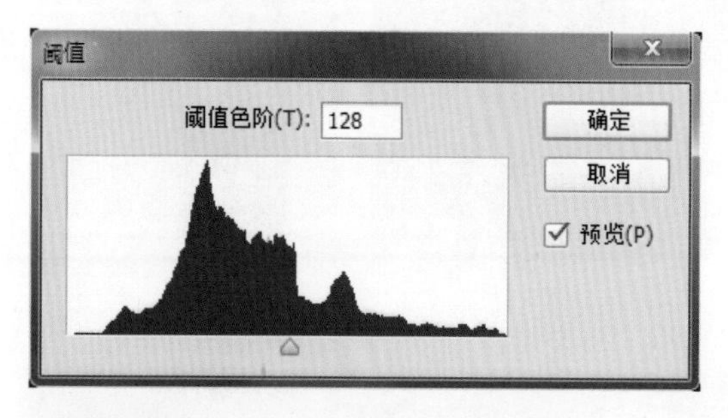

应用 将照片调整为高对比度

打开“07.jpg”素材图像，如图❶所示。创建“阈值 1”调整图层，将“阈值色阶”设置为 200，如图❷所示。设置该调整图层的混合模式为“柔光”、“不透明度”为 75%，如图❸所示。此时照片被调整为高对比度，效果如图❹所示。

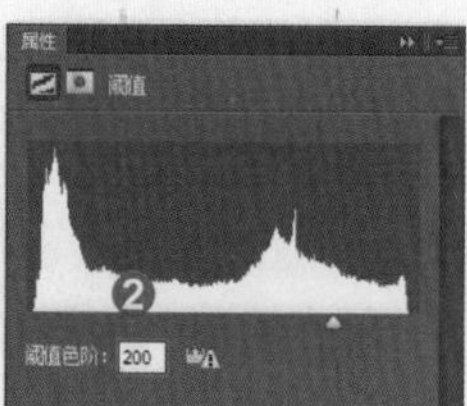

7.5 常见的黑白图像制作技法

将照片打造为黑白效果已成为一种潮流，因为简单的色彩能使照片显得更高雅且更能突出照片主题的个性和独特。Photoshop 提供了很多将彩色照片转换为黑白图像的方法，具体使用哪一种方法取决于 RGB 源素材的情况，以及用户是想简单地将图像优化为黑白效果，还是想得到一种特殊的拍摄效果。下面将介绍几种常见的黑白照片转换方法。

扫码看视频

1. 应用灰度模式直接转换

打开“08.jpg”素材图像，执行“图像 > 模式 > 灰度”菜单命令，可将彩色照片直接转换为黑白效果。该方法对于处理那些拥有良好细节和对比度的 RGB 图像来说非常有效，它主要依据“绿”通道进行转换，因为“绿”通道的细节对比度通常最强，且其对“蓝”通道的影响最小。右图所示为使用灰度模式转换前后的效果对比图。

2. 应用“去色”命令转换

如果源素材图像的深浅对比度不大且颜色差异大，那么用上一种方法转换的效果并不好，此时需要应用“去色”命令转换。打开“09.jpg”素材图像，执行“图像 > 调整 > 去色”菜单命令或按 Shift+Ctrl+U 键，即可将彩色照片转换为黑白照片，获得比较理想的对比度。右图所示分别为原图及应用灰度模式和“去色”命令转换后的图像效果。

3. 应用“色相/饱和度”命令转换

Photoshop 中的“色相 / 饱和度”命令可以分别调整图像中单个颜色成分的“色相”“饱和度”“明度”。应用该命令可快速降低全图的饱和度，使彩色照片变成黑白效果。打开“10.jpg”素材图像，执行“图像 > 调整 > 色相 / 饱和度”菜单命令，打开“色相 / 饱和度”对话框，在“饱和度”数值框中输入数值 -100，再单击“确定”按钮，即可快速将彩色照片转换为黑白效果，如右图所示。

4. 应用“分离通道”命令转换

应用“分离通道”命令可分离拼合图像的通道，当需要在不能保留通道的文件格式中保留单个通道信息时，该命令非常有用。打开“11.jpg”素材图像，单击“通道”面板右上角的扩展按钮，在打开的菜单中选择“分离通道”命令，如下左图所示。此时素材图像将自动关闭，单个通道将出现在单独的灰度图像编辑窗口中，新窗口中的标题栏会显示源文件名及通道名，如下右图所示。

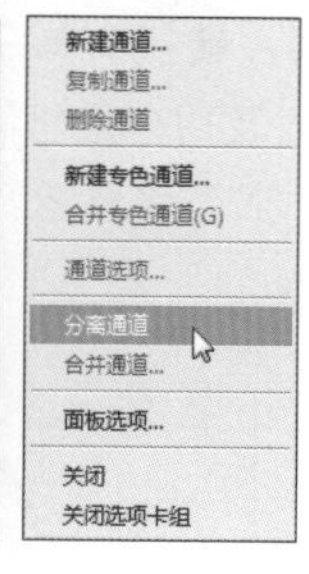

5. 应用"黑白"命令转换

Photoshop 中的"黑白"命令可快速将彩色照片调整为黑白效果。打开"12.jpg"素材图像，执行"图像 > 调整 > 黑白"菜单命令，打开"黑白"对话框，在"预设"下拉列表框中选择"绿色滤镜"选项，然后单击"确定"按钮，即可将彩色照片转换为黑白效果，如右图所示。

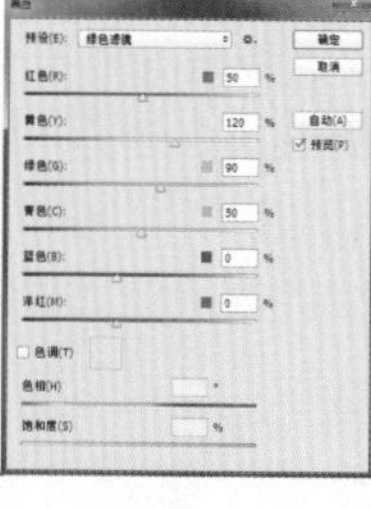

6. 应用"明度"通道快速转换

应用"明度"通道将彩色照片转换为黑白照片是目前较流行的方法。如果原始照片有良好的细节和对比度，那么用该方法可只隔离出照片中的亮度，分离掉颜色，得到完美的灰度图像。

打开"13.jpg"素材图像，执行"图像 > 模式 >Lab 颜色"菜单命令，在"通道"面板中单击"明度"通道，如右图一所示。依次按 Ctrl+A 键、Ctrl+C 键全选并复制通道中的图像，然后转到"图层"面板，创建"图层 1"图层后按 Ctrl+V 键，将通道中的图像粘贴至"图层 1"图层中，按 Ctrl+J 键复制得到"图层 1 拷贝"图层，设置该图层的混合模式为"正片叠底"，得到黑白照片效果，如右图二所示。

实例演练——制作反转负冲胶片效果

解析： 反转片是在拍摄后经反转冲洗可直接获得正像的一种感光胶片。反转片经过负冲得到的照片色彩艳丽，反差偏大，景物的红、蓝、黄 3 色特别夸张。客观地讲，反转负冲照片比正常色调的照片在色彩方面更具表现力。本实例将介绍如何应用 Photoshop 中的"通道""应用图像""色阶"等功能制作反转负冲胶片效果，使照片反差强烈，色彩艳丽，具有独特的魅力。下左图所示为制作前后的效果对比图，具体操作步骤如下。

扫码看视频

◎ **原始文件：** 随书资源\07\素材\14.jpg

◎ **最终文件：** 随书资源\07\源文件\制作反转负冲胶片效果.psd

01 打开“14.jpg”文件，按Ctrl+J键复制图层，得到“图层1”图层，如下图所示。

02 执行“窗口>通道”菜单命令，打开“通道”面板，单击“蓝”通道或按Ctrl+5键，如下图所示。

03 执行“图像>应用图像”菜单命令，打开“应用图像”对话框，在“混合”下拉列表框中选择“正片叠底”选项，然后在“不透明度”数值框中输入数值50，勾选“反相”复选框，如下左图所示。设置完成后单击“确定”按钮，应用图像，如下右图所示。

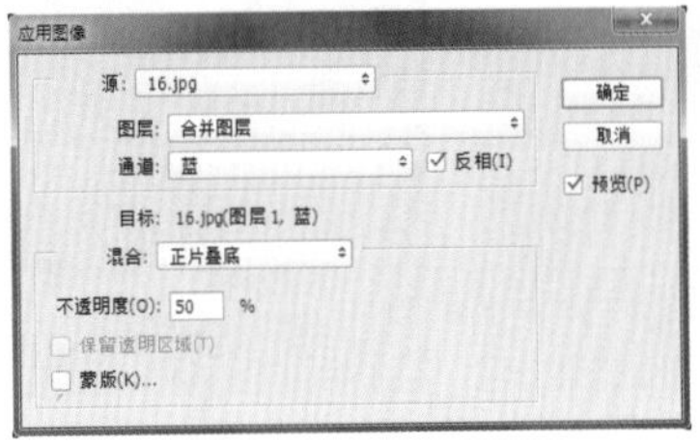

04 在“通道”面板中单击“绿”通道或按Ctrl+4键，选中“绿”通道，如下图所示。

05 执行“图像>应用图像”菜单命令，打开“应用图像”对话框，按下左图所示设置图层源、混合模式等参数，设置完成后单击“确定”按钮，应用图像，效果如下右图所示。

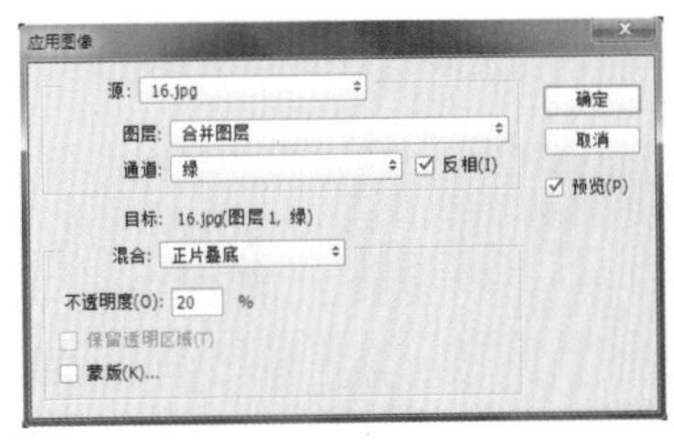

06 在“通道”面板中选中“红”通道，执行“图像>应用图像”菜单命令，按下左图所示设置参数，设置完成后单击“确定”按钮，应用图像，效果如下右图所示。

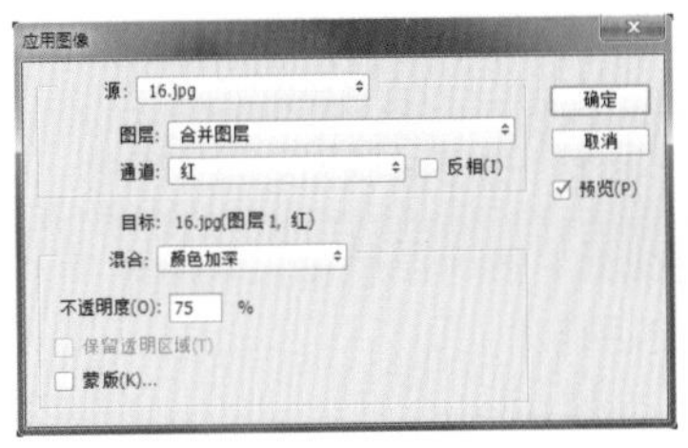

07 单击“调整”面板中的“色阶”按钮，如下左图所示，创建“色阶1”调整图层。

08 打开“属性”面板，选择“红”通道，设置色阶值为50、1.30和250，如下右图所示。

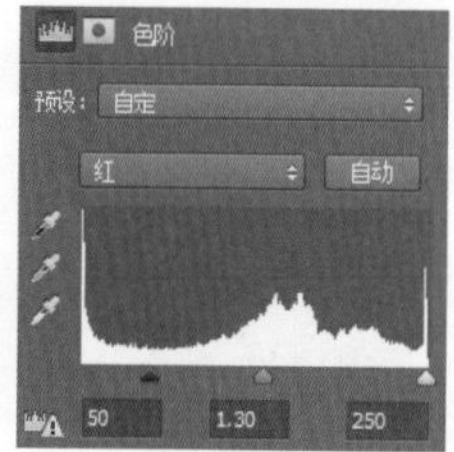

09 在“属性”面板中选择“绿”通道，然后按下左图所示设置色阶参数。

10 在“属性”面板中选择“蓝”通道，然后按下右图所示设置色阶参数。

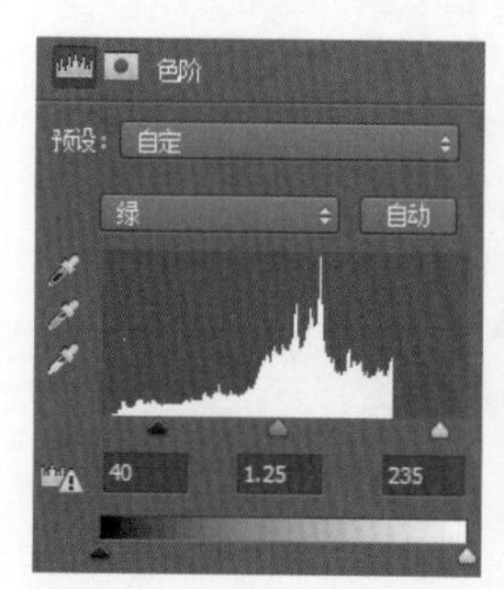

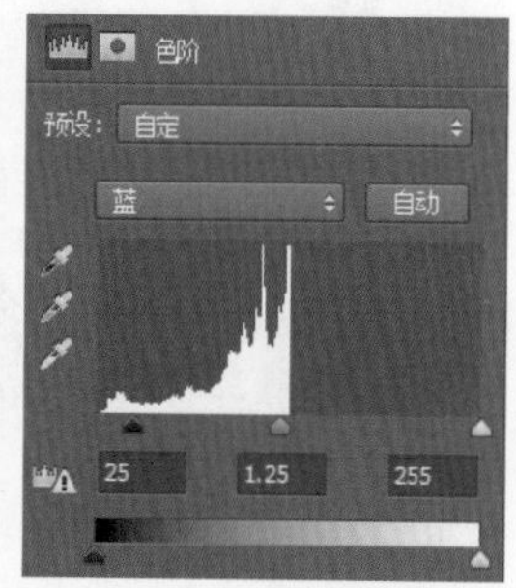

11 设置完成后单击“通道”面板中的RGB通道，如下图所示，查看应用色阶调整后的图像。

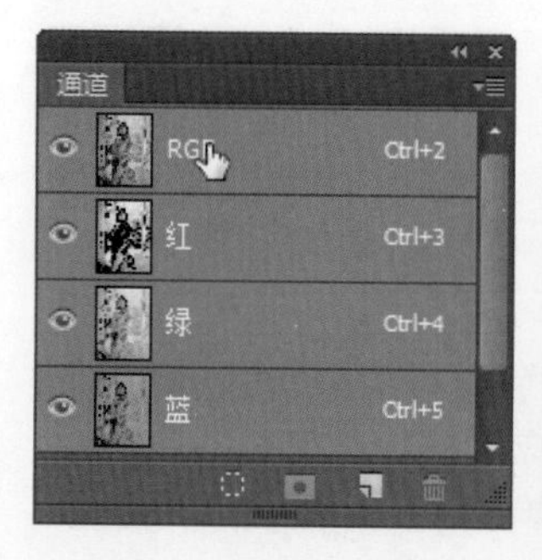

12 单击“调整”面板中的“色相/饱和度”按钮，创建“色相/饱和度1”调整图层，打开“属性”面板，按下左图所示设置参数。

13 设置完成后在图像编辑窗口查看效果，如下右图所示。

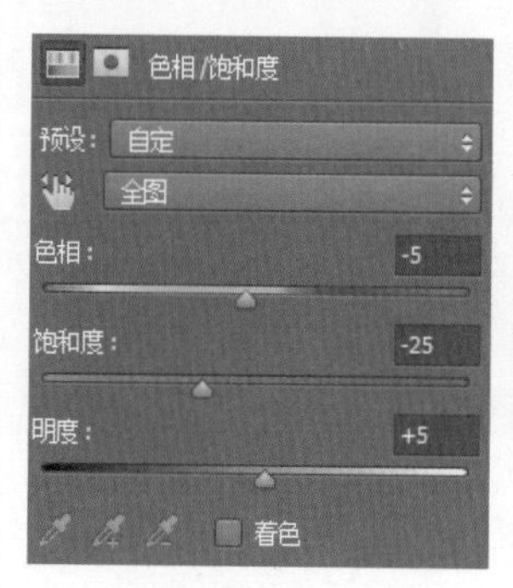

14 按快捷键Shift+Ctrl+Alt+E盖印图层，得到“图层2”图层，将该图层的混合模式设置为“正片叠底”，然后将其“不透明度”设置为50%，如下左图所示。

15 设置图层混合模式和不透明度后，可以看到照片颜色对比增强，效果如下右图所示。

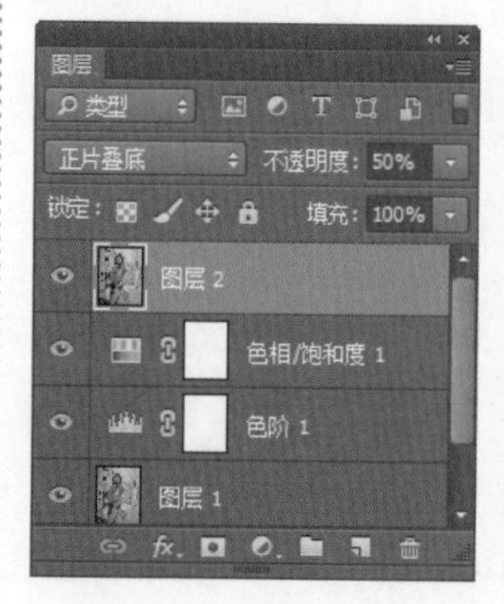

16 按快捷键Ctrl+J复制图层，得到“图层2拷贝”图层，将该图层的混合模式设置为“变暗”，将其“不透明度”设置为75%，如下左图所示。

17 经过设置，即将图像制作为反转负冲胶片效果，如下右图所示。至此，已完成本实例的制作。

实例演练——将彩色照片转换为高品质黑白照片

解析：黑白影像抽去了现实景物中的色彩，使影像处于“似是而非”的疏离状态，以其独特的表现力和持久的生命力，深深吸引着越来越多的摄影爱好者。本实例将介绍如何使用 Photoshop 中的“通道混合器”调整图层，快速将彩色照片转换为高品质的黑白照片。下左图所示为制作前后的效果对比图，具体操作方法如下。

扫码看视频

◎ 原始文件：随书资源\07\素材\15.jpg

◎ 最终文件：随书资源\07\源文件\将彩色照片转换为高品质黑白照片.psd

01 打开“15.jpg”文件，单击“调整”面板中的“通道混合器”按钮，如下图所示，创建“通道混合器1”调整图层。

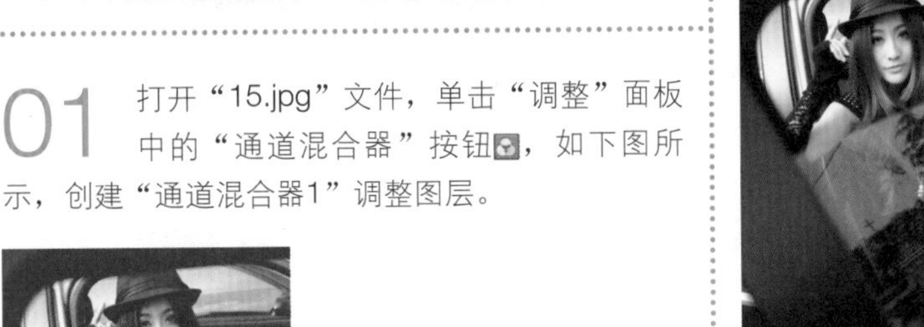

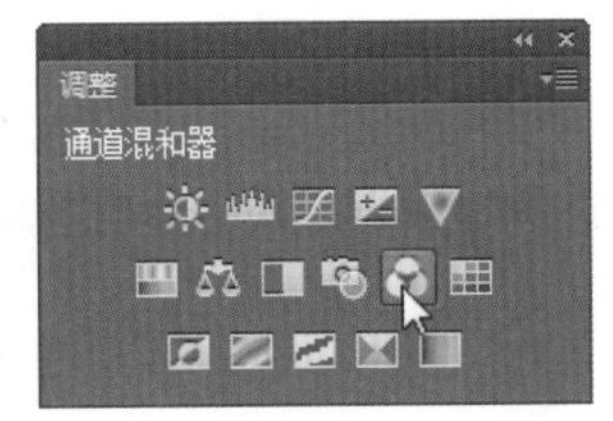

02 打开“属性”面板，在“预设”下拉列表框中选择“使用橙色滤镜的黑白（RGB）”选项，如下左图所示。

03 进一步设置“红色”“绿色”“蓝色”参数，如下右图所示。

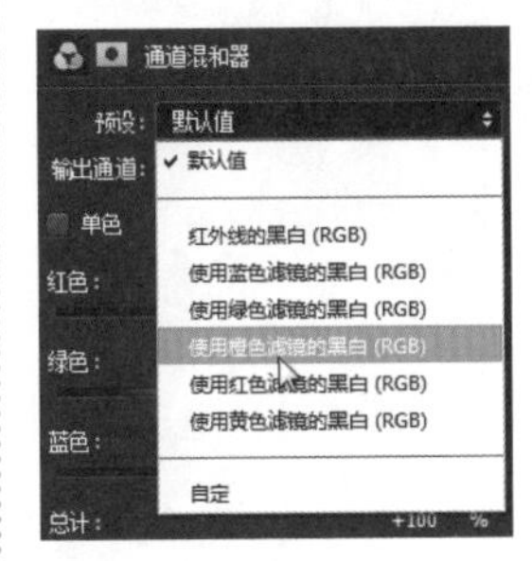

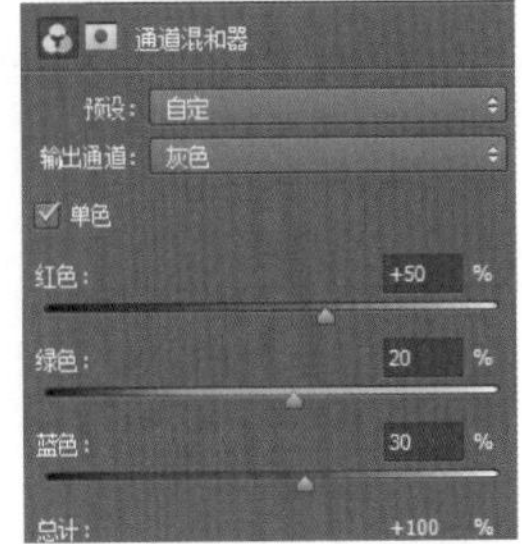

04 设置完成后在图像编辑窗口查看创建的黑白照片效果，如下左图所示。单击“调整”面板中的“曲线”按钮，如下右图所示，创建“曲线1”调整图层。

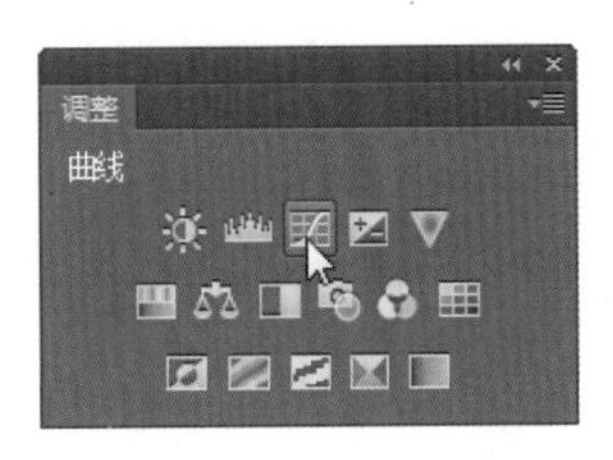

05 打开“属性”面板，单击并向下拖动曲线，调整曲线外形，如下左图所示。

06 设置完成后得到如下右图所示的图像效果。

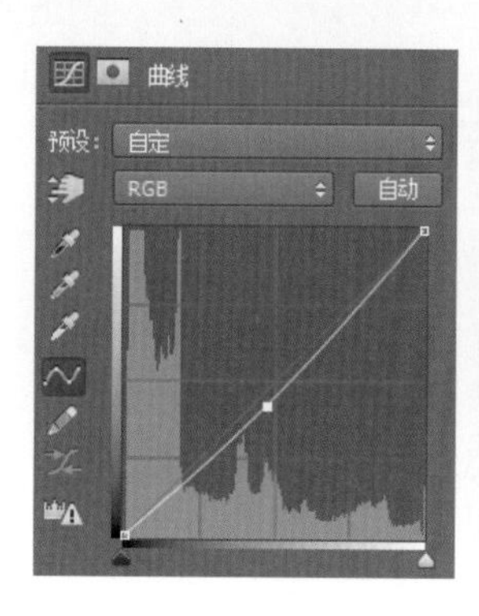

07 将前景色设置为黑色，按B键切换至“画笔工具”，在其选项栏中设置画笔“不透明度”为50%，适当调整画笔大小，然后在人物位置单击并涂抹，如下左图所示。

08 调整画笔大小，反复涂抹照片中的人物部分，还原该区域图像的影调，如下右图所示。

09 按Shift+Ctrl+Alt+E键盖印可见图层，得到“图层1”图层，如下左图所示。

10 执行“选择>色彩范围”菜单命令，打开“色彩范围”对话框，在“选择”下拉列表框中选择“高光”选项，如下右图所示。

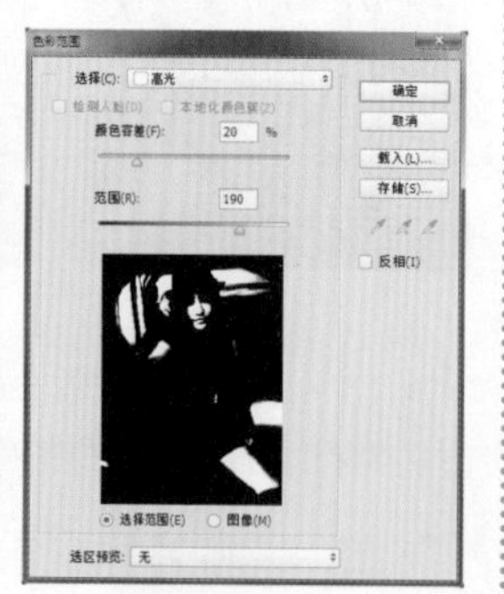

11 设置完成后单击“确定”按钮，软件会根据设置的选项，选中照片中的高光区域，如下左图所示。

12 创建“亮度/对比度1”调整图层，打开“属性”面板，在面板中向左拖动“亮度”滑块至-25，如下右图所示，降低高光亮度。

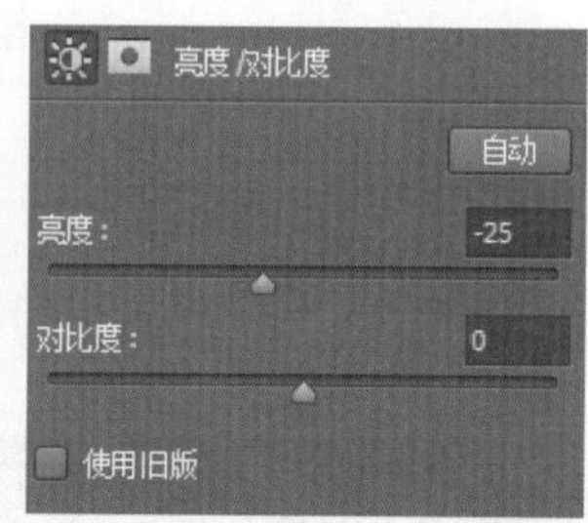

13 将前景色设置为白色，按B键切换至“画笔工具”，在其选项栏中设置画笔“不透明度”为30%，适当调整画笔大小，然后在面部高光位置涂抹，如下左图所示。

14 调整画笔大小，在人物高光边缘反复涂抹，控制“亮度/对比度1”调整图层的调整范围，最后的效果如下右图所示，完成本实例的制作。

技巧 选择合适的黑白照片转换方法

如前所述，在 Photoshop 中将彩色照片转换为黑白照片的方法很多，下面简单对比几种常用方法的优缺点。

执行“图像 > 模式 > 灰度”或“图像 > 调整 > 去色”菜单命令，即可快速移除图像中的色彩信息。该方法操作简单快捷，但是细节的调整效果不好。执行“图像 > 调整 > 黑白”菜单命令，可通过调整各个通道的数值，让黑白照片更具层次感。

第7章

实例演练——用Lab颜色模式打造另类色调

解析： 在 Lab 颜色模式下调整图像，可打造出别具一格的画面效果。本实例介绍如何使用 Lab 颜色模式打造另类色调的风景照，其操作方法是将图像先转换为 Lab 颜色模式，再根据需要表现的画面效果复制颜色通道中的图像粘贴于其他通道中，从而创建更有艺术感的画面。下图所示为调整前后的效果对比图，具体操作步骤如下。

扫码看视频

◎ **原始文件：** 随书资源\07\素材\16.jpg

◎ **最终文件：** 随书资源\07\源文件\用Lab颜色模式打造另类色调.psd

01 打开“16.jpg”文件，按快捷键Ctrl+J复制图层，得到“图层1”图层，执行“图像>模式>Lab颜色”菜单命令，如下图所示。

02 经过上一步的操作后，弹出如下图所示的提示对话框，单击对话框中的“不拼合”按钮，将图像转换为Lab颜色模式。

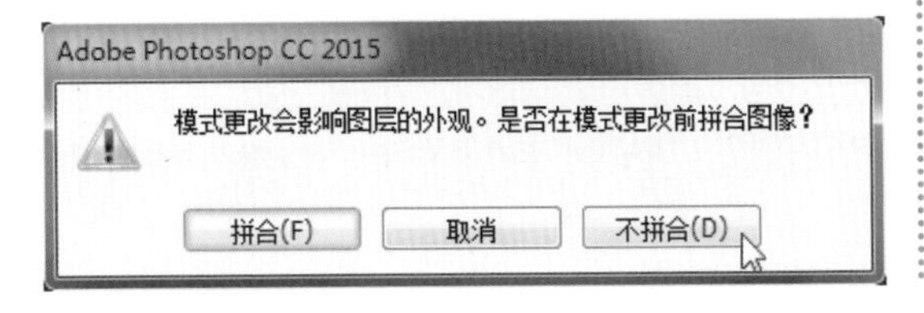

03 执行“窗口>通道”菜单命令，打开“通道”面板，如下左图所示。单击b通道缩览图，选择b通道中的图像，如下右图所示。

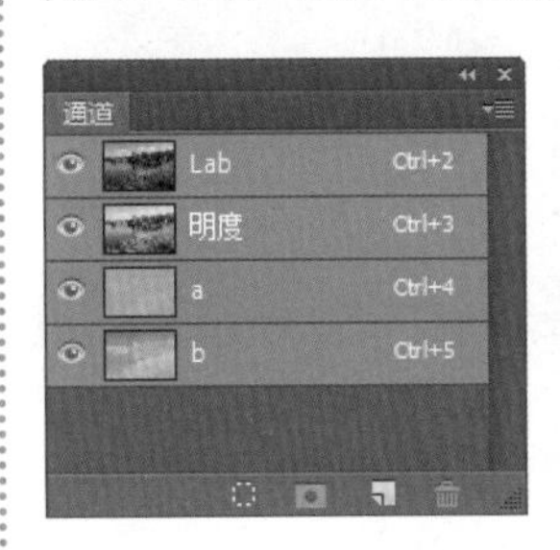

04 执行“选择>全部”菜单命令或按Ctrl+A键，选中b通道中的所有图像，再按Ctrl+C键，复制选中的所有图像，按Ctrl+4键或单击a通道，选中该通道，如下图所示。

05 执行“编辑>粘贴”菜单命令或按Ctrl+V键，粘贴复制的图像，单击Lab通道的缩览图或按Ctrl+2键，如下图所示。

06 查看Lab通道下的图像效果，执行“图像>模式>RGB颜色”菜单命令，如下图所示。

07 经过上一步的操作后，弹出如下图所示的提示对话框，单击对话框中的“不拼合”按钮，将图像转换为RGB颜色模式。

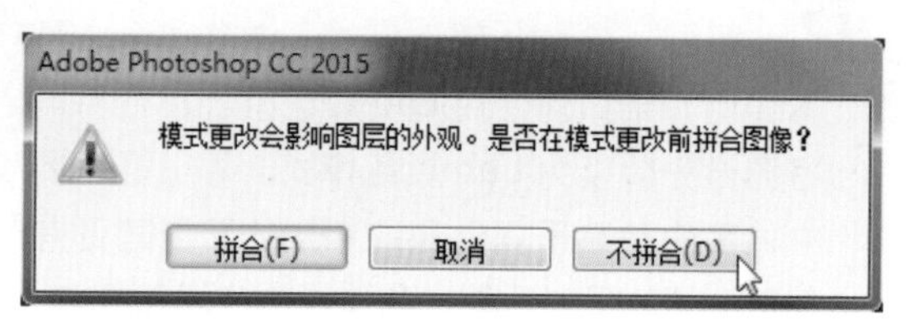

08 单击“调整”面板中的“曲线”按钮，创建“曲线1”调整图层，打开“属性”面板，单击并拖动曲线，设置曲线形状，完成后，在图像编辑窗口查看效果，如下图所示。

第7章

实例演练——调出温暖浪漫的秋色图

解析： 本实例将应用Photoshop中的“通道混合器”“可选颜色”等调整图层及图层混合模式将照片中的绿色树叶快速打造为金黄的秋叶，将春天的景象调整为温暖浪漫的秋色。通过本实例的学习，读者可快速掌握风景照片季节转换的方法。下图所示为制作前后的效果对比图，具体操作步骤如下。

扫码看视频

◎ **原始文件：** 随书资源\07\素材\17.jpg

◎ **最终文件：** 随书资源\07\源文件\调出温暖浪漫的秋色图.psd

01 打开“17.jpg”文件，复制“背景”图层，得到“背景 拷贝”图层，设置图层混合模式为“滤色”、“不透明度”为60%，如下图所示。

02 确保“背景 拷贝”图层为选中状态，执行“图像>调整>阴影/高光”菜单命令，打开“阴影/高光”对话框，在对话框中设置阴影的“数量”为35%，如下图所示。

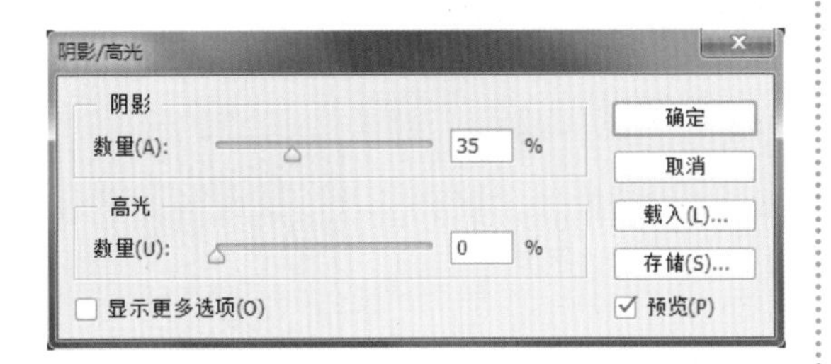

03 单击“确定”按钮，应用设置调整图像，提亮阴影。单击“图层”面板底部的“创建新的填充或调整图层”按钮，在弹出的菜单中选择“通道混合器”选项，如下图所示。

04 打开“属性”面板，在“输出通道”列表框中选择“红”选项，然后设置“红色”为-50、“绿色”为+200、“蓝色”为-50，将图像整体变成黄色调，如下图所示。

05 单击“调整”面板中的“可选颜色”按钮，如下左图所示，创建“选取颜色1”调整图层。打开“属性”面板，在“颜色”下拉列表框中选择“红色”，并设置红色的选项参数，如下右图所示。

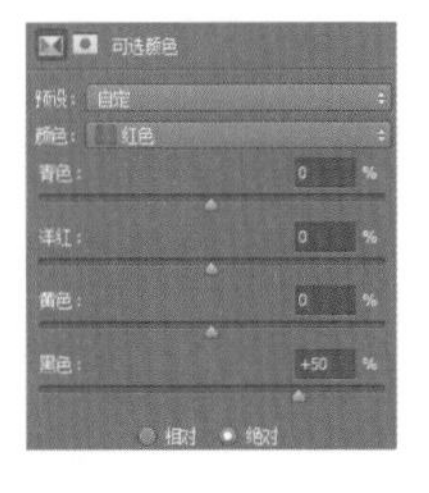

06 在“属性”面板中单击“颜色”下三角按钮，在展开的列表中选择“黄色”，然后设置黄色的选项参数，如下左图所示。

07 在“属性”面板中单击“颜色”下三角按钮，在展开的列表中选择“绿色”，然后设置绿色的选项参数，如下右图所示。

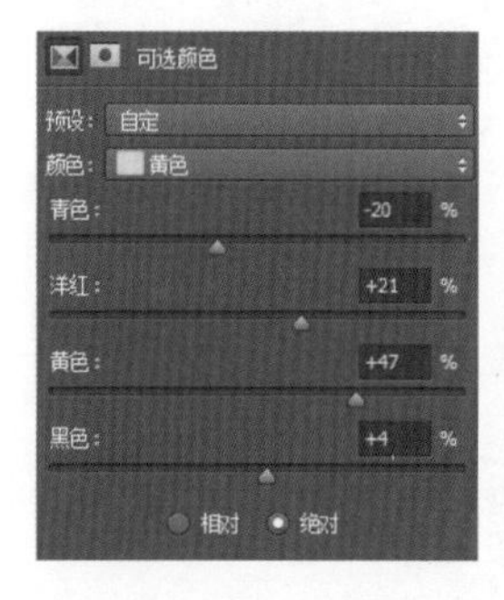

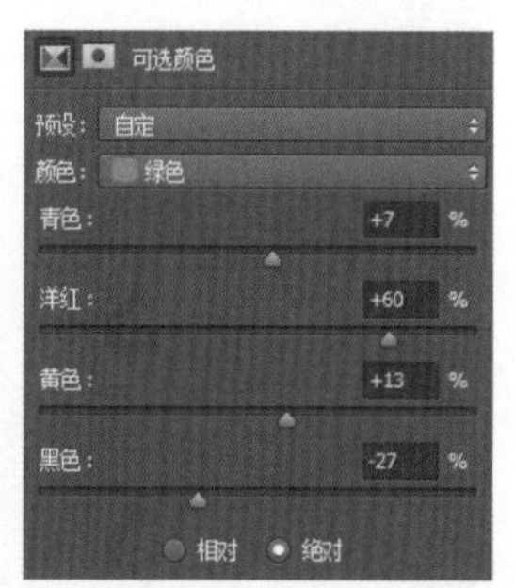

08 在“属性”面板中单击“颜色”下三角按钮，在展开的列表中选择“黑色”，然后设置黑色的选项参数，设置完成后返回图像编辑窗口查看最终效果，如下图所示，完成本实例的制作。

实例演练——调出古典怀旧色调

解析： 虽然艳丽的彩色照片看起来赏心悦目，但是若将彩色照片转换为古典怀旧色调，将会得到另一种特别的图像效果。本实例将介绍如何使用 Photoshop 中的通道和相关命令快速调出古典怀旧色调的照片。具体操作步骤参照“调出古典怀旧色调”视频文件。

扫码看视频

◎ **原始文件：** 随书资源\07\素材\18.jpg
◎ **最终文件：** 随书资源\07\源文件\调出古典怀旧色调.psd

实例演练——制作富有个性的三色调图像

解析： 照片并不只有彩色和黑白两种，还有双色调、三色调等极具创意的呈现方式，可以营造出或前卫、或复古的氛围。本实例将介绍如何使用“双色调”命令制作富有个性的三色调图像。下左图所示为制作前后的效果对比图，具体操作步骤如下。

扫码看视频

◎ **原始文件：** 随书资源\07\素材\19.jpg
◎ **最终文件：** 随书资源\07\源文件\制作富有个性的三色调图像.psd

01 打开“19.jpg”文件，执行“图像>模式>灰度”菜单命令，弹出“信息”对话框，单击其中的“扔掉”按钮，如下图所示。

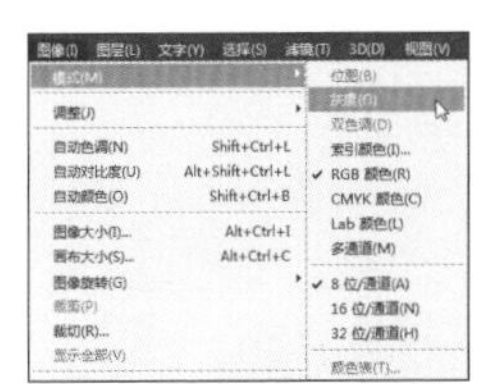

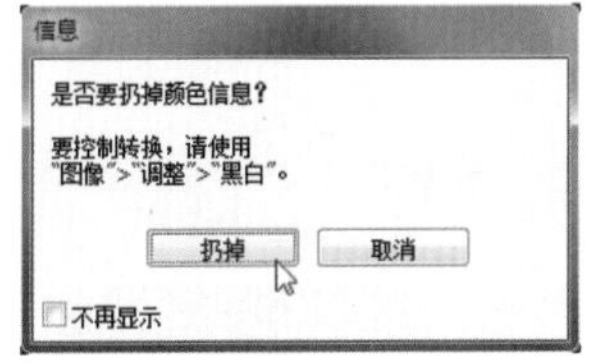

02 将图像转换为灰度模式，效果如下左图所示。

03 执行“图像>模式>双色调”菜单命令，如下右图所示。

04 打开“双色调选项”对话框，单击“类型”下三角按钮，在弹出的下拉列表中选择“三色调”选项，如下左图所示。

05 单击“油墨2”后的颜色框，如下右图所示。

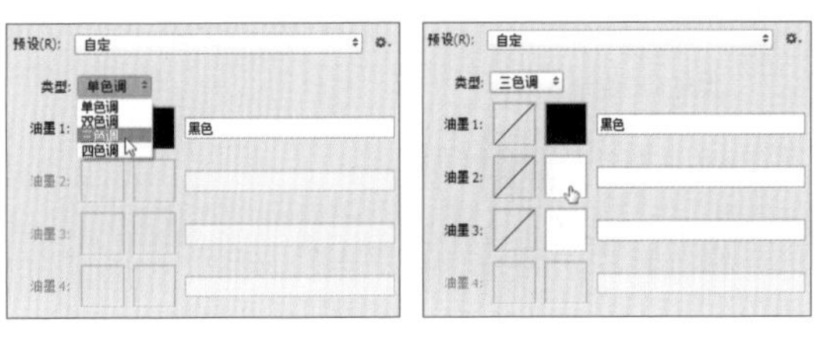

06 打开“拾色器（墨水2颜色）”对话框，设置颜色值为R0、G172、B170，设置完成后单击“确定”按钮，如下图所示。

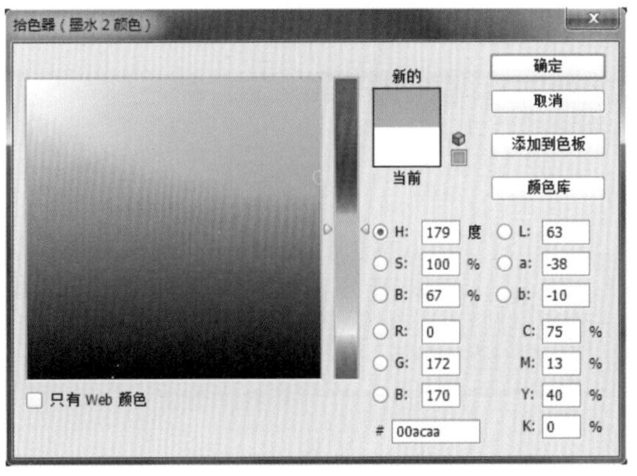

07 返回“双色调选项”对话框，在颜色框后的文本框中输入颜色名称“blue”，如下图所示。

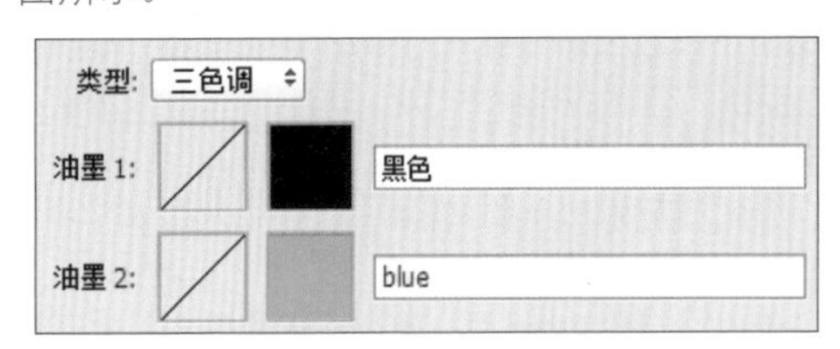

08 单击“油墨3”后的颜色框，打开“拾色器（墨水3颜色）”对话框，按下图所示设置颜色参数，完成后单击“确定”按钮。

09 返回“双色调选项”对话框，在颜色框后的文本框中输入颜色名称“Sky blue”，如下图所示。

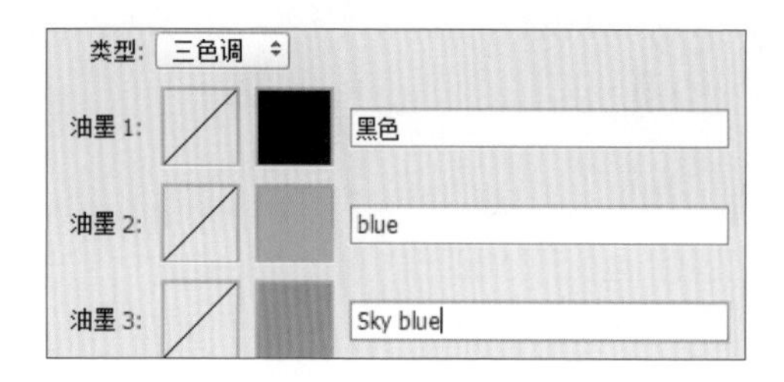

10 单击“油墨1”后的曲线框，打开“双色调曲线”对话框，设置参数，调整双色调曲线，设置完成后单击“确定”按钮，如下图所示。

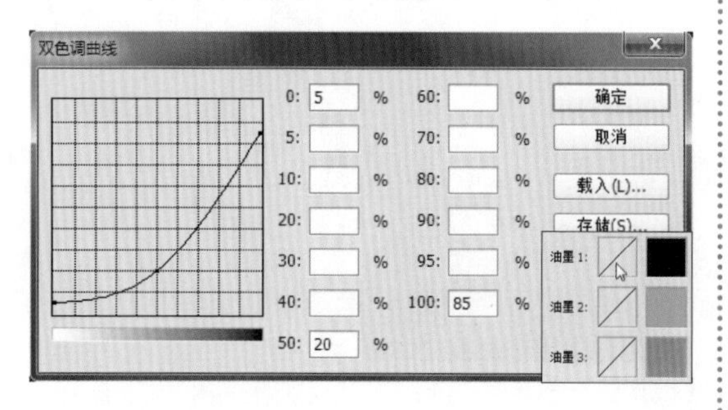

11 单击“油墨2”后的曲线框，打开“双色调曲线”对话框，设置参数，设置完成后单击“确定”按钮，如下图所示。

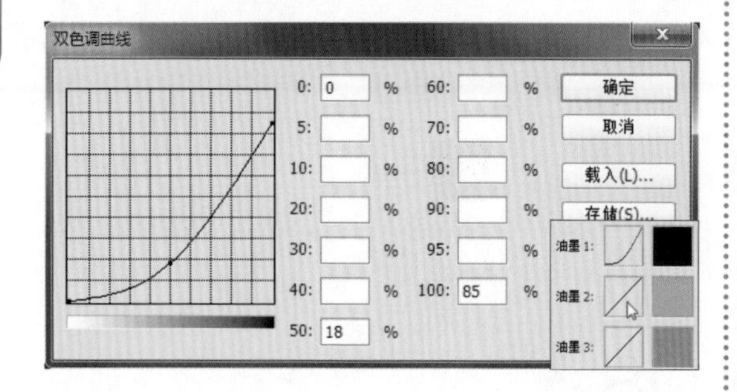

12 返回“双色调选项”对话框，单击“油墨3”后的曲线框，打开“双色调曲线”对话框，设置参数，如下图所示。

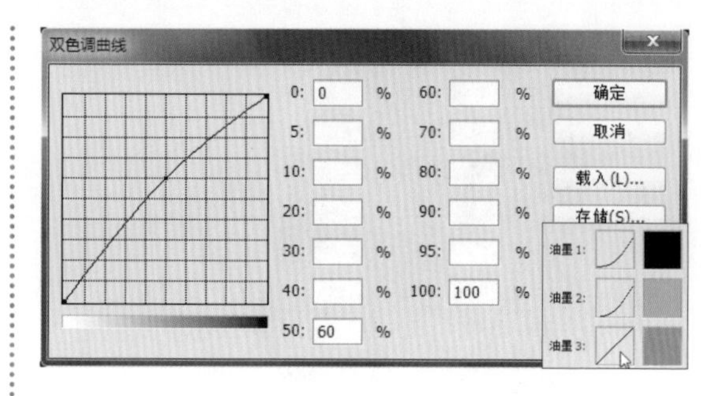

13 设置完成后单击“确定”按钮，返回“双色调选项”对话框，单击对话框右侧的“确定”按钮，如下图所示。

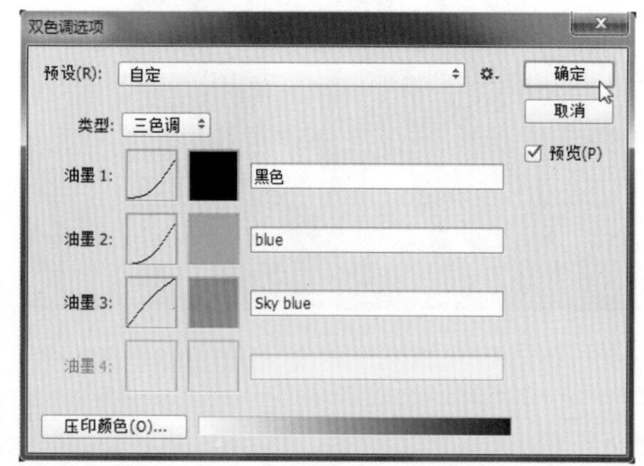

14 按快捷键Ctrl+J复制图层，得到“图层1”图层，设置该图层的混合模式为“滤色”、“不透明度”为50%，如下图所示，完成本实例的制作。

实例演练——将照片调整成艺术化色调

解析：在 Photoshop 中不但可以创建黑白照片，还可以制作出整体黑白、局部彩色的艺术化效果。其原理是先把图像转换为黑白效果，再利用“画笔工具”编辑蒙版，调整黑白效果起作用的范围，还原局部区域的色彩。下图所示为制作前后的效果对比图，具体操作步骤如下。

扫码看视频

◎ **原始文件：** 随书资源\07\素材\20.jpg

◎ **最终文件：** 随书资源\07\源文件\将照片调整成艺术化色调.psd

01 打开“20.jpg”文件，单击“调整”面板中的“黑白”按钮，创建“黑白1”调整图层，将图像转换为黑白效果，如下图所示。

02 打开“属性”面板，单击面板右上角的“自动”按钮，自动调整颜色值，如下图所示。

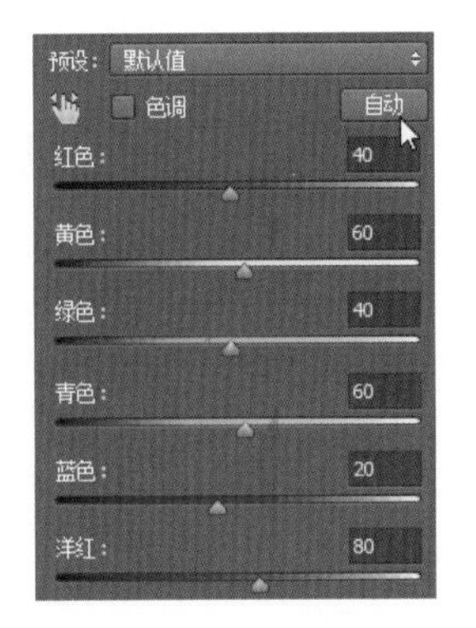

03 软件会根据自动调整的参数，更改黑白照片的影调。单击“图层”面板中的“黑白1”调整图层蒙版缩览图，如下图所示。

04 设置前景色为黑色，单击工具箱中的“画笔工具”按钮，在其选项栏中选择“硬边圆”画笔，设置画笔大小为70，在人物手中的苹果上单击并涂抹，如下左图所示。涂抹过程中可按键盘中的[或]键调整画笔大小。经过涂抹，苹果恢复为原始的绿色，如下右图所示。

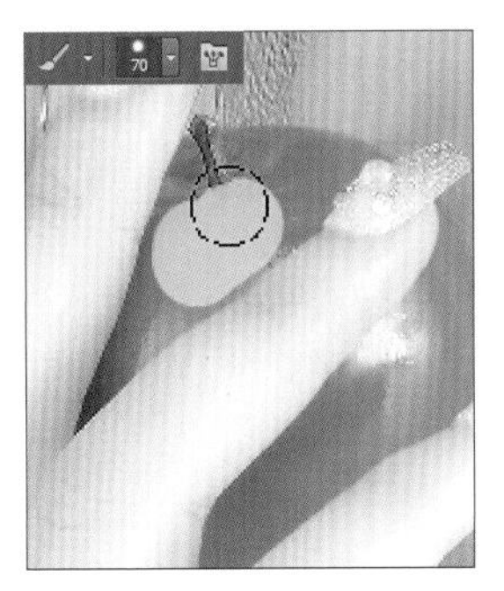

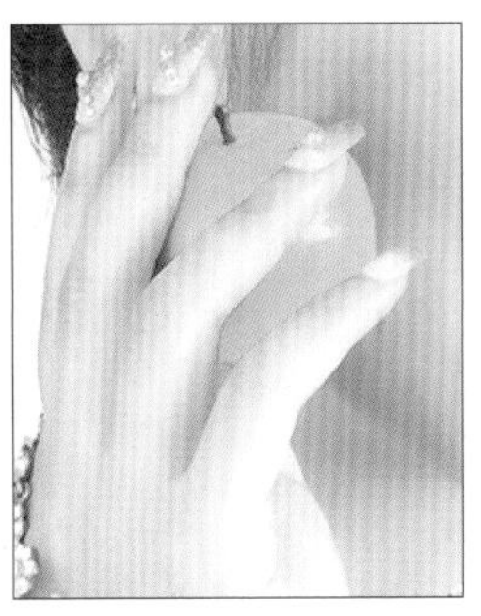

05 在“画笔工具”选项栏中调整画笔选项，选择“柔边圆”画笔，设置“不透明度”为50%，如下图所示。

06 在人物的嘴唇部分单击并涂抹，如下左图所示。继续涂抹人物嘴唇及眼影部分，恢复局部图像的原始影调，如下右图所示。

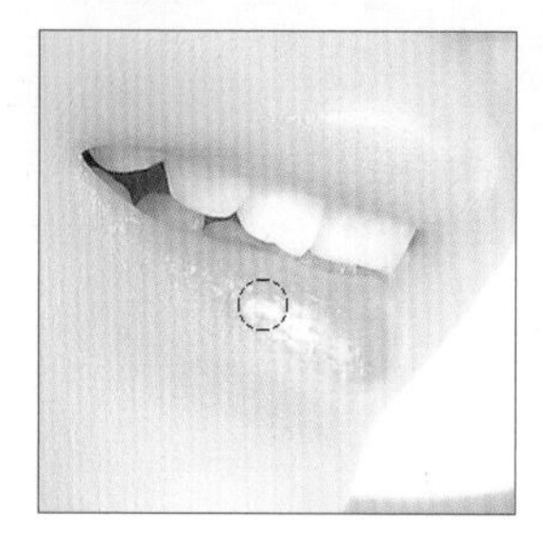

07 选择“磁性套索工具”，在选项栏中设置“羽化”为1像素，沿人物的嘴唇边缘单击并拖动鼠标，绘制选区，选中图像，如下图所示。

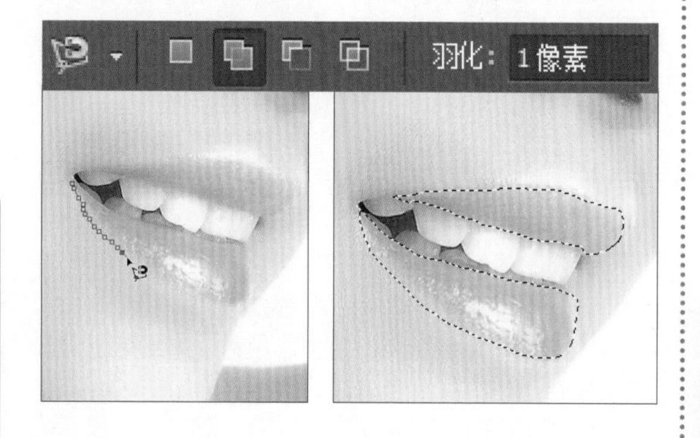

第7章

08 单击“调整”面板中的“色相/饱和度”按钮，创建“色相/饱和度1”调整图层，在“属性”面板中设置各项参数，如下左图所示。

09 软件根据设置的参数调整选区颜色，得到如下右图所示的效果。

10 选择“套索工具”，在选项栏中设置“羽化”为1像素，单击“添加到选区”按钮，在人物的一只眼睛上方单击并拖动鼠标，绘制选区，选中图像，如下左图所示。

11 继续使用“套索工具”在另一只眼睛上方单击并拖动鼠标，绘制选区，如下右图所示。

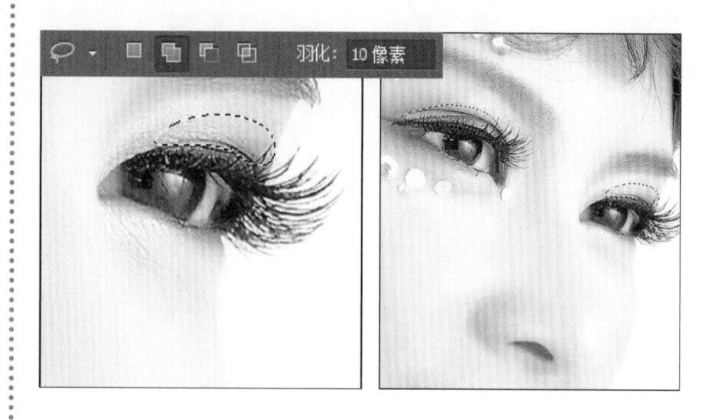

12 单击“图层”面板中的“创建新的填充或调整图层”按钮，在弹出的菜单中选择“渐变”选项，如下左图所示。

13 打开“渐变填充”对话框，在对话框中选择“蓝，红，黄渐变”，如下右图所示。

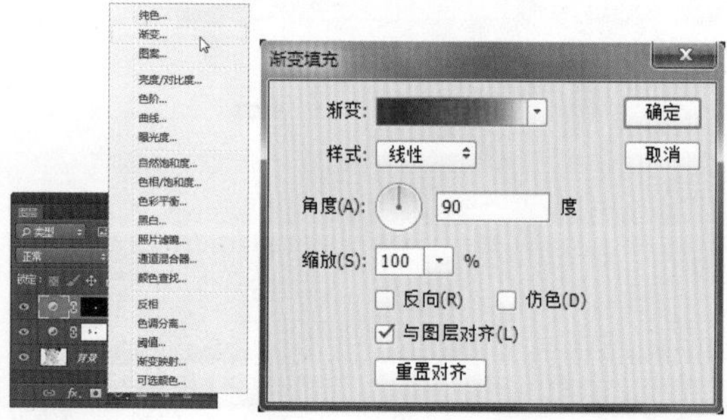

14 设置完成后单击“确定”按钮，创建“渐变填充1”填充图层。在“图层”面板中选中“渐变填充1”填充图层，设置图层的混合模式为“柔光”、“不透明度”为20%，如下左图所示。

15 根据设置的选项，增强眼影颜色，得到如下右图所示的效果，完成本实例的制作。

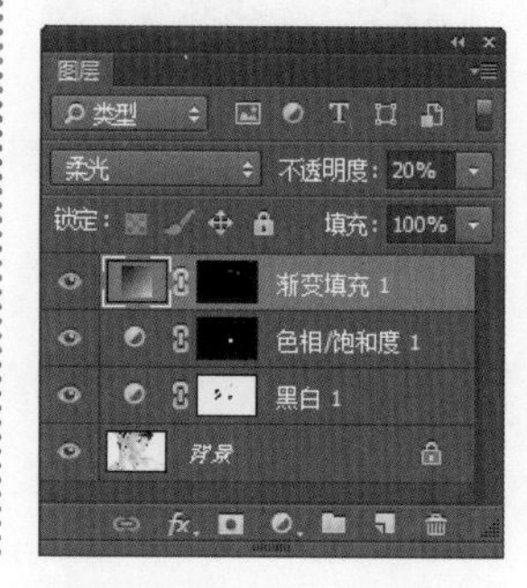

实例演练——黑白照片上色

解析：有了 Photoshop，就算只拍摄了黑白照片也没关系，可在后期处理中为照片上色。本实例将介绍如何使用 Photoshop 中的“色相 / 饱和度”调整图层和图层蒙版快速为黑白照片上色，使照片生动活泼，充满现代感。下左图所示为制作前后的效果对比图，具体操作步骤如下。

扫码看视频

◎ 原始文件：随书资源\07\素材\21.jpg
◎ 最终文件：随书资源\07\源文件\黑白照片上色.psd

01 打开“21.jpg”文件，单击“图层”面板底部的“创建新的填充或调整图层”按钮，在打开的菜单中选择“色相/饱和度”选项，如下左图所示。打开“属性”面板，勾选“着色”复选框，并设置参数，如下右图所示。

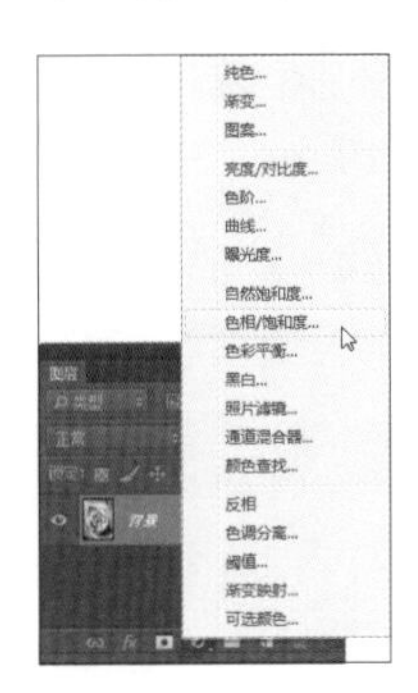

02 使用与步骤01相同的方法，创建“色相/饱和度2”调整图层，打开“属性”面板，在面板中设置参数，调整图像颜色，如下图所示。

03 单击“色相/饱和度2”调整图层的蒙版缩览图，将前景色设置为黑色，按B键切换至“画笔工具”，设置画笔“不透明度”为80%，然后在图像的适当位置单击并涂抹，如下图所示。

04 调整画笔大小，并将“不透明度”设置为37%，继续在图像上涂抹，如下左图所示。

05 反复涂抹，调整图像，使花朵的层次更加分明，如下右图所示。

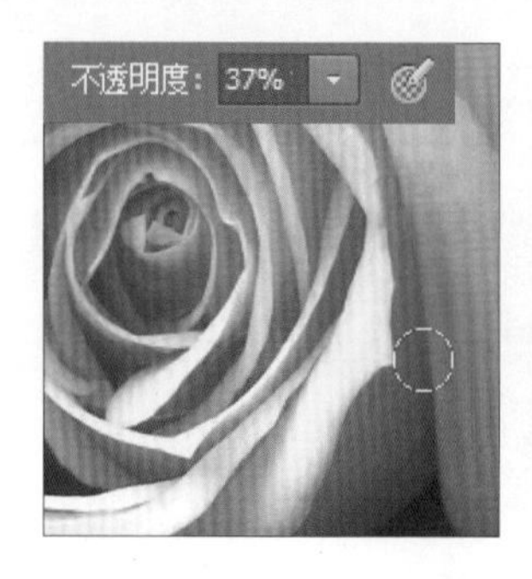

06 创建“色相/饱和度3”调整图层，打开“属性”面板，设置参数，如下图所示。

07 按住Alt键单击“色相/饱和度3”调整图层的蒙版缩览图，用“画笔工具”在图像的适当位置单击并涂抹，如下左图所示。完成后，再次按住Alt键单击蒙版缩览图，可查看设置后的图像效果，如下右图所示。

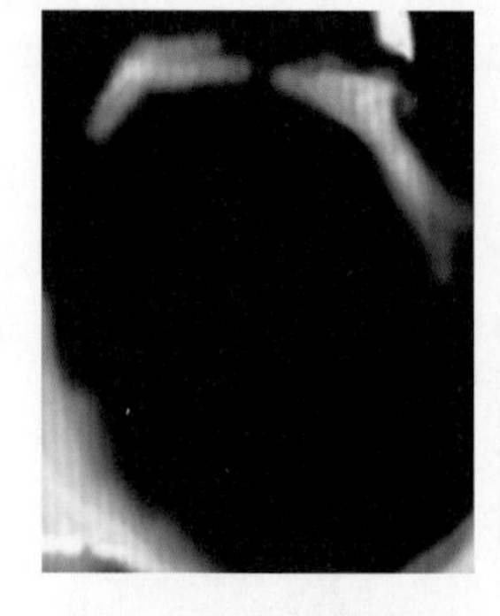

08 创建“色相/饱和度4”调整图层，打开“属性”面板，设置参数，如下图所示。

09 按住Alt键单击“色相/饱和度4”调整图层的蒙版缩览图，进入图层蒙版状态，使用“画笔工具”在画面的适当部分涂抹，如下左图所示。完成后，再次按住Alt键单击图层蒙版缩览图，得到如下右图所示的图像效果。

10 创建“自然饱和度1”调整图层，打开“属性”面板，设置“自然饱和度”和“饱和度”参数，如下左图所示，调整颜色饱和度。创建“色阶1”调整图层，打开“属性”面板，在“预设”下拉列表框中选择“增加对比度1”选项，得到如下右图所示的效果。

11 根据画面的整体效果，再创建“色阶2”调整图层，在打开的“属性”面板中将灰色滑块拖至1.50的位置，如下左图所示。软件会根据设置的参数调整图像，提高中间调部分的图像亮度，最后得到如下右图所示的图像效果，完成本实例的制作。

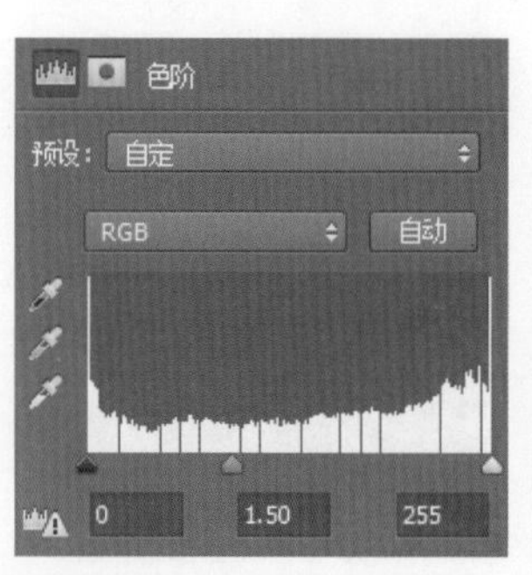

第 8 章 快速抠图技法

快速抠图技法就是使用较为简便的方法将需要的图像选取并保留，并将多余的图像隐藏或删除。在 Photoshop 中，不但可以通过“选择”菜单中的命令和选框工具来选取图像，还可以通过颜色来选取图像。本章将介绍如何运用最快捷的方式抠取需要的图像，缩短制作合成图像的时间，提高工作效率。本章先介绍规则选区和不规则选区的创建、根据颜色选取图像、擦除并抠出图像等内容，然后通过一些简单的实例完整地介绍快速抠取并合成图像的方法。

8.1 规则选区的创建——选框工具的应用

扫码看视频

在抠图过程中，若想要“框”定一个简单的选区，可以使用 Photoshop 中的选框工具。选框工具主要用来创建矩形、椭圆形、单行或单列等规则形状的选区。本节将简单介绍选框工具的使用方法。

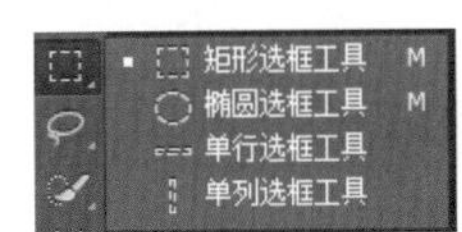

在工具箱中按住“矩形选框工具”按钮不放，在弹出的隐藏工具条中有“矩形选框工具”“椭圆选框工具”“单行选框工具”“单列选框工具”4 个选框工具，如左图所示。具体使用方法如下。

1. 矩形选框工具

“矩形选框工具”主要通过单击并拖动鼠标来创建矩形或正方形选区。打开“01.jpg”素材图像，如下左图所示。单击工具箱中的“矩形选框工具”按钮，在图像中需要创建选区的位置单击并拖动鼠标，如下中图所示，即可创建矩形选区，如下右图所示。若要创建正方形选区，按住 Shift 键单击并拖动鼠标即可。

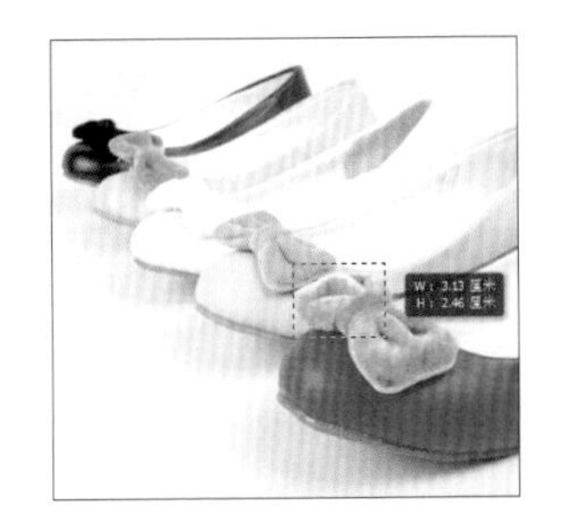

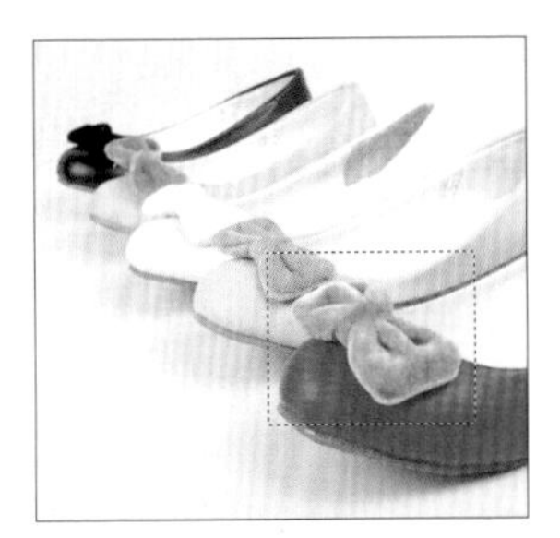

技巧 取消选区

若对创建的选区不满意，则执行“选择 > 取消选择”菜单命令，或按快捷键 Ctrl+D，即可取消选区。

单击工具箱中的“矩形选框工具”按钮▣，在其选项栏中可进一步设置创建选区的方式及“羽化”“样式”等参数，如下图所示。下面简单介绍选项栏中各选项的主要作用。

❶创建选区的方式： 用于设置创建选区的方式。若已创建选区，则可通过单击不同的按钮对选区进行添加或减少。打开“02.jpg”素材图像，单击“新选区”按钮■，则每次绘制新选区时，原选区都将消失；单击“添加到选区”按钮■，则可将建立的选区与原选区相加；单击“从选区减去”按钮■，则可在原选区中减去新选区；单击“与选区交叉”按钮■，则保留新选区和原选区的相交部分。下图所示分别为创建新选区、添加到选区、从选区减去、与选区交叉后的选区效果。

❷羽化： 通过建立选区和选区周围像素之间的转换边界来模糊选区边缘。在“羽化”数值框中输入数值可控制羽化范围。右图所示分别为设置“羽化”为 0 和 150 像素后的选区效果。

❸样式： 用于设置选区的形状。单击“样式”下三角按钮，在弹出的下拉列表中有“正常”“固定比例”“固定大小”3 个选项。其中，“正常”选项为系统默认样式，单击并拖动鼠标即可设置矩形选区的范围和大小；若选择“固定比例”选项，则按照设置的宽度和高度比例创建选区；选择“固定大小”选项则可创建固定大小的选区。右图所示分别为应用这三种样式创建的选区效果。

❹调整边缘： 可提高选区边缘的品质并允许用户对照不同的背景查看选区，还可以使用“调整边缘”选项来调整图层蒙版。创建一个选区后单击该按钮，在打开的“调整边缘”对话框中可对选区边缘的“半径”“对比度”“平滑”“羽化”等选项进行设置。从 Photoshop CC 2015.5 开始，“调整边缘”按钮升级为“选择并遮住”按钮，单击该按钮将进入“选择并遮住”工作区，同样可以对选区进行精细的调整，以更精确地选中图像。

应用　应用选框工具制作双胞胎人像效果

打开“03.jpg”素材图像，单击工具箱中的“矩形选框工具”按钮▣，在其选项栏中设置“羽化”选项为 30 像素，然后在图像中沿人物绘制一个矩形选区，如图❶所示。按 Ctrl+J 键复制图层，得到“图层 1”图层，如图❷所示。按 Ctrl+T 键，在图像上右击鼠标，在弹出的快捷菜单中选择“水平翻转”命令，如图❸所示。再进一步调整图像的位置，调整完成后按 Enter 键，应用变换，如图❹所示。

2. 椭圆选框工具

“椭圆选框工具”用于创建椭圆或圆形选区。打开“04.jpg”素材图像，如下左图所示。单击工具箱中的“椭圆选框工具”按钮，在需要创建椭圆选区的位置单击并拖动鼠标，即可创建椭圆选区，如下右图所示。拖动鼠标时按住 Shift 键可创建圆形选区。

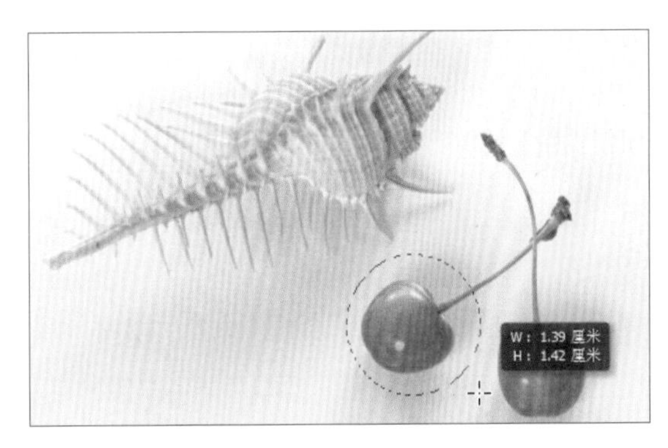

3. 单行选框工具

“单行选框工具”用于创建一个像素高的横向选区。打开“05.jpg”素材图像，如下左图所示。单击工具箱中的“单行选框工具”按钮，然后在图像中需要的位置单击，即可创建单行选区，效果如下右图所示。

技巧二 恢复选区

创建了选区后，若由于误操作取消了选区，则立即执行“选择 > 重新选择”菜单命令，或按快捷键 Shift+Ctrl+D，即可恢复选区。

技巧三 创建多个单行选区

若要创建多个单行选区，则在选择“单行选框工具”后，单击其选项栏中的“添加到选区”按钮，如右图所示。

4. 单列选框工具

“单列选框工具”用于创建一个像素宽的竖向选区。打开“06.jpg”素材图像，如右图一所示。单击工具箱中的“单列选框工具”按钮，在图像中需要的位置单击，即可创建单列选区，如右图二所示。

8.2 不规则选区的创建

规则选框工具只能创建简单的规则选区，若需创建复杂多变的选区，则要用到不规则选框工具，包括“套索工具”“多边形套索工具”“磁性套索工具”3个工具。本节将介绍这些工具的使用方法。

扫码看视频

1. 套索工具

“套索工具”用于自由地手动绘制选区。打开“07.jpg”素材图像，单击工具箱中的“套索工具”按钮，在需要创建选区的位置单击并拖动鼠标，如下左图所示，以创建手绘的选区边界线条，释放鼠标后，绘制的线条的起点和终点会自动连接形成封闭选区，如下右图所示。

技巧一 利用“套索工具”绘制直线段

利用“套索工具”绘制选区边界线条时，若绘制到某一点时按住 Alt 键，然后松开鼠标，再单击另一点，则两点之间会用直线段连接。

2. 多边形套索工具

“多边形套索工具”用于绘制由三条或三条以上的直线段围成的选区。打开“08.jpg”素材图像，单击工具箱中的“多边形套索工具”按钮，在需要创建选区的位置连续单击并移动鼠标，绘制出一个多边形，如右图一所示。最后双击鼠标即可自动闭合多边形并形成选区，如右图二所示。

技巧二 绘制角度为45°倍数的直线段

将鼠标指针放置在要创建的选区的开始位置，单击鼠标，如图❶所示，然后按住 Shift 键单击另一位置，即可绘制角度为 45° 倍数的直线段，如图❷所示。

3. 磁性套索工具

“磁性套索工具”用于快速选择与背景对比强烈且边缘复杂的对象。打开“09.jpg”素材图像，单击工具箱中的“磁性套索工具”按钮，在荷花的边缘单击并拖动鼠标，则该工具将自动沿着花朵的轮廓创建带锚点的路径，如右图一所示。双击鼠标或当终点与起点重合时单击，就会自动创建闭合选区，如右图二所示。

选择“磁性套索工具”后，可在其选项栏中进一步设置工具的各项参数，以更加快速、便捷地创建选区。下图所示为“磁性套索工具”的选项栏，具体设置方法如下。

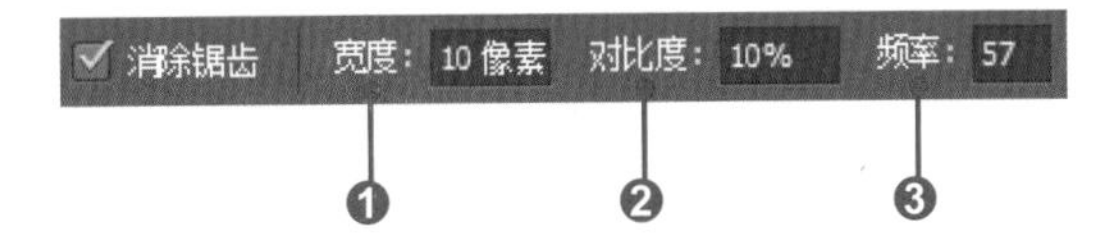

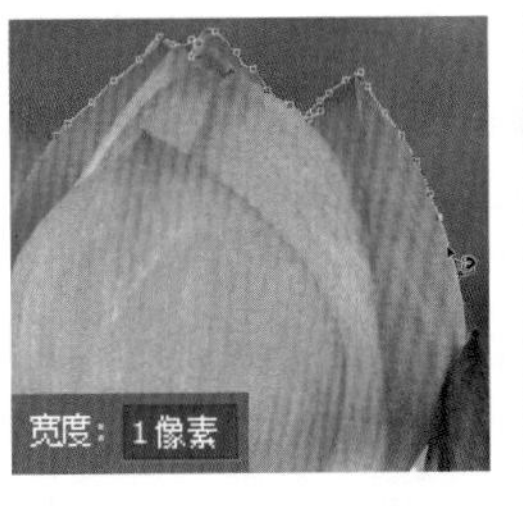

❶宽度：用于设置检测宽度，让“磁性套索工具”只检测从鼠标指针开始指定距离以内的边缘。在其后的数值框中可输入 1 ～ 256 之间的任意整数，设置的数值越小，则创建的选区越精确。右图所示为不同“宽度”设置下的选区效果。

❷对比度：用于设置检测图像边缘的灵敏度，参数范围为 1 ～ 100 之间的任意整数。若设置的数值较低，则检测低对比度边缘；若设置的数值较高，则检测与其周边对比鲜明的边缘，如下左图所示。

❸频率：用于设置生成路径锚点的频率，参数范围为 0 ～ 100 之间的任意整数。设置的数值越大，则生成的锚点就越多，创建的选区就越精确，如下右图所示。

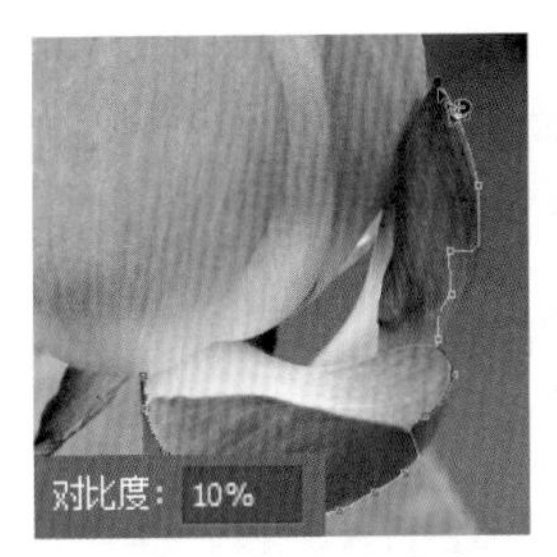

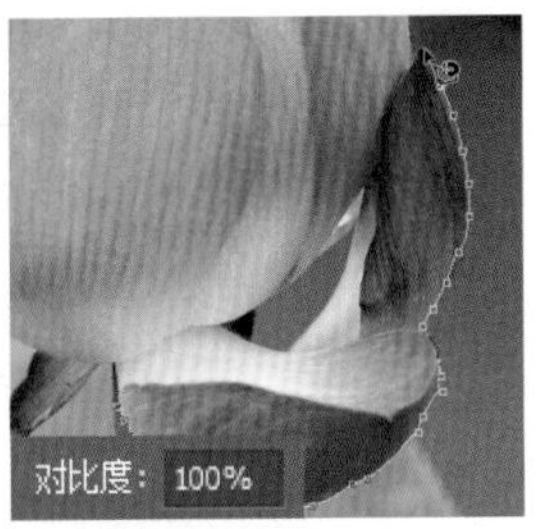

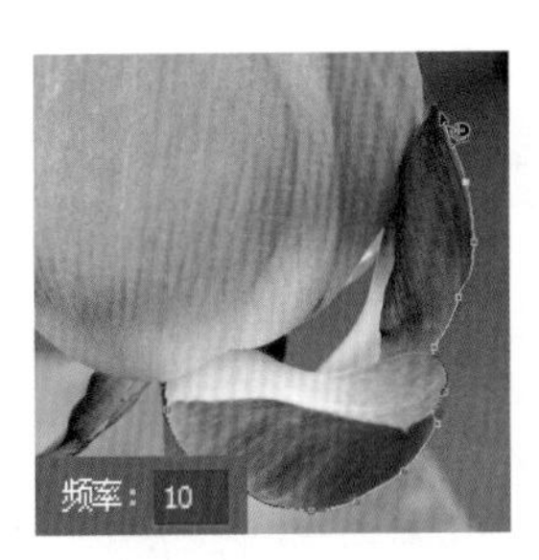

技巧三 “磁性套索工具”的使用技巧

在边缘较清晰的图像上，可以使用较大的宽度和较高的对比度，大致地跟踪边缘；在边缘较柔和的图像上，可以使用较小的宽度和较低的对比度，更精确地跟踪边缘。

应用 增强对比以更准确地选择图像

无论使用什么样的选择工具，只要加大待选区域和周围环境之间的影调或色调对比度，那么选取工作就会变得更容易。例如，在图像图层上添加一个“色阶”调整图层，则可使原图中的不同颜色区分得更为明显。下面简单介绍应用该方法创建选区的具体操作。

打开“10.jpg”素材图像，如图❶所示。创建“色阶 1”调整图层，按图❷所示设置“色阶”的各项参数。然后使用“磁性套索工具”沿着花朵的边缘单击并拖动鼠标，如图❸所示。创建的选区如图❹所示。结束选取后，即可删除或隐藏调整图层。

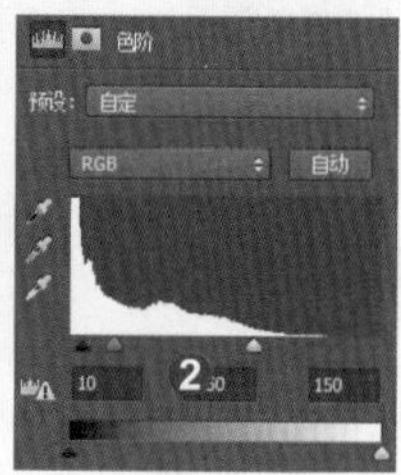

技巧四 快速调整选区的边缘宽度

应用“磁性套索工具”勾勒图像边界时，可按方括号键［和］快速更改宽度值。按［键可将磁性套索边缘宽度减小 1 像素，按］键可将磁性套索边缘宽度增大 1 像素。

8.3 根据颜色选取图像

Photoshop 中的一些选择工具可同时利用颜色和形状进行图像的选取。在颜色对比强烈的区域，可以使用“魔棒工具”或“快速选择工具”，创建包含某种相近颜色的所有像素的选区。本节将详细介绍这两种工具的使用方法。

扫码看视频

1. 魔棒工具

“魔棒工具”用于对颜色一致或相近的区域进行选取。打开“11.jpg”素材图像，单击工具箱中的“魔棒工具”按钮，将鼠标移至图像上，在需要选取的颜色区域内单击，即可创建选区，如下左图所示。

选择“魔棒工具”后，可在其选项栏中进一步设置选取方式、容差大小等选项，如下右图所示，“魔棒工具”的鼠标指针会随设置的选项而变化。下面简单介绍该选项栏中的各选项。

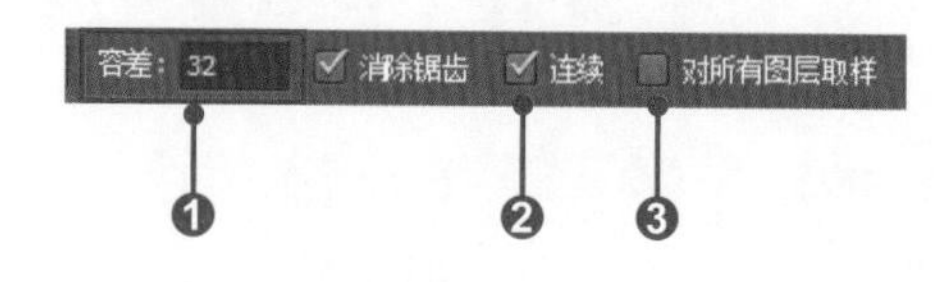

❶**容差**：用于设置选取像素与单击处像素的颜色差异度。用户可在其后的数值框中输入 0 ～ 255 之间的任意整数。若设置的数值较低，则将选取与所单击像素非常相似的少数几种颜色；若设置的数值较高，则将选取范围更广的颜色，如下左图所示。

❷**连续**：若勾选该复选框，将只选取与单击处像素邻近且颜色相近的区域；若取消勾选该复选框，则选取图像上所有与单击处像素颜色相近的区域，如下右图所示。

❸**对所有图层取样**：勾选该复选框，则使用所有可见图层中的数据选取颜色；若取消勾选该复选框，则只从当前图层中选取颜色。

应用　应用“魔棒工具”合成图像

使用“魔棒工具”可以在创建选区时节省大量时间。打开“12.jpg”素材图像，单击工具箱中的“魔棒工具”按钮，在近似白色的背景区域中单击，即可选中大部分背景区域，如图❶所示。单击选项栏中的“添加到选区”按钮，继续在背景区域中连续单击，选中整个背景区域，然后按快捷键Shift+Ctrl+I，将选区反向，即可选中玩具图像，如图❷所示，按快捷键Ctrl+C复制选中的玩具图像。打开“13.jpg”素材图像，如图❸所示。按快捷键Ctrl+V，将复制的玩具图像粘贴进来，得到“图层1”图层，再按Ctrl+T键，将玩具图像调整至合适的大小和位置，如图❹所示。

复制“图层1”图层，得到“图层1拷贝”图层，再次按快捷键Ctrl+T，打开自由变换编辑框，调整编辑框中的图像大小，如图❺所示。最后为画面添加文字效果，如图❻所示。

2. 快速选择工具

“快速选择工具”以圆形画笔笔尖的形式快速选择颜色和形状相似的区域。打开“14.jpg”素材图像，单击工具箱中的“快速选择工具”按钮，在需要创建选区的位置单击并拖动鼠标，则选区会向外扩展并自动查找和跟随图像中清晰的边缘，从而可以快速创建选区，如右图所示。

选中“快速选择工具”后，用户可进一步在其选项栏中设置参数，使创建选区的工作更加顺利。右图为“快速选择工具”的选项栏，具体设置如下。

❶选取方式： 提供了“新选区”“添加到选区”“从选区减去”3 种选取方式。“新选区”为未创建任何选区时的默认选项。打开“15.jpg”素材图像，在图像中创建初始选区后，将自动选中“添加到选区”选取方式。单击该按钮后，画笔中间会出现一个“+”符号。若单击“从选区减去”按钮，则会在已有的选区中减去新的选区与已有选区相交的部分，形成新的选区。单击该按钮后，画笔中间会出现一个“-”符号。下图所示分别为“新选区”“添加到选区”“从选区减去”的选区效果。

技巧 快速切换选取方式

应用“快速选择工具”创建选区时，按住 Alt 键，可在“添加到选区”模式和“从选区减去”模式之间切换。

❷画笔： 单击“画笔”下三角按钮，在弹出的下拉列表中可设置画笔的参数，如右图所示。其中，“大小”选项用于设置画笔的直径；“硬度”选项用于设置选择的范围，设置的数值越小，选择的范围就越大；“间距”选项用于设置选择范围的连续性，设置的数值越小，则图像越不容易被连续选择，设置的数值越大，则图像越容易被连续选择。

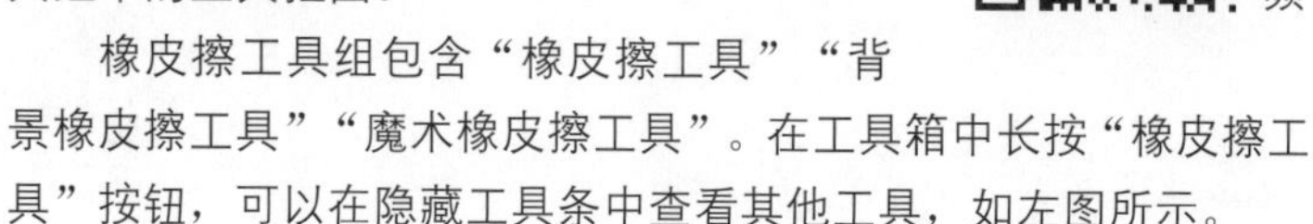

8.4 擦除并抠出图像

除了用前面介绍的方法通过选取需要的部分来抠出图像，还可以将不需要的部分擦除，留下需要保留的部分，这就要用到 Photoshop 的橡皮擦工具组中的工具。本节就将详细介绍如何利用橡皮擦工具组中的工具抠图。

扫码看视频

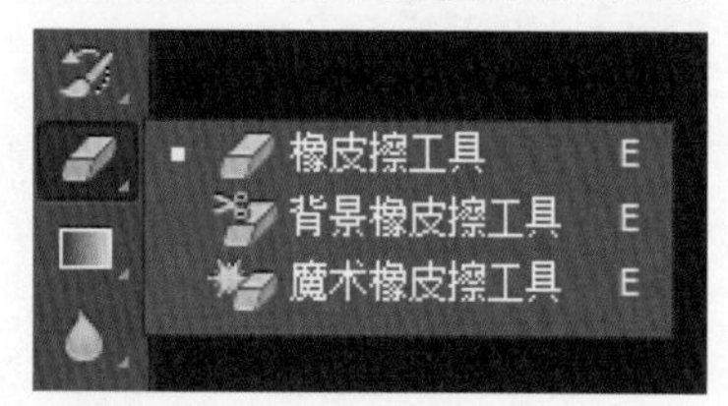

橡皮擦工具组包含“橡皮擦工具”“背景橡皮擦工具”“魔术橡皮擦工具”。在工具箱中长按“橡皮擦工具”按钮，可以在隐藏工具条中查看其他工具，如左图所示。

1. 橡皮擦工具

“橡皮擦工具”类似于日常生活中的橡皮擦。应用该工具擦除图像时，可以任意调整大小和不透明度等。打开“16.jpg”素材图像，用“橡皮擦工具”在“背景”图层中涂抹擦除图像时，被擦去的部分将被填充为背景色，如右图一所示；当在普通图层中涂抹擦除图像时，被擦去的部分则显示为透明像素，如右图二所示。

2. 背景橡皮擦工具

“背景橡皮擦工具”对位于画笔中心的像素进行颜色取样，将在画笔范围内任何位置出现的与样本颜色一致或相近的像素涂抹成透明。它可以在抹除背景的同时保留前景中对象的边缘，并且可以通过指定不同的取样和容差选项来控制透明的范围和边缘的锐化程度。打开“17.jpg”素材图像，用“背景橡皮擦工具”在背景上单击并涂抹，涂抹区域的像素即被擦除，如下左图所示，最终效果如下右图所示，可以看到前景中的人物图像较完整地保留了下来。

在工具箱中单击“背景橡皮擦工具”按钮后，可进一步设置其选项栏中的各项参数，如右图所示。具体设置如下。

❶取样：用于设置抹除图像时的取样方式。单击“取样：连续”按钮，可随着拖动不断取样；单击“取样：一次”按钮，只抹除包含第一次单击的颜色的区域；单击“取样：背景色板”按钮，只抹除包含当前背景色的区域。

❷限制：选取抹除的限制模式，包括“不连续”“连续”“查找边缘”3个选项。选择“不连续”选项，可抹除出现在画笔下面任何位置的样本颜色；选择“连续”选项，可抹除包含样本颜色并且相互连接的区域；选择“查找边缘”选项，可抹除包含样本颜色的连续区域，同时更好地保留形状边缘的锐化程度。

❸容差：控制抹除的范围，通过输入数值或拖动滑块进行设置。设置低容差时仅抹除与样本颜色非常相似的区域，设置高容差时抹除范围更广的颜色。

应用 用“背景橡皮擦工具”抠出主体

打开“18.jpg”素材图像，单击工具箱中的“背景橡皮擦工具”按钮，在其选项栏中设置选项，然后将鼠标移至图像中的背景处，如图❶所示。此时单击并拖动鼠标可擦除图像，如图❷所示。经过连续的涂抹操作，擦除背景图像，抠出小狗图像，如图❸所示。

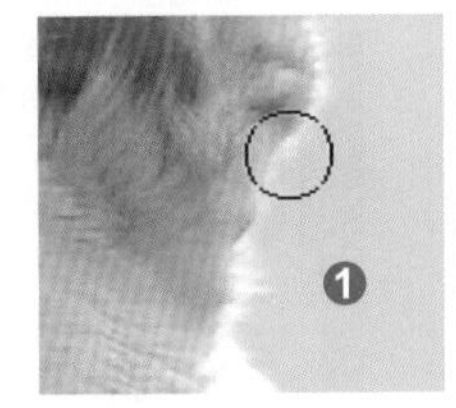

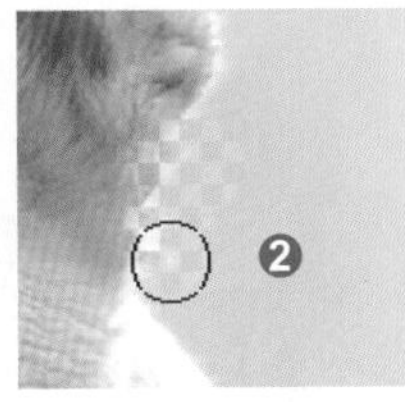

技巧 获得更干净的擦除效果

在擦除图像时，若对图像边缘的精度要求较高，则可按快捷键Ctrl++将图像放大，以便更好地观察是否将不需要的图像擦除干净，还可以通过选项栏调整画笔的大小，使图像擦除变得更加容易。

3. 魔术橡皮擦工具

使用“魔术橡皮擦工具”在画面中单击，即可将与单击处像素相似的所有像素更改为透明。如果在已锁定透明度的图层中操作，则这些像素将会被更改为背景色；如果在“背景”图层中操作，则会将“背景”图层转换为普通图层并将所有相似的像素更改为透明。打开“19.jpg”素材图像，单击工具箱中的“魔术橡皮擦工具”按钮，在画面的背景部分单击，如下左图所示，即可删除背景图像，最终效果如下右图所示。

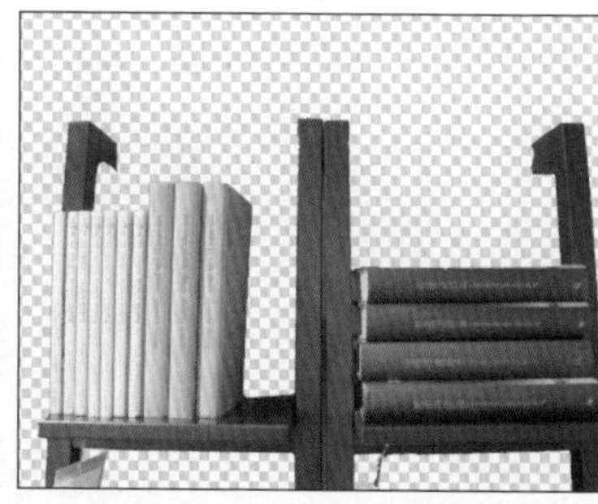

技巧二 启用“连续”复选框

勾选“魔术橡皮擦工具”选项栏中的“连续”复选框，则只抹除与单击处像素连续的像素；如果取消勾选，则抹除图像中的所有相似像素。

实例演练——用“魔棒工具”快速更换人像背景

解析： 使用“魔棒工具”可以选择颜色相近的区域，该工具通常用于较简单区域的选取。本实例将介绍如何使用“魔棒工具”选取背景图像并将其删除，然后更换为其他的背景图像。下左图所示为制作前后的效果对比图，具体操作步骤如下。

扫码看视频

第8章

◎ 原始文件：随书资源\08\素材\20.jpg、21.jpg

◎ 最终文件：随书资源\08\源文件\用“魔棒工具”快速更换人像背景.psd

01 打开“20.jpg”文件，选择工具箱中的“魔棒工具”，单击选项栏中的“添加到选区”按钮，并设置合适的“容差”值，然后在图像左上角的背景部分单击，快速创建选区，如下图所示。

02 继续使用“魔棒工具”在图像右侧的背景上单击，添加选区，如下左图所示。

03 选择工具箱中的“快速选择工具”，运用此工具对选区做进一步调整，选择整个背景图像，如下右图所示。

04 执行“选择>反选”菜单命令，将上一步创建的选区进行反向，得到如下图所示的选区。

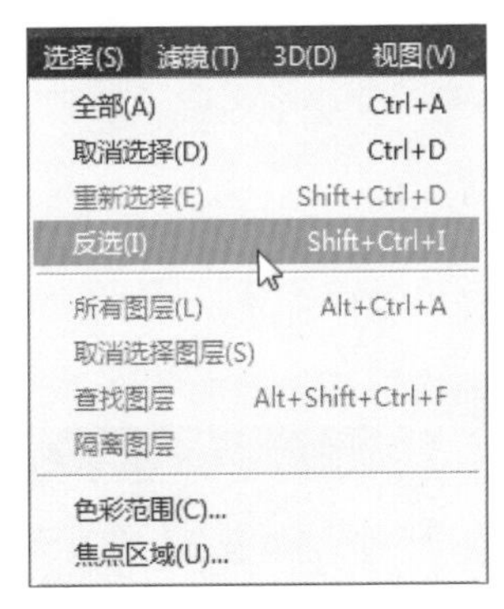

05 按Shift+F6键，打开“羽化选区”对话框，设置“羽化半径”为2，单击“确定”按钮，如下左图所示，羽化选区。

06 按快捷键Ctrl+J复制选区中的图像，得到“图层1”图层，如下右图所示。

07 打开“21.jpg”文件，执行“窗口>排列>双联垂直”菜单命令，调整打开图像的排列方式，如下图所示。

08 按V键切换至“移动工具”，然后单击并拖动“21.jpg”中的图像至人像文件中，得到“图层2”图层，如下图所示。

09 确保“图层2”图层为选中状态，将其拖至“图层1”图层和“背景”图层之间，作为新的背景图像，如下左图所示。

10 按快捷键Ctrl+T，打开自由变换编辑框，调整新背景图像的大小和位置，调整完成后按Enter键应用变换，得到如下右图所示的图像效果，完成本实例的制作。

实例演练——用“磁性套索工具”抠出花朵

解析：应用“磁性套索工具”可以沿着物体的边缘创建选区，该工具一般用于选取与背景颜色相差较大、边缘又很复杂的图像。本实例就运用该工具的这一特性选取花朵图像，并对选取的花朵图像进行编辑。具体操作步骤参照“使用‘磁性套索工具’抠出花朵”视频文件。

扫码看视频

◎ 原始文件：随书资源\08\素材\22.jpg
◎ 最终文件：随书资源\08\源文件\用“磁性套索工具”抠出花朵.psd

实例演练——借助“魔术橡皮擦工具”合成背景

解析：拍摄照片并不总能遇到好天气。本实例将介绍如何使用Photoshop中的“魔术橡皮擦工具”擦除原背景并替换上好天气时的蓝天白云效果，让画面的色彩变得更加丰富。下左图所示为制作前后的效果对比图，具体操作步骤如下。

扫码看视频

◎ 原始文件：随书资源\08\素材\23.jpg、24.jpg
◎ 最终文件：随书资源\08\源文件\借助“魔术橡皮擦工具”合成背景.psd

01 打开“23.jpg”文件，按Ctrl+J键复制图层，得到“图层1”图层，如下图所示。

02 选择工具箱中的“魔术橡皮擦工具”，并设置选项栏中的各项参数。单击“背景”图层前的“指示图层可见性”图标，隐藏该图层，然后在画面的天空部分单击，如下图所示。

03 继续使用“魔术橡皮擦工具”在画面的天空部分单击，擦除天空部分的图像，如下左图所示。

04 按Ctrl++键，将图像放大至合适比例，然后在向日葵叶子间的天空部分单击，如下右图所示。

05 应用相同的方法，继续使用“魔术橡皮擦工具”将天空部分的图像擦除干净，打开“24.jpg”文件，图像效果如下图所示。

06 使用“移动工具”将打开的图像拖至本实例文件中，得到“图层2”图层，再按Ctrl+T键调整其大小，如下图所示。

07 调整完成后按Enter键应用变换，然后将“图层2”图层调整至“图层1”图层和“背景”图层之间，得到如下图所示的图像效果，完成本实例的制作。

实例演练——用“磁性套索工具”抠出主体

解析：本实例将介绍如何应用“磁性套索工具”抠出主体商品，然后为该图像更换背景，最后添加文本和图形，制作出商品广告效果。下图所示为制作前后的效果对比图，具体操作步骤如下。

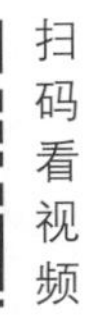

◎ 原始文件：随书资源\08\素材\25.jpg、26.jpg

◎ 最终文件：随书资源\08\源文件\用“磁性套索工具”抠出主体.psd

01 打开“25.jpg”文件，然后创建“曲线1”调整图层，打开“属性”面板，拖动曲线调整图像影调，如下图所示。

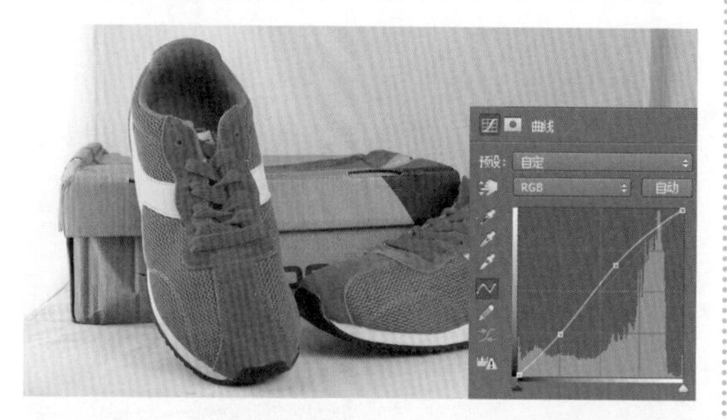

02 单击“曲线1”调整图层的蒙版缩览图，按B键切换至“画笔工具”，设置前景色为黑色，然后在画面中的鞋底部分涂抹，恢复其原始影调，如下图所示。

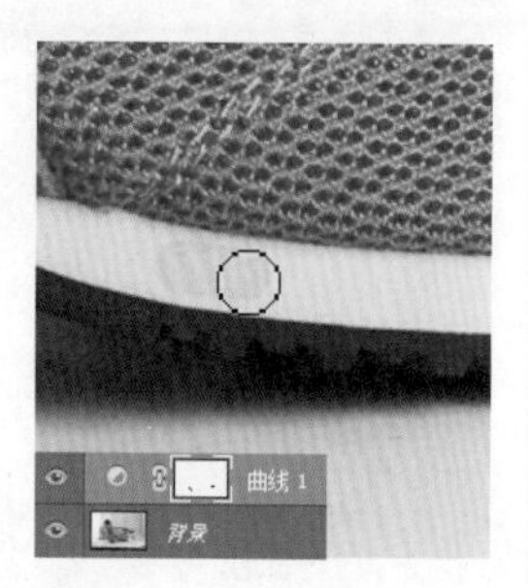

03 复制“背景”图层，得到“背景 拷贝”图层，单击“背景”图层前的“指示图层可见性”图标，隐藏“背景”图层，如下图所示。

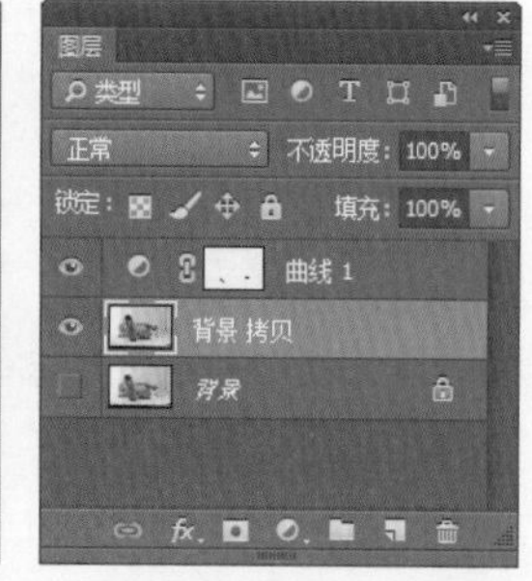

04 单击工具箱中的“磁性套索工具”按钮，在其选项栏中设置“宽度”“对比度”“频率”等参数，如下图所示。

宽度：25 像素　对比度：100%　频率：80

05 按Ctrl++键，将图像放大至合适比例，使用“磁性套索工具”沿鞋子边缘单击并拖动鼠标，选中鞋子图像，如下图所示。

06 执行“选择>修改>羽化”菜单命令，打开“羽化选区”对话框，按下图所示设置羽化半径，设置完成后单击“确定”按钮。

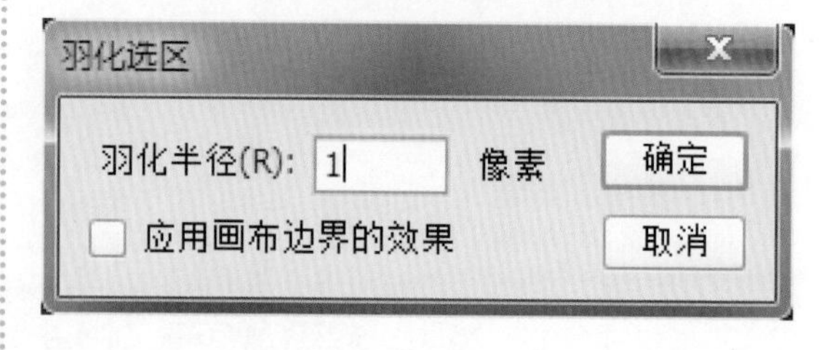

07 按Ctrl+J键复制图层，得到“图层1”图层。打开“26.jpg”文件，如下图所示。

第8章

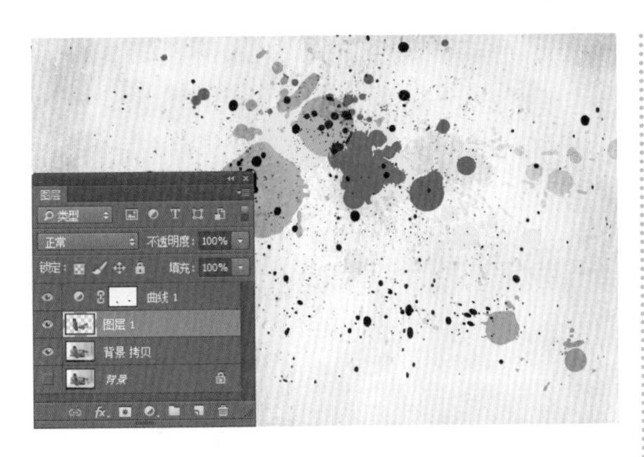

08 用“移动工具”将打开的图像拖至本实例文件中，得到“图层2”图层，如下图所示。

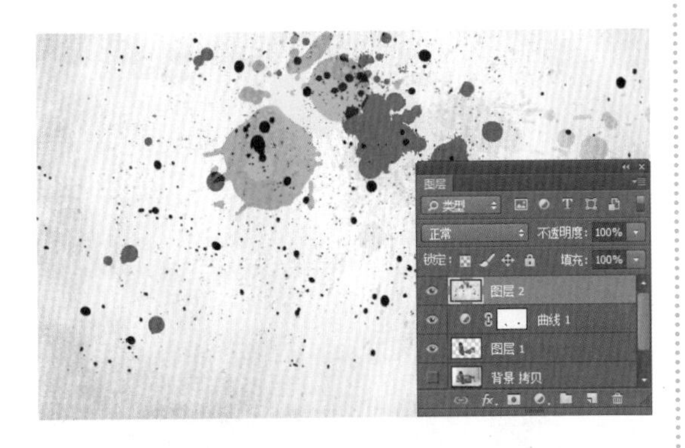

09 将“图层2”图层调整至“图层1”图层和“背景 拷贝”图层之间，然后按Ctrl+T键，自由调整图像外形，如下图所示。

10 复制“图层1”图层，得到“图层1拷贝”图层，再执行“编辑>变换>垂直翻转”菜单命令，垂直翻转图像，并适当调整角度，添加图层蒙版，选择“渐变工具”，从图像下方往上拖动创建黑白渐变，如下图所示，为蒙版填充渐变，制作出倒影效果。

11 结合“矩形工具”和“横排文字工具”在画面的合适位置绘制图形、输入文本，为图像添加文案效果，如下图所示，完成本实例的制作。

实例演练——用“快速选择工具”换背景颜色

解析：虽然“快速选择工具”的主要工作原理与“魔棒工具”的相似，但在实际操作中，使用“快速选择工具”能更快捷、准确地选取需要的图像。本实例介绍如何使用“快速选择工具”选择画面中的背景区域，然后使用调整命令对选择的背景颜色进行调整，创建不一样的画面效果。具体操作步骤参照“用‘快速选择工具’换背景颜色”视频文件。

扫码看视频

◎ 原始文件：随书资源\08\素材\27.jpg
◎ 最终文件：随书资源\08\源文件\用“快速选择工具”换背景颜色.psd

实例演练——借助“多边形套索工具”调整影调

解析：Photoshop 中的“多边形套索工具”可快速创建多边形选区。本实例将介绍如何使用“多边形套索工具”选择多边形外形的建筑物图像，然后结合调整图层对选中的建筑物图像进行颜色调整，得到更加漂亮的照片效果。下图所示为制作前后的效果对比图，具体操作步骤如下。

扫码看视频

◎ 原始文件：随书资源\08\素材\28.jpg
◎ 最终文件：随书资源\08\源文件\借助“多边形套索工具”调整影调.psd

01 打开“28.jpg”文件，单击工具箱中的“多边形套索工具”按钮，在选项栏中单击“添加到选区”按钮，设置“羽化”为2像素，使用“多边形套索工具”在画面左侧的建筑物边缘单击，确定起始点，然后沿着建筑物边缘拖动鼠标，如下图所示。

02 继续使用“多边形套索工具”沿着建筑物边缘单击并拖动鼠标，创建选区。单击“调整”面板中的“色阶”按钮，如下图所示，创建“色阶1”调整图层。

03 打开“属性”面板，设置色阶值为0、1.21、246，将画面中的建筑物影调调亮，如下图所示。

04 按住Ctrl键单击“色阶1”调整图层的蒙版缩览图，将蒙版作为选区载入，如下图所示。

05 创建“色相/饱和度1”调整图层，在“饱和度”数值框中输入数值+23，然后在“编辑”下拉列表框中选择“黄色”选项，在“饱和度”数值框中输入数值+32，如下图所示。

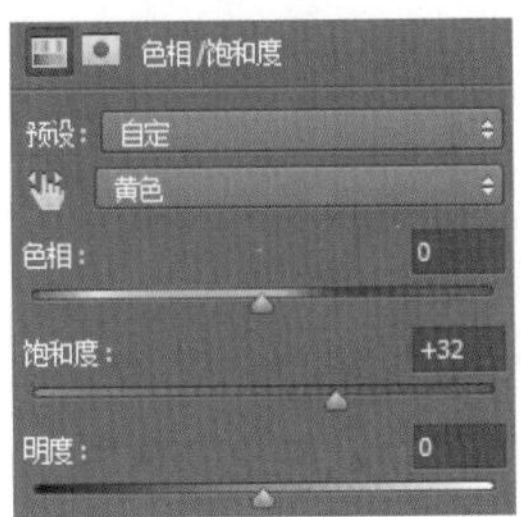

06 经过以上设置，提高了图像中建筑物的颜色饱和度，效果如下图所示。

07 再次载入建筑物选区，创建“曲线1”调整图层，并在“属性”面板中设置曲线，调整建筑物图像的对比，如下图所示。

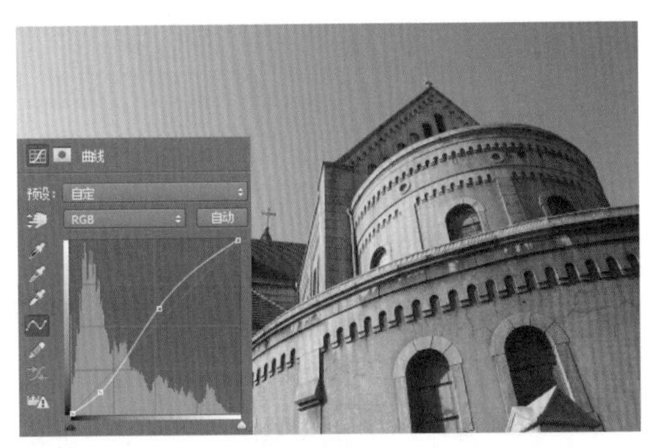

08 再次载入建筑物选区，创建“色阶2”调整图层，在“属性”面板中设置色阶参数，调整建筑物图像的明度，效果如下图所示。

实例演练——用“快速选择工具”突出主体

解析： 数码照片后期处理过程中，如果发现原照片中主体与背景颜色区别不大，可以对照片局部颜色进行调整。本实例使用“快速选择工具”选择照片中的主体图像并抠取出来，然后对背景进行去色调整，达到突出照片主体的目的。下图所示为制作前后的效果对比图，具体操作步骤如下。

扫码看视频

◎ 原始文件：随书资源\08\素材\29.jpg
◎ 最终文件：随书资源\08\源文件\用“快速选择工具”突出主体.psd

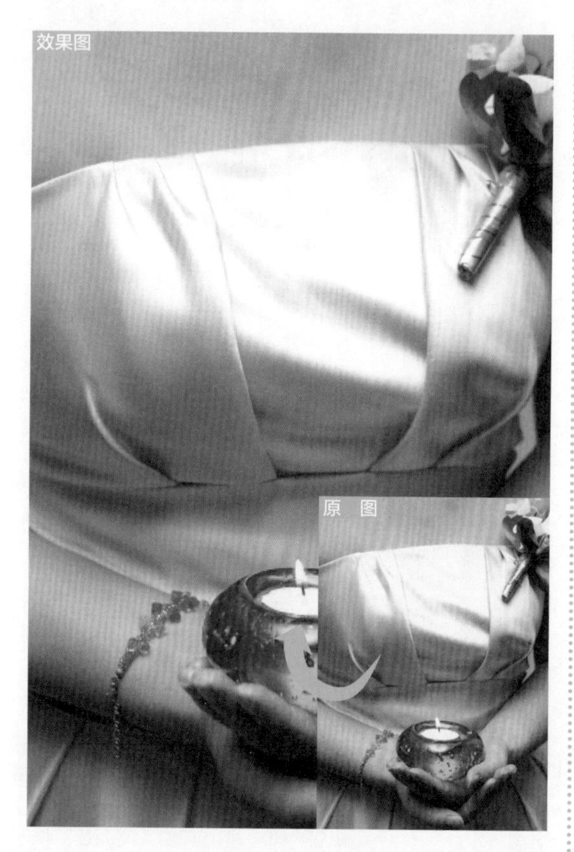

01 打开“29.jpg”文件，单击工具箱中的“快速选择工具”按钮，根据需要设置其选项栏，如下图所示。

02 使用“快速选择工具”在蜡烛部分单击并涂抹，创建选区，如下图所示。

03 将图像放大至合适比例，单击其选项栏中的“从选区减去”按钮，将画笔大小设置为20，在如下左图所示的位置涂抹。

04 继续调整选区的外形，创建更准确的选区，如下右图所示。

05 按快捷键Shift+F6，在打开的“羽化选区”对话框中设置参数，单击“确定”按钮，如下图所示。

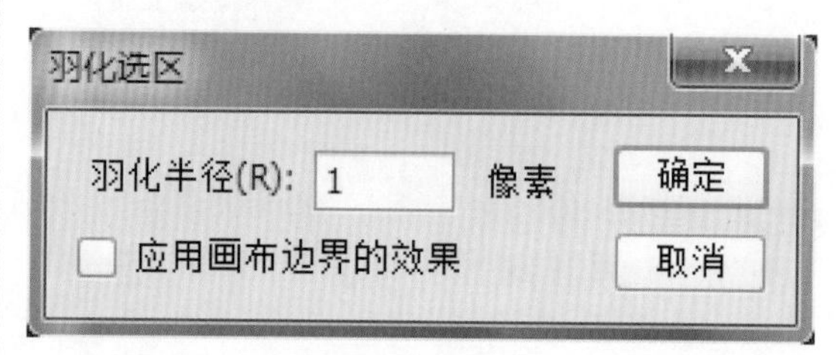

06 按Ctrl+J键复制图层，得到“图层1”图层，再复制“背景”图层，如下图所示。

07 确保“背景 拷贝”图层为选中状态，创建“黑白1”调整图层，打开“属性”面板，单击面板中的“自动”按钮，如下左图所示，调整参数，将图像黑白化，如下右图所示。

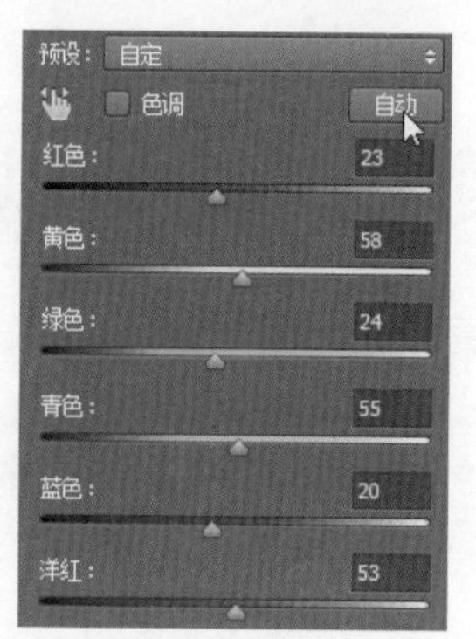

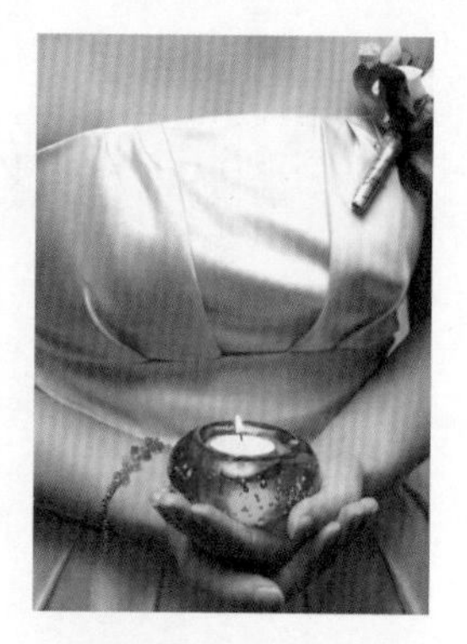

第8章

08 按住Ctrl键单击“图层1”图层缩览图，将此图层载入选区，如下图所示。

09 创建“色相/饱和度1”调整图层，打开“属性”面板，按下左图所示设置参数，得到如下右图所示的图像效果。

技巧 保存并加载选区

创建选区后，若想保存该选区，以便在需要时将其加载到图像中，则可将选区保存为 Alpha 通道。执行“选择 > 存储选区”菜单命令，打开“存储选区”对话框，在对话框中单击“新建通道”单选按钮，然后单击“确定”按钮即可。在保存的 Alpha 通道中，白色区域是可以被选择的，黑色区域是不能被选择的，而灰色区域则只是部分可以被选择，且灰色的亮度决定了所选区域的比例。

实例演练——用“套索工具”合成静物和人像

解析：本实例将介绍如何使用 Photoshop 中的“套索工具”合成静物和人像照片。为让合成效果更自然，可适当降低图像的不透明度，并调整图像的透视角度，确认无误后再创建图层蒙版。具体操作步骤参照“用‘套索工具’合成静物和人像”视频文件。

扫码看视频

◎ 原始文件：随书资源\08\素材\30.jpg、31.jpg
◎ 最终文件：随书资源\08\源文件\用“套索工具”合成静物和人像.psd

实例演练——用“矩形选框工具”制作创意照片

解析：在进行数码照片的后期处理时，可以对照片进行艺术化处理，制作更有新意的照片效果。本实例将使用“矩形选框工具”选择照片中的不同区域，并对其填充新的颜色，得到渐变色彩的照片效果。下图所示为处理前后的效果对比图，具体操作步骤如下。

扫码看视频

◎ 原始文件：随书资源\08\素材\32.jpg
◎ 最终文件：随书资源\08\源文件\用“矩形选框工具”制作创意照片.psd

01 按Ctrl+N键，打开“新建”对话框，设置文件的尺寸和分辨率等参数，单击“确定”按钮，创建新文件，如下图所示。

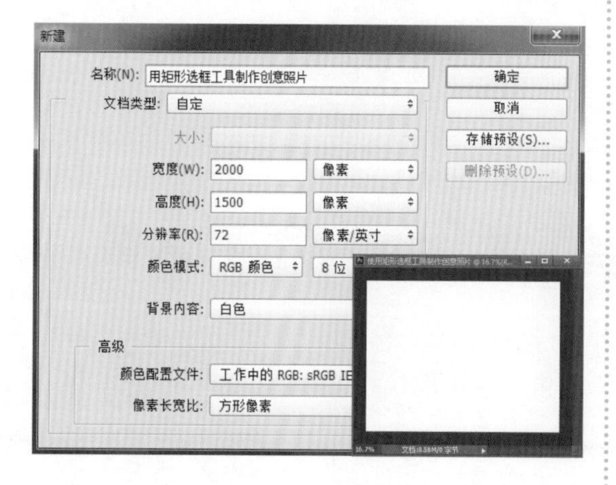
新建

名称(N)：用矩形选框工具制作创意照片

文档类型：自定

大小：

宽度(W)：2000 像素

高度(H)：1500 像素

分辨率(R)：72 像素/英寸

颜色模式：RGB 颜色 8 位

背景内容：白色

高级

颜色配置文件：工作中的 RGB：sRGB IE

像素长宽比：方形像素

确定

取消

存储预设(S)...

删除预设(D)...

02 打开“32.jpg”文件，使用“移动工具”将打开的图像拖至新建的文件中，如下图所示。

03 按Ctrl+T键，将人物素材调整至合适大小和外形，如下图所示，设置完成后按Enter键应用变换。

04 单击工具箱中的“矩形选框工具”按钮，按下图所示设置其选项栏中的各项参数。

样式：固定比例　宽度：2　⇄　高度：15

05 使用“矩形选框工具”在画面的合适位置单击并拖动鼠标，创建矩形选区，如下左图所示。继续创建多个相同大小的选区，效果如下右图所示。

06 确保“图层1”图层为选中状态，单击“图层”面板底部的“添加图层蒙版”按钮，为该图层添加图层蒙版，得到如下图所示的图像效果。

07 按住Ctrl键单击“图层1”图层的蒙版缩览图，载入选区，如下图所示。

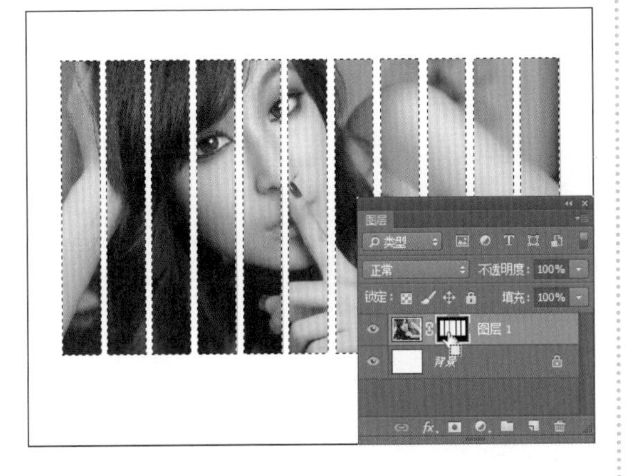

08 单击选项栏中的“从选区减去”按钮，然后在如下图所示的位置单击并拖动鼠标，从选区减去图像。

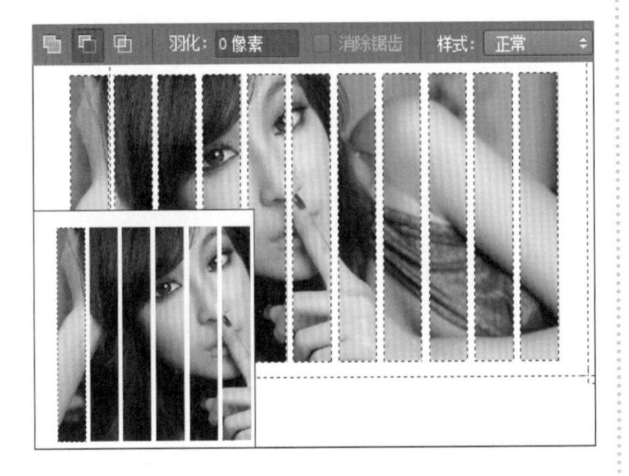

09 创建“照片滤镜1”调整图层，打开“属性”面板，在“滤镜”下拉列表框中选择“深黄”选项，在“浓度”数值框中输入数值100，为选区中的图像添加深黄色调，如下图所示。

10 利用同样的方法，选中“图层1”图层，按住Ctrl键单击该图层的蒙版缩览图，载入选区，然后使用“矩形选框工具”在画面的合适位置设置选区，调整选择范围，如下图所示。

11 创建“照片滤镜2”调整图层，打开“属性”面板，在“滤镜”下拉列表框中选择“青”选项，在“浓度”数值框中输入数值100，为选区中的图像添加青色调，如下图所示。

12 用相同方法在第三道条纹上创建选区，如下左图所示。再创建“照片滤镜3”调整图层，打开“属性”面板，设置“滤镜”和“浓度”，为选区中的图像添加黄色调，如下右图所示。

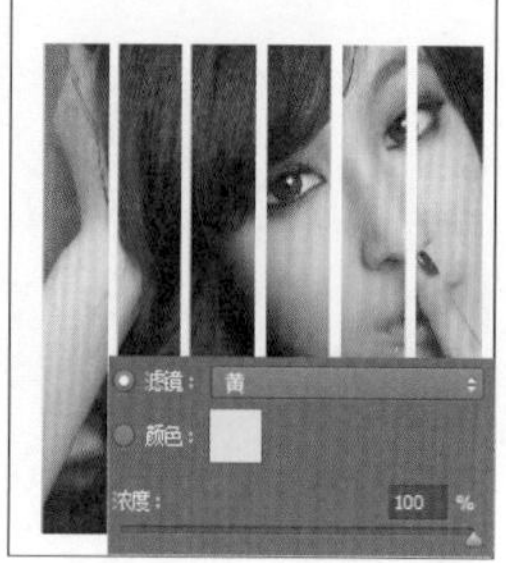

13

用相同方法在画面的第四道条纹上创建选区，如下图所示。

14

创建“照片滤镜4”调整图层，打开“属性”面板，设置“滤镜”和“浓度”，如下左图所示，为选区中的图像添加蓝色调，如下右图所示。

15

根据画面整体效果和个人喜好，为其他条纹创建选区，并调整选区内的图像颜色，设置后的效果如下图所示。

第8章

16

隐藏“背景”图层，按快捷键Shift+Ctrl+Alt+E盖印可见图层，得到“图层2”图层，按Ctrl+T键，然后右击鼠标，在弹出的快捷菜单中选择“垂直翻转”命令，如下图所示。

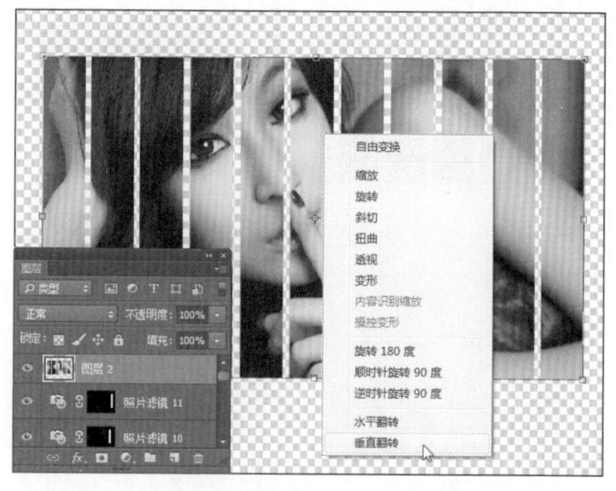

17

将图像垂直翻转后，使用“移动工具”将其向下拖动，调整至如下图所示的位置。

18

显示“背景”图层，为“图层2”图层添加图层蒙版，然后使用“渐变工具”在如下图所示的位置单击并拖动鼠标，为其应用线性渐变填充效果。

19 将“图层2”图层的“不透明度”设置为40%，得到如下图所示的图像效果。

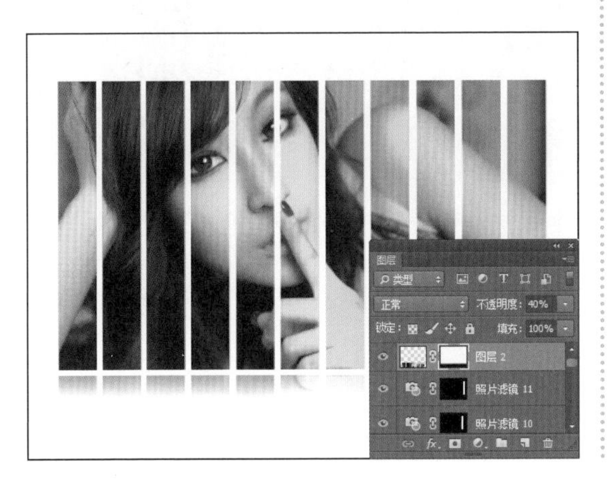

20 使用“横排文字工具”输入需要的文字，然后设置文字属性并将文字移至合适位置，如下图所示，完成本实例的制作。

学习笔记

第 9 章 精细抠图技法

上一章介绍的快速抠图方法虽然操作简单、速度较快，但适用的图像类型有限。为了抠取更加复杂的主体图像，并使图像的细节更加完善，需要使用精细抠图技法，包括“色彩范围”命令抠图法、路径抠图法、快速蒙版抠图法、通道抠图法等。通过本章的学习，读者可以在后期的照片合成中更加快速、精细地将照片调整为自己满意的效果。

9.1 “色彩范围”命令抠图法

“色彩范围”命令一般用于图像中相近颜色的选取，可使用该命令来选取背景与主体图像相差较大的区域，该命令不可用于 32 位 / 通道的图像。本节将介绍如何使用“色彩范围”命令抠图，具体操作方法如下。

扫码看视频

打开“01.jpg”素材图像，执行“选择 > 色彩范围”菜单命令，打开“色彩范围”对话框，通过设置该对话框中的各项参数可创建更加精确的选区，具体设置如下。

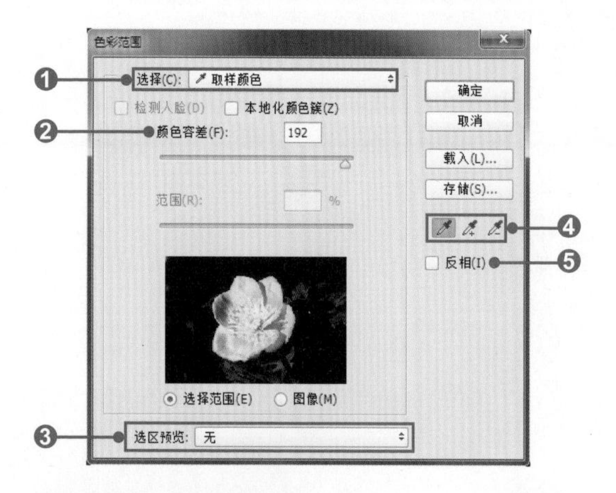

❶**选择**：用于选择基于图像的取样颜色，可在该下拉列表框中选择颜色或色调范围，但是不能调整选区。选择任意颜色范围即可使用一个色系的颜色代替取样颜色。

❷**颜色容差**：用于设置选择范围内色彩范围的广度，并增加或减少部分选定像素的数量。若设置的数值较低，则限制色彩范围；若设置的数值较高，则扩大色彩范围，如下图所示。一般来说，将容差值设置在 16 以上，就可避免选区边界出现毛刺。

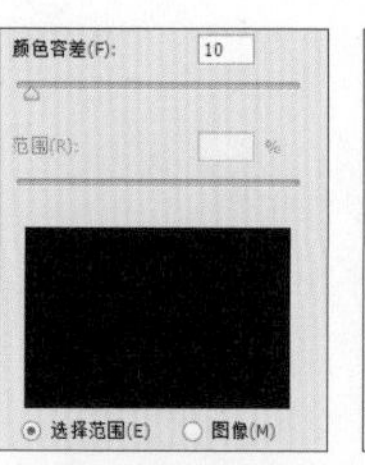

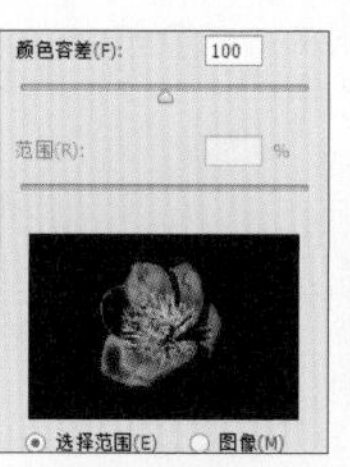

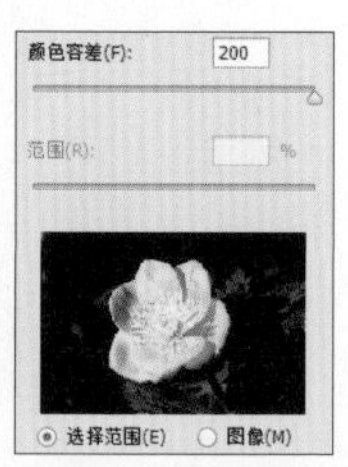

❸**选区预览**：用于设置预览框中显示的图像效果。单击其右侧的下三角按钮，在弹出的下拉列表中有“无”“灰度”“黑色杂边”“白色杂边”“快速蒙版”5 个选项，选择不同的选项，将得到不同的预览效果，如左图所示。

❹调整选区按钮：单击“吸管工具”按钮，则在预览区域或图像中每次单击都会重新取样颜色；单击“添加到选区”按钮，则在预览区域或图像中单击可添加颜色，如右图一所示；单击“从选区减去”按钮，则在预览区域或图像中单击可移去颜色。

❺反相：勾选该复选框，则将创建的选区反选，如右图二所示。

应用 使用“色彩范围”命令使天空更加湛蓝

打开“02.jpg”素材图像，如图❶所示。执行“选择 > 色彩范围”菜单命令，打开“色彩范围”对话框，按图❷所示设置各项参数，在天空区域单击选取部分图像。然后单击“添加到取样”按钮，设置“颜色容差”为 50，在天空的其他部位单击，扩大选取范围，如图❸所示。设置完成后单击“确定”按钮，创建选区，选中整个天空区域，如图❹所示。

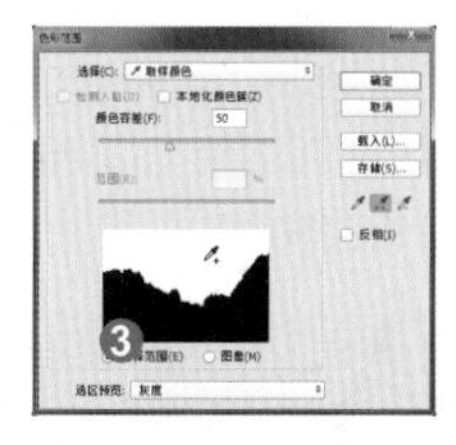

单击“图层”面板底部的“创建新的填充或调整图层”按钮，在弹出的菜单中选择“渐变”选项，打开“渐变填充”对话框，按图❺所示设置渐变填充参数，设置完成后单击“确定”按钮。为了让渐变填充的颜色与下方的天空图像融合，将“渐变填充 1”填充图层的混合模式设置为“叠加”，如图❻所示，最终效果如图❼所示。

9.2 路径抠图法

路径是不受分辨率影响的曲线或轮廓，它们与文件中的所有图层均无关联，但是可以保存、激活或创建选区。路径抠图法一般针对边缘较复杂的图像，可使用“钢笔工具”通过拖动鼠标来绘制路径，再使用“直接选择工具”进一步调整路径的外形，从而准确地选取图像。本节将详细介绍如何使用路径抠图。

扫码看视频

1. 使用“钢笔工具”绘制路径

“钢笔工具”是绘制路径的基本工具，可以精确地绘制出直线路径和曲线路径。通过单击可绘制出直线路径，通过移动控制手柄可使直线路径变形为曲线路径。

打开“03.jpg”素材图像，选择工具箱中的“钢笔工具”，在杯子边缘位置连续单击，即可创建角点，如下图一所示。若要创建平滑点，则在要放置点的位置单击，并朝着下一条曲线段的走势方向拖动鼠标，即可塑造曲线外形，如下图二所示。

在绘制过程中按住 Alt 键单击角点，即可在角点和平滑点之间进行转换，如下图三所示。绘制完成路径后，将鼠标移至起始点，当指针右下角出现小圆圈时，单击即可封闭路径，如下图四所示。

应用 从照片中抠出复杂的图像

打开“04.jpg”素材图像，如图❶所示。单击工具箱中的“钢笔工具”按钮，将鼠标移至要抠出的鞋子图像边缘位置，单击鼠标，绘制路径起点，如图❷所示。将鼠标移至鞋子图像边缘的另一位置，单击并拖动鼠标，绘制曲线路径，如图❸所示。继续使用同样的方法，沿鞋子图像绘制路径，当绘制的路径终点与起点重合时，鼠标指针会变为形状，如图❹所示。

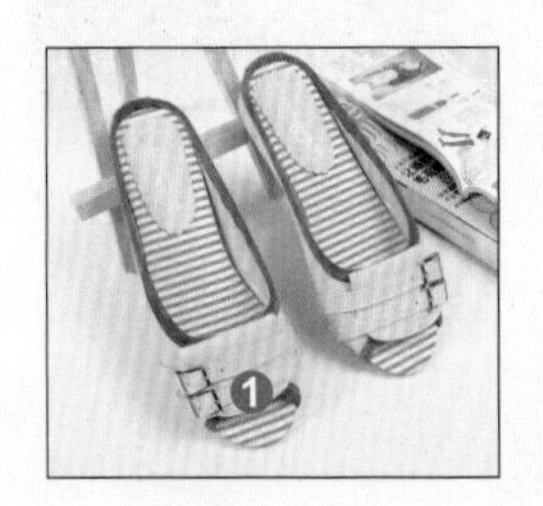
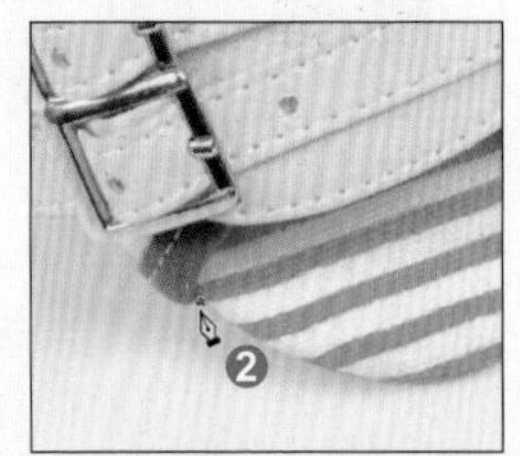
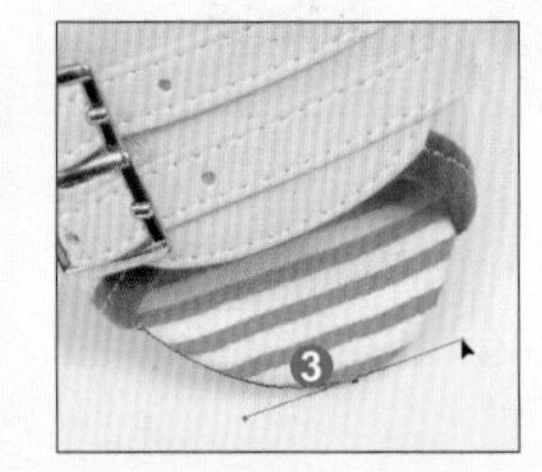
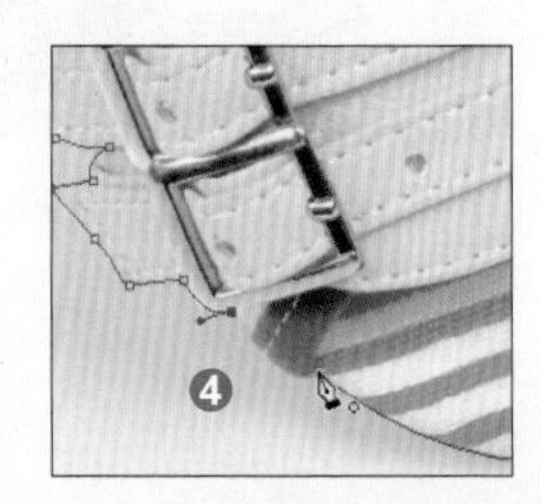

单击鼠标连接路径，完成封闭路径的绘制，如图❺所示。绘制好路径后，要抠出图像，需再按快捷键 Ctrl+Enter 将绘制的路径转换为选区。按快捷键 Ctrl+J，复制选区内的图像，得到“图层 1”图层，将“背景”图层隐藏，就可以看到抠出的图像效果，如图❻所示。

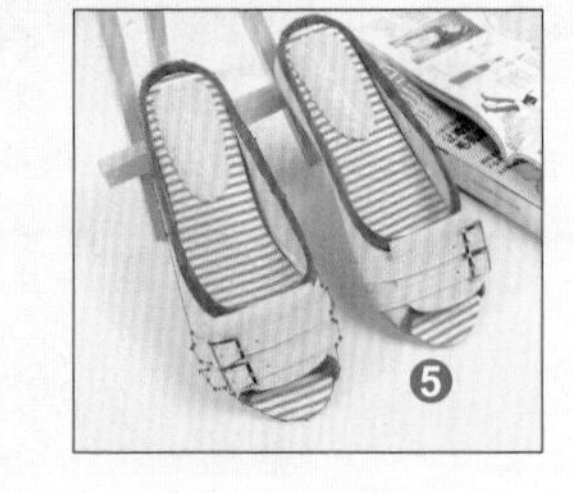
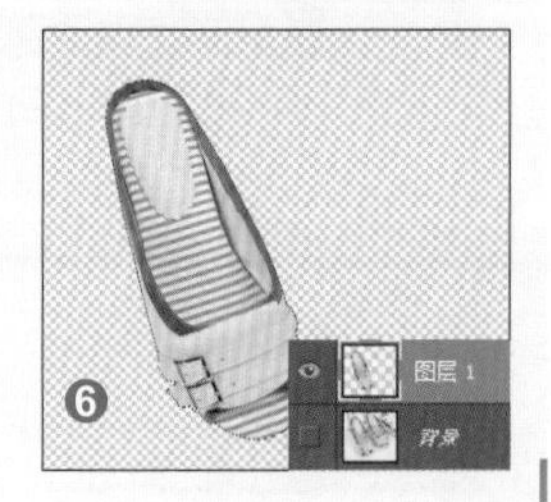

2. 使用“自由钢笔工具”绘制路径

使用“自由钢笔工具”可以像使用“钢笔工具”那样拖动以创建曲线，在绘制过程中，将自动生成和放置锚点。该工具主要用于绘制较不规则的图形，在绘图时将自动添加锚点，而无须确定锚点的位置，完成路径后可进一步对其进行调整。

打开“05.jpg”素材图像，单击工具箱中的“自由钢笔工具”按钮，在画面中需要创建路径的位置单击并拖动鼠标，即可创建路径，如右图一所示。若勾选选项栏中的“磁性的”复选框，则在绘制时会根据图像颜色自动创建路径，如右图二所示。

技巧 设置“自由钢笔工具”选项

使用“自由钢笔工具”时，若要控制最终路径对鼠标移动的灵敏度，则单击其选项栏中的“自定形状工具”下三角按钮，在弹出的下拉列表中设置各项参数，如右图所示。其中，“曲线拟合”选项可输入 0.5 ～ 10 之间的数值，设置的数值越大，则创建的路径锚点越少，路径越简单；“钢笔压力”复选框被勾选时，钢笔压力增加将导致宽度减小。

3. 编辑路径

Photoshop 中的路径编辑工具可用于编辑由绘图工具创建的路径。用户可以随时编辑路径段，但是编辑现有路径段与绘制路径段之间存在些许差异。

（1）添加锚点工具：主要用于在已存在的路径中添加锚点。添加锚点可以增强对路径的控制，也可以扩展开放路径，但最好不要添加多余的锚点，锚点较少的路径更易于编辑、显示和打印。打开“06.jpg”素材图像并绘制路径，选择“添加锚点工具”，将指针定位到路径段上，如右图一所示。单击鼠标即可添加新锚点，如右图二所示。

（2）删除锚点工具：主要用于删除路径上多余的锚点，删除锚点可以降低路径的复杂性。选择“删除锚点工具”，将鼠标指针定位到锚点上，如右图一所示，然后单击鼠标即可删除锚点，如右图二所示。需要注意的是，若路径上仅有两个锚点，则该工具无法使用。

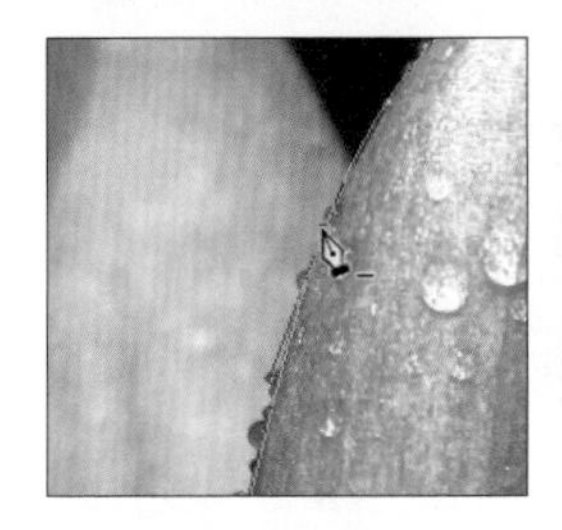

（3）转换点工具：通过拖动锚点设置平滑的曲线。打开“07.jpg”素材图像并绘制路径，选择“转换点工具”，将鼠标指针放置在要转换的锚点上，如果要将角点转换成平滑点，则向角点外拖动，使方向线出现，如右图所示。

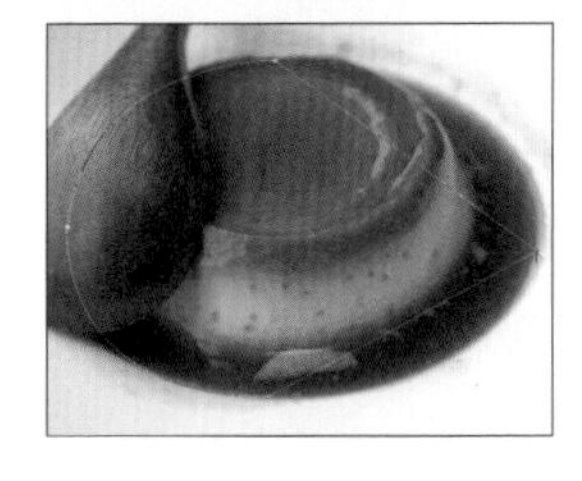

如果要将角点转换为具有独立方向线的角点，则将方向点拖动出角点，再松开鼠标拖动任一方向点，如下左图所示。若要将平滑点转换成具有独立方向线的角点，则单击任一方向点即可，如下右图所示。

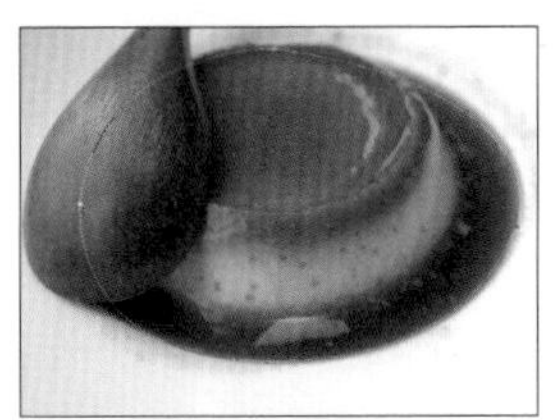

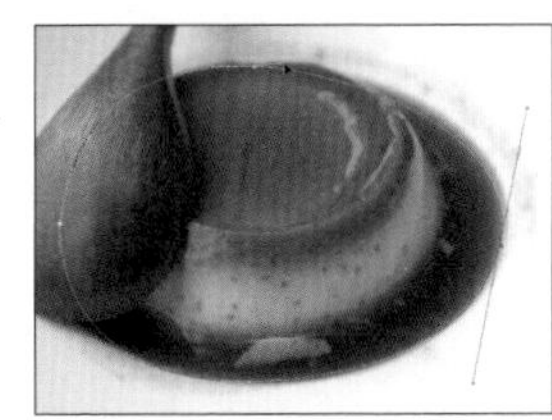
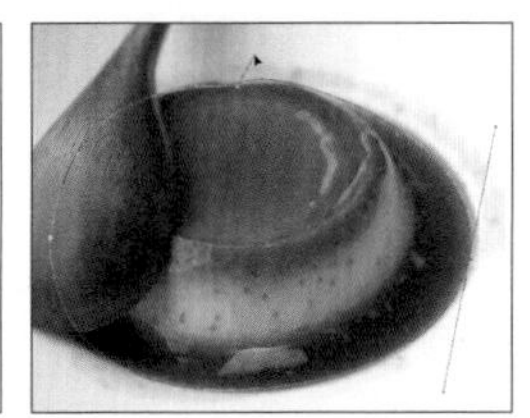

（4）直接选择工具：如果锚点连接两条线段，则移动该锚点将同时更改两条线段；当使用“钢笔工具”绘制时，可以临时启用“直接选择工具”，以便调整已绘制的路径段；当使用“直接选择工具”编辑现有平滑点时，将只更改所拖动一侧的方向线的长度。

（5）路径选择工具：使用此工具在路径上单击可以选中路径。打开“08.jpg”素材图像并在图像中绘制多条路径，用“路径选择工具”单击选中一条路径，如右图一所示。要选中多条路径，则按住Shift键单击其他路径，如右图二所示。

9.3 快速蒙版抠图法

快速蒙版是一种特殊蒙版，可在临时蒙版和选区之间转换。进入快速蒙版模式后，当前选区会被转换为临时蒙版，此时可用各种工具和命令编辑蒙版；退出快速蒙版模式后，临时蒙版将被自动转换为选区。使用快速蒙版抠图，对对象边缘的清晰度无特殊要求，但边缘最好相对简单，以减少编辑时间。

扫码看视频

打开“09.jpg”素材图像，在图像中创建一个选区，如右图一所示。单击工具箱中的“以快速蒙版模式编辑”按钮，则当前选区外的图像变成了被半透明红色覆盖的蒙版区域，如右图二所示。可使用绘画工具和滤镜命令对蒙版进行编辑。在快速蒙版模式下，可以清楚地看到图像和蒙版，便于创建精细的选区。

1. 用快速蒙版创建选区

可以先创建选区，再进入快速蒙版模式，通过编辑蒙版得到更准确的选区；也可以直接在快速蒙版模式下创建并编辑蒙版，进而得到所需的选区。

打开“10.jpg”素材图像，按B键切换至“画笔工具”，然后单击工具箱中的“以快速蒙版模式编辑”按钮，切换至快速蒙版模式，使用“画笔工具”在猫的图像上单击并涂抹，如右图一所示。完成后单击“以标准模式编辑”按钮，得到如右图二所示的选区。

技巧 快速蒙版模式下“画笔工具”的使用

在快速蒙版模式下，若前景色为白色，使用“画笔工具”涂抹过的区域会被选中，若前景色为黑色，涂抹过的区域则被取消选中。

2. 更改快速蒙版选项

双击工具箱中的“以快速蒙版模式编辑”按钮，将会打开“快速蒙版选项”对话框，如右图所示。

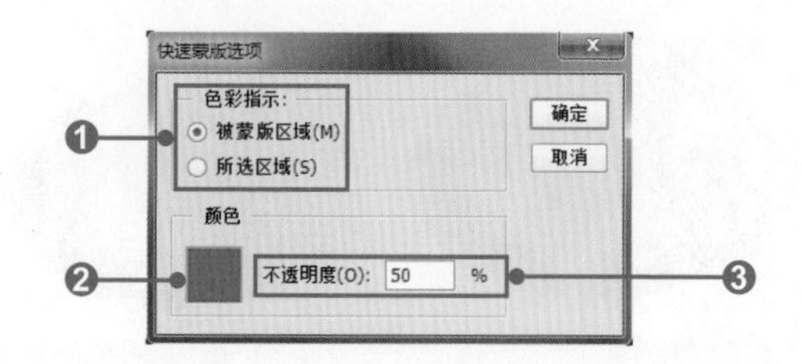

❶**色彩指示**：用于设置快速蒙版中半透明的红色区域代表选区还是非选区。默认选中“被蒙版区域”单选按钮，即红色区域在退出快速蒙版模式后会在选区之外；若选中“所选区域”单选按钮，则红色区域在退出快速蒙版模式后将位于选区中。

❷**颜色**：用于更改蒙版的颜色。单击颜色块，如右图一所示，可打开"拾色器（快速蒙版颜色）"对话框，在对话框中单击或输入数值，进行颜色的设置，如右图二所示。

❸**不透明度**：用于设置快速蒙版的不透明度，可输入 0 ～ 100 之间的任意数值。

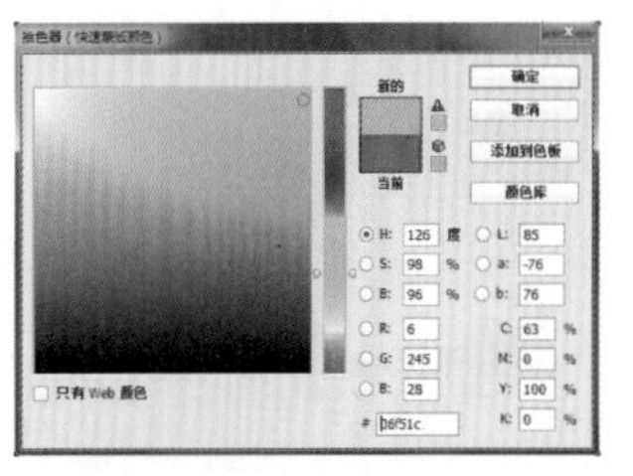

9.4 通道抠图法

在抠取一张照片中的主体时，最主要的任务就是完整地选取图像中的主体，且不带任何背景元素。使用通道抠图法，即便是纤细纷乱的发丝也很容易抠出。下面介绍通道抠图法的详细操作和相关技巧。

扫码看视频

1. 查看各通道的图像

在 Photoshop 中编辑图像时，实际上是在编辑颜色通道。颜色通道是用来描述图像颜色信息的彩色通道，和图像的颜色模式有关。每个颜色通道都是一幅灰度图像，只代表一种颜色的明暗变化。例如，一幅 RGB 颜色模式的图像，其通道就显示为"RGB""红""绿""蓝"4 个通道。打开"11.jpg"素材图像，如下图所示分别为"红""绿""蓝"通道中的图像效果。

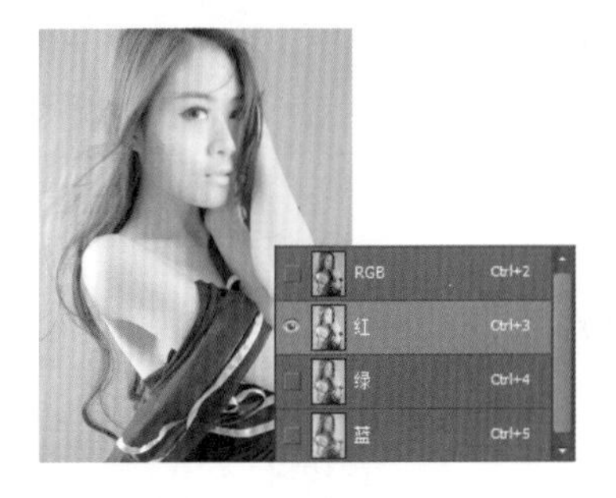

2. 复制通道

在使用通道对图像进行编辑的过程中，复制通道是一个重要的步骤。例如，使用通道抠取图像时，就需要复制一个通道来进行编辑，以避免影响原图像。在"通道"面板中选择需要复制的通道，然后将其拖动到"创建新通道"按钮上，如右图一所示，即可复制通道，如右图二所示。

3. 调整通道图像

在"通道"面板中，每一个通道都代表一种颜色。对单个颜色通道进行调整，则图像也会随之改变。在通道中还可以应用滤镜来获得特殊的图像效果。为了使画面中主体人物和背景的区别更加明显，可按 Ctrl+L 键，打开"色阶"对话框并设置参数，如下左图所示。设置完成后单击"确定"按钮，得到如下中图所示的图像效果。将前景色设置为黑色，使用"画笔工具"在人物部分单击并涂抹，再将前景色设置为白色，在背景部分单击并涂抹，得到如下右图所示的图像效果。

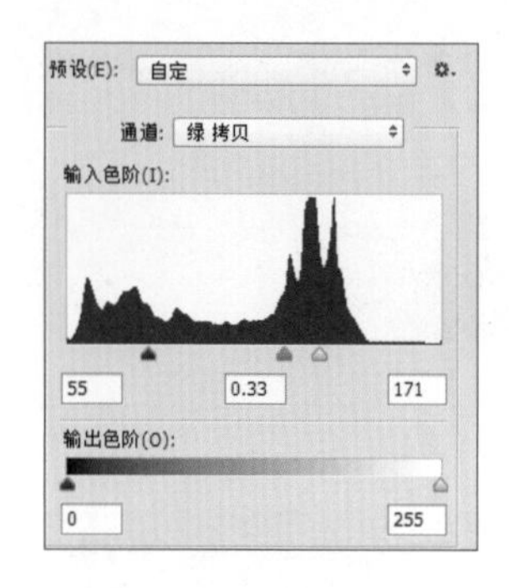

4. 将通道中的图像作为选区载入

在“通道”面板中通过“将通道作为选区载入”按钮，可在当前图像上调用所选通道上的灰度值，并将其转换为选区。另一种方法是按住 Ctrl 键，在需要载入选区的通道上单击，即可载入选区。下图所示分别为按住 Ctrl 键单击通道缩览图、将通道中的图像作为选区载入和删除选区中图像的效果。

实例演练——用“钢笔工具”抠出漂亮女鞋

解析：“钢笔工具”是 Photoshop 中常用的绘制工具之一，使用它来抠图也非常好用，通常适用于抠取背景较复杂但主体很突出的图像。本实例将介绍如何使用“钢笔工具”抠出漂亮女鞋，并为其更换背景。下图所示为制作前后的效果对比图，具体操作步骤如下。

扫码看视频

◎ 原始文件：随书资源\09\素材\12.jpg、13.jpg

◎ 最终文件：随书资源\09\源文件\用“钢笔工具”抠出漂亮女鞋.psd

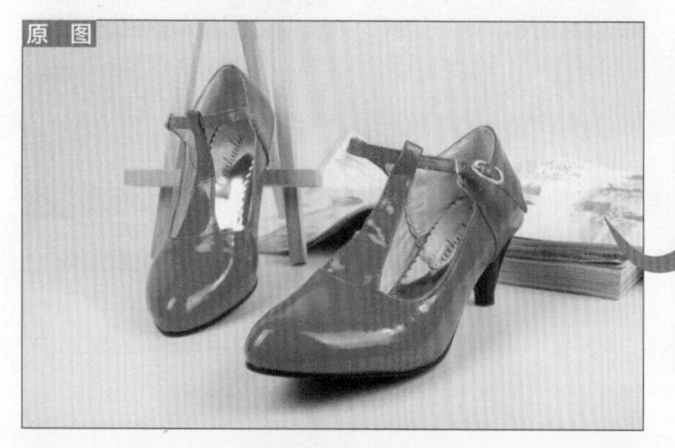

01 打开“12.jpg”文件，单击工具箱中的“钢笔工具”按钮，设置其选项栏中的各项参数，如下图所示。

02 沿着右侧鞋子的外轮廓单击并拖动鼠标，绘制路径，如下左图所示。继续使用“钢笔工具”沿着右侧鞋子的外轮廓单击并拖动鼠标，绘制封闭路径，效果如下右图所示。

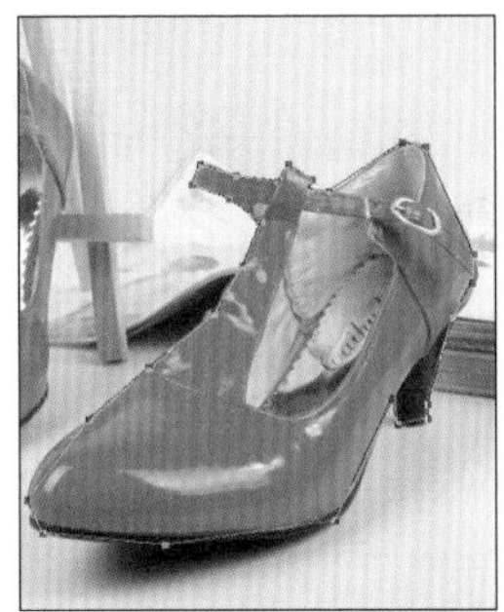

03 单击工具箱中的“添加锚点工具”按钮，将鼠标指针置于如下左图所示的位置。单击鼠标即可添加锚点，然后向右拖动鼠标，调整路径外形，如下右图所示。

04 结合使用“添加锚点工具”和“直接选择工具”添加锚点，并调整路径外形，最后的调整效果如下图所示。

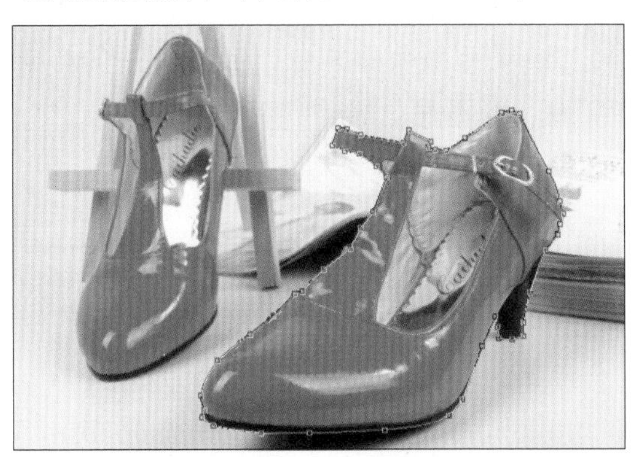

05 单击工具箱中的“转换点工具”按钮，在如下左图所示的位置单击并拖动鼠标，将角点转换为平滑点。拖动该锚点，调整路径外形，如下右图所示。

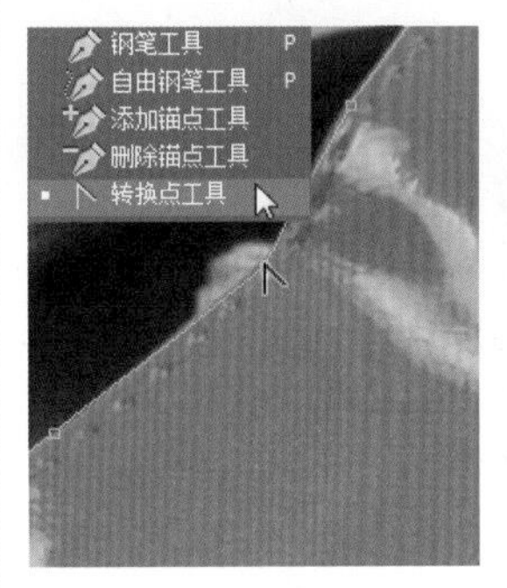

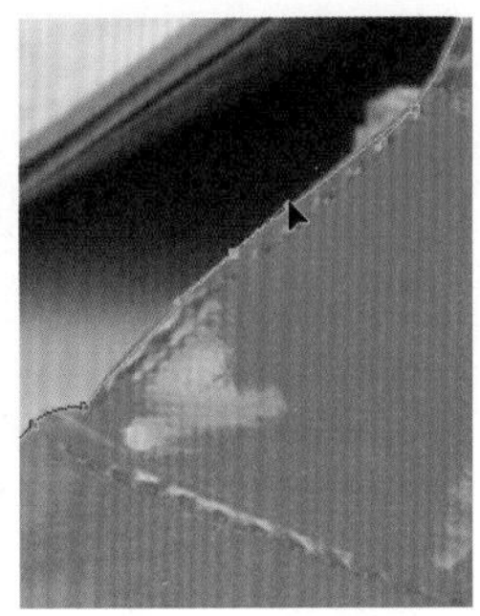

06 使用相同的方法，继续进行路径的调整，调整后的效果如下左图所示。执行“窗口>路径”菜单命令，打开“路径”面板，在面板中显示路径缩览图，如下右图所示。

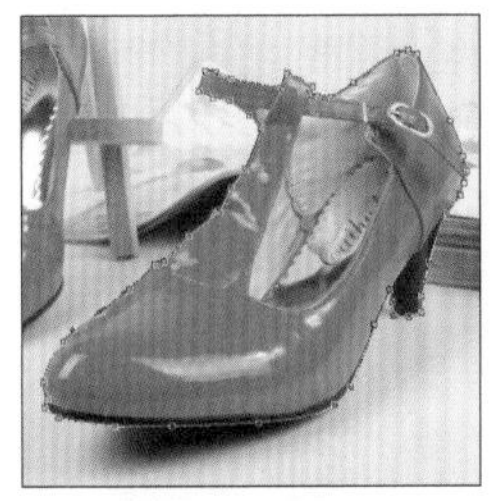

07 双击“路径”面板中的“工作路径”，打开“存储路径”对话框，在“名称”文本框中输入路径名称，如下图所示，设置完成后单击“确定”按钮。

08 单击“路径”面板底部的“将路径作为选区载入”按钮，将选中的路径作为选区载入，如下图所示。

09 执行“选择>修改>收缩”菜单命令，打开“收缩选区”对话框，在“收缩量”后的数值框中输入数值1，单击“确定”按钮，收缩选区。按Shift+F6键，在打开的对话框中设置“羽化半径”为1像素，单击“确定”按钮，羽化选区，如下图所示。

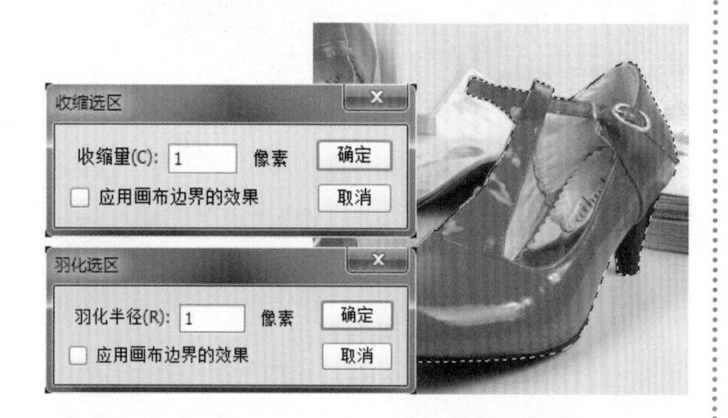

10 按快捷键Ctrl+J复制选区内的图像，得到“图层1”图层。单击“背景”图层前的“指示图层可见性”图标，隐藏“背景”图层，查看抠出的鞋子效果，如下图所示。

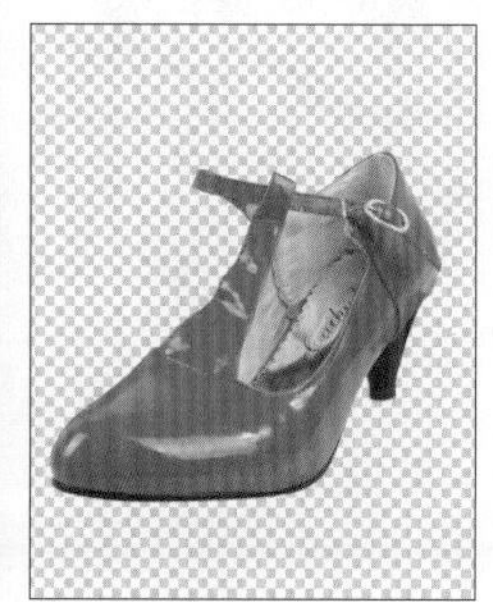

11 打开“13.jpg”文件，然后使用“移动工具”将打开的图像拖动至本文件中，如下图所示，得到“图层2”图层。

12 将“图层2”图层调整至“图层1”图层和“背景”图层之间。按Ctrl+T键，自由变换该图层中的图像，将其调整至合适大小和位置，完成后按Enter键，如下图所示。

13 按住Ctrl键单击“图层1”图层缩览图，载入选区，如下左图所示。创建“色阶1”调整图层，在打开的“属性”面板中输入色阶选项，如下右图所示，调整鞋子的亮度。

14 选中“图层1”图层和“色阶1”调整图层，按快捷键Ctrl+Alt+E盖印所选图层，得到“色阶1（合并）”图层，如下左图所示。

15 选中“色阶1（合并）”图层，执行“编辑>变换>垂直翻转”菜单命令，垂直翻转图像并调整其位置，如下右图所示。

16 选中“色阶1（合并）”图层，单击“图层”面板底部的“添加图层蒙版”按钮，添加蒙版，如下左图所示。

17 选择“渐变工具”，在选项栏中选择“黑，白渐变”，从图像下方往上拖动创建渐变，为鞋子制作倒影效果，如下右图所示。

18 创建“文案”图层组，运用“矩形工具”和“横排文字工具”在图像的右下角添加文字和图案，效果如右图所示。

实例演练——用“色彩范围”命令替换背景

解析： 本实例介绍如何使用“色彩范围”命令快速选中图像的背景部分并为图像更换背景。本实例的素材图像中，主体人物与灰色的背景颜色反差较大，因此可执行“色彩范围”命令，运用“吸管工具”在背景上单击调整取样范围，确定要替换的背景区域，然后对该区域的图像进行替换。如下左图所示为制作前后的效果对比图，具体操作步骤如下。

扫码看视频

◎ **原始文件：** 随书资源\09\素材\14.jpg、15.jpg

◎ **最终文件：** 随书资源\09\源文件\用“色彩范围”命令替换背景.psd

01 打开“14.jpg”文件，按快捷键Ctrl+J复制图层，得到“图层1”，如下图所示。

02 执行“选择>色彩范围”菜单命令，打开“色彩范围”对话框，如下左图所示。

03 单击“吸管工具”按钮，在图像的背景部分单击，如下右图所示。

04 单击对话框中的“添加到取样”按钮，再次在图像右侧的背景部分单击鼠标，扩大选区，如下左图所示。完成后单击“确定”按钮，创建如下右图所示的选区。

05 执行“选择>反选”菜单命令或按快捷键Shift+Ctrl+I，将选区进行反向，如下图所示。

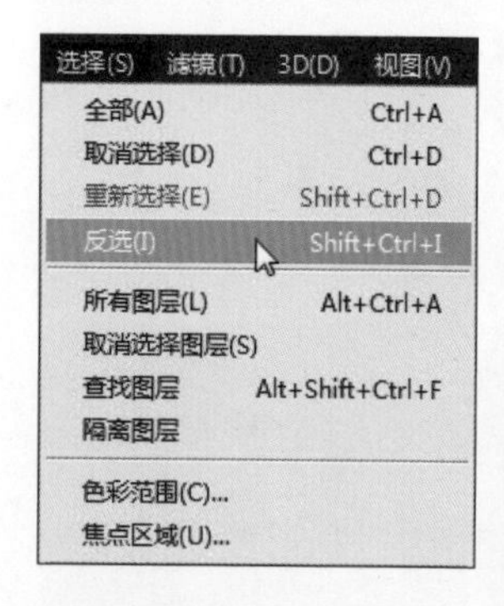

06 选择工具箱中的“套索工具”，单击选项栏中的“添加到选区”按钮，在如下左图所示的位置单击并拖动鼠标，添加选区。

07 继续使用“套索工具”编辑选区，完成后的效果如下右图所示。

08 按快捷键Ctrl+J复制选区内的图像，得到“图层2”图层，如下左图所示。

09 单击“背景”图层和“图层1”图层前的“指示图层可见性”图标，隐藏图层，查看抠出的图像，如下右图所示。

10 打开“15.jpg”文件，使用“移动工具”将其拖动至本文件中，如下图所示，得到“图层3”图层。

11 将“图层3”图层调整至“图层2”图层和“图层1”图层之间，如下左图所示。

12 确保“图层3”图层为选中状态，按快捷键Ctrl+T，自由变换该图层中的图像，完成后按Enter键，应用变换，得到如下右图所示的图像效果，完成本实例的制作。

技巧 根据图像选择选取方式

若要选取的区域外形规则，可使用“矩形选框工具”所在组中的工具；若要选取的区域外形不规则，可使用“套索工具”所在组中的工具；若要选取颜色相近的区域，可使用“魔棒工具”所在组中的工具；若要选取的对象与背景部分颜色差异较大，可使用“色彩范围”命令。

实例演练——用通道抠图法抠出半透明的婚纱

解析： 本实例介绍如何使用通道抠图法抠出半透明的婚纱图像。使用通道抠图需先用“通道”面板观察图像，在不同颜色的通道中选择一个明暗反差较大的通道，再进一步增强主体与背景的对比效果，从而精确抠取半透明的婚纱。如下左图所示为制作前后的效果对比图，具体操作步骤如下。

扫码看视频

◎ **原始文件：** 随书资源\09\素材\16.jpg、17.jpg

◎ **最终文件：** 随书资源\09\源文件\用通道抠图法抠出半透明的婚纱.psd

01 打开“16.jpg”文件，如下左图所示。

02 将“背景”图层拖动至“图层”面板底部的“创建新图层”按钮上，复制得到“背景 拷贝”图层，如下右图所示。

03 单击“钢笔工具”按钮，在人物边缘单击并拖动鼠标，沿人物图像创建一个封闭的路径，打开“路径”面板，查看路径，如下图所示。

04 单击“路径”面板底部的“将路径作为选区载入”按钮，将绘制的路径转换为选区，如下图所示。

05 按快捷键Ctrl+J复制选区内的图像，得到“图层1”图层，单击“背景”图层和“背景 拷贝”图层前的“指示图层可见性”图标，隐藏图层，查看抠出的图像，如下图所示。

06 选中“图层1”图层，按快捷键Ctrl+J复制图层，得到“图层1拷贝”图层，执行“图像>调整>反相”菜单命令，反相图像，如下图所示。

07 切换到“通道”面板，选择“绿”通道并将其拖至“创建新通道”按钮上，释放鼠标，复制通道中的图像，得到“绿 拷贝”通道，如下图所示。

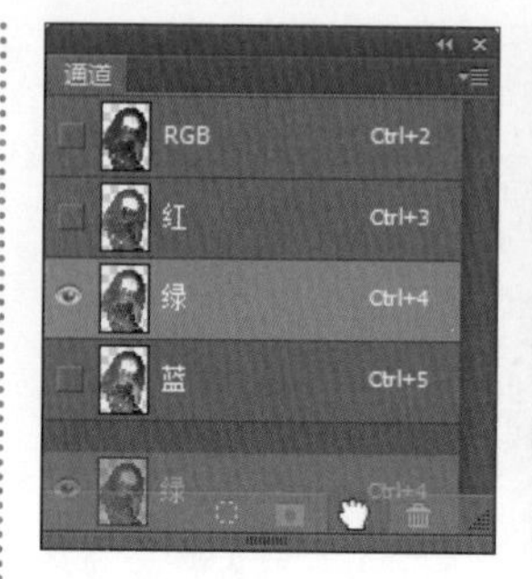

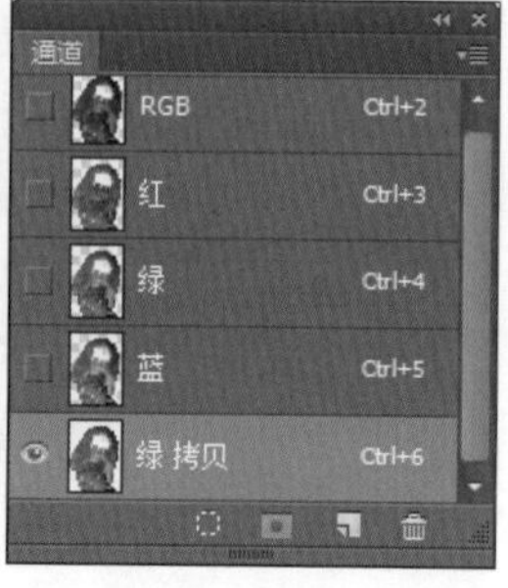

08 选择“绿 拷贝”通道，再执行“图像>反相”菜单命令，对图像进行反相，如下图所示。

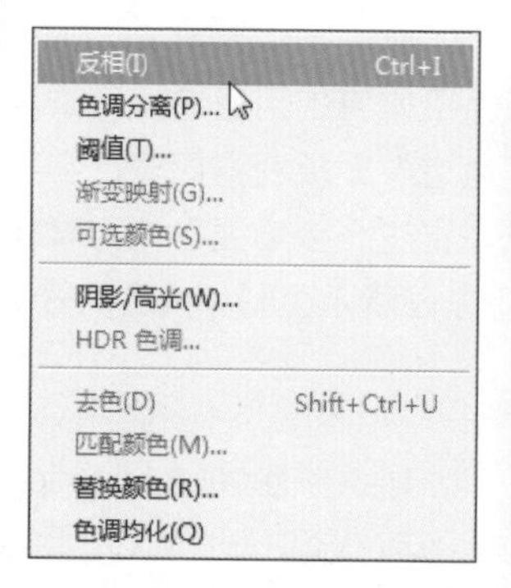

09 选中“绿 拷贝”通道，执行“图像>调整>色阶”菜单命令，打开“色阶”对话框，在对话框中设置色阶值为175、1.00、213，如下图所示。

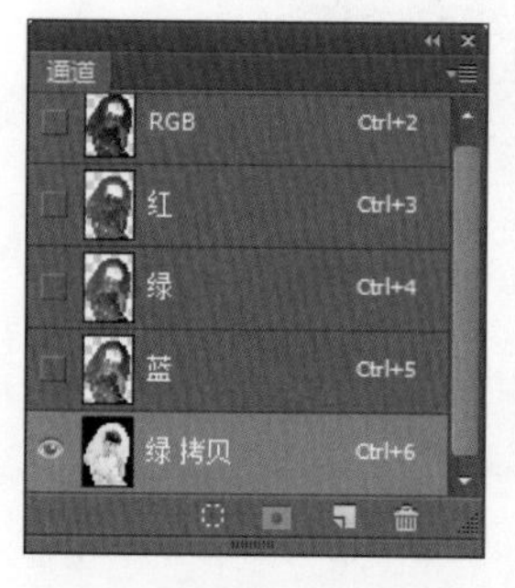

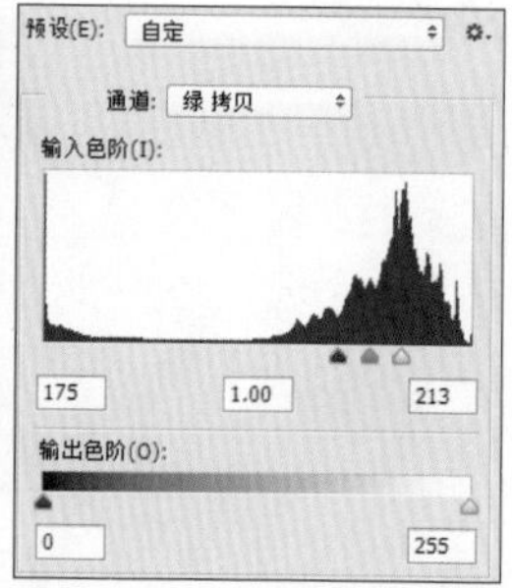

技巧 为什么要应用“色阶”命令

应用“色阶”命令可去除图像中的灰色部分，使图像的对比度更加强烈，便于准确地选择图像。

10 设置完成后单击“确定”按钮，应用“色阶”调整图像，如下左图所示。

第9章

11 选中“绿 拷贝”通道，单击“通道”面板底部的“将通道作为选区载入”按钮，载入选区，如下右图所示。

12 单击“通道”面板中的RGB通道，打开“图层”面板，隐藏“图层1拷贝”图层，查看载入的通道选区效果，如下图所示。

13 按快捷键Ctrl+J复制选区内的图像，得到“图层2”图层。选中“图层1”图层，单击“图层”面板底部的“添加图层蒙版”按钮，为“图层1”图层添加图层蒙版，如下图所示。

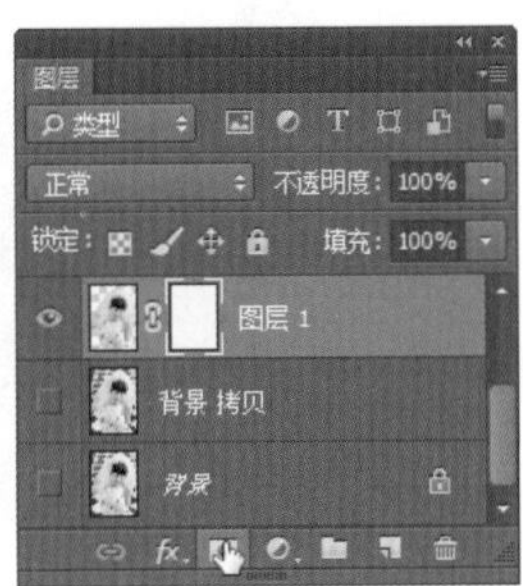

14 选择“画笔工具”，在选项栏中调整画笔大小、不透明度等选项，如下图所示。

175 模式: 正常 不透明度: 39%

15 设置前景色为黑色，在半透明的婚纱上方涂抹，隐藏下方的图像，抠出半透明的婚纱，如下图所示。

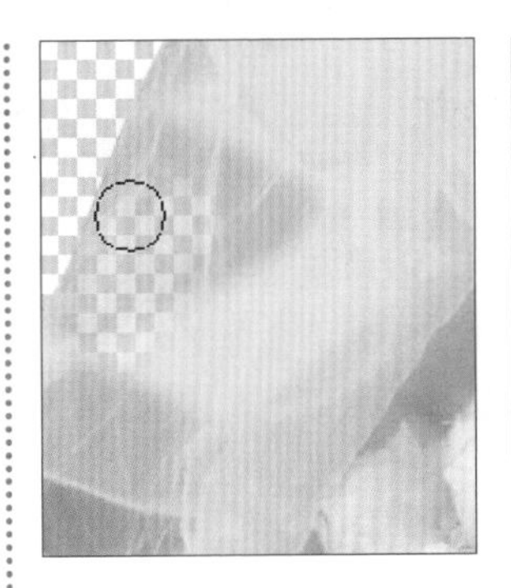

16 打开“17.jpg”文件，使用“移动工具”将其拖动至本文件中，再将得到的图层调整至如下图所示的位置。

17 单击“图层1”图层蒙版缩览图，将前景色设置为黑色，选择“画笔工具”，继续在人物图像边缘涂抹，将多余的图像隐藏起来。

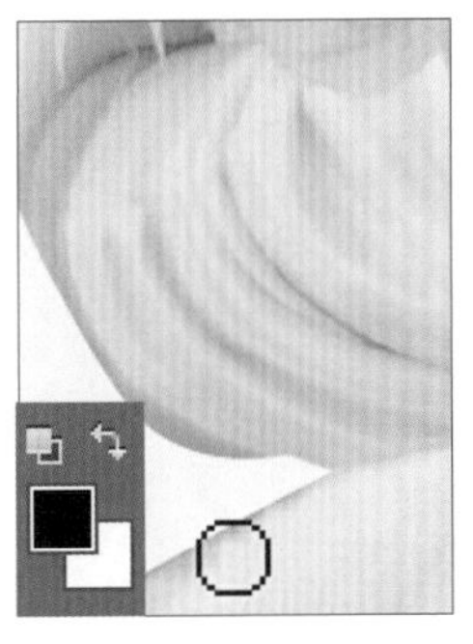

18 双击“图层2”图层缩览图，打开“图层样式”对话框，在对话框中设置“内发光”样式，为图像添加内发光效果，如下图所示。

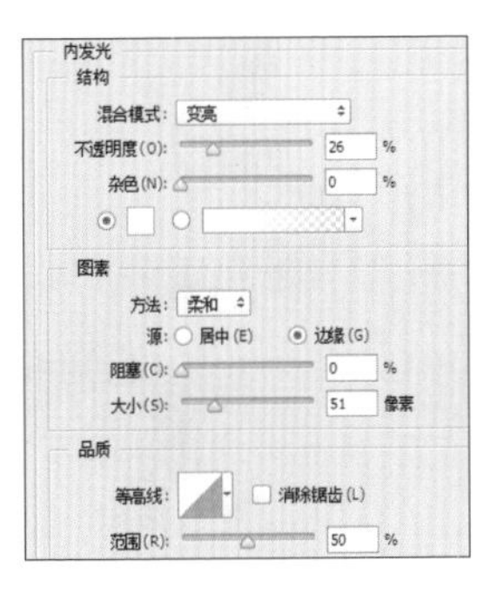

实例演练——抠出人物制作海边留影效果

解析：在 Photoshop 中抠取图像时，为了得到更精细的抠图效果，往往会将多种抠图工具或命令结合起来使用。本实例将介绍如何利用通道和“色彩范围”命令精细地抠取原照片中的人物图像，并制作出海边留影效果。具体操作步骤参照“抠出人物制作海边留影效果”视频文件。

扫码看视频

◎ 原始文件：随书资源\09\素材\18.jpg、19.jpg
◎ 最终文件：随书资源\09\源文件\抠出人物制作海边留影效果.psd

实例演练——用快速蒙版打造浅景深

解析：浅景深可以制造出背景模糊而主体清晰的效果。拍摄人像时，常常需要运用这种方法来突显主体人物，同时营造出朦胧、梦幻的视觉效果。本实例就来介绍如何在后期处理时使用快速蒙版打造浅景深效果。下左图所示为制作前后的效果对比图，具体操作步骤如下。

扫码看视频

◎ 原始文件：随书资源\09\素材\20.jpg
◎ 最终文件：随书资源\09\源文件\用快速蒙版打造浅景深.psd

01 打开“20.jpg”文件，按Ctrl+J键复制图层，得到“图层1”图层，如下图所示。

02 单击工具箱中的“以快速蒙版模式编辑”按钮，进入快速蒙版编辑状态。设置前景色为黑色，选择“画笔工具”，在照片中的人物图像上单击并涂抹，如下左图所示。

03 继续使用“画笔工具”将整个人物图像涂抹上半透明的红色，如下右图所示。

04 完成后单击工具箱中的“以标准模式编辑”按钮，如下左图所示。

05 退出快速蒙版编辑状态，创建选区，效果如下右图所示。

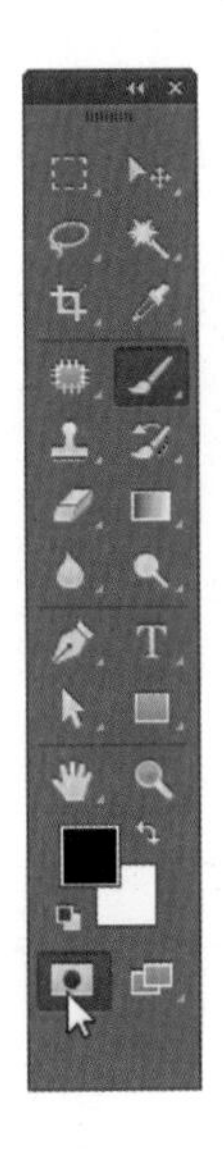

06 按Shift+F6键，打开“羽化选区”对话框，按下左图所示设置“羽化半径”。设置完成后单击“确定”按钮，羽化选区，效果如下右图所示。

07 按Ctrl+J键复制选区内的图像，得到“图层2”图层，如下左图所示。

08 选中“图层2”图层，执行“滤镜>模糊>高斯模糊”菜单命令，打开“高斯模糊”对话框，按下右图所示设置“半径”值。

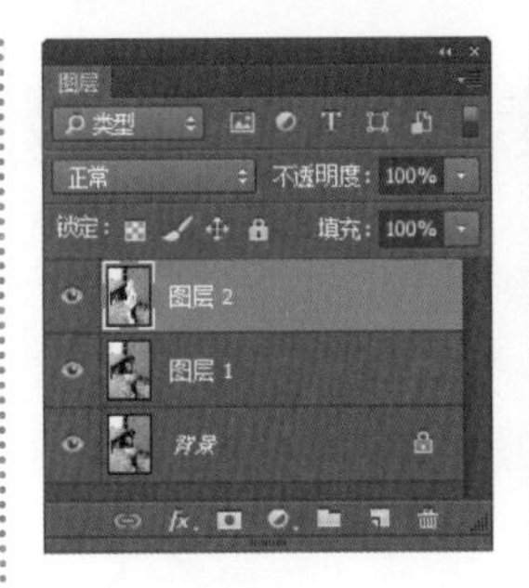

技巧 “高斯模糊”滤镜的使用技巧

在应用“高斯模糊”滤镜后，若觉得图像还不够模糊，可多次按Ctrl+F键（从Photoshop CC 2017开始改为Alt+Ctrl+F键）叠加应用“高斯模糊”滤镜，其效果会比一次设置很高的模糊半径的效果要好。

09 设置完“高斯模糊”对话框中的各项参数后，单击“确定”按钮，得到如下左图所示的图像效果。单击“图层”面板底部的“添加图层蒙版”按钮，为“图层2”图层添加图层蒙版，然后选中该蒙版，如下右图所示。

10 将前景色设置为黑色，按G键切换至“渐变工具”，在其选项栏中设置各项参数，然后在如下左图所示的位置单击并拖动鼠标。

11 经过上一步的操作后，为蒙版应用了线性渐变填充，得到如下右图所示的图像效果，完成本实例的制作。

实例演练——用快速蒙版优化人物面部皮肤

解析：本实例介绍使用快速蒙版优化人物面部皮肤，模拟摄影棚内“苹果灯”的打光技巧，柔化人物面部的皮肤，使人物皮肤散发出自然的粉嫩光泽。下图所示为制作前后的效果对比图，具体操作步骤如下。

扫码看视频

◎ 原始文件：随书资源\09\素材\21.jpg

◎ 最终文件：随书资源\09\源文件\用快速蒙版优化人物面部皮肤.psd

01 打开“21.jpg”文件，按快捷键Ctrl+J复制图层，如下图所示。

02 单击工具箱中的“以快速蒙版模式编辑”按钮，进入快速蒙版编辑状态；选择“画笔工具”，将前景色设置为黑色，在人物面部单击并涂抹，如下左图所示。

03 继续使用“画笔工具”在人物的面部和脖子部分单击并涂抹，如下右图所示。

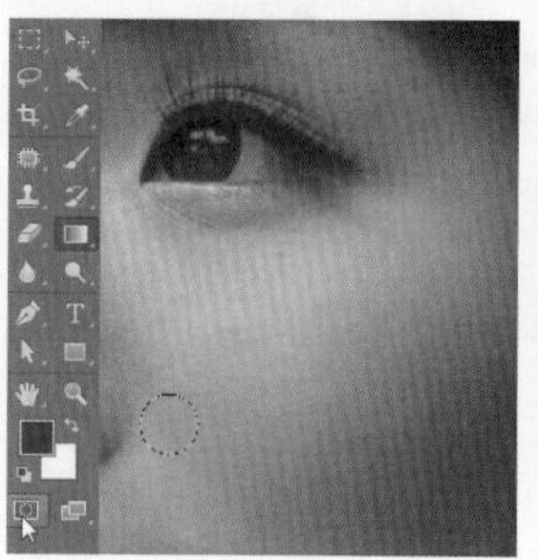

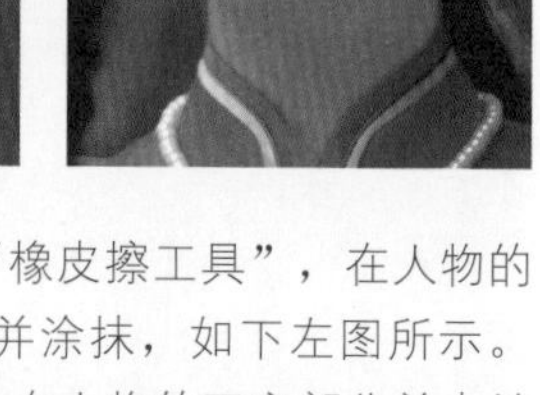

04 按E键切换至“橡皮擦工具”，在人物的眼睛部分单击并涂抹，如下左图所示。继续使用“橡皮擦工具”在人物的五官部分单击并涂抹，擦除五官部分的蒙版，如下右图所示。

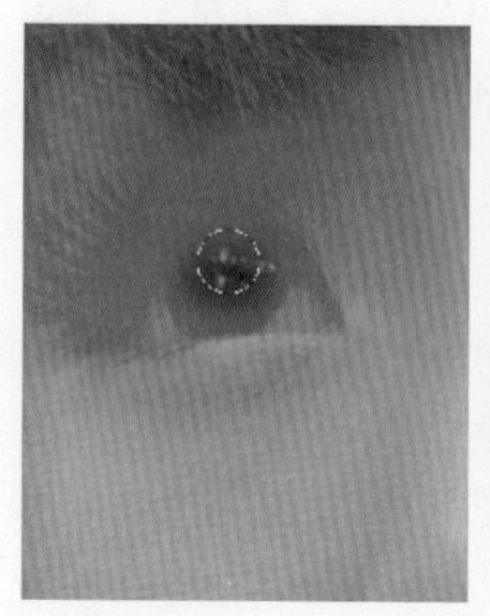

05 单击工具箱中的“以标准模式编辑”按钮，退出快速蒙版编辑状态，按快捷键Shift+Ctrl+I，将选区进行反选，效果如下图所示。

06 按快捷键Shift+F6，打开“羽化选区”对话框，设置“羽化半径”为2，设置完成后单击“确定”按钮，羽化选区，效果如下图所示。

07 在“图层”面板中选中“图层1”图层，按快捷键Ctrl+J复制选区内的图像，得到“图层2”图层，如下左图所示。

08 确保“图层2”图层为选中状态，执行“滤镜>杂色>蒙尘与划痕”菜单命令，打开“蒙尘与划痕”对话框，在对话框中设置各项参数，如下右图所示。

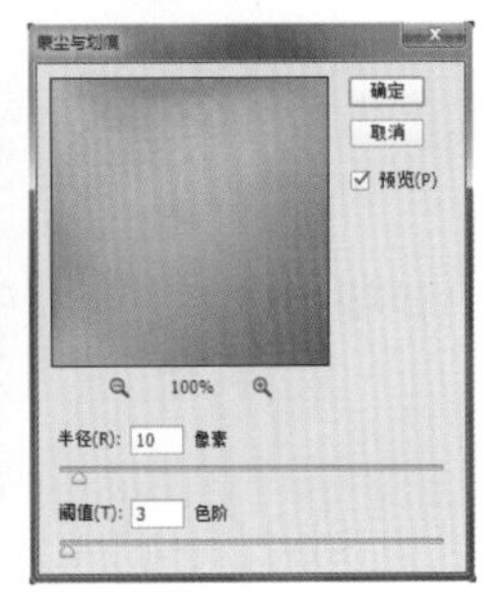

09 设置完“蒙尘与划痕”对话框中的各项参数后，单击“确定”按钮，得到如下左图所示的图像效果。

10 选中“图层2”图层，按快捷键Ctrl+J复制图层，得到“图层2拷贝”图层，如下右图所示。

11 选中“图层”面板中的“图层2拷贝”图层，设置其混合模式为“滤色”、“不透明度”为15%，设置后人物的皮肤显得更加白嫩，如下图所示。

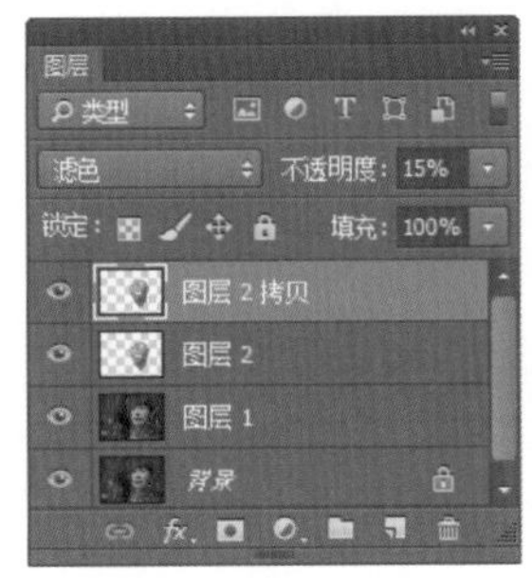

12 创建“色阶1”调整图层，打开“属性”面板，在面板中单击并向左拖动灰色滑块，如右图所示。

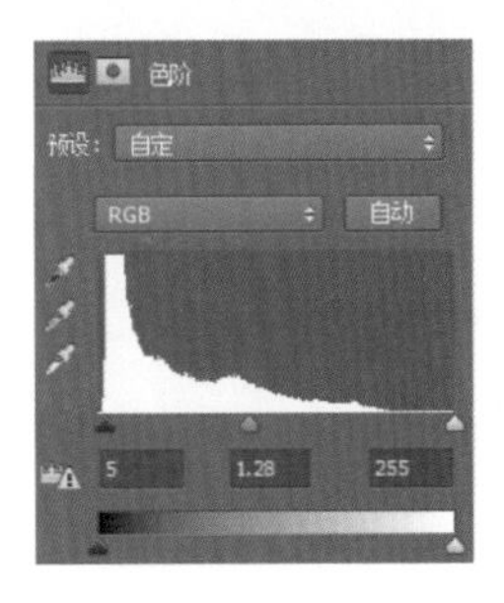

13 根据设置的色阶，调整中间调部分图像的亮度，得到如右图所示的图像效果。

技巧 图层蒙版的应用

若只柔化部分皮肤，则可按住 Alt 键单击“图层”面板底部的“添加图层蒙版”按钮，为设置皮肤的图层添加一个全黑的图层蒙版，再将前景色设置为白色，使用较软的画笔在要柔化的皮肤局部单击并涂抹即可。

学习笔记

第10章 为数码照片添加艺术特效

滤镜是一组预先定义的程序算法，可对图像中像素的颜色、亮度、饱和度、对比度、色调等属性进行计算和变换处理，产生特殊的图像效果。Photoshop 的“滤镜”菜单提供了许多滤镜命令，通过执行这些命令，打开相应的滤镜对话框，并进行参数的设置，可以为照片添加不同的特殊效果。本章将详细介绍如何应用 Photoshop 中的滤镜为数码照片添加各种艺术化的特效。

10.1 滤镜库

Photoshop 的“滤镜库”功能可以在图像上叠加应用多个滤镜，或者重复应用单个滤镜，还可以根据需要重新排列滤镜的叠加顺序。打开“01.jpg”素材图像，执行“滤镜 > 滤镜库”菜单命令，即打开如下图所示的“滤镜库”对话框，在对话框左侧为图像预览效果，右侧为滤镜组和滤镜选项。

扫码看视频

❶预览：显示照片应用滤镜后的效果。

❷滤镜组：用于选择滤镜效果，包括“风格化”“画笔描边”“扭曲”“素描”“纹理”“艺术效果”6个滤镜组。单击需要的滤镜组，即可显示该滤镜组中的各个滤镜，再单击某个滤镜即可应用于图像。

❸所选滤镜选项：用于设置选中滤镜的各项参数。

❹新建效果图层：单击“新建效果图层”按钮，可添加新的效果图层，主要用于在图像上应用多个滤镜。

❺删除效果图层：单击“删除效果图层”按钮，可将当前选中的效果图层删除。

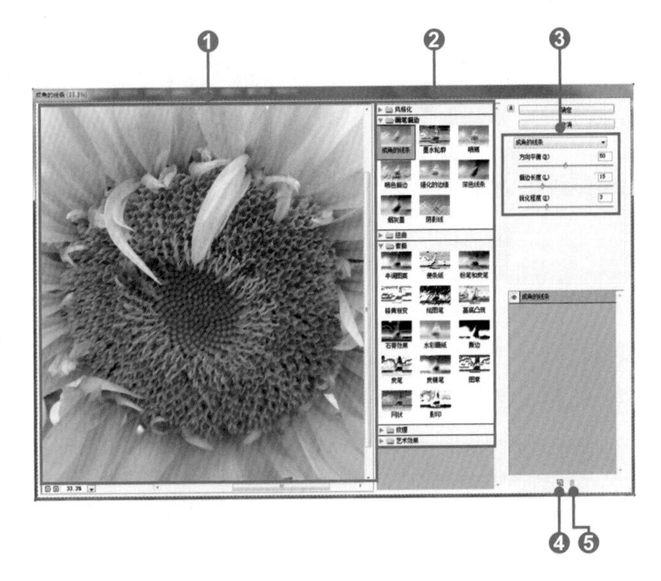

10.2 “素描”滤镜组

“素描”滤镜组包含“半调图案”“便条纸”“粉笔和炭笔”“铬黄渐变”“绘图笔”“基底凸现”“石膏效果”“水彩画纸”“撕边”“炭笔”“炭精笔”“图章”“网状”“影印”14个滤镜，下面简单介绍这些滤镜。

扫码看视频

"素描"滤镜组中的滤镜可将纹理添加到图像上，通常用于获得 3D 效果，还适用于创建美术或手绘风格的外观。打开"02.jpg"素材图像，执行"滤镜 > 滤镜库"菜单命令，通过打开的"滤镜库"对话框可以应用所有素描滤镜，如右图所示。"素描"滤镜组中各滤镜的效果如下。

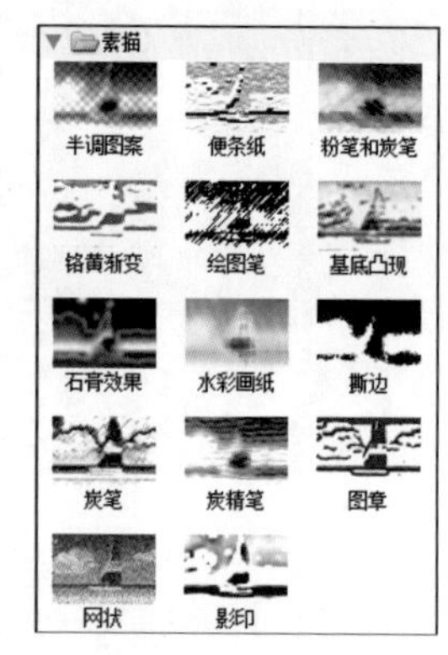

1. 半调图案

"半调图案"滤镜在保持连续的色调范围的同时模拟半调网屏的效果，如下左图所示。

2. 便条纸

"便条纸"滤镜用于创建像是用手工制作的纸张构建的图像。图像的暗区显示为纸张上层中的洞，使背景色显示出来，如下右图所示。

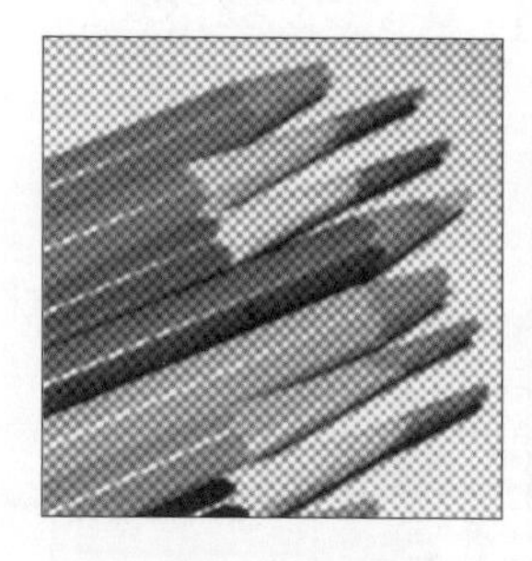

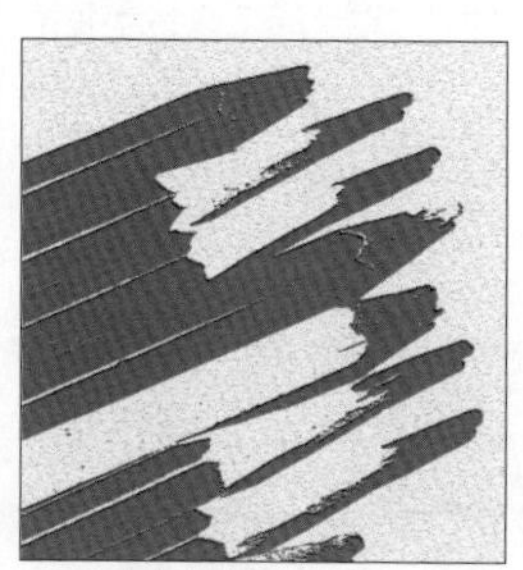

3. 粉笔和炭笔

"粉笔和炭笔"滤镜将重绘高光和中间调，并用粗糙粉笔绘制纯中间调灰色背景，如下左图所示。

4. 铬黄渐变

"铬黄渐变"滤镜将渲染图像，使它像是具有擦亮的铬黄表面。高光在反射表面上是高点，阴影是低点，如下右图所示。

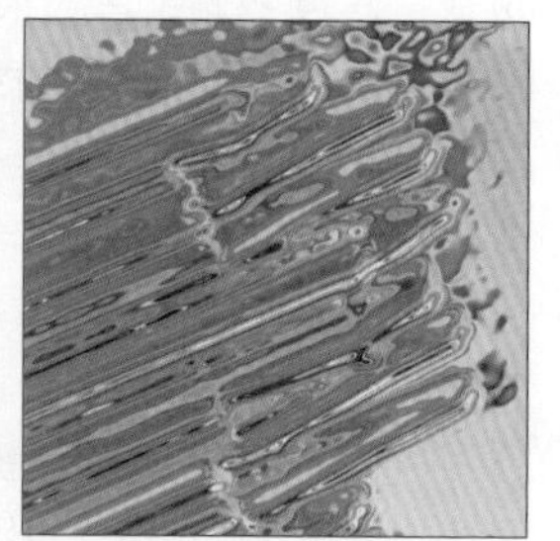

5. 绘图笔

"绘图笔"滤镜使用前景色作为油墨，使用背景色作为纸张，它使用细的、线状的油墨描边，以捕捉原图像中的细节，如下左图所示。

6. 基底凸现

"基底凸现"滤镜将变换图像，使之呈浮雕状，并突出光照下变化各异的表面。图像的暗区呈前景色，而浅色区呈背景色，如下右图所示。

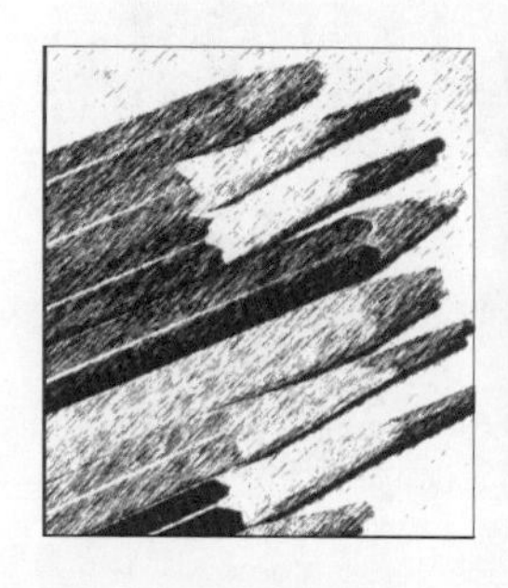

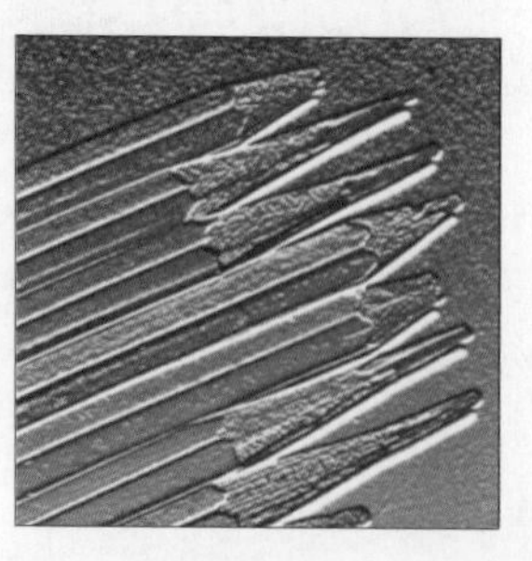

7. 石膏效果

"石膏效果"滤镜按 3D 塑料效果塑造图像，再使用前景色与背景色为结果图像着色，如下左图所示。

8. 水彩画纸

"水彩画纸"滤镜通过模拟在潮湿的纤维纸上进行的绘画，使颜色流动并自动产生混合效果，如下右图所示。

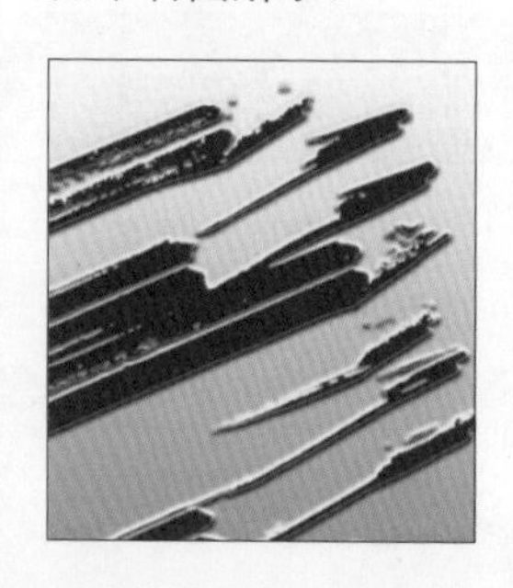

9. 撕边

“撕边”滤镜将重建图像，使之像是由粗糙、撕破的纸片组成，再使用前景色与背景色为图像着色，如下左图所示。

10. 炭笔

“炭笔”滤镜产生色调分离的涂抹效果，使用粗线条绘制主要边缘，而中间色调用对角描边进行素描，如下右图所示。

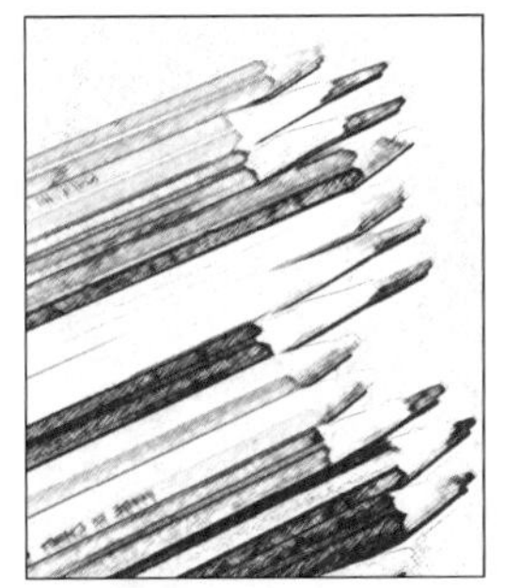

11. 炭精笔

“炭精笔”滤镜在图像上模拟浓黑和纯白的炭精笔纹理。该滤镜在暗区使用前景色，在亮区使用背景色，如下左图所示。

12. 图章

“图章”滤镜简化了图像，使之看起来像是用橡皮或木质图章创建的一样，如下右图所示。它非常适用于黑白图像。

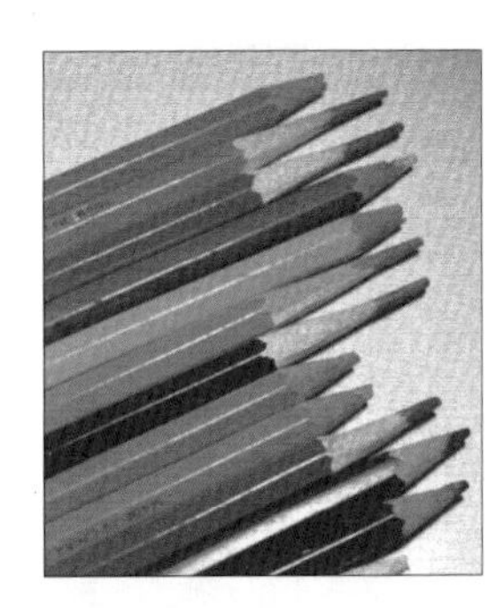

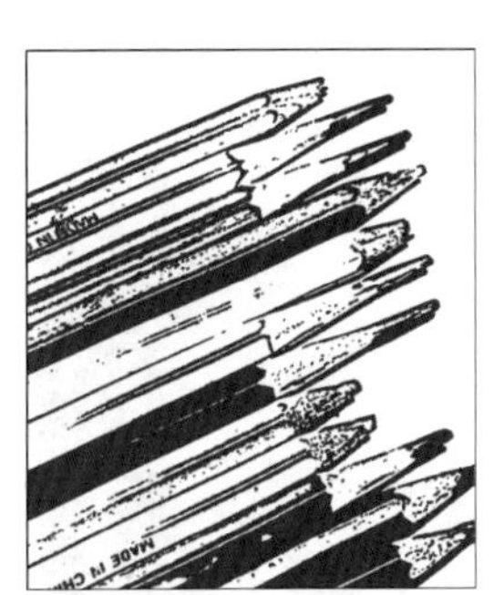

13. 网状

“网状”滤镜模拟胶片乳胶的可控收缩和扭曲来创建图像，使之在阴影处呈结块状，在高光处呈轻微颗粒化，如右图一所示。

14. 影印

“影印”滤镜模拟影印图像的效果。大的暗区趋向于只复制边缘四周，而中间色调要么是纯黑色，要么是纯白色，如右图二所示。

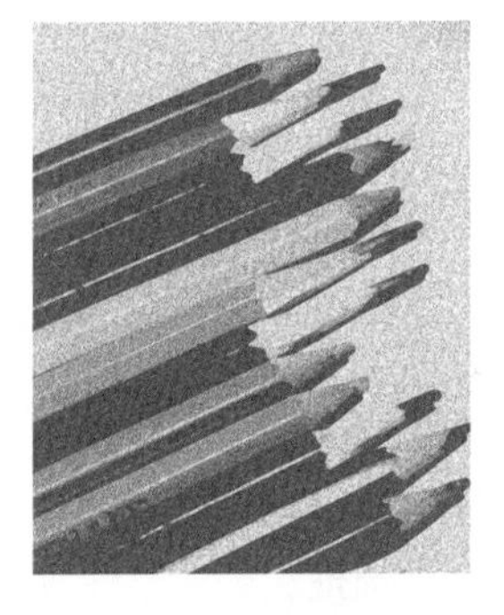

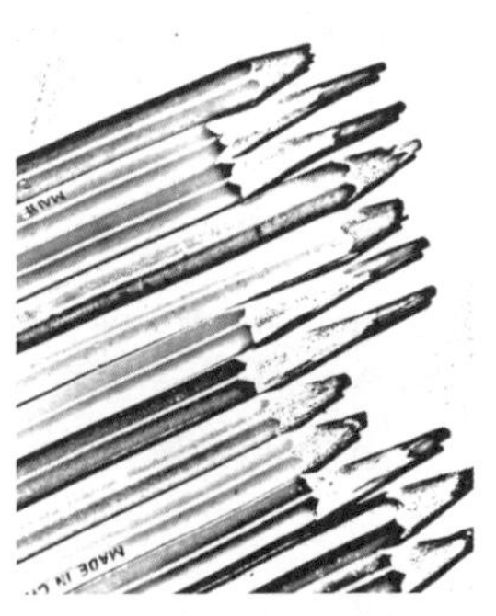

10.3 “艺术效果”滤镜组

“艺术效果”滤镜组中的 15 种滤镜能够模拟自然或传统介质效果，帮助用户为美术或商业项目制作绘画效果或艺术效果，如水彩画、油画、铅笔画等。下面简单介绍这些滤镜。

扫码看视频

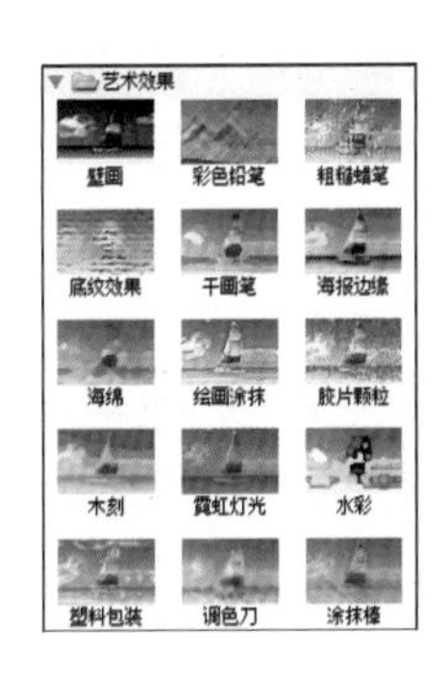

打开“03.jpg”素材图像，执行“滤镜 > 滤镜库”菜单命令，打开“滤镜库”对话框，在该对话框中单击展开“艺术效果”滤镜组，如左图所示。“艺术效果”滤镜组中各滤镜的效果如下。

1. 壁画

“壁画”滤镜使用短而圆的、粗略涂抹的小块颜料，以一种粗糙的风格绘制图像，如下左图所示。

2. 彩色铅笔

“彩色铅笔”滤镜使用彩色铅笔在纯色背景上绘制图像，外观呈粗糙的阴影线。纯色背景色透过比较平滑的区域显示出来，如下右图所示。

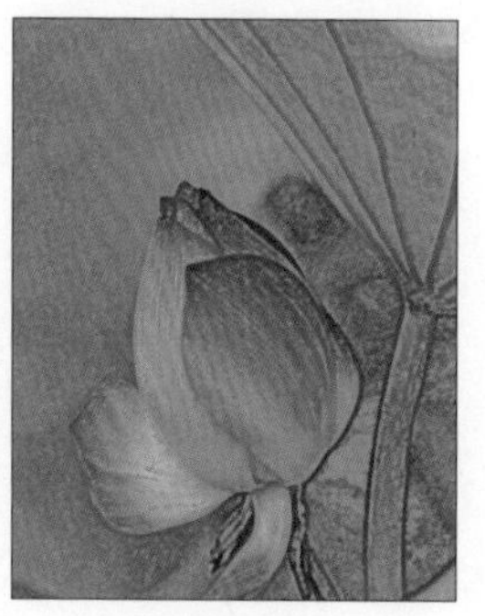

3. 粗糙蜡笔

该滤镜在带纹理的背景上应用粉笔描边。在亮色区域，粉笔看起来很厚；而在深色区域，粉笔看起来很淡，使纹理很明显，如下左图所示。

4. 底纹效果

“底纹效果”滤镜在带纹理的背景上绘制图像，然后将最终图像绘制在该图像上，如下右图所示。

第10章

5. 干画笔

“干画笔”滤镜使用干画笔技术（介于油彩和水彩之间）绘制图像边缘。通过将图像的颜色范围降到普通颜色范围来简化图像，如下左图所示。

6. 海报边缘

“海报边缘”滤镜减少图像中的颜色数量，并自动查找图像的边缘，在边缘上绘制黑色线条。大而宽的区域有简单的阴影，而细小的深色细节遍布图像，如下右图所示。

7. 海绵

“海绵”滤镜使用颜色对比强烈、纹理较重的区域创建图像，以模拟海绵绘画的效果，如下左图所示。

8. 绘画涂抹

“绘画涂抹”滤镜可创建绘画效果，如下右图所示。该滤镜提供的画笔类型包括“简单”“未处理光照”“未处理深色”“宽锐化”“宽模糊”“火花”。

9. 胶片颗粒

“胶片颗粒”滤镜将平滑图案应用于阴影和中间色调。它将一种更平滑、饱和度更高的图案添加到亮区，如下页右图一所示。在消除混合的条纹和将各种来源的图素在视觉上进行统一时，该滤镜非常有用。

10. 木刻

“木刻”滤镜使图像看上去像是由从彩纸上剪下的边缘粗糙的纸片组成的。高对比度的图像看起来呈剪影状，而彩色图像看上去是由几层彩纸组成的，如右图二所示。

11. 霓虹灯光

“霓虹灯光”滤镜将各种类型的灯光添加到图像中的对象上。该滤镜用于在柔化图像外观时给图像着色。“发光颜色”选项中设置的颜色可将图像的轮廓部分表现为霓虹灯效果，如右图一所示。

12. 水彩

“水彩”滤镜以水彩的风格绘制图像，使用蘸了水和颜料的中号画笔绘制，以简化细节。当边缘有显著的色调变化时，此滤镜会使颜色更饱满，如右图二所示。

13. 塑料包装

“塑料包装”滤镜给图像涂上一层光亮的塑料，以强调表面细节，如下左图所示。

14. 调色刀

“调色刀”滤镜减少图像中的细节，以生成描绘得很淡的画布效果，可以显示出图像下面的纹理，如下中图所示。

15. 涂抹棒

“涂抹棒”滤镜使用短的对角描边涂抹暗区，以柔化图像，如下右图所示。这样亮区会变得更亮。

10.4 “画笔描边”滤镜组

“画笔描边”滤镜组中的滤镜主要使用不同的画笔和油墨描边效果创造出类似绘画效果的图像，可以为图像添加杂色、边缘细节、纹理。该滤镜组中的滤镜不能用于处理 Lab 和 CMYK 颜色模式的图像。下面简单介绍这些滤镜。

扫码看视频

打开“04.jpg”素材图像，如右图一所示。执行“滤镜 > 滤镜库”菜单命令，打开“滤镜库”对话框，单击展开“画笔描边”滤镜组，如右图二所示。该滤镜组包含“成角的线条”“墨水轮廓”“喷溅”“喷色描边”“强化的边缘”“深色线条”“烟灰墨”“阴影线”8 个滤镜。各滤镜的效果如下。

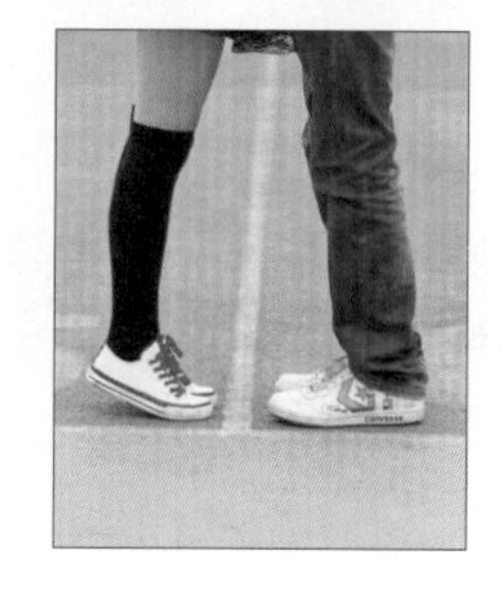

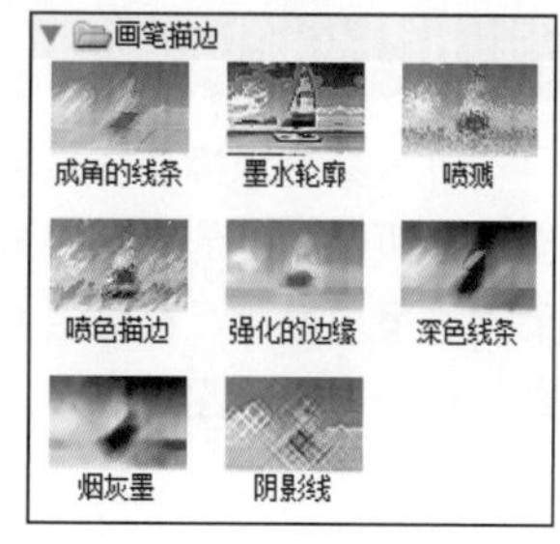

1. 成角的线条

“成角的线条”滤镜使用对角的线条重新绘制图像，用相反方向的线条来绘制亮部区域和暗部区域，得到如同用画笔在对角线上绘制的感觉，如下左图所示。

2. 墨水轮廓

“墨水轮廓”滤镜以钢笔画的风格，用纤细的线条在原细节上重绘图像，如下右图所示。

3. 喷溅

“喷溅”滤镜控制转换图像边缘的柔和性和平滑性，它能够模拟喷溅喷枪的效果，并从整体上简化图像，如下左图所示。

4. 喷色描边

“喷色描边”滤镜使用图像的主导色，用成角的、喷溅的颜色线条重新绘制图像，且可选择喷射的角度，产生倾斜的飞溅效果，如下右图所示。

5. 强化的边缘

“强化的边缘”滤镜可强调图像边缘。设置高边缘亮度值时，强化效果类似白色粉笔；设置低边缘亮度值时，强化效果类似黑色油墨，如下左图所示。

6. 深色线条

“深色线条”滤镜应用黑色线条绘制图像暗部区域，用白色线条绘制图像亮部区域，使图像产生一种很强烈的黑色阴影效果，如下右图所示。

7. 烟灰墨

“烟灰墨”滤镜在图像中添加黑色油墨形态，使图像看起来像是用蘸满油墨的画笔在宣纸上绘制而成，同时使用非常黑的油墨来创建柔和的模糊边缘，如下左图所示。

8. 阴影线

“阴影线”滤镜在保留原始图像细节和特征的情况下，使用模拟的铅笔阴影线添加纹理，并使彩色区域的边缘变粗糙，如下右图所示。

10.5 “纹理”滤镜组

“纹理”滤镜组中的滤镜可以模拟具有深度或者质感的图像，并制作出相应的纹理效果。本节将简单介绍如何使用“纹理”滤镜组中的滤镜为照片添加绘画般的纹理质感。

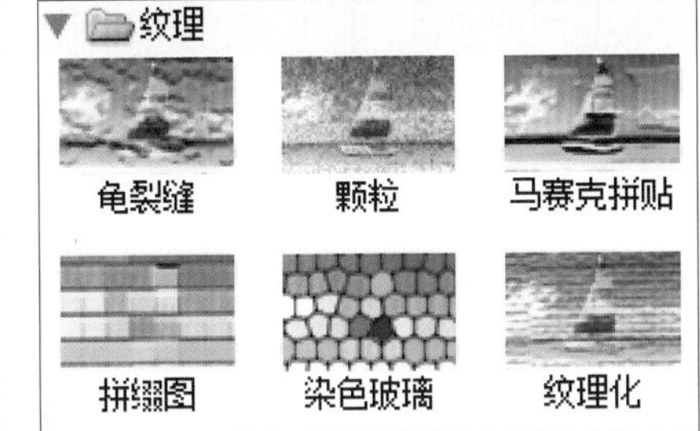

打开“05.jpg”素材图像，执行“滤镜 > 滤镜库”菜单命令，打开“滤镜库”对话框，单击展开“纹理”滤镜组，该滤镜组包含“龟裂缝”“颗粒”“马赛克拼贴”“拼缀图”“染色玻璃”“纹理化”6 个滤镜，如左图所示。

1. 龟裂缝

“龟裂缝”滤镜可使图像产生凹凸不平的皱纹效果，与龟甲上的纹理类似，如下左图所示。

2. 颗粒

“颗粒”滤镜可以在图像上设置杂点，模拟以不同种类的颗粒改变图像的表面纹理，如下右图所示。

3. 马赛克拼贴

“马赛克拼贴”滤镜能渲染图像，使其看起来是由小的碎片或拼贴组成，即将图像分解成各种颜色的像素块，如下左图所示。

4. 拼缀图

“拼缀图”滤镜将图像分解为用图像中该区域的主色填充的正方形，得到一种矩形的瓷砖效果，如下右图所示。

5. 染色玻璃

“染色玻璃”滤镜使用前景色把图像分割成像植物细胞般的小块，制作出蜂巢一样的拼贴纹理效果，如右图一所示。

6. 纹理化

“纹理化”滤镜将选择或创建的纹理应用于图像，如右图二所示。

10.6 “像素化”滤镜组

“像素化”滤镜组通过变形图像的像素并对这些像素进行重新构成，组合成不同的图像效果。Photoshop 提供了 7 种像素化滤镜，本节将简单介绍这些滤镜。

扫码看视频

打开“06.jpg”素材图像，如下左图所示。执行“滤镜 > 像素化”菜单命令，在打开的级联菜单中可以看到如下右图所示的像素化滤镜。

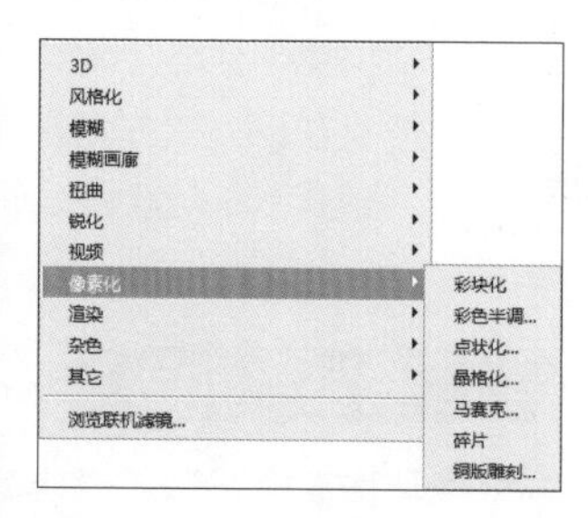

1. 彩块化

“彩块化”滤镜能够使图像中的纯色或颜色相近的像素结成相近颜色的像素块，使图像看起来像手绘的效果，也可使图像呈现抽象派的艺术绘画效果，如下左图所示。

2. 彩色半调

“彩色半调”滤镜在图像的每个通道上使用放大的半调网屏效果，如下右图所示。此滤镜将图像的每个通道划分出矩形区域，再以圆形替代这些矩形，圆形的大小与矩形区域的亮度成比例，高光部分生成的网点较小，阴影部分生成的网点较大。

3. 点状化

“点状化”滤镜可将图像中的颜色分解为随机分布的网点，如同点状绘画效果，背景色作为网点之间的画布区域，如下左图所示。

4. 晶格化

“晶格化”滤镜可以使图像中相近的像素集中到多边形色块中，产生颗粒效果，如下右图所示。

5. 马赛克

“马赛克”滤镜将像素结为方形块，再给块中的像素应用平均颜色，创建出马赛克效果，如下左图所示。

6. 碎片

“碎片”滤镜可对选区内的像素进行 4 次复制，然后将复制出的 4 个副本平均轻移，使图像产生不聚焦的模糊效果，如下右图所示。

7. 铜版雕刻

“铜版雕刻”滤镜可以在图像中随机生成各种不规则的直线、曲线和斑点，使图像产生年代久远的金属板效果。在“铜版雕刻”对话框中，可以根据需要选择雕刻类型，如右图一所示。设置完成后单击“确定”按钮，就可以应用滤镜处理图像，效果如右图二所示。

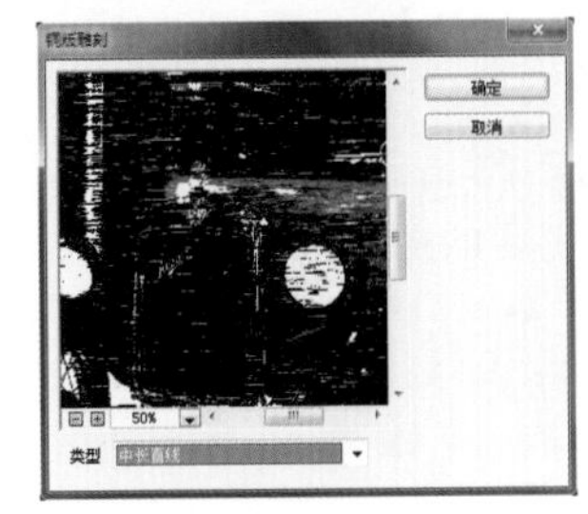

10.7 “扭曲”滤镜组

“扭曲”滤镜组中的滤镜可移动、扩展或缩小构成图像的像素，将原图像变为各种形态，这些滤镜位于两个位置。打开“07.jpg”素材图像，执行“滤镜 > 扭曲”菜单命令，在打开的级联菜单中可看到 9 个滤镜，如下左图所示。执行“滤镜 > 滤镜库”菜单命令，在打开的“滤镜库”对话框中展开“扭曲”滤镜组，可看到组中还有 3 个滤镜，如下右图所示。下面简单介绍这些滤镜。

扫码看视频

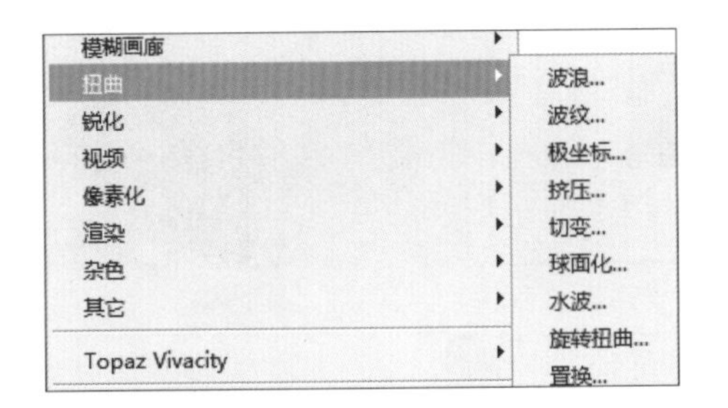

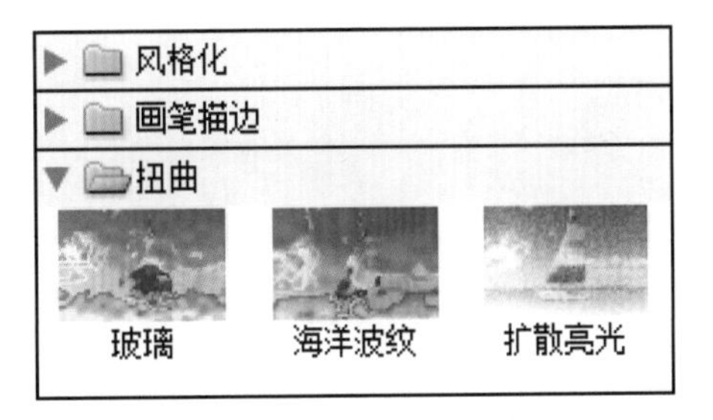

1. 波浪

“波浪”滤镜可以创建波状起伏的图像，制作出波浪效果。打开“07.jpg”素材图像，如下左图所示。执行“滤镜 > 扭曲 > 波浪”菜单命令，在打开的“波浪”对话框中进行设置，如下右图所示，设置后在对话框右侧可看到应用滤镜后的图像效果。

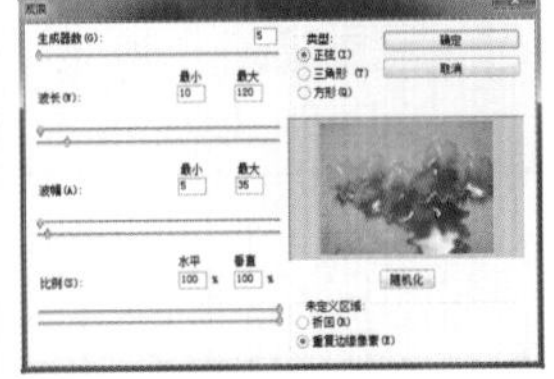

2. 波纹

“波纹”滤镜通过在图像上创建波状起伏的图像来模拟水池表面的波纹，此滤镜的工作方式与“波浪”滤镜的相同，但提供的选项较少，只能控制波纹的数量和大小。“波纹”对话框如下左图所示，应用了“波纹”滤镜时的图像效果如下右图所示。

3. 极坐标

“极坐标”滤镜可以将图像在极坐标与平面坐标之间转换，从而产生扭曲效果。执行“滤镜 > 扭曲 > 极坐标”菜单命令，打开“极坐标”对话框，如右图一所示，设置参数后单击“确定”按钮，可得到如右图二所示的图像效果。

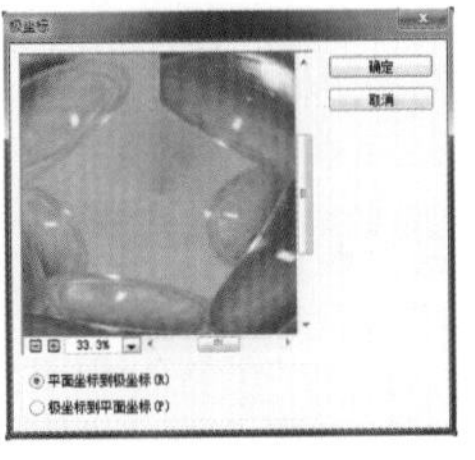

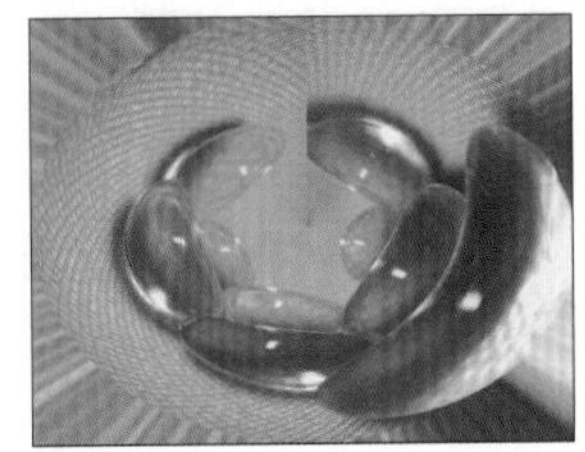

4. 挤压

“挤压”滤镜可以将图像挤压，产生凸起或凹陷的效果。在“挤压”对话框中设置参数，如右图一所示，应用滤镜后的图像效果如右图二所示。

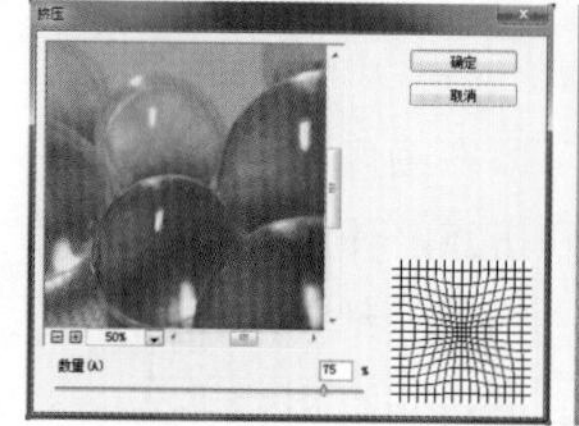

5. 切变

“切变”滤镜沿一条曲线创建扭曲图像。“切变”对话框和应用“切变”滤镜处理后的图像效果如下左图所示。

6. 球面化

“球面化”滤镜通过将选区折成球形，扭曲图像及伸展图像以适合选中曲线，让图像中间产生凸起或凹陷的效果，同时让对象具有 3D 效果。“球面化”对话框和应用该滤镜的效果如下右图所示。

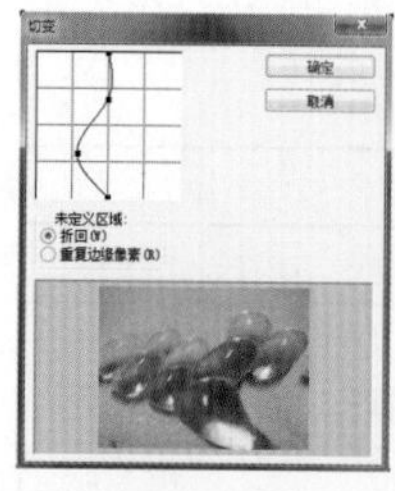

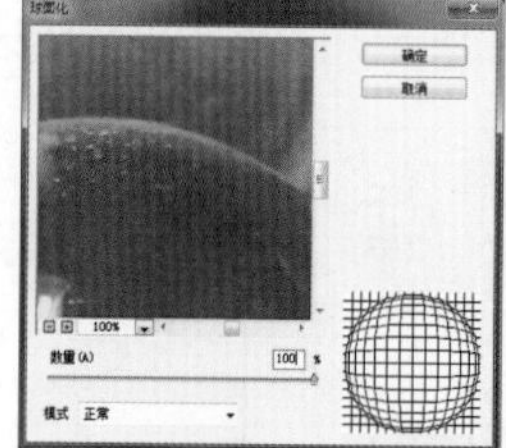

7. 水波

“水波”滤镜根据图像像素的半径将选区径向扭曲，从而产生类似水波的效果。在“水波”对话框中设置参数，如下左图所示，可得到如下右图所示的效果。

8. 旋转扭曲

“旋转扭曲”滤镜可将选区内的图像旋转，图像中心的旋转程度比图像边缘的旋转程度大。下图所示为“旋转扭曲”对话框和应用滤镜后的效果。

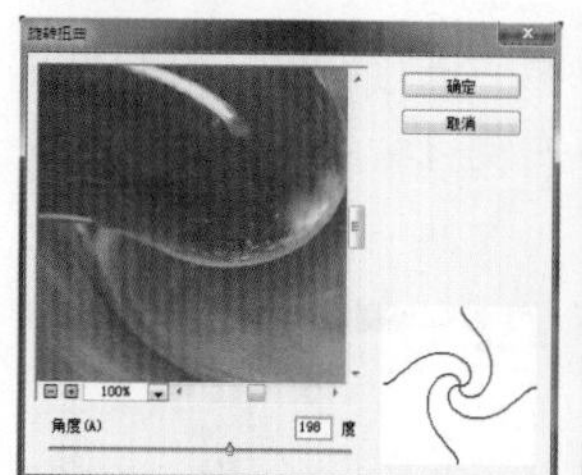

9. 置换

“置换”滤镜通过置换图像中的颜色值来改变选区，0 是最大的负向改变值，255 是最大的正向改变值，灰度值为 128 时不产生置换。在使用此滤镜前需要准备用于置换的“08.psd”图像，如右图一所示。对打开的“07.jpg”图像执行“滤镜 > 扭曲 > 置换”菜单命令，打开如右图二所示的“置换”对话框，在对话框中设置参数。

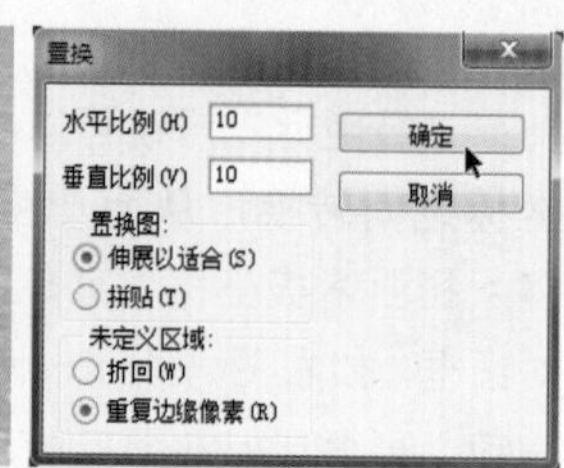

设置完成后单击“确定”按钮，即可弹出如右图一所示的“选取一个置换图”对话框。在此对话框中选择准备好的置换图，单击“打开”按钮，即可对图像应用置换效果，如右图二所示。

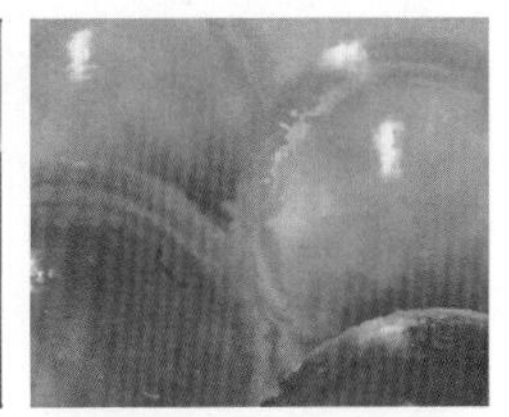

10. 玻璃

“玻璃”滤镜可以制作细小的纹理，使图像看起来像是透过不同类型的玻璃来观察的。在处理图像时，可以选取玻璃效果或创建自己的玻璃表面并加以应用，如右图所示。

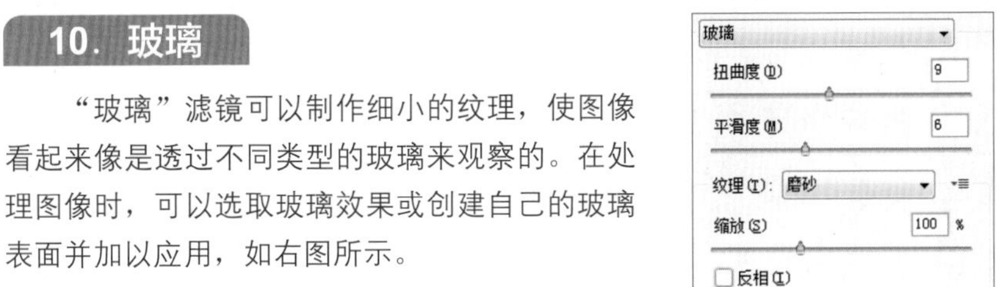

11. 海洋波纹

“海洋波纹”滤镜可以将随机分隔的波纹添加到图像表面，它产生的波纹细小，边缘有较多抖动，图像看起来就像是在水下面，如右图一所示。

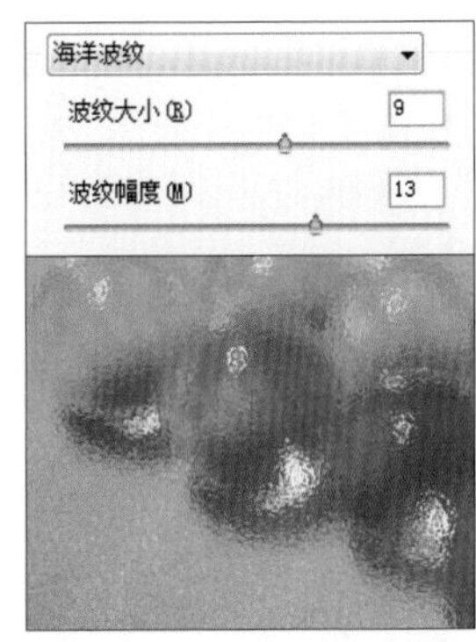

12. 扩散亮光

“扩散亮光”滤镜可以在图像中添加白色杂色，并从图像中心向外渐隐亮光，使其产生一种光芒漫射的效果。使用此滤镜可以将照片快速处理为柔光照，亮光的颜色由背景色决定，选择不同的背景色，可以产生不同的视觉效果，如右图二所示。

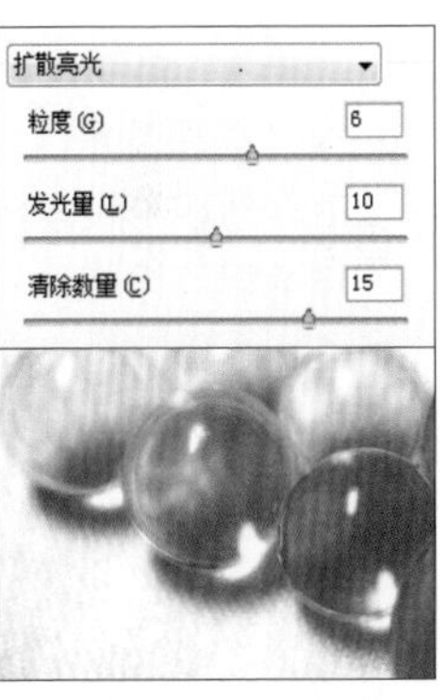

10.8 “模糊”滤镜组

“模糊”滤镜组可以对图像进行柔和处理，将图像像素的边线设置为模糊状态，在图像上表现出速度感或晃动感。“模糊”滤镜组包含“动感模糊”“表面模糊”“平均”等较多的滤镜。下面简单介绍几个比较常用的模糊滤镜。

扫码看视频

1. 高斯模糊

“高斯模糊”滤镜可以添加低频细节，使照片呈现一种朦胧效果。“高斯模糊”滤镜主要通过调整“半径”值来控制模糊的强度，它以像素为单位，数值越高，得到的图像模糊效果越强烈。

打开“09.jpg”素材图像，如右图一所示。执行“滤镜 > 模糊 > 高斯模糊”菜单命令，在打开的“高斯模糊”对话框中设置选项，单击“确定”按钮，模糊图像，如右图二所示。

应用 模拟柔光镜拍摄效果

在 Photoshop 中可以应用“高斯模糊”滤镜和图层混合模式打造柔光镜的拍摄效果，具体操作方法如下。

打开“10.jpg”素材图像，如图❶所示。按快捷键 Ctrl+J 复制图层，得到“图层 1”图层，将此图层的混合模式设置为“滤色”，如图❷所示。执行“滤镜 > 模糊 > 高斯模糊”菜单命令，打开“高斯模糊”对话框，在对话框中参照图❸设置参数，完成后单击“确定”按钮，应用滤镜处理图像，得到如图❹所示的模拟柔光镜拍摄的图像效果。

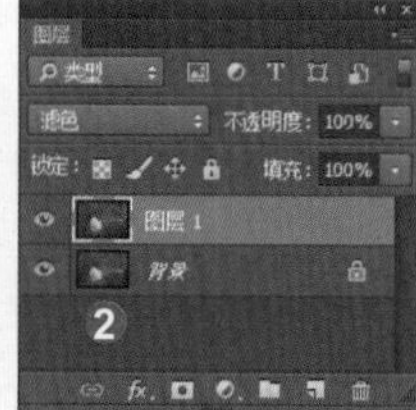

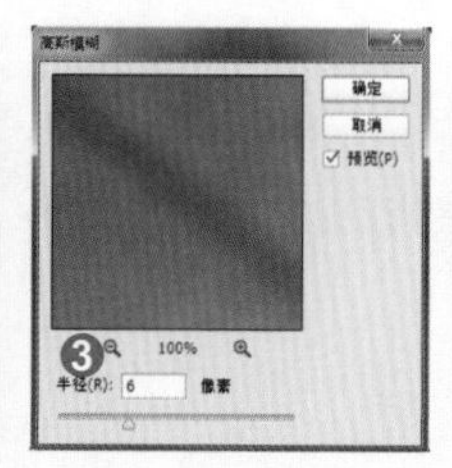

技巧 缩放预览模糊效果

使用“高斯模糊”滤镜模糊图像时，可以看到在“高斯模糊”对话框的预览框下方有两个缩放按钮。单击“缩小”按钮🔍，可以快速缩小预览框中的图像，如图❶所示；单击“放大”按钮🔍，可以重新放大已缩小的预览框中的图像，如图❷所示。除此之外，如果要快速缩放图像，还可以按快捷键 Ctrl+- 或 Ctrl++ 来实现。

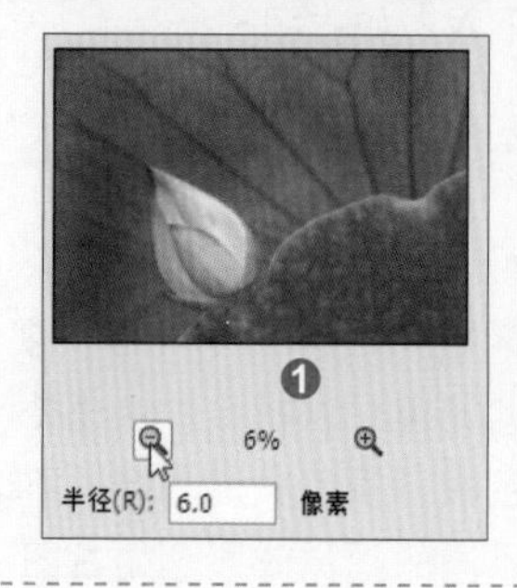

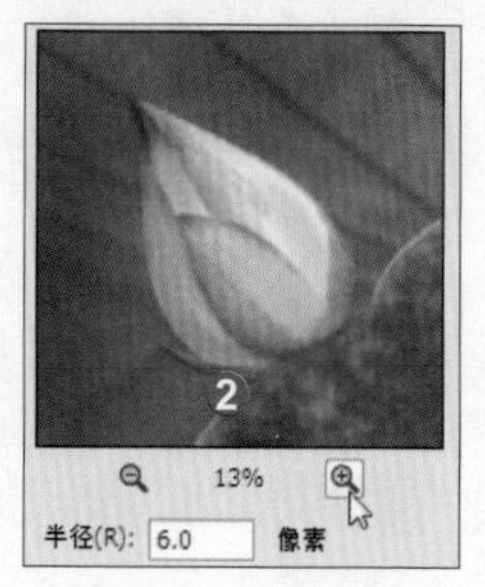

2. 动感模糊

“动感模糊”滤镜可以根据设计的需要沿指定方向（-360° ～ +360° ）以指定强度（1 ～ 999）模糊图像，产生类似以固定的曝光时间拍摄一个移动的对象的效果。在表现对象的速度感或运动感时经常会使用此滤镜。

打开“11.jpg”素材图像，如下左图所示，执行“滤镜 > 模糊 > 动感模糊”菜单命令，打开“动感模糊”对话框，如下右图所示，在该对话框中可设置相关参数模糊图像。

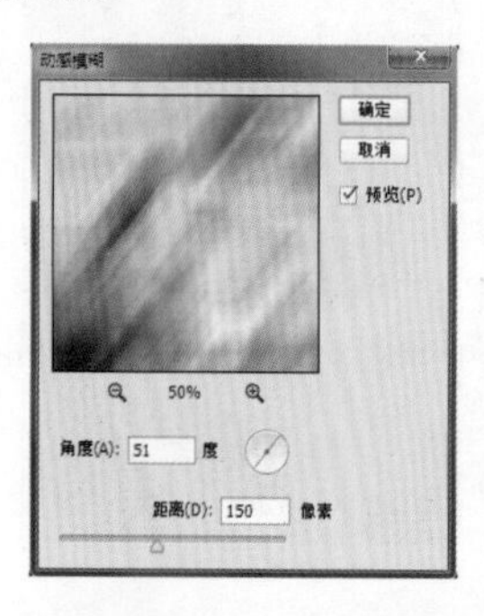

3. 径向模糊

“径向模糊”滤镜可以模拟缩放或旋转的相机所产生的模糊，形成一种柔化的模糊效果。

打开“12.jpg”素材图像，如下左图所示。执行“滤镜 > 模糊 > 径向模糊”菜单命令，打开“径向模糊”对话框，设置径向模糊的各项参数，然后单击“确定”按钮，即可径向模糊图像，如下右图所示。

实例演练——打造逼真的素描画效果

解析： 素描是一项需要长期训练才能掌握的绘画技能。对于没有绘画基础的人来说，基本无法对照着自己拍摄的照片绘制出一幅素描画。但只要会使用Photoshop，就可以快速将照片设置成素描画效果。下图所示为制作前后的效果对比图，具体操作步骤如下。

扫码看视频

◎ **原始文件：** 随书资源\10\素材\13.jpg
◎ **最终文件：** 随书资源\10\源文件\打造逼真的素描画效果.psd

01 打开“13.jpg”文件，执行“图像>调整>去色”菜单命令，如下图所示。

02 按Ctrl+J键复制图层，得到“图层1”图层，如下左图所示。

03 确保“图层1”图层为选中状态，执行“图像>调整>通道混合器”菜单命令，打开“通道混合器”对话框，如下右图所示。

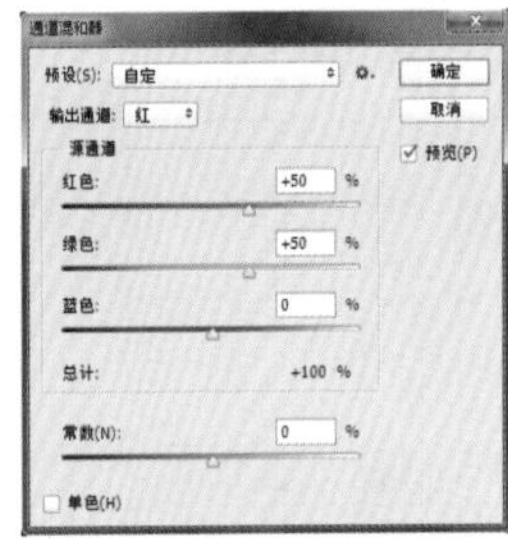

04 设置参数，设置完成后单击“确定”按钮，调整图像的明暗，如下图所示。

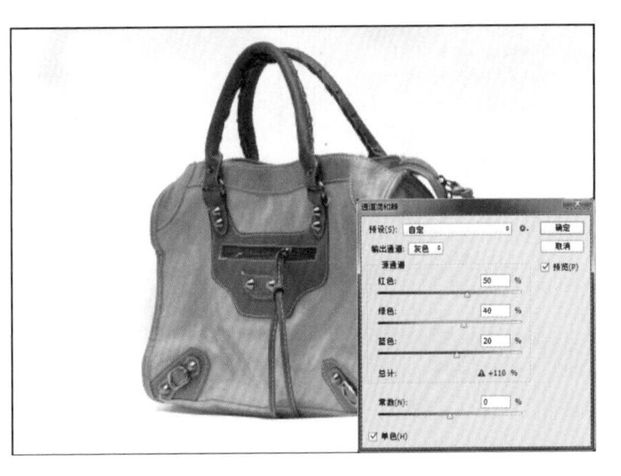

05 在工具箱中将前景色设置为黑色，背景色设置为白色，执行“滤镜>滤镜库”菜单命令，打开“滤镜库”对话框，如下图所示。

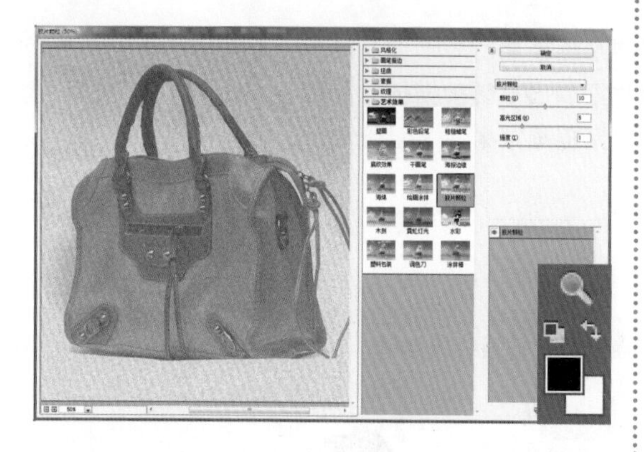

06 单击“素描”滤镜组下的“绘图笔”滤镜，再设置“描边长度”为12、“明/暗平衡”为100，如下图所示。

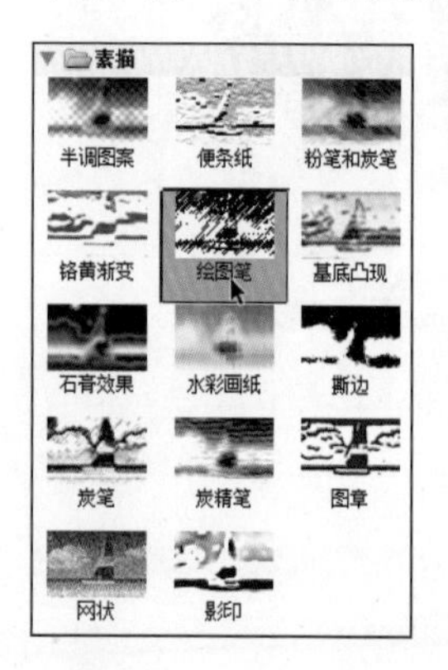

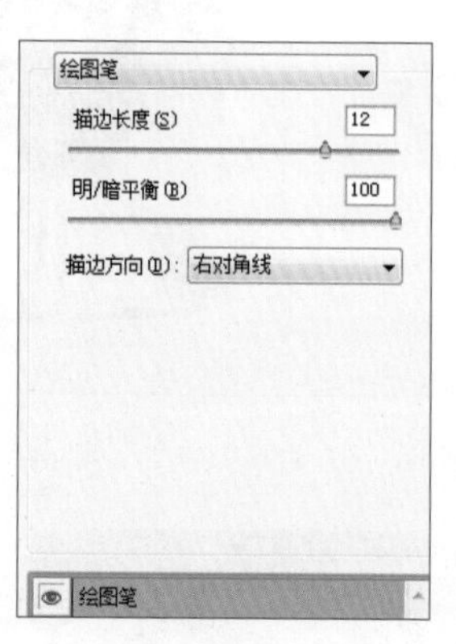

07 单击“新建效果图层”按钮，在滤镜列表框中创建一个新的“绘图笔”效果图层，如下图所示。

08 单击左侧的“半调图案”滤镜，将“绘图笔”滤镜替换为“半调图案”滤镜，设置“大小”为1、“对比度”为8、“图案类型”为“网点”，如下图所示。

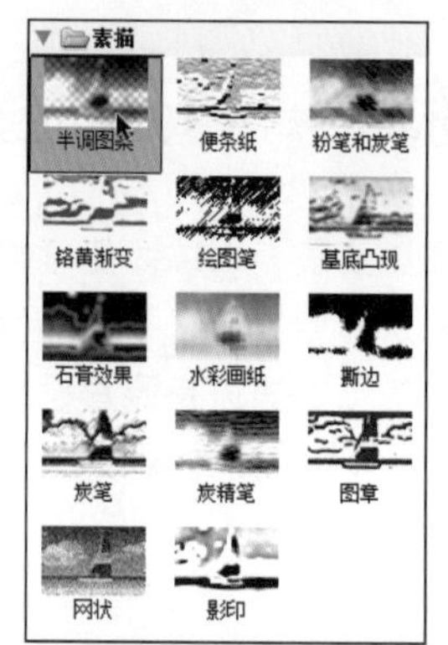

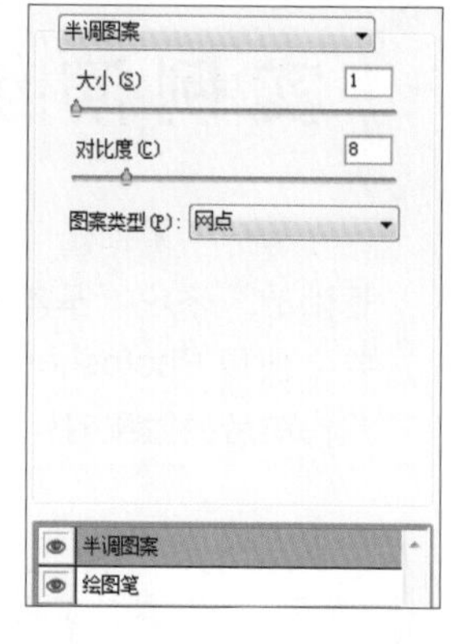

09 单击“确定”按钮，对图像应用滤镜。单击“图层”面板中的“创建新图层”按钮，创建“图层2”图层，如下图所示。

10 在工具箱中将前景色设置为白色，按快捷键Alt+Delete，为图层填充白色，如下左图所示。

11 执行“滤镜>滤镜库”菜单命令，打开“滤镜库”对话框，单击“纹理”滤镜组中的“纹理化”滤镜，如下右图所示。

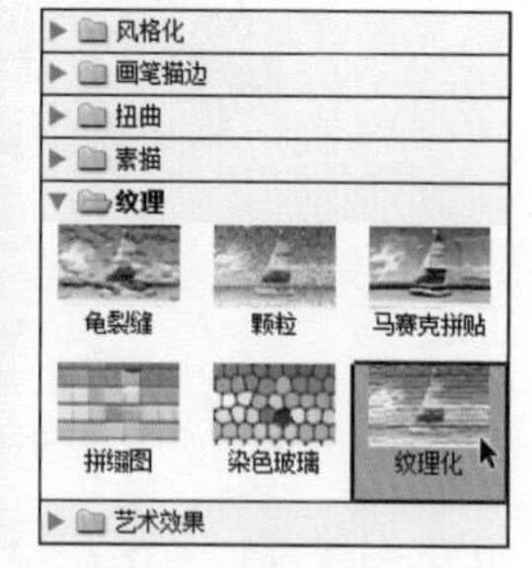

12 在“滤镜库”对话框中设置“纹理化”滤镜的参数后单击“确定”按钮，如下左图所示。

13 执行"图像>调整>曲线"菜单命令或按Ctrl+M键，打开"曲线"对话框。在其中单击并向下拖动鼠标，设置曲线外形，如下右图所示。

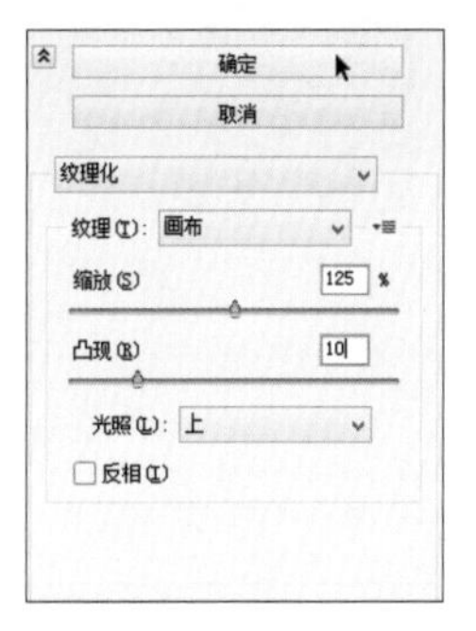

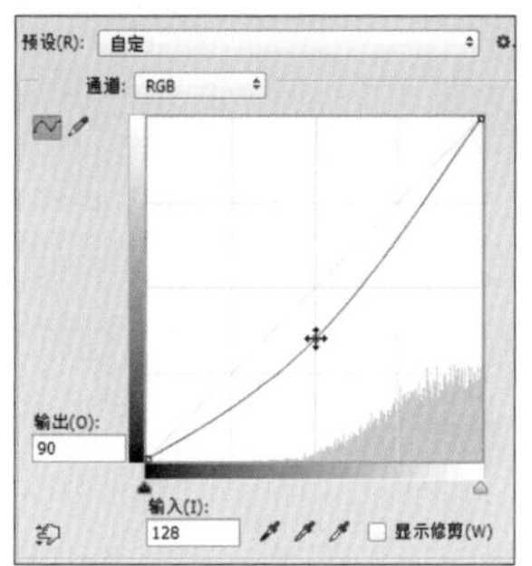

14 单击"曲线"对话框中的"确定"按钮，得到如下左图所示的效果。

15 设置"图层2"图层的混合模式为"叠加"、"不透明度"为10%，如下右图所示。

16 为了增强效果，按快捷键Shift+Ctrl+Alt+E盖印图层，得到"图层3"图层，如下左图所示。

17 确保"图层3"图层为选中状态，执行"滤镜>滤镜库"菜单命令，再次对图像应用"纹理化"滤镜，如下右图所示，增强纹理效果。

18 执行"编辑>渐隐滤镜库"菜单命令，打开"渐隐"对话框，在对话框中设置选项，设置完成后单击"确定"按钮，渐隐纹理化效果，如下图所示。

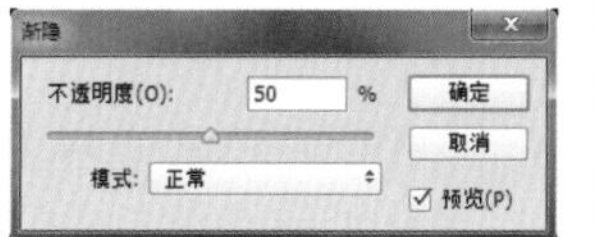

19 执行"选择>色彩范围"菜单命令，打开"色彩范围"对话框，在对话框中选择"高光"选项，设置完成后单击"确定"按钮，创建选区，选中图像中的高光部分，如下图所示。

20 创建"图层4"图层，设置前景色为R128、G128、B128，按快捷键Alt+Delete，将选区填充为灰色，然后设置图层的"不透明度"为15%，如下图所示，完成本实例的制作。

实例演练——模拟逼真的油画效果

解析：油画的色彩丰富，表现力和层次感强，能给人更加真实和立体的视觉感受。本实例将介绍如何将“木刻”“阴影线”“成角的线条”等滤镜与调整图层相结合，将拍摄的数码照片转换为逼真的油画效果。下图所示为制作前后的效果对比图，具体操作步骤如下。

扫码看视频

◎ **原始文件：**随书资源\10\素材\14.jpg

◎ **最终文件：**随书资源\10\源文件\模拟逼真的油画效果.psd

01 打开“14.jpg”文件，按Ctrl+J键两次，复制得到“图层1”图层和“图层1拷贝”图层，接着隐藏“图层1拷贝”图层，如下图所示。

02 选中“图层1”图层，执行“滤镜>滤镜库”菜单命令，打开“滤镜库”对话框，单击“艺术效果”滤镜组下的“木刻”滤镜，然后在对话框右侧设置参数，设置完成后单击“确定”按钮，应用滤镜，效果如下图所示。

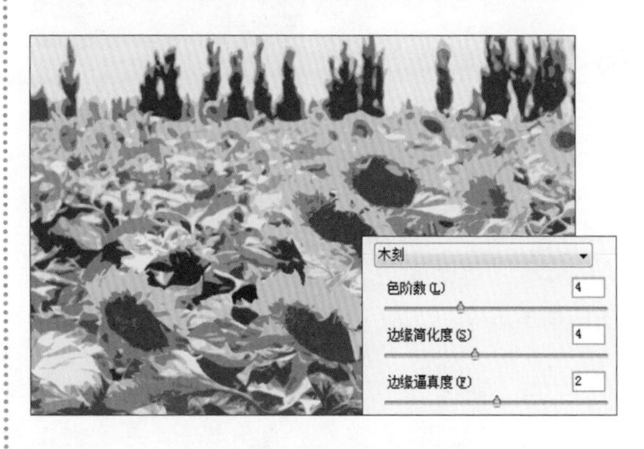

03 将“图层1”图层的混合模式设置为“强光”，如下图所示。

04 单击“图层1拷贝”图层前的“指示图层可见性”图标，显示并选中“图层1拷贝”图层，如下左图所示。

05 执行“滤镜>杂色>中间值”菜单命令，打开“中间值”对话框，在对话框中设置“半径”为4，如下右图所示，设置完成后单击“确定”按钮。

06 选中“图层1拷贝”图层，执行“滤镜>滤镜库”菜单命令，打开“滤镜库”对话框，单击“画笔描边”滤镜组下的“深色线条”滤镜，然后在对话框右侧设置参数，如下图所示。设置完成后单击“确定”按钮。

07 选中“图层1拷贝”图层，设置图层的混合模式为“滤色”、“不透明度”为30%，如下图所示。

08 按快捷键Shift+Ctrl+Alt+E盖印图层，得到“图层2”图层，如下左图所示。

09 选中“图层2”图层，打开“滤镜库”对话框，单击“画笔描边”滤镜组下的“阴影线”滤镜，然后在对话框右侧设置参数，如下右图所示。设置完成后单击“确定”按钮。

10 选中“图层1”图层，执行“滤镜>滤镜库”菜单命令，打开“滤镜库”对话框，单击“艺术效果”滤镜组下的“干画笔”滤镜，然后在对话框右侧设置参数，如下左图所示。

11 单击“滤镜库”对话框右下角的“新建效果图层”按钮，再单击“画笔描边”滤镜组中的“成角的线条”滤镜，设置参数，如下右图所示。

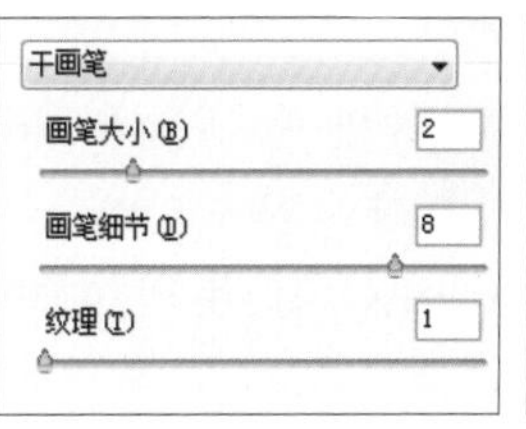

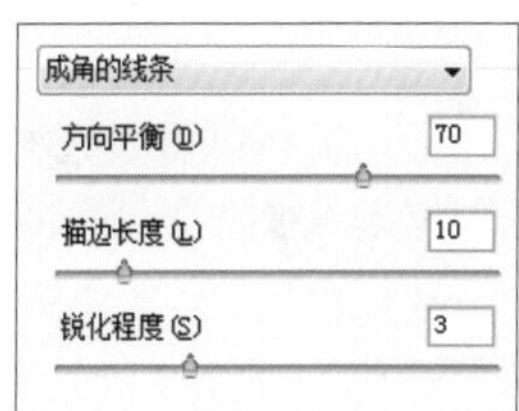

12 设置完成后单击“确定”按钮，应用滤镜效果。单击“调整”面板中的“自然饱和度”按钮，如下图所示，创建“自然饱和度1”调整图层。

13 打开“属性”面板，在面板中设置“自然饱和度”和“饱和度”选项，调整图像的颜色饱和度，得到更鲜艳的画面效果，如下图所示。

14 创建“色阶1”调整图层，打开“属性”面板，在面板中设置色阶值为0、1.08、255，提高中间调部分图像的亮度，如下图所示。

15 创建“选取颜色1”调整图层，打开“属性”面板，在面板中选择“绿色”选项并设置参数，调整图像中的绿色，得到如下图所示的图像效果。至此，已完成本实例的制作。

实例演练——模拟水墨画效果

解析： 中国的水墨画强调“外师造化，中得心源”，要求“意存笔先，画尽意在”，强调融化物我，创造意境，达到以形写神、形神兼备、气韵生动的效果。本实例将介绍如何应用Photoshop中的模糊、“中间值”和“纹理化”等滤镜及色调调整等功能，将普通的古镇照片调整为富有韵味的水墨画效果。下图所示为制作前后的效果对比图，具体操作步骤如下。

扫码看视频

◎ **原始文件：** 随书资源\10\素材\15.jpg
◎ **最终文件：** 随书资源\10\源文件\模拟水墨画效果.psd

原 图

效果图

01 打开“15.jpg”文件，按Ctrl+J键复制图层，得到“图层1”图层，再次按Ctrl+J键复制图层，得到“图层1拷贝”图层，如下图所示。

02 隐藏“图层1拷贝”图层，选中“图层1”图层，执行“图像>调整>去色”菜单命令，将该图层中的图像黑白化，如下图所示。

03 执行“图像>调整>亮度/对比度”菜单命令，打开“亮度/对比度”对话框，设置“亮度”为5、“对比度”为60，完成后单击“确定”按钮，调整效果如下图所示。

04 执行“滤镜>模糊>特殊模糊”菜单命令，打开“特殊模糊”对话框，设置“半径”“阈值”“品质”等参数，设置完成后单击“确定”按钮，得到如下图所示的图像效果。

05 执行“滤镜>模糊>高斯模糊”菜单命令，打开“高斯模糊”对话框，设置高斯模糊的参数，设置完成后单击“确定”按钮，得到如下图所示的图像效果。

06 执行“滤镜>杂色>中间值”菜单命令，打开“中间值”对话框，在“半径”数值框中输入数值“2”，设置完成后单击“确定”按钮，得到如下图所示的图像效果。

07 显示“图层1拷贝”图层，选中该图层，执行“图像>调整>去色”菜单命令，将该图层中的图像黑白化，如下图所示。

08 执行“图像>调整>曲线”菜单命令，在打开的“曲线”对话框中设置曲线外形，单击“确定”按钮，如下左图所示。执行“图像>调整>亮度/对比度”菜单命令，在打开的“亮度/对比度”对话框中设置参数，如下右图所示。

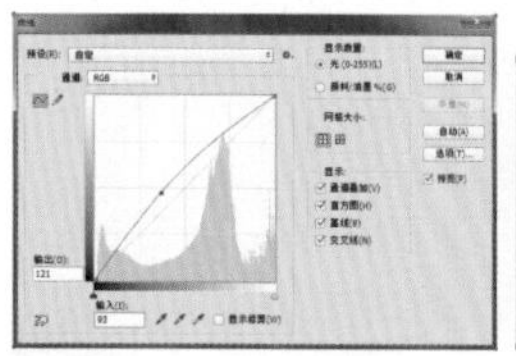

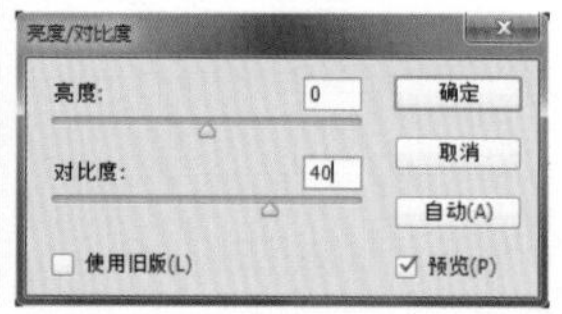

09 单击“确定”按钮，调整图像。执行“滤镜>模糊>特殊模糊”菜单命令，打开“特殊模糊”对话框，设置参数，完成后单击“确定”按钮，如下图所示。

10 执行“滤镜>模糊>高斯模糊”菜单命令，打开“高斯模糊”对话框，设置“半径”为1，单击“确定”按钮，如下图所示。

11 确保“图层1拷贝”图层为选中状态，设置图层混合模式为“正片叠底”、“不透明度”为30%，加强图像影调，如下图所示。

12 盖印可见图层，得到“图层2”图层，如下左图所示。打开“滤镜库”对话框，单击“艺术效果”滤镜组下的“干画笔”滤镜，并设置参数，如下右图所示。

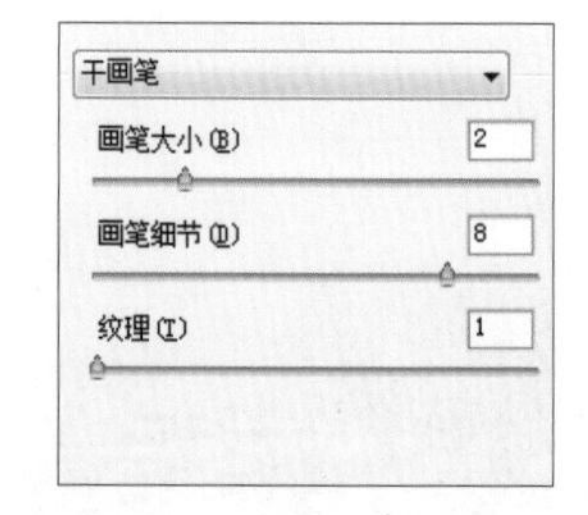

13 新建效果图层，再单击“纹理”滤镜组下的“纹理化”滤镜，设置参数，然后单击“确定”按钮，效果如下图所示。

14 创建“色阶1”调整图层，打开“属性”面板，设置色阶值为8、0.92、218，调整图像亮度。最后添加相应的文字，如下图所示。

实例演练——模拟卡通插画效果

解析：卡通插画颜色鲜艳，画面生动有趣，造型简约可爱，不仅吸引着儿童，许多大人也很喜欢。本实例将介绍如何应用 Photoshop 将人像照片制作为卡通插画效果，展现画面中的人物童心未泯的一面。下图所示为制作前后的效果对比图，具体操作步骤如下。

扫码看视频

◎ 原始文件：随书资源\10\素材\16.jpg、17.jpg
◎ 最终文件：随书资源\10\源文件\模拟卡通插画效果.psd

01 打开“16.jpg”文件，执行“选择>色彩范围”菜单命令，打开“色彩范围”对话框，选择“高光”选项，单击“确定”按钮，创建选择高光部分的选区，如下图所示。

02 创建“曲线1”调整图层，打开“属性”面板，在面板中单击并向下拖动曲线，调整选区内的图像，使高光部分变得更暗，如下图所示。

03 按快捷键Shift+Ctrl+Alt+E盖印图层，得到“图层1”图层，如下左图所示。

04 选择“曲线1”调整图层，单击“创建新图层”按钮，在“曲线1”调整图层上方创建“图层2”图层，设置前景色为白色，按快捷键Alt+Delete，将图层填充为白色，如下右图所示。

05 选中“图层1”图层，连续按两次快捷键Ctrl+J复制图层，得到“图层1拷贝”和“图层1拷贝2”图层，如下左图所示。

06 隐藏“图层1拷贝”和“图层1拷贝2”图层，再选中“图层1”图层，执行“滤镜>滤镜库”菜单命令，打开“滤镜库”对话框，单击“画笔描边”滤镜组下的“阴影线”滤镜，如下右图所示。

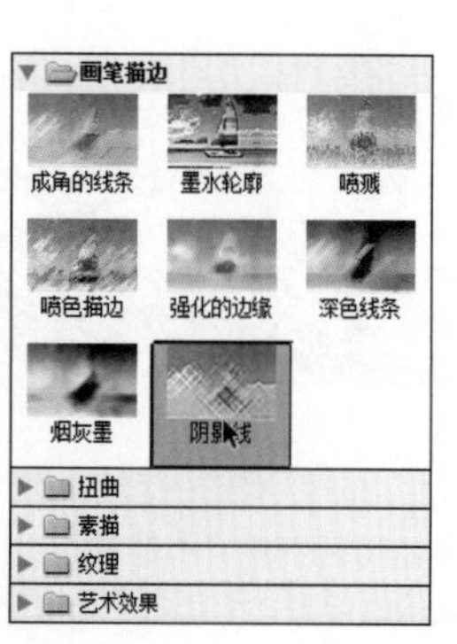

07 在对话框右侧设置“阴影线”滤镜的选项，完成后单击“确定”按钮，应用滤镜，得到如下图所示的效果。

08 选中“图层1”图层，将此图层的混合模式设置为“点光”，混合图像，如下图所示。

09 显示并选择“图层1拷贝”图层，执行“滤镜>滤镜库”菜单命令，打开“滤镜库”对话框，单击“画笔描边”滤镜组下的“深色线条”滤镜并设置参数。单击“确定”按钮，应用滤镜，得到如下图所示的效果。

10 确保“图层1拷贝”图层为选中状态，然后将此图层的混合模式设置为“变亮”，混合图像，如下图所示。

11 显示并选择“图层1拷贝2”图层，执行“滤镜>滤镜库”菜单命令，打开“滤镜库”对话框，单击“画笔描边”滤镜组下的“强化的边缘”滤镜并设置参数。单击“确定”按钮，应用滤镜，得到如下图所示的效果。

12 确保“图层1拷贝2”图层为选中状态，将此图层的混合模式设置为“强光”，混合图像，如下图所示。

13 同时选中“图层1”“图层1拷贝”“图层1拷贝2”图层，如下左图所示。按快捷键Ctrl+Alt+E盖印所选图层，得到“图层1拷贝2（合并）”图层，如下右图所示。

14 设置前景色为黑色、背景色为白色，执行“滤镜>滤镜库”菜单命令，打开“滤镜库”对话框，单击“素描”滤镜组下的“影印”滤镜，按下左图所示设置参数。

15 设置完成后单击“确定”按钮，应用滤镜，得到如下右图所示的效果，显示清晰的轮廓线条。

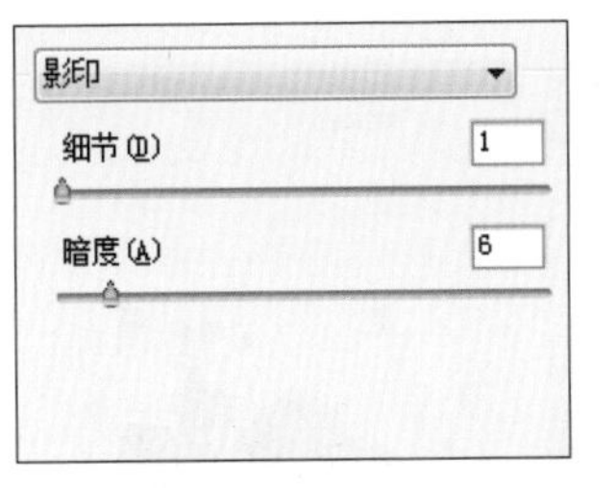

16 在“图层”面板中选中“图层1拷贝2（合并）”图层，将此图层的混合模式设置为“线性加深”，加深线条，得到更清晰的线条效果，如下图所示。

17 盖印图层，生成“图层3”图层。打开并复制“17.jpg”文件中的图像到人物图像上，得到“图层4”图层。按快捷键Ctrl+T，打开自由变换编辑框，调整编辑框中的图像，完成后按Enter键应用变换，得到如下图所示的效果。

18 隐藏“图层4”图层，选中“图层3”图层，如下左图所示。

19 执行“选择>色彩范围”菜单命令，打开“色彩范围”对话框，在对话框中调整“颜色容差”后，用“吸管工具”在图像中的亮部区域单击，设置选择范围，如下右图所示。

20 设置完成后单击“确定”按钮，根据设置的选项创建选区，再单击“图层4”图层前的“指示图层可见性”图标，如下图所示，显示并选中“图层4”图层。

21 单击“图层”面板底部的“添加图层蒙版”按钮，添加图层蒙版，隐藏部分图像，如下图所示。

22 选择“画笔工具”，单击“画笔预设”选取器中的“硬边圆”笔刷，如下左图所示，设置前景色为黑色，在主体人物图像上涂抹，将被遮盖的人物重新显示出来，如下右图所示。

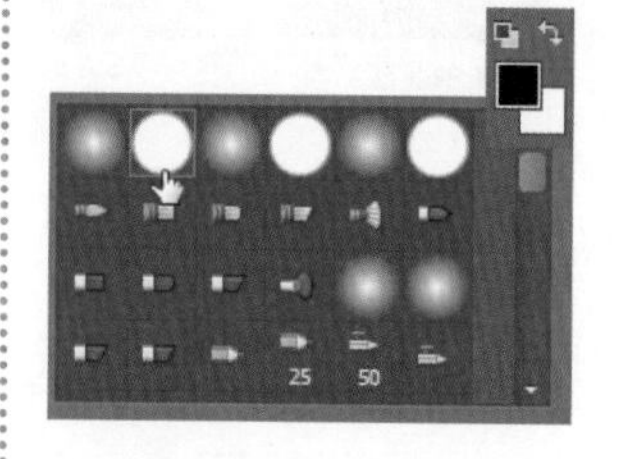

23 设置前景色为白色，在背景部分多余的图像上涂抹，隐藏图像。继续使用“画笔工具”编辑蒙版，得到如下图所示的图像效果。

24 选择工具箱中的“横排文字工具”，在照片左上角单击并输入文字，如下图所示。至此，已完成本实例的制作。

实例演练——模拟下雨效果

解析： 蒙蒙细雨能够营造迷人的意境和浪漫的氛围。但很多摄影师出于对相机和镜头的保护，会在雨天停止拍照。使用 Photoshop 中的“点状化”滤镜、“动感模糊”滤镜和图层混合模式可快速模拟出雨天的景象。下图所示为制作前后的效果对比图，具体操作步骤如下。

扫码看视频

◎ 原始文件：随书资源\10\素材\18.jpg
◎ 最终文件：随书资源\10\源文件\模拟下雨效果.psd

01 打开“18.jpg”文件，按Ctrl+J键复制图层，得到“图层1”图层，如下图所示。

02 单击“图层”面板底部的“创建新图层”按钮，创建“图层2”图层，并为其填充黑色，如下图所示。

03 确保“图层2”图层为选中状态，执行“滤镜>像素化>点状化”菜单命令，打开“点状化”对话框，设置“单元格大小”为5，如下左图所示。

04 设置完成后单击“确定”按钮，应用滤镜效果，如下右图所示。

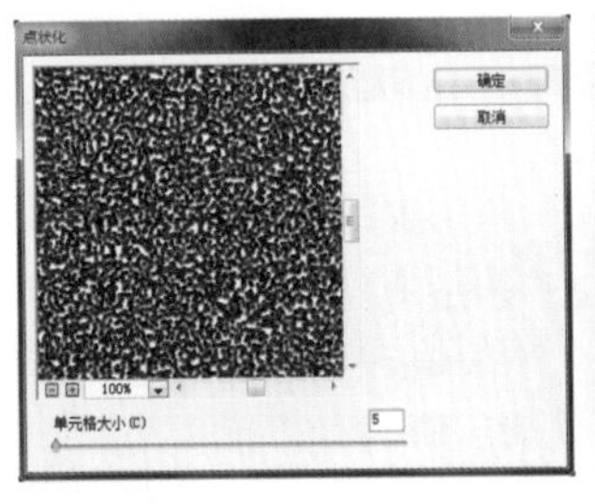

05 执行“图像>调整>阈值”菜单命令，打开“阈值”对话框，按下左图所示设置参数，设置完成后单击“确定”按钮，调整图像，如下右图所示。

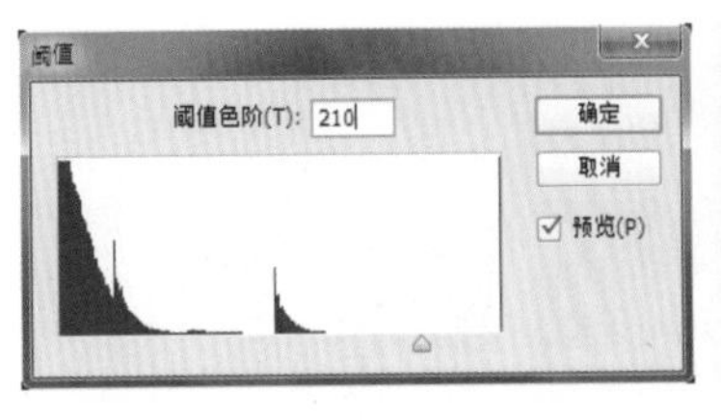

06 执行“滤镜>模糊>动感模糊”菜单命令，打开“动感模糊”对话框，设置“角度”和“距离”等参数，如下左图所示。

07 设置完成后单击“确定”按钮，得到如下右图所示的图像效果。

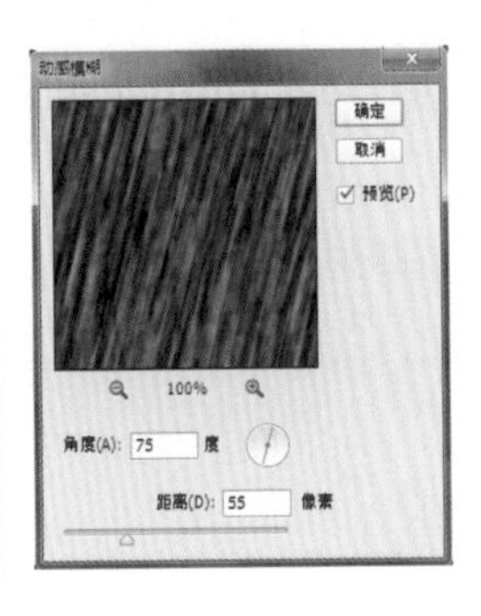

08 选中"图层2"图层，将此图层的混合模式设置为"滤色"，效果如下图所示。

09 按快捷键Ctrl+T，打开自由变换编辑框，调整"图层2"图层中图像的大小，如下图所示。

10 创建"色阶1"调整图层，打开"属性"面板，设置输入色阶值为21、1.00、255，调整图像阴影部分的亮度，如下图所示。

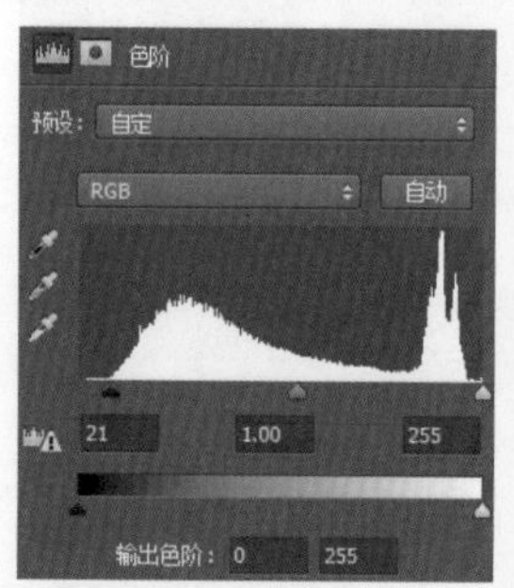

11 选中"图层1"图层，创建"曲线1"调整图层，打开"属性"面板，单击并向下拖动曲线，调整图像的亮度，如下图所示。

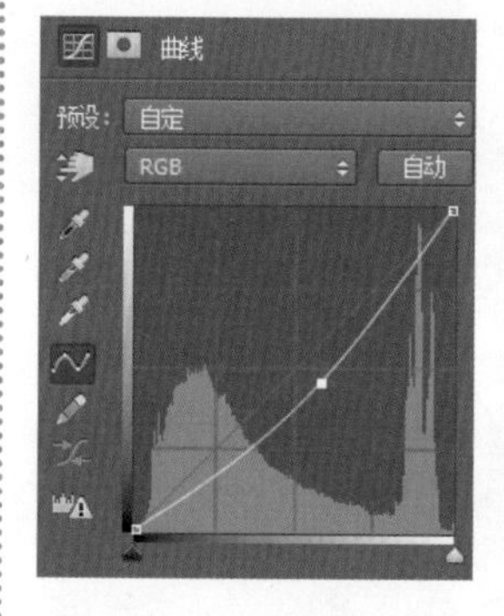

12 设置"曲线1"调整图层的混合模式为"点光"，增强下雨感，如下图所示。

13 复制"曲线1"调整图层，设置新图层的混合模式为"柔光"、"不透明度"为50%，效果如下图所示。至此，完成本实例的制作。

第10章

实例演练——模拟阳光照耀效果

解析： 本实例将介绍如何使用 Photoshop 为拍摄的照片添加阳光照耀的效果。下图所示为制作前后的效果对比图，具体操作步骤如下。

扫码看视频

◎ 原始文件：随书资源\10\素材\19.jpg

◎ 最终文件：随书资源\10\源文件\模拟阳光照耀效果.psd

01 打开“19.jpg”文件，按Ctrl+J键复制图层，得到“图层1”图层，如下图所示。

02 执行“滤镜>模糊>径向模糊”菜单命令，打开“径向模糊”对话框，设置径向模糊的各项参数，如下左图所示。设置完成后单击“确定”按钮，模糊图像，如下右图所示。

03 执行“图像>调整>色阶”菜单命令或按Ctrl+L键，打开“色阶”对话框，设置色阶值为0、1.5、180，如下左图所示。完成后单击“确定”按钮，得到如下右图所示的图像效果。

04 选择“图层1”图层，设置图层的混合模式为“叠加”、“不透明度”为70%，如下图所示。

05 单击“图层”面板底部的“添加图层蒙版”按钮，为“图层1”图层添加蒙版。单击图层蒙版缩览图，将前景色设置为黑色，使用“画笔工具”在人物部分单击并涂抹，如下图所示。

06 单击“图层”面板底部的“创建新图层”按钮，创建“图层2”图层，如下图所示。

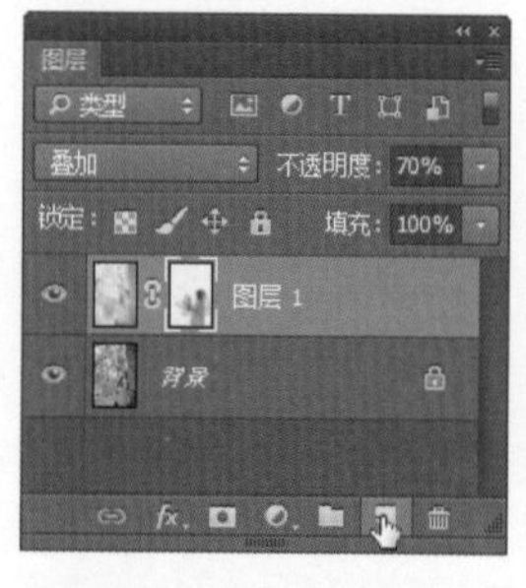

07 选择工具箱中的“椭圆选框工具”，再单击其选项栏中的“添加到选区”按钮，在画面的合适位置单击并拖动鼠标，创建椭圆选区，如下左图所示。

08 继续使用“椭圆选框工具”在画面中单击并拖动鼠标，创建多个椭圆选区，如下右图所示。

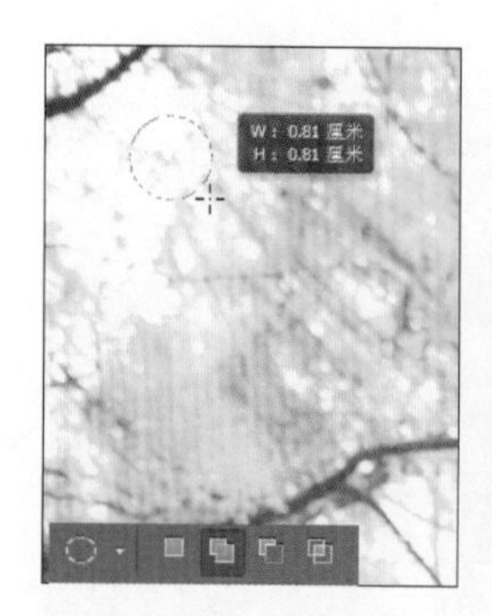

09 将前景色设置为白色，按快捷键Alt+Delete，将选区填充为白色，如下左图所示。

10 按Ctrl+D键，取消选区的选中状态，如下右图所示。

11 执行“滤镜>模糊>动感模糊”菜单命令，打开“动感模糊”对话框，设置模糊的“角度”和“距离”等参数，如下左图所示。

12 设置完成后单击“确定”按钮，应用滤镜模糊图像，得到如下右图所示的图像效果。

13 创建“图层3”图层，用步骤07～09的方法，创建并填充椭圆选区，如下图所示。

14 取消选区的选中状态，再执行“滤镜>模糊>动感模糊”菜单命令，打开“动感模糊”对话框，设置模糊的“角度”和“距离”等参数，如下左图所示。

15 设置完成后单击“确定”按钮，模糊图像，得到如下右图所示的图像效果。

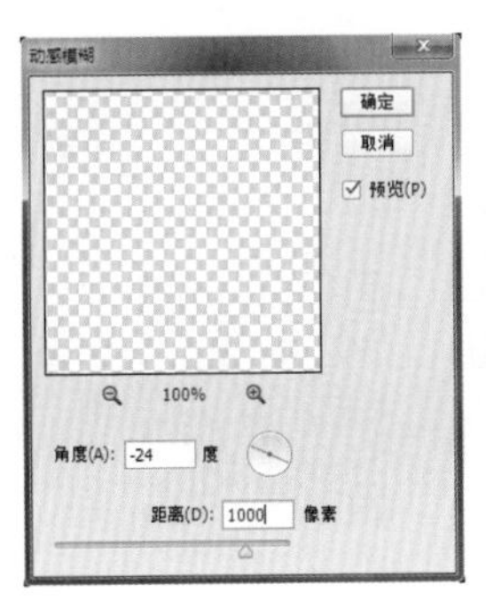

16 创建“图层4”图层，使用相同方法创建选区并填充白色，如下图所示。

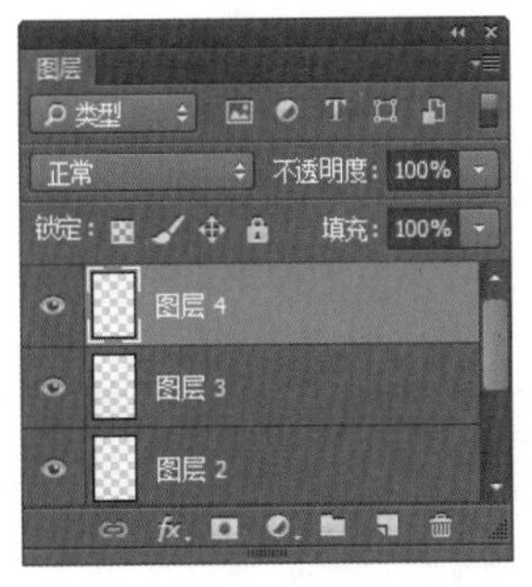

17 执行“滤镜>模糊>动感模糊”菜单命令，打开“动感模糊”对话框，按下左图所示设置参数。设置完成后单击“确定”按钮，效果如下右图所示。

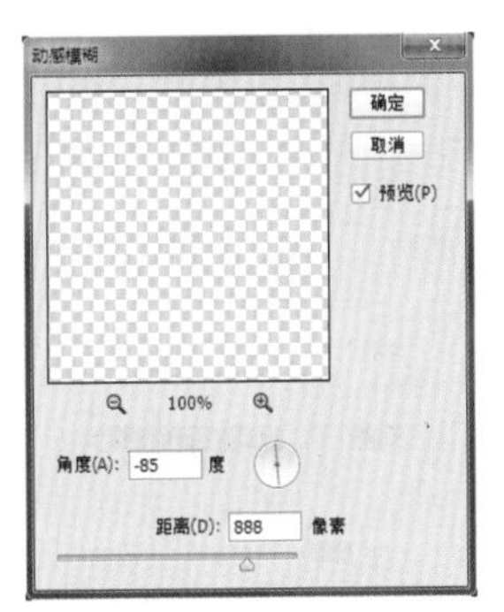

18 按Ctrl+T键，自由变换图像外形，确定光线外形后，按Enter键应用变换，并调整其位置，如下图所示。

19 设置“图层2”图层的混合模式为“强光”、“不透明度”为80%，如下左图所示。

20 设置“图层3”图层的混合模式为“强光”、“不透明度”为55%，如下右图所示。

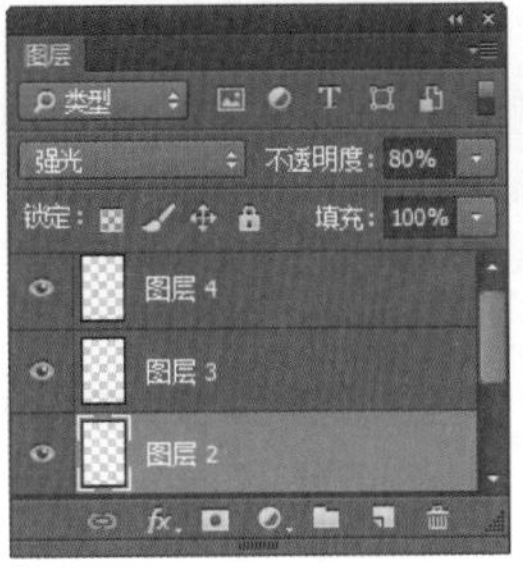

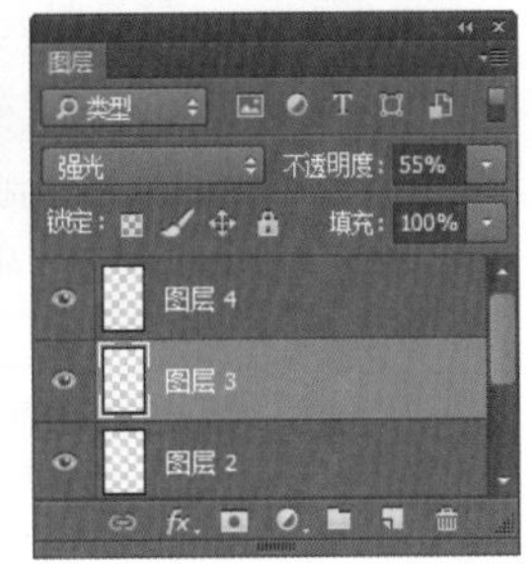

21 选中“图层4”图层，按Shift+Ctrl+Alt+E键盖印可见图层，得到“图层5”图层，如下图所示。

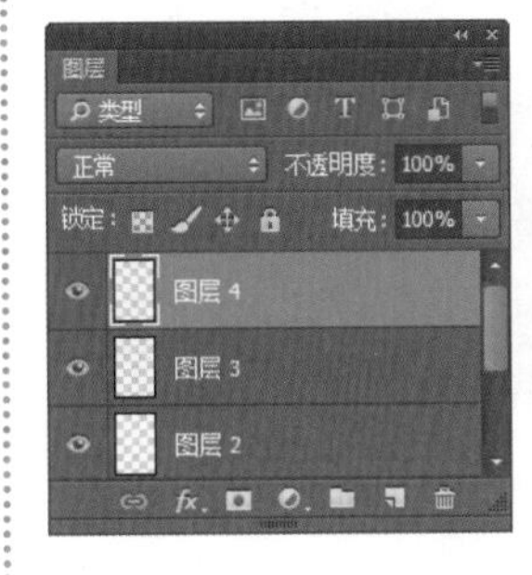

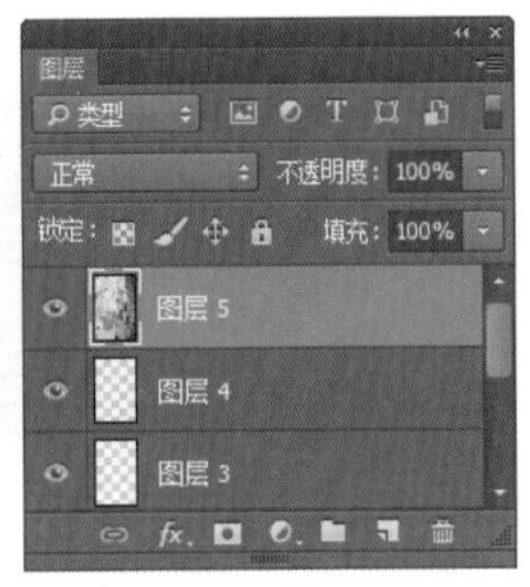

22 确保“图层5”图层为选中状态，执行“滤镜>渲染>镜头光晕”菜单命令，打开“镜头光晕”对话框，设置光晕中心、亮度和类型等参数，如下左图所示。

23 设置完成后单击“确定”按钮，得到如下右图所示的图像效果。至此，已完成本实例的制作。

技巧 快速指定径向模糊的中心点

在“径向模糊”对话框中，单击并拖动“中心模糊”选项区域中的图案，可快速指定模糊的中心点。

实例演练——制作美丽的彩虹效果

解析：雨后当阳光照射到空气中的水滴，光线被折射及反射，就会在天空中形成美丽的彩虹。拍摄彩虹有一定的难度，很多摄影爱好者都因错过拍摄时机而遗憾。使用 Photoshop 可制作出这种美丽的自然景观效果。下图所示为制作前后的效果对比图，具体操作步骤如下。

扫码看视频

◎ **原始文件**：随书资源\10\素材\20.jpg
◎ **最终文件**：随书资源\10\源文件\制作美丽的彩虹效果.psd

第10章

01 打开“20.jpg”文件，创建“图层1”图层，如下图所示。

02 选择“渐变工具”并打开“渐变编辑器”对话框，单击预设的“透明彩虹渐变”，如下左图所示。再单击选中第一个红色色标，向右拖动该色标至24%的位置，如下右图所示。

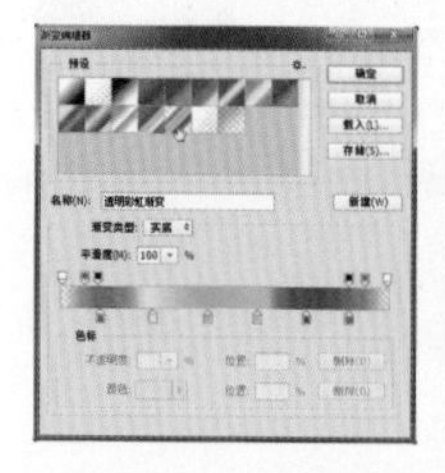

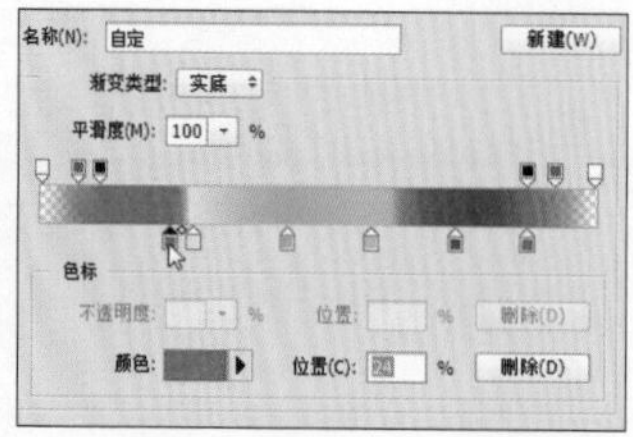

03 继续使用同样的方法，拖动另外几个色标，调整其位置，得到如下左图所示的渐变色效果。在渐变条中的红色和粉红色色标旁边单击，添加两个色标，并将这两个色标的颜色设置为黑色，如下右图所示。

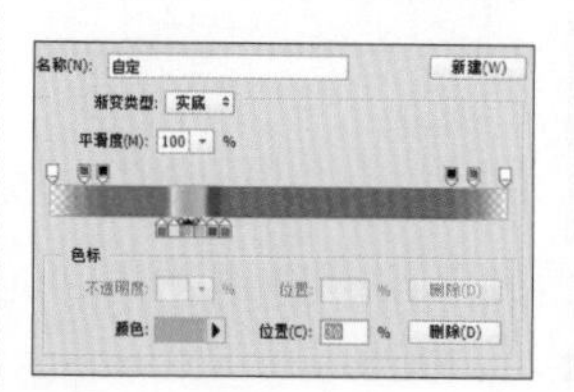

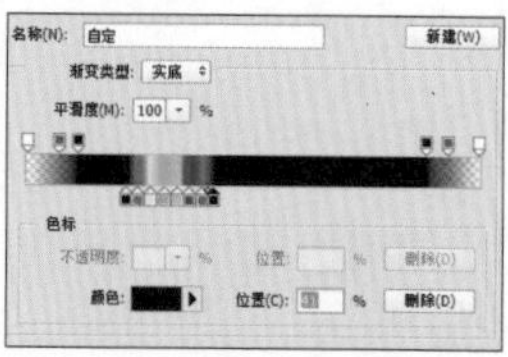

04 设置好“渐变编辑器”对话框中的各项参数后，单击“确定”按钮，再单击“渐变工具”选项栏中的“径向渐变”按钮，在图像的适当位置单击并拖动鼠标，创建径向渐变填充效果，如下图所示。

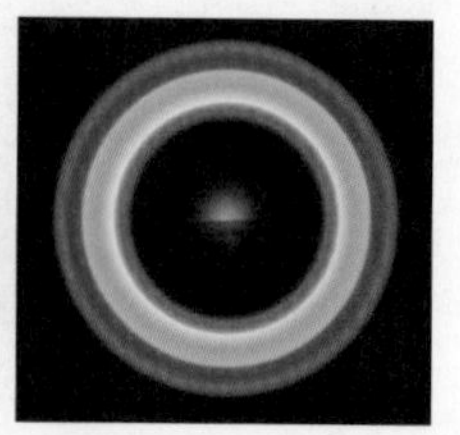

05 执行“选择>色彩范围”菜单命令，打开“色彩范围”对话框，设置各项参数，如下左图所示。

06 设置完成后单击“确定”按钮，创建选区，如下右图所示。

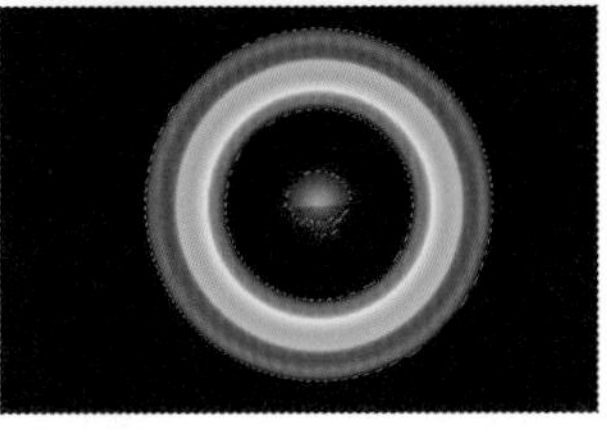

07 执行“选择>修改>扩展”菜单命令，打开“扩展选区”对话框，设置扩展量为20，设置完成后单击“确定”按钮，扩展选区，如下图所示。

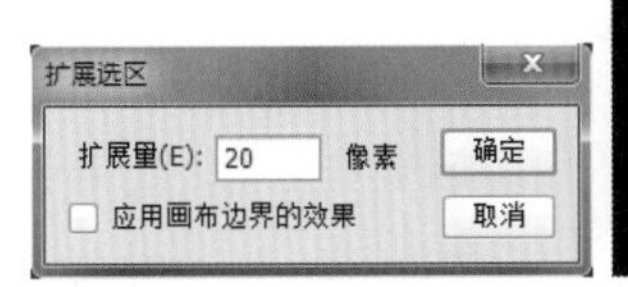

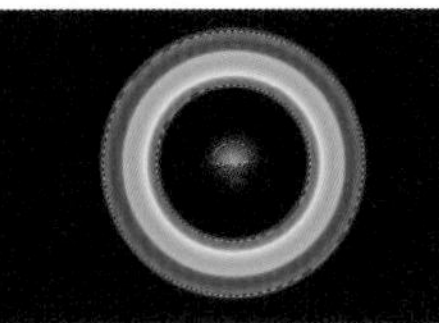

08 选中“图层1”图层，按Delete键删除选区内的图像，再按快捷键Ctrl+D，取消选区的选中状态，得到如下图所示的效果。

09 按Ctrl+T键，自由变换及调整图像的外形和位置，如下图所示。

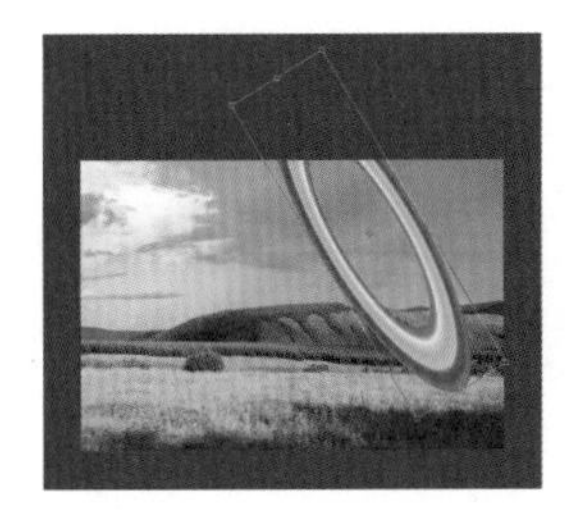

10 执行“编辑>变换>变形”菜单命令，打开变形编辑框，单击并拖动编辑框，调整彩虹图像的外形，如下图所示。

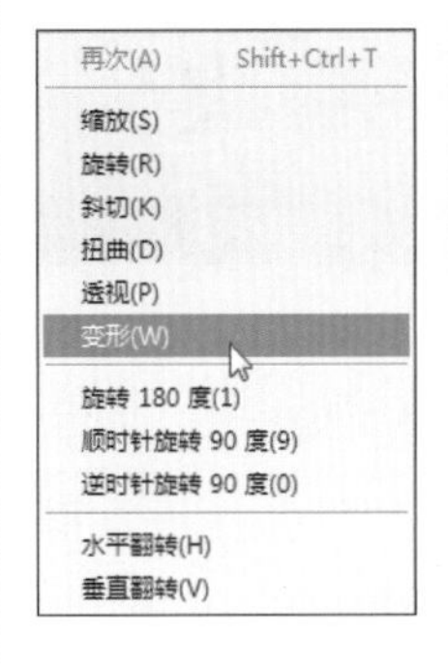

11 确定图像外形和位置后按Enter键应用变换，得到如下左图所示的图像效果。

12 选中“图层1”图层，执行“图层>智能对象>转换为智能对象”菜单命令，将“图层1”图层转换为智能图层，如下右图所示。

13 单击“图层”面板底部的“添加图层蒙版”按钮，为“图层1”图层添加图层蒙版，如下左图所示。

14 将前景色设置为黑色，使用“画笔工具”在图像的适当位置涂抹，擦除多余的彩虹图像，如下右图所示。

15 将“图层1”图层的混合模式设置为“柔光”、“不透明度”设置为65%，得到更逼真的彩虹图案，如下图所示。

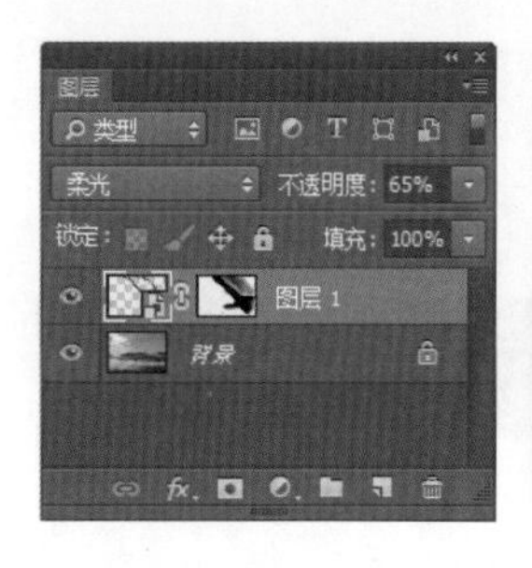

16 执行“滤镜>模糊>高斯模糊”菜单命令，打开“高斯模糊”对话框，设置“半径”为8.0，如下左图所示。

17 完成后单击“确定”按钮，将彩虹图像模糊化，得到如下右图所示的图像效果。

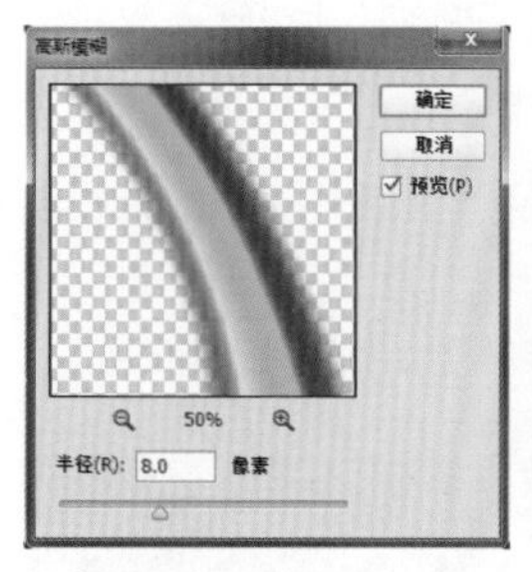

18 按Ctrl+J键复制图层，得到“图层1拷贝”图层，设置该图层的混合模式为“变亮”、“不透明度”为40%，如下左图所示。

19 经过上一步操作，得到更加和谐自然的影调效果，如下右图所示。

20 再次按Ctrl+J键复制图层，得到“图层1拷贝2”图层，设置该图层的混合模式为“滤色”、“不透明度”为30%，如下左图所示。

21 设置后可以看到彩虹颜色变得更亮了，如下右图所示。

实例演练——制作水中倒影效果

解析：倒影和投影可为画面带来很多乐趣。无论是波光潋滟还是水平如镜，都充满了诗意。本实例将介绍如何应用Photoshop为照片添加水中倒影效果。具体操作步骤参照“制作水中倒影效果”视频文件。

扫码看视频

◎ 原始文件：随书资源\10\素材\21.jpg
◎ 最终文件：随书资源\10\源文件\制作水中倒影效果.psd

第 11 章 数码照片的完美合成技法

数码照片的合成被广泛应用于视觉传达设计的各个领域，是设计师必须掌握的一项技能。本章将详细讲解如何巧妙地合成图像素材，达到化平淡为神奇的效果，内容包括“移动工具”的使用、羽化选区功能的使用、图像变换命令的使用、用“应用图像”命令合成等大图像、用蒙版合成图像等技法。希望读者通过本章的学习，能够熟练运用 Photoshop，将自己脑海中的创意淋漓尽致地展现出来。

11.1 调整图像位置的必备工具——移动工具

使用“移动工具”可快速移动选区内容、图层内容和参考线，是调整图像位置的必备工具之一。本节将介绍如何使用“移动工具”来调整图像位置。

扫码看视频

1. 移动选区内容

打开“01.jpg”素材图像，使用“椭圆选框工具”在图像适当位置单击并拖动鼠标，创建椭圆选区。按 V 键切换至“移动工具”，单击并拖动选区内容至新的位置，如右图所示。

2. 移动图层内容

打开“02.psd”素材图像，按住 Shift 键单击并选择多个图层，使用“移动工具”在图像编辑窗口中单击并拖动图像至新位置，即可移动多个图层中的图像，如右图所示。

11.2 使图像自然融合——羽化选区

Photoshop 中的“羽化”命令通过建立选区和选区周围像素之间的转换边界来模糊边缘，在转换过程中将丢失选区边缘的一些细节。通过羽化选区可使图像间的过渡更加自然，将多个图像融为一体。本节将介绍如何使用“羽化”命令让图像自然融合。

扫码看视频

打开“03.jpg”素材图像，在工具箱中选择“套索工具”，在花朵图像周围单击并拖动鼠标，创建选区，如右图一所示。执行“选择 > 修改 > 羽化”菜单命令或按 Shift+F6 键，打开“羽化选区”对话框，在“羽化半径”数值框中输入数值“10”，设置完成后单击“确定”按钮，按快捷键 Ctrl+J 复制图层，然后隐藏“背景”图层，即可看到自然柔和的边界效果，如右图二所示。

11.3 调整图像的外形——变换命令

Photoshop 中的“变换”命令适用于调整基于像素和矢量的图层和蒙版。打开“04.psd”素材图像，选中“图层 3”图层，执行“编辑 > 变换”菜单命令，在弹出的级联菜单中选择需要的变换命令，如下左图所示。此时，图像四周出现带控制手柄的变换编辑框，如下右图所示。

扫码看视频

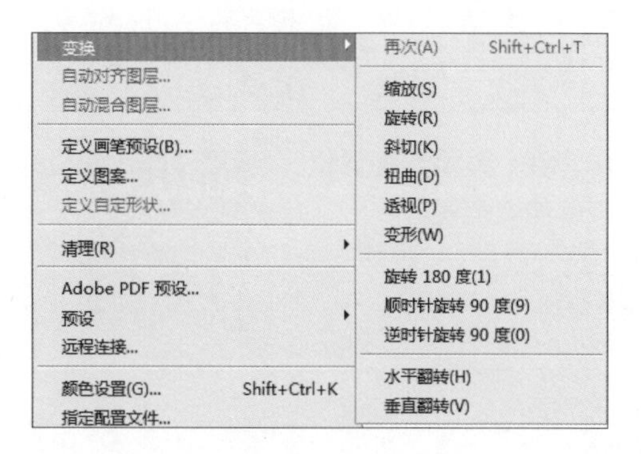

执行变换命令后，用户可在“变换”选项栏中对位置、缩放、斜切比例、旋转角度等进行精确控制，如右图所示。设置完成后单击其中的“应用变换”按钮，即可应用变换；单击“取消”按钮，则恢复图像的原始状态。用户也可用鼠标来完成变换调整，下面介绍 5 种常用变换的鼠标操作。

1. 缩放

当图像四周出现变换编辑框时，只需单击并拖动任意控制手柄，即可对框中的图像进行大小调整，如下左图所示；若按住 Shift 键单击并拖动角控制手柄，则可在调整大小时维持图像的比例不变，如下中图所示；若按住 Shift+Alt 键单击并拖动鼠标，则可从中心点开始缩放，如下右图所示。

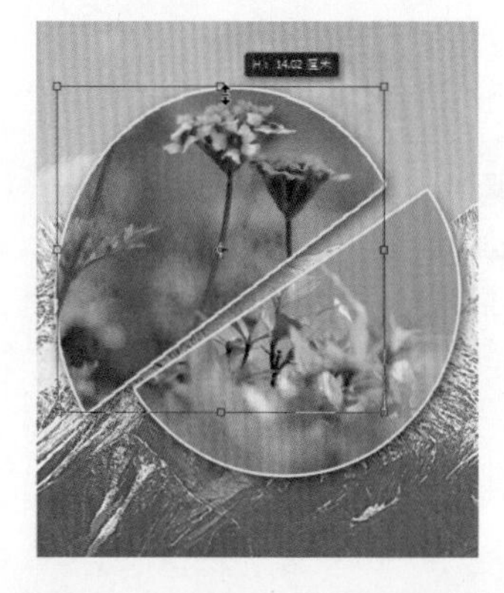

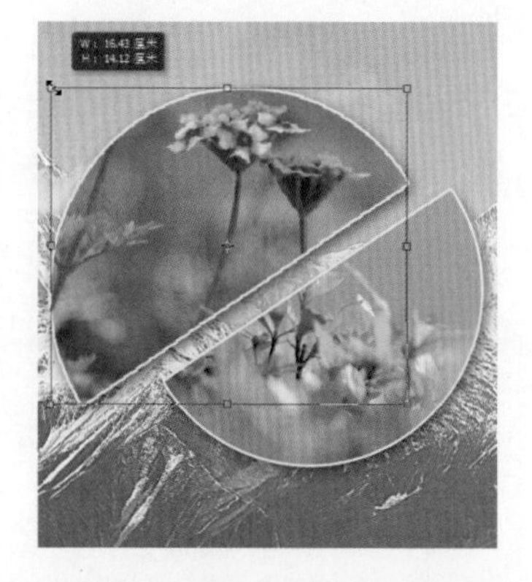

2. 旋转

若将鼠标指针从变换编辑框的内部移出，鼠标指针将变成一个弯曲的双箭头形状，此时拖动鼠标即可旋转图像。用户可以将中心点图标拖动至新位置再旋转，如下左图所示。

3. 斜切

在变换编辑框中右击鼠标，在弹出的快捷菜单中选择“斜切”命令，单击并拖动变换编辑框四周任意一个角控制手柄，如下右图所示，即可自由斜切变换图像外形。

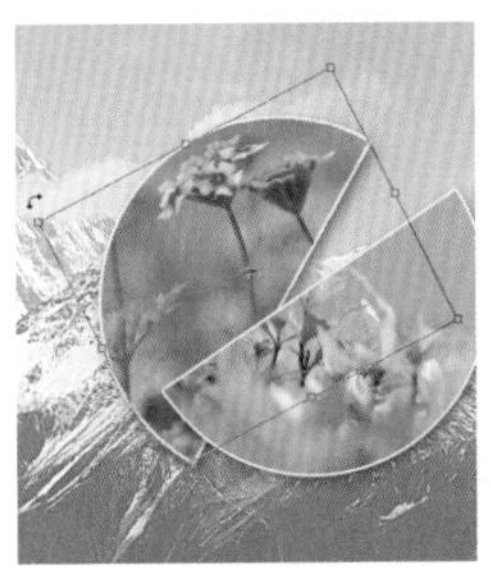
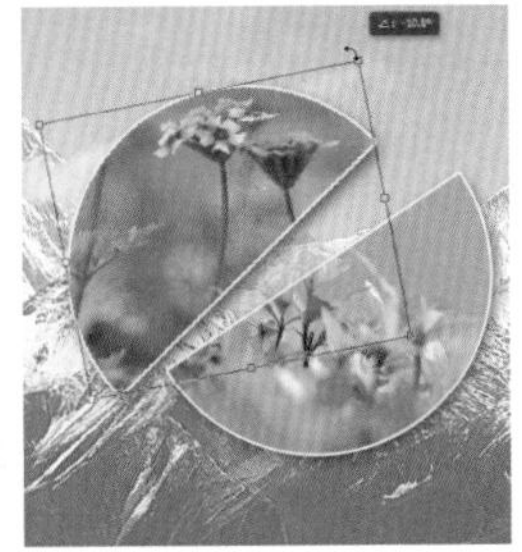
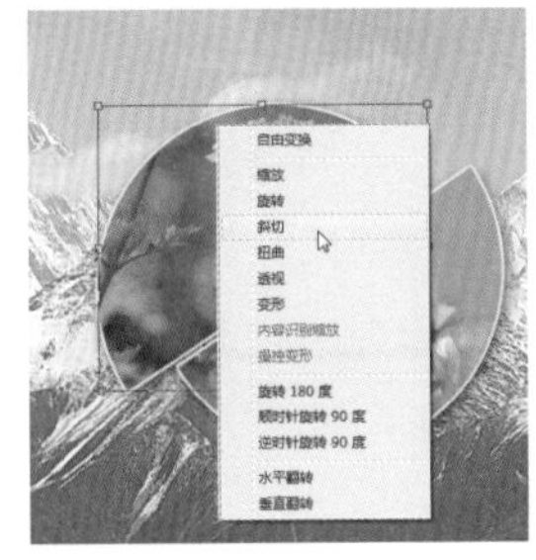

4. 扭曲

在变换编辑框中右击鼠标，在弹出的快捷菜单中选择“扭曲”命令，单击并拖动变换编辑框四周任意一个控制手柄，即可对图像进行扭曲，如下左图所示。

5. 透视

在变换编辑框中右击鼠标，在弹出的快捷菜单中选择“透视”命令，单击并拖动变换编辑框四周任意一个角控制手柄的同时，与其相对的另一个角控制手柄也发生对称的变换，为图像应用透视变换，如下右图所示。

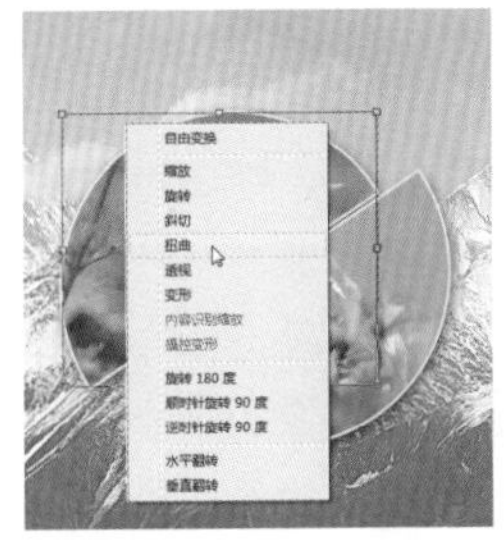
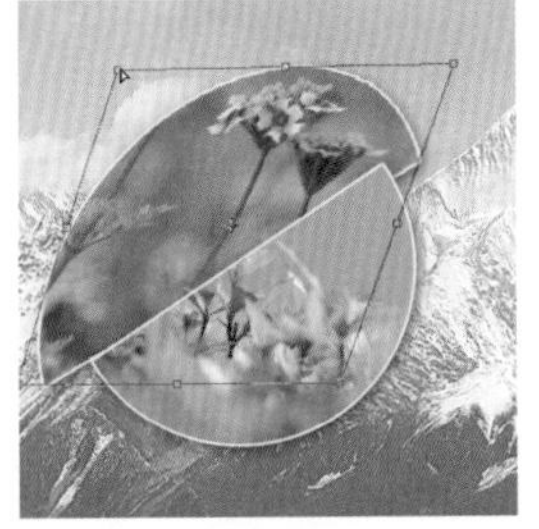
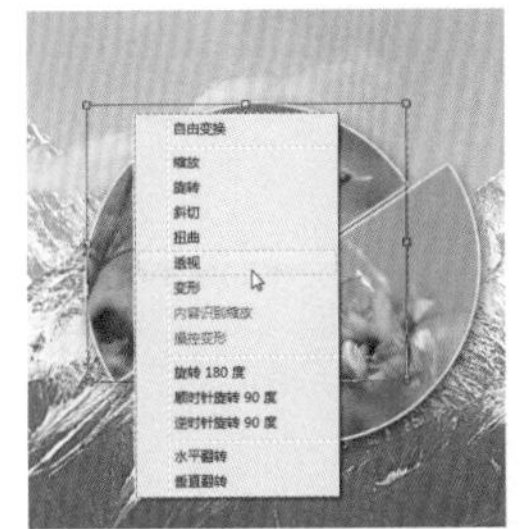

11.4 等大图像合成——“应用图像”命令

Photoshop 中的“应用图像”命令可将源图像的图层和通道与目标图像的图层和通道进行混合，但两个图像文件的像素尺寸必须相同。本节将介绍如何使用“应用图像”功能合成图像。

扫码看视频

在 Photoshop 中将用于合成的“05.jpg”和“06.jpg”两张素材图像打开，如左图所示，打开后执行“图像 > 应用图像”菜单命令。

打开“应用图像”对话框。在对话框中设置“应用图像”的各项参数，设置完成后单击“确定”按钮，得到如右图所示的图像效果。

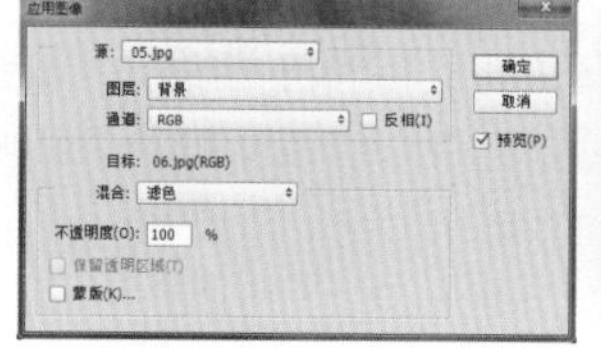

“应用图像”对话框如下图所示，通过设置该对话框中的各项参数可控制合成图像的整体影调，具体参数介绍如下。

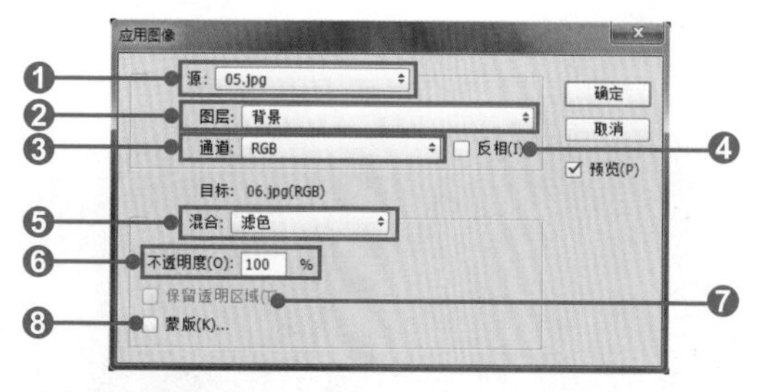

❶**源**：在该下拉列表框中可选择取样的图像文件。

❷**图层**：在该下拉列表框中可选择进行混合的图层。

❸**通道**：在该下拉列表框中可选择进行混合的通道。

❹**反相**：勾选该复选框，则可在计算中使用通道内容的负片。

❺**混合**：在该下拉列表框中可设置图像的混合模式。

❻**不透明度**：用于设置效果的强度。

❼**保留透明区域**：勾选该复选框，则只将结果应用到结果图层的不透明区域。

❽**蒙版**：勾选该复选框，则可在“蒙版”选项组中选择图层并将其设置为蒙版，用于隐藏其所在图层中的图像区域。

11.5 结合工具的蒙版合成——图层蒙版

图层蒙版是一个256级色阶的灰度图像，蒙在图层上面，起到遮盖图层的作用，然而其本身并不可见。图层蒙版主要用于合成图像，将它与工具箱中的工具相结合，可以得到更为自然的图像合成效果。

扫码看视频

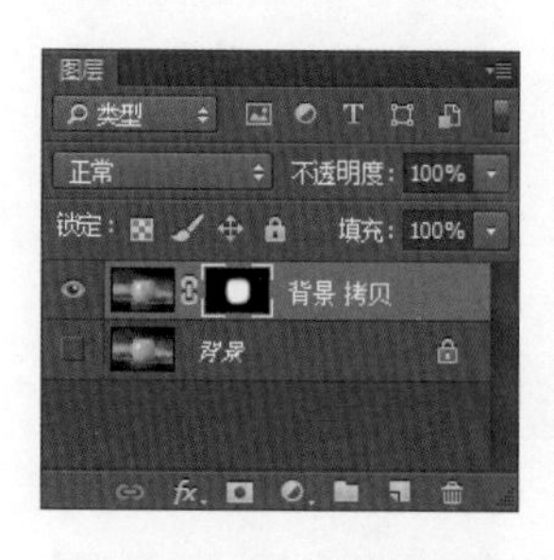

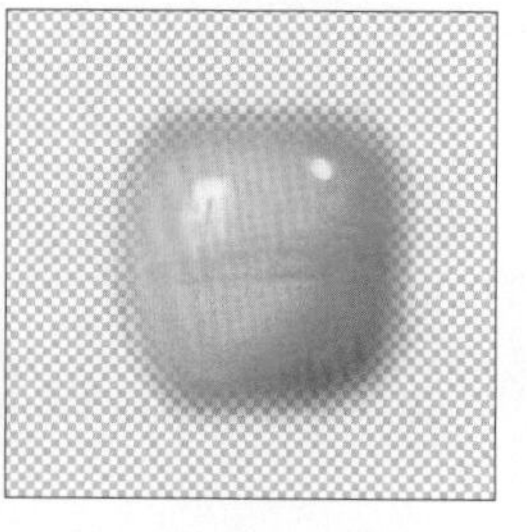

打开“07.jpg”素材图像，创建图层蒙版，在图层蒙版中，纯白色对应的图像是可见的，纯黑色会遮盖图像，灰色区域会使图像呈现出一定程度的透明效果，如左图所示。基于以上原理，当想要隐藏图像的某个区域时，为它添加一个蒙版，再将相应的区域涂黑即可；若想让图像呈现半透明效果，则将蒙版涂灰。

图层蒙版是位图图像，几乎能使用所有的绘画工具来编辑它。例如，使用柔角画笔编辑蒙版，可使图像（08.jpg）边缘产生逐渐淡出的过渡效果；用“渐变工具”编辑蒙版，则可将当前图像（10.jpg）逐渐融入另一个图像（09.jpg）中，图像之间的融合效果非常平滑、自然，如右图所示。

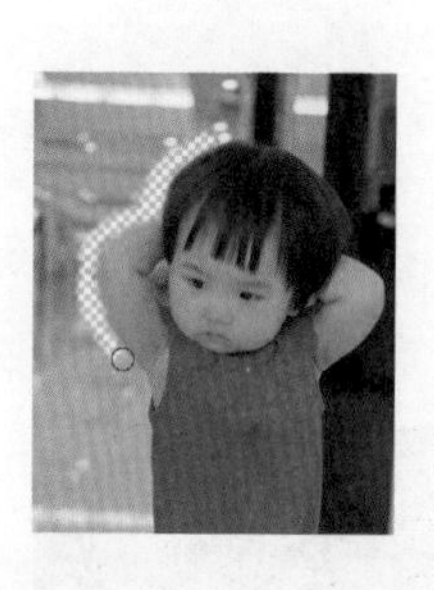

应用 使用图层蒙版合成图像

打开需要合成的“11.jpg”和“12.jpg”两张素材图像，如图❶和图❷所示。使用“移动工具”把打开的“12.jpg”素材图像拖动至“11.jpg”素材图像中，得到“图层 1”图层，单击“图层”面板底部的“添加图层蒙版”按钮▣，添加图层蒙版，如图❸所示。添加蒙版后，选择“画笔工具”，把前景色设置为黑色，将鼠标移至图像上涂抹，如图❹所示。经过反复涂抹，隐藏鞋子照片的背景图像，完成图像的合成操作，如图❺所示。

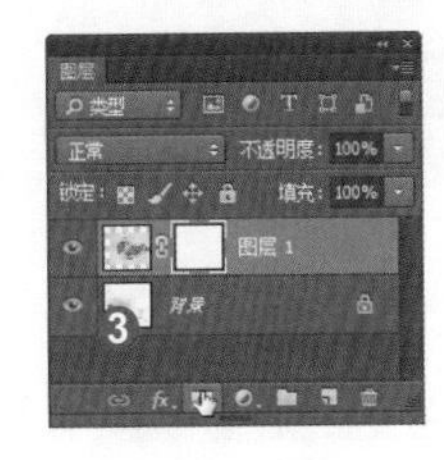

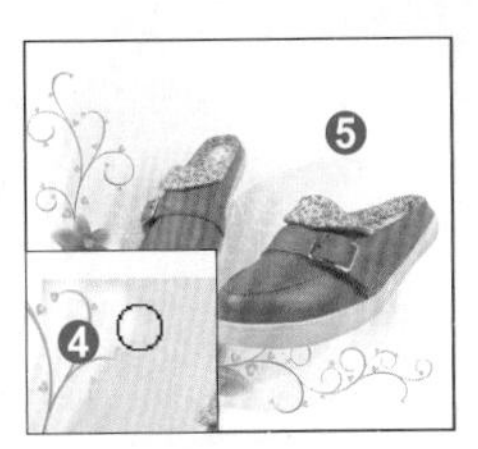

技巧 多种方法创建图层蒙版

除了单击“图层”面板底部的“添加图层蒙版”按钮▣创建图层蒙版外，也可以通过执行菜单命令创建。执行“图层 > 图层蒙版 > 显示全部”菜单命令，可以创建一个显示图层内容的白色蒙版；执行“图层 > 图层蒙版 > 隐藏全部”菜单命令，则可以创建一个隐藏图层内容的黑色蒙版；如果图层包含透明区域，那么执行“图层 > 图层蒙版 > 从透明区域”菜单命令可以根据透明区域创建蒙版。

技巧 删除已有图层蒙版

创建图层蒙版后，在“图层”面板中选中图层蒙版所在的图层，执行“图层 > 图层蒙版 > 删除”命令，或者单击蒙版缩览图，将其拖动至“删除图层”按钮🗑上，都可以删除选中的图层蒙版。

11.6 在形状内显示/隐藏图像——矢量蒙版

矢量蒙版是由钢笔、自定形状等矢量工具创建的蒙版，它与图像的分辨率无关，无论怎样缩放都能保持光滑的轮廓。矢量蒙版将矢量图形引入蒙版中，既丰富了蒙版的多样性，也提供了一种可以在矢量状态下编辑蒙版的特殊方式。下面介绍如何应用矢量蒙版合成图像。

扫码看视频

打开“13.jpg”“14.jpg”“15.jpg”三张素材图像，并将“14.jpg”和“15.jpg”中的人像素材拖动到“13.jpg”背景图像上，得到“图层 1”图层和“图层 2”图层，如下左图所示。

在“图层”面板中选择“图层 1”，然后选择工具箱中的“矩形工具”，在选项栏中选择“路径”选项，在画面中单击并拖动鼠标，就可以绘制一个矩形路径。绘制路径后，执行“图层 > 矢量蒙版 > 当前路径”菜单命令，或者按住 Ctrl 键单击“图层”面板底部的“添加图层蒙版”按钮，即可基于当前路径创建矢量蒙版，此时位于路径区域外的图像会被蒙版所遮盖，如下右图所示。

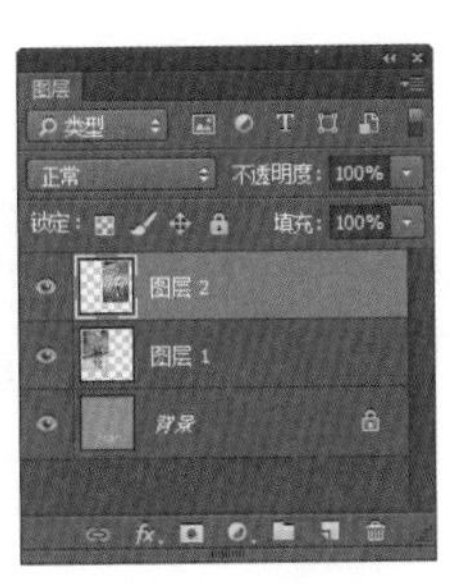

如果需要为“图层 2”图层也添加矢量蒙版，就需要先在“图层”面板中选中该图层，然后进行路径的绘制，再设置为矢量蒙版，如下图所示。

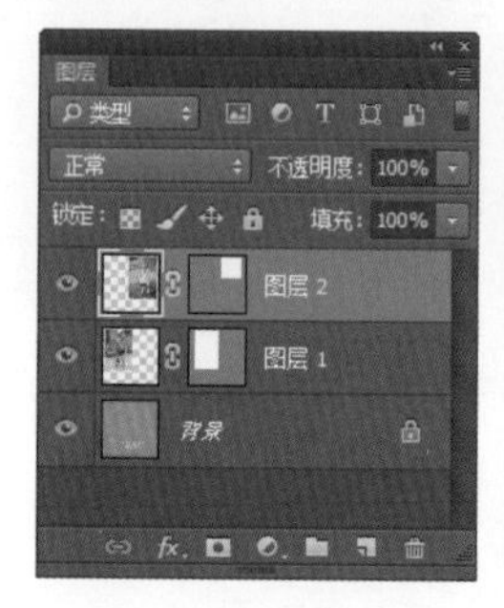

技巧一　编辑矢量路径

对于矢量蒙版中的矢量路径，可以使用工具箱中的路径编辑工具对它进行调整。在调整前先单击“图层”面板中的矢量蒙版缩览图，使画面中显示出矢量路径，然后选择“路径选择工具”，单击画面中的矢量路径，将其选中，如图❶所示。此时若按住 Alt 键拖动鼠标，则可以复制路径，如图❷所示。若按快捷键 Ctrl+T，则会显示自由变换编辑框，拖动编辑框上的控制点，就可以对路径进行旋转或缩放，如图❸所示。

技巧二　向矢量蒙版中添加形状

创建矢量蒙版后，还可以根据需要向矢量蒙版中添加更多的形状。

单击“图层”面板中的矢量蒙版缩览图，如图❶所示，进入蒙版编辑状态。此时在缩览图外面会显示一个白色的外框，图像中也会显示矢量路径，如图❷所示。

选择工具箱中的图形绘制工具，在选项栏中单击“路径操作”按钮，在弹出的菜单中选择“合并形状”选项，如图❸所示，然后在图像中单击并拖动鼠标，就可以绘制路径，绘制后会将它们添加到矢量蒙版中，如图❹所示。

新建图层
✔ 合并形状
减去顶层形状
与形状区域相交
排除重叠形状
合并形状组件
❸

技巧三　取消蒙版与图像的链接状态

在添加矢量蒙版后，矢量蒙版缩览图与图层缩览图之间有一个链接图标，它表示蒙版与图像处于已链接状态，此时进行任何变换操作，蒙版都会与图像一同变换。如果执行“图层 > 矢量蒙版 > 取消链接”菜单命令，或单击蒙版缩览图与图层缩览图间的链接图标，则可以取消链接，此时就可以单独调整图像或蒙版。

11.7 根据图层合成图像——剪贴蒙版

剪贴蒙版也称剪贴蒙版组，它使用处于下方的图层的形状来限制处于上方的图层的显示状态，实现图像之间的快速合成。剪贴蒙版的最大优点是可以通过一个图层来控制多个图层的可见内容，常被用于数码照片的创意合成。

扫码看视频

剪贴蒙版中位于最下面的图层被称为基底图层，它的名称带有下画线；位于基底图层上面的图层则被称为内容图层，它们以缩览图的方式缩进显示，并带有↓状图标，如下图所示。在一个剪贴蒙版组中，基底图层只能有一个，而内容图层可以有若干个。基底图层可以影响任何属性的所有内容图层，而每个内容图层只受基底图层影响，不具有影响其他图层的能力，所以，基底图层中的透明区域充当了整个剪贴蒙版的蒙版。

应用 应用剪贴蒙版合成图像

打开“17.jpg”素材图像，选择工具箱中的“椭圆选框工具”，绘制选区，选中光盘图像，如图❶所示。按快捷键 Ctrl+J，复制选区内的图像，得到“图层 1”图层，如图❷所示。打开“18.jpg”素材图像，将人像水平翻转后复制到光盘图像上方，如图❸所示。执行“图层 > 创建剪贴蒙版”菜单命令，创建剪贴蒙版，如图❹所示。对图像的颜色做调整，使画面的色彩更统一，如图❺所示。

技巧 释放剪贴蒙版

如果需要释放剪贴蒙版，可以执行“图层 > 释放剪贴蒙版”菜单命令，如图❶所示；也可以选中内容图层后，单击“图层”面板右上角的扩展按钮，在弹出的面板菜单中选择“释放剪贴蒙版”命令，如图❷所示；还可以按住 Alt 键，在两个图层中间出现释放剪贴蒙版图标后单击。

实例演练——制作文身效果

解析： 文身作为一种彰显个性的行为受到了很多年轻人的喜爱，但是文身时的疼痛让一些人左右为难。现在不用担心了，应用 Photoshop 可快速制作出自己想要的文身效果。只需要将变换命令和图层样式相结合，就可以让合成的文身效果看起来非常自然、逼真。下图所示为制作前后的效果对比图，具体操作步骤如下。

扫码看视频

◎ 原始文件：随书资源\11\素材\19.jpg、20.jpg
◎ 最终文件：随书资源\11\源文件\制作文身效果.psd

01 打开“19.jpg”文件，按Ctrl+J键复制图层，得到“图层1”图层，如下图所示。

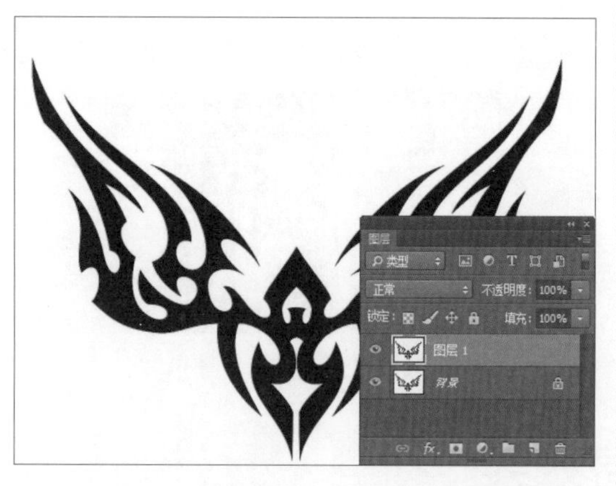

02 确保“图层1”图层为选中状态，执行“选择>色彩范围”菜单命令，打开“色彩范围”对话框，如下左图所示。

03 单击图像背景部分，如下右图所示，设置完成后单击“确定”按钮。

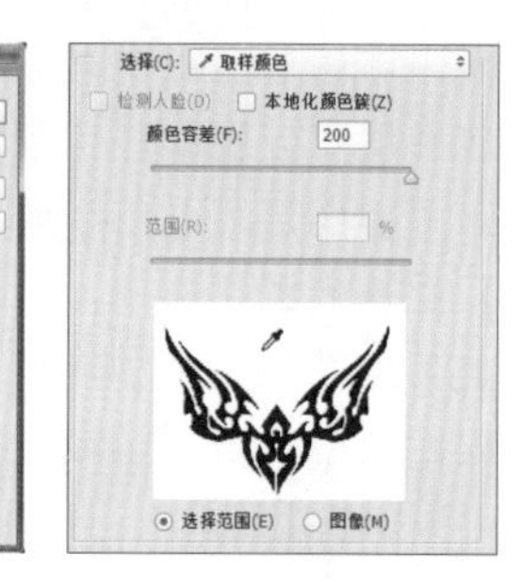

04 选中背景部分，如下左图所示。执行“选择>反选”菜单命令，或按快捷键Shift+Ctrl+I，将选区反向，得到如下右图所示的选区。

05 按Ctrl+J键复制图层，得到“图层2”图层，如下图所示。

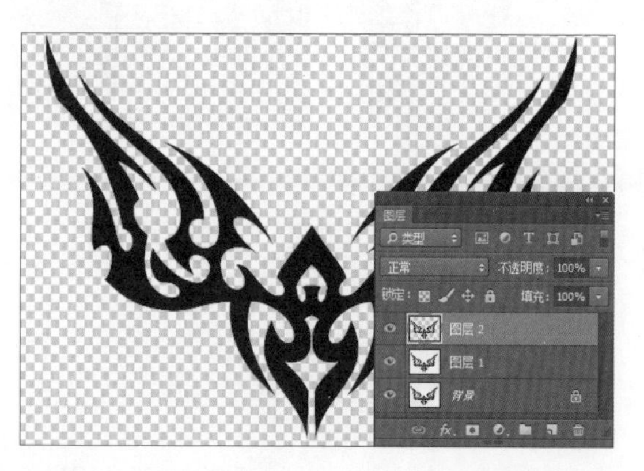

06 打开“20.jpg”文件，如下左图所示。使用“移动工具”将抠出的文身图案拖动至人像素材图像中，如下右图所示。

07 按Ctrl+T键，自由变换文身图案的大小，并将图案移至合适位置，如下图所示。

08 将鼠标指针定位于编辑框外部的右上角位置，当指针变为折线箭头时，单击并拖动鼠标，对图案进行旋转，并将图案移至适当位置，如下图所示。

09 右击鼠标，在弹出的快捷菜单中选择“变形”命令，如下左图所示。

10 参照下右图单击并拖动编辑框的控制手柄和曲线，调整图案外形，设置完成后按Enter键，应用变形效果。

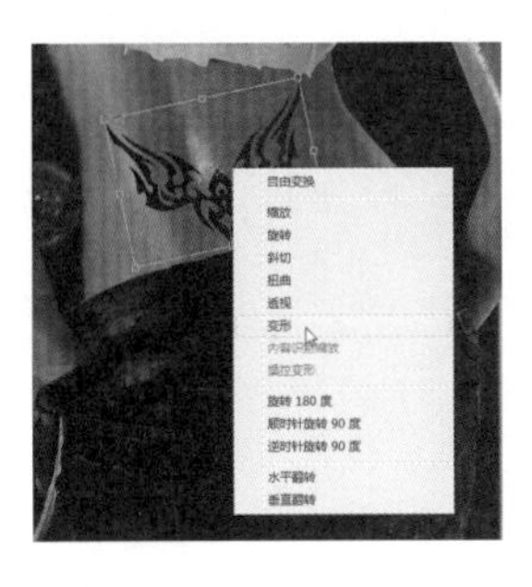

11 确保“图层1”图层为选中状态，双击该图层的图层缩览图，如下左图所示。

12 打开“图层样式”对话框，在“混合选项”下将“混合模式”更改为“正片叠底”，如下右图所示。

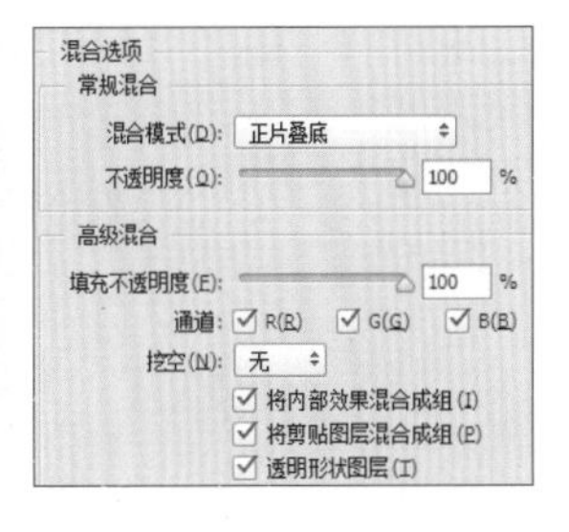

13 按住Alt键，单击“混合颜色带”下方的“本图层”和“下一图层”下方的滑块，调整混合效果，如下左图所示。单击“混合颜色带”右侧的下三角按钮，在展开的列表中选择“绿”选项，如下右图所示。

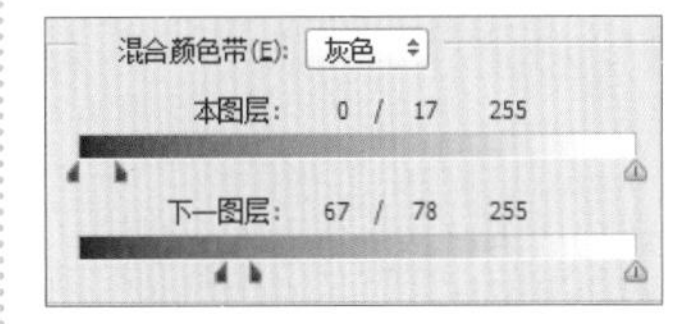

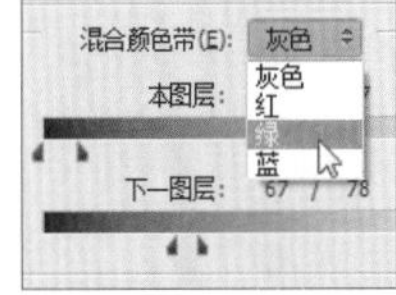

14 按住Alt键不放，单击并拖动“本图层”下方左侧的滑块，如下左图所示。单击“混合颜色带”右侧的下三角按钮，在展开的列表中选择“蓝”选项，如下右图所示。

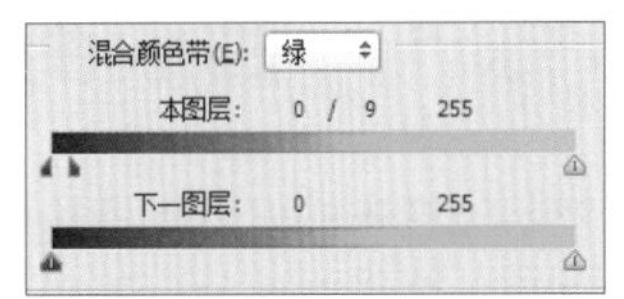

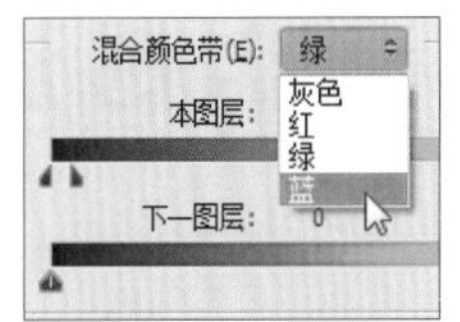

15 按住Alt键，单击并拖动“本图层”下方左侧的滑块，如下左图所示。设置完成后，单击“图层样式”对话框中的“确定”按钮，效果如下右图所示。

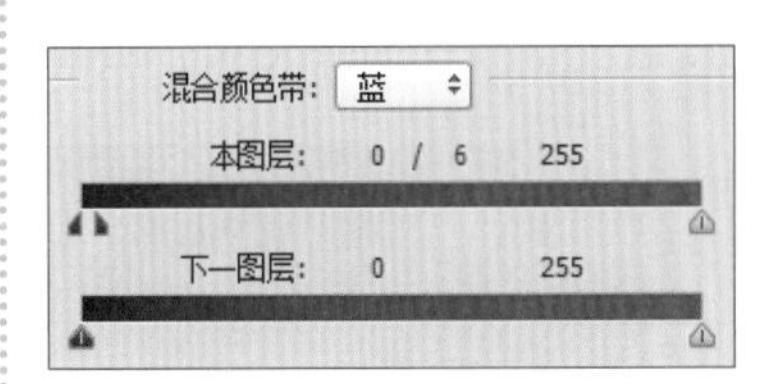

16 按住Ctrl键不放，单击“图层1”图层的缩览图，载入选区。执行“选择>修改>收缩”菜单命令，打开“收缩选区”对话框，在对话框中输入“收缩量”为1，收缩选区，如下左图所示。单击“图层”面板底部的“添加图层蒙版”按钮，添加图层蒙版，如下右图所示。

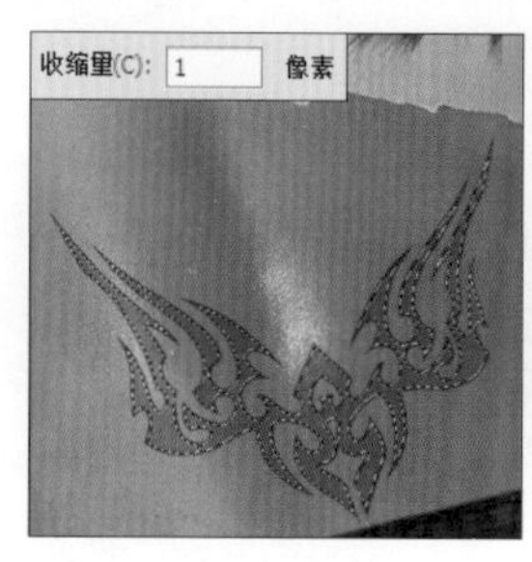

17 按住Ctrl键单击“图层1”图层缩览图，载入选区。创建“曲线1”调整图层，打开“属性”面板，设置曲线，调整图像的亮度，如下图所示。

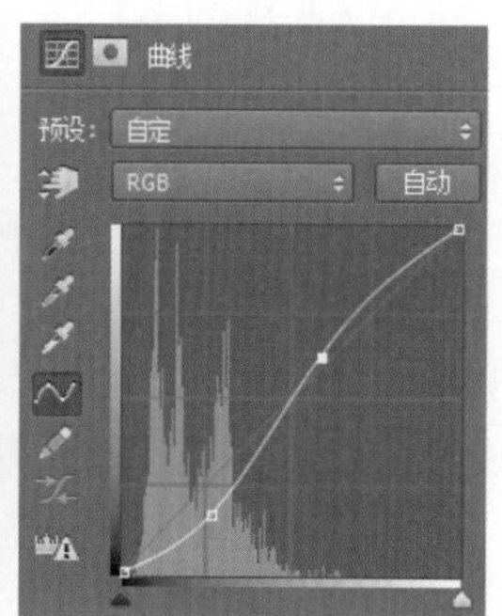

18 单击“曲线1”图层蒙版，设置前景色为黑色，选择“柔边圆”画笔，在文身图案的高光部分涂抹，增强层次，如下图所示。至此，已完成本实例的制作。

第11章

实例演练——合成街头涂鸦效果

解析：街头涂鸦经过多年的发展慢慢被人们接受，并且逐渐成为一门艺术，在城市中形成了一道道亮眼的风景线。本实例将学习使用剪贴蒙版为照片中的墙面添加绚丽的涂鸦图案。下左图所示为制作前后的效果对比图，具体操作步骤如下。

扫码看视频

◎ 原始文件：随书资源\11\素材\21.jpg、22.jpg
◎ 最终文件：随书资源\11\源文件\合成街头涂鸦效果.psd

01 打开“21.jpg”文件，如下左图所示。选择“快速选择工具”，设置选项栏的各项参数，然后在照片中的墙面位置单击，创建选区，如下右图所示。

02 继续使用“快速选择工具”单击，添加选区，扩大选择范围，如下左图所示。单击“快速选择工具”选项栏中的“从选区减去”按钮，在选择的树干位置单击，减去选区，如下右图所示。

03 继续使用“快速选择工具”单击图像，调整选择范围，选择整个墙面部分，如下左图所示。按快捷键Ctrl+J复制选区内的图像，得到“图层1”图层，如下右图所示。

04 打开“22.jpg”文件，选择“移动工具”，把打开的素材图像拖动至抠出的墙面背景上方，得到“图层2”图层，如下图所示。

05 按快捷键Ctrl+T，打开自由变换编辑框，调整图像大小，使其填满整个墙面，如下图所示。

06 执行“图层>创建剪贴蒙版”菜单命令，创建剪贴蒙版，拼合图像，如下图所示。

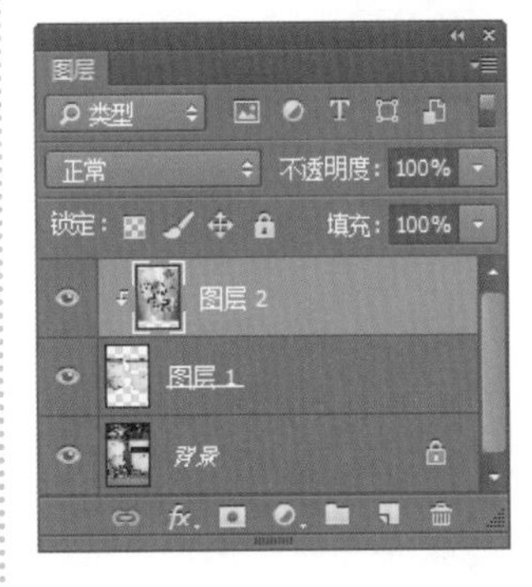

07 设置“图层2”图层的混合模式为“正片叠底”、“不透明度”为90%，如下左图所示。图案融合到墙面的效果如下右图所示。

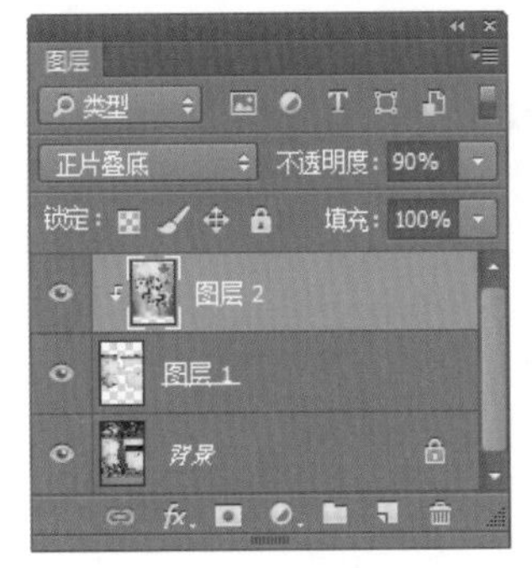

08 单击“图层”面板底部的“添加图层蒙版”按钮，为“图层2”图层添加蒙版，如下左图所示。单击“图层2”图层的蒙版缩览图，如下右图所示。

09 选择“画笔工具”，在“画笔预设”选取器中选择“硬边圆”画笔，调整画笔大小后，在画面中的适当位置涂抹，如下图所示。

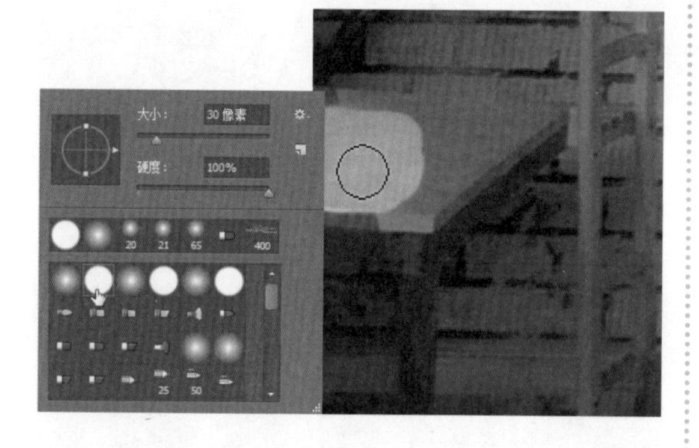

10 继续使用“画笔工具”在图像左下角的架子位置涂抹，显示被遮挡的图像，如下左图所示。单击“调整”面板中的“色阶”按钮，如下右图所示。

11 打开“属性”面板，在面板中参照下左图设置各项参数，调整图像的亮度，效果如下右图所示。至此，已完成本实例的制作。

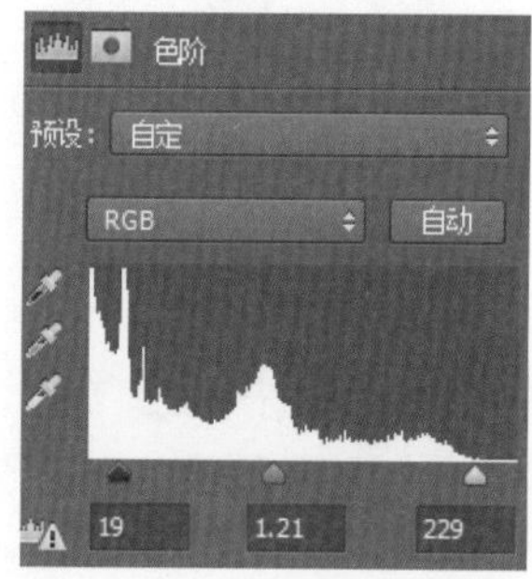

实例演练——为人像照片替换背景

解析： 在拍摄照片后，如果对拍摄环境不满意，也可以通过后期处理选择新的背景图像进行替换，使画面更符合自己的需要。具体操作步骤参照“为人像照片替换背景”视频文件。

扫码看视频

◎ **原始文件：** 随书资源\11\素材\23.jpg、24.jpg
◎ **最终文件：** 随书资源\11\源文件\为人像照片替换背景.psd

实例演练——合成唯美化妆品广告

解析： 本实例将介绍如何利用多个素材合成出唯美的化妆品广告。在处理的时候，把拍摄的商品照片素材复制到画面的左下角，使其与背景人物相融合，同时运用调整图层对商品的颜色进行修饰，使其与画面的整体色调更一致。下图所示为制作前后的效果对比图，具体操作步骤如下。

扫码看视频

◎ **原始文件：** 随书资源\11\素材\25.jpg、26.jpg、27.jpg
◎ **最终文件：** 随书资源\11\源文件\合成唯美化妆品广告.psd

01 打开“25.jpg”文件，图像效果如下左图所示。创建“曲线1”调整图层，打开“属性”面板，设置曲线的形状，如下右图所示。

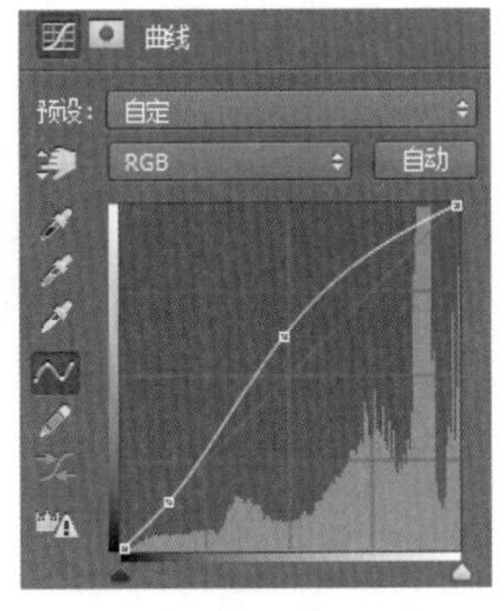

02 根据上一步设置的曲线，调整图像的亮度，得到如下左图所示的效果。选择“矩形工具”，在画面底部单击并拖动鼠标，绘制矩形（填充色R203、G92、B73），如下右图所示。

03 执行“图层>图层样式>斜面和浮雕”菜单命令，打开“图层样式”对话框，设置各项参数，如下左图所示。勾选“纹理”复选框，设置纹理的各项参数，如下右图所示。

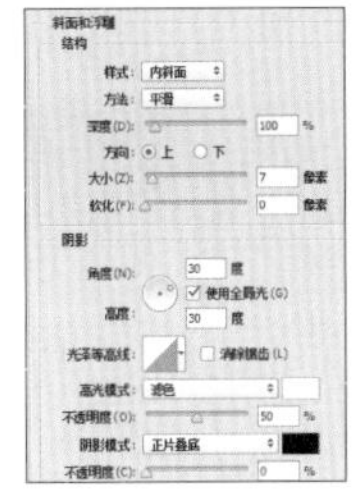
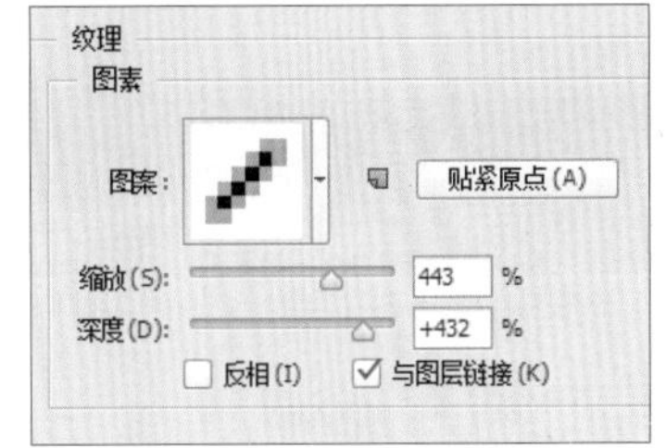

04 设置完成后单击“确定”按钮，为图层添加样式，得到如下左图所示的效果。选中“矩形1”图层，设置图层的混合模式为“变暗”、“不透明度”为27%，如下右图所示。

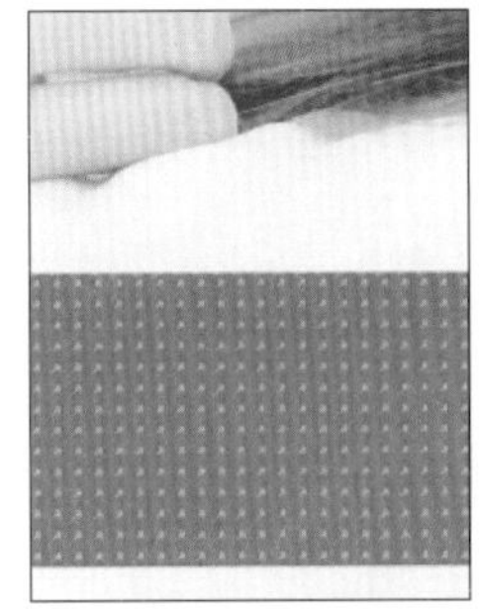
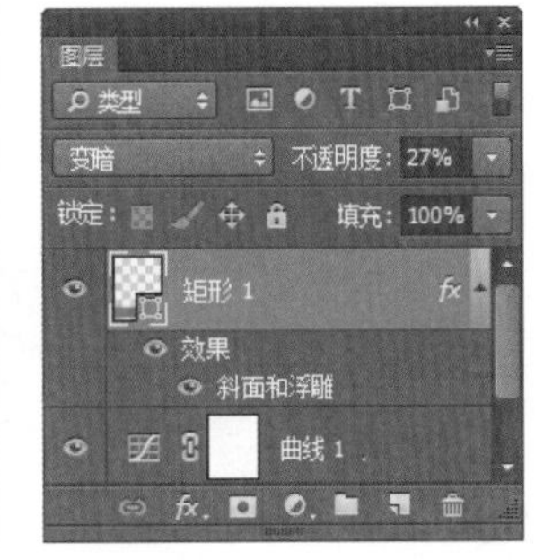

05 根据上一步的设置调整图像混合效果，如下左图所示。

06 按快捷键Ctrl+J复制图层，得到“矩形1拷贝”图层，如下右图所示。

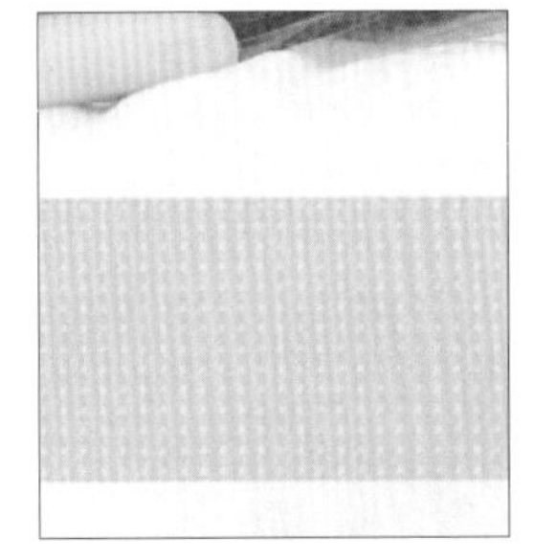
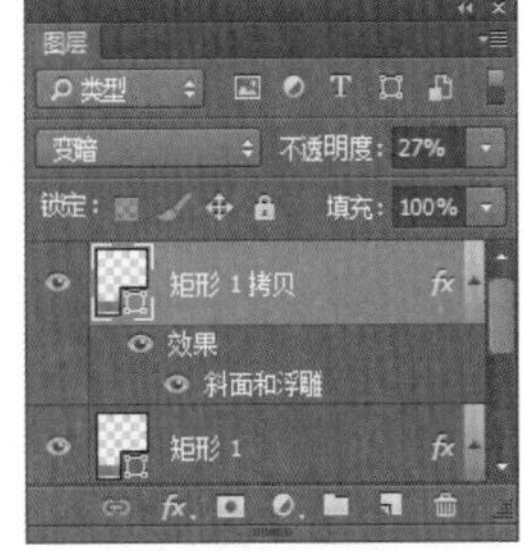

07 按快捷键Ctrl+T，打开自由变换编辑框，调整矩形的宽度，得到如下图所示的效果。

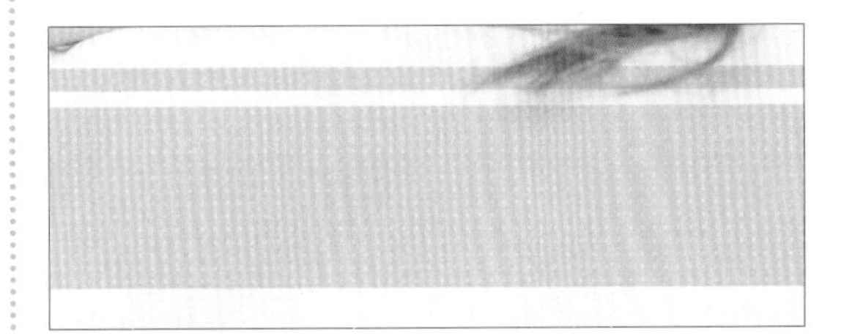

08 打开“26.jpg”文件，选择“移动工具”，把打开的图像拖动至矩形图像上方，得到“图层1”图层，如下左图所示。按快捷键Ctrl+T，调整图像的大小和位置，得到如下右图所示的效果。

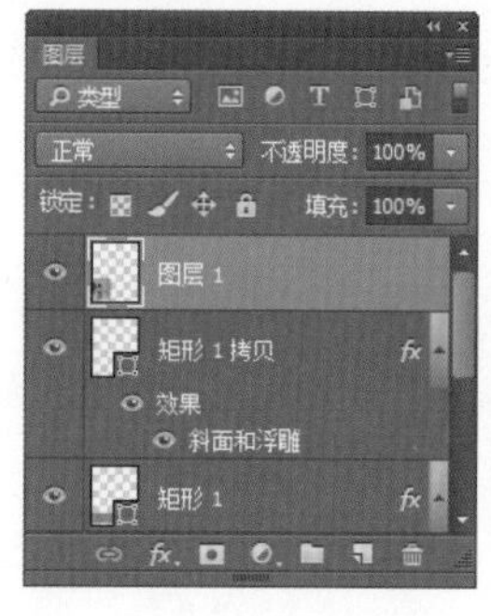

09 单击“图层”面板底部的“添加图层蒙版”按钮，为“图层1”图层添加蒙版，如下左图所示。单击“图层1”图层蒙版缩览图，如下右图所示。

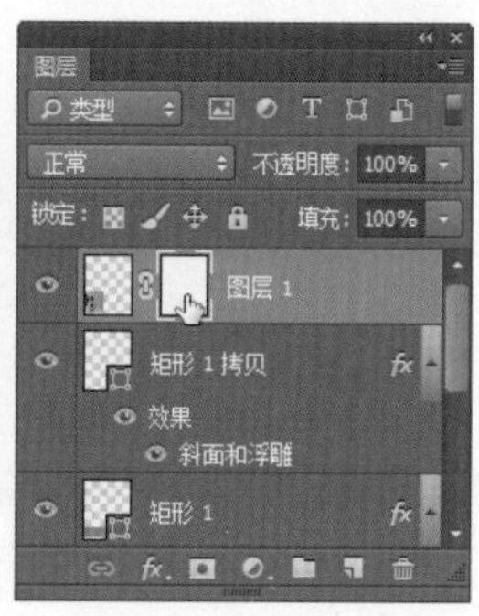

10 选择“画笔工具”，在“画笔预设”选取器中选择“硬边圆”画笔，调整画笔大小后，在画面中的合适位置涂抹，如下图所示。

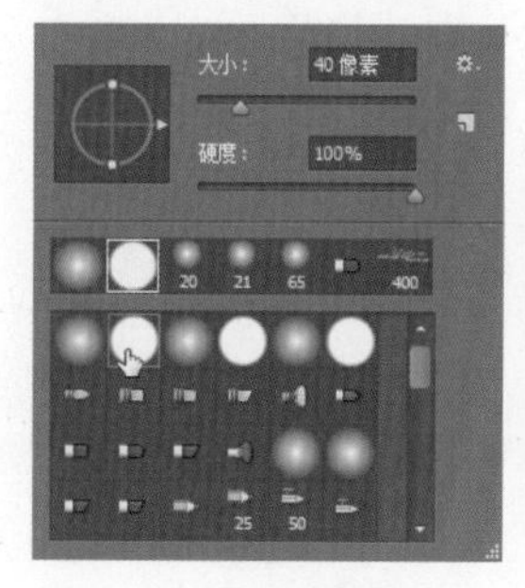

11 继续使用“画笔工具”涂抹图像，把灰色背景和包装盒隐藏，只保留右侧的商品部分，如下图所示。

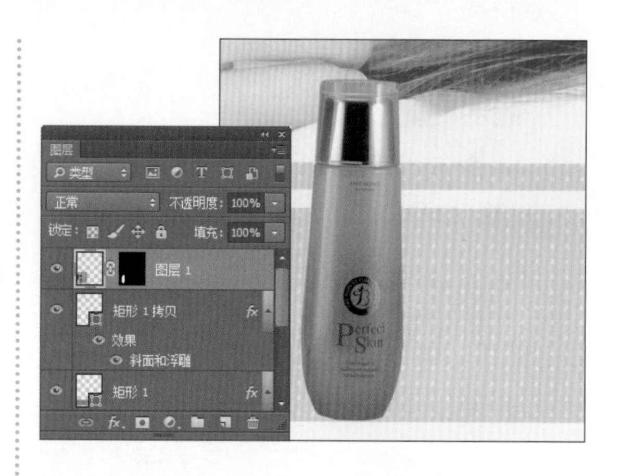

12 按住Ctrl键单击“图层1”图层蒙版缩览图，载入选区，如下图所示。

13 创建“曲线2”调整图层，打开“属性”面板，设置曲线形状，如下左图所示。完成后可看到画面中的化妆品变亮了，如下右图所示。

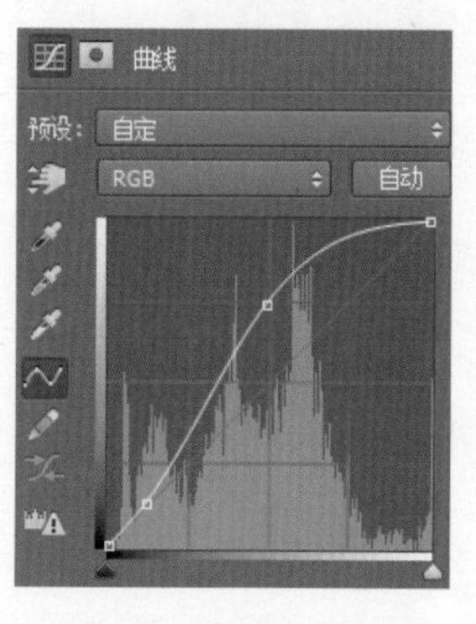

14 按住Ctrl键单击“曲线2”图层蒙版缩览图，载入选区。创建“曲线3”调整图层，打开“属性”面板，在面板中选择“红”选项，单击并拖动曲线，如下左图所示。选择“蓝”选项，单击并拖动曲线，如下右图所示。

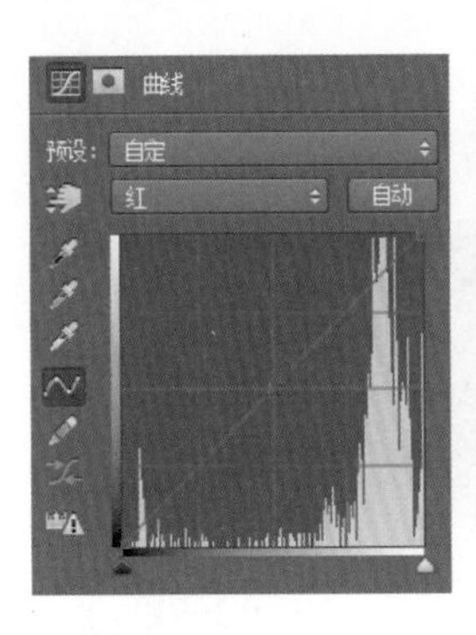
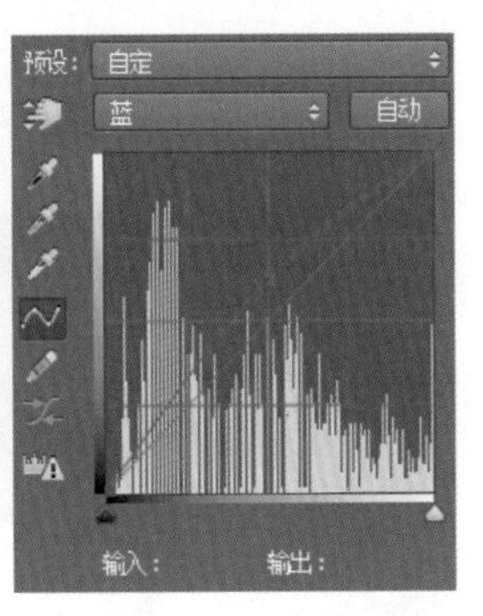

15 软件会根据设置的曲线调整选区中商品的颜色。再次载入化妆品选区，创建“选取颜色1”调整图层，打开“属性”面板，设置颜色百分比，如下图所示。

16 在“颜色”下拉列表框中选择“黄色”选项，然后设置颜色百分比，如下左图所示。在“颜色”下拉列表框中选择“中性色”选项，然后设置颜色百分比，如下右图所示。

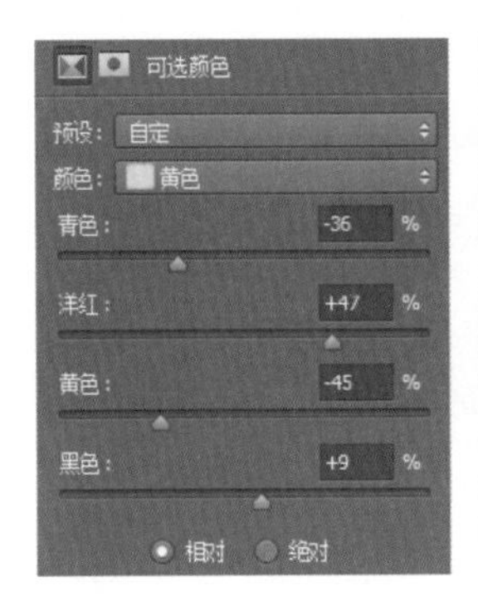
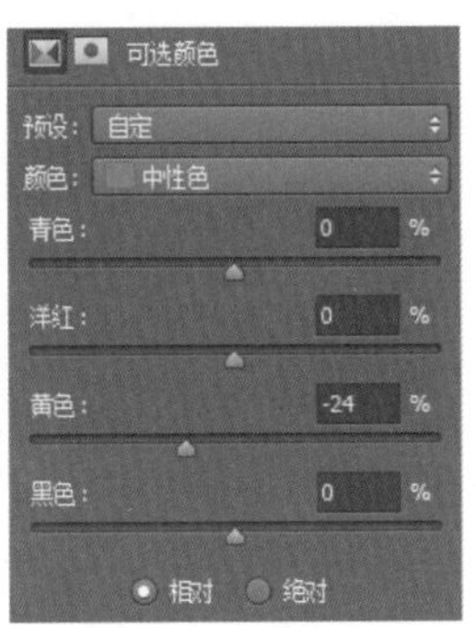

17 选中“图层1”图层及其上方的所有调整图层，按快捷键Ctrl+Alt+E盖印所选图层，得到“选取颜色1（合并）”图层，如下图所示。

18 选择“移动工具”，单击并向左拖动，调整图像位置，效果如下左图所示。按快捷键Ctrl+J复制图层，得到“选取颜色1（合并）拷贝”图层，执行“编辑>变换>顺时针旋转90度”菜单命令，旋转图像，如下右图所示。

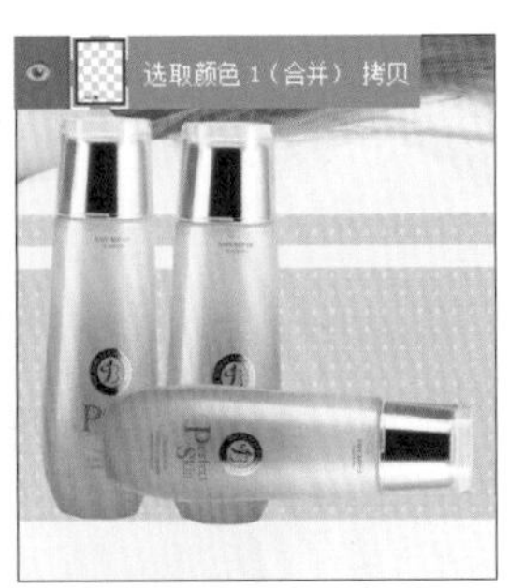

19 选中“选取颜色1（合并）拷贝”图层，将其移至“图层1”图层下方，如下图所示。

20 选中“选取颜色1（合并）拷贝”图层及其上方的所有图层，按快捷键Ctrl+Alt+E盖印选中图层，得到“选取颜色1（合并）（合并）”图层，如下图所示。

21 执行“编辑>变换>垂直翻转”菜单命令，翻转图像，然后使用“移动工具”向下拖动图像，调整位置，效果如下左图所示。

22 选中“选取颜色1（合并）（合并）”图层，将此图层移至“选取颜色1（合并）拷贝”图层下方，单击“添加图层蒙版”按钮，添加图层蒙版，如下右图所示。

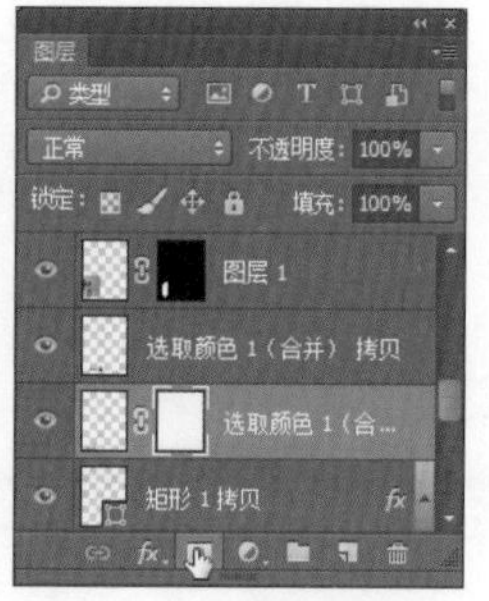

23 选择“渐变工具”，在选项栏中设置渐变类型，如下图所示。

24 从图像下方往上拖动创建渐变，得到渐隐的图像效果，如下图所示。

25 打开“27.jpg”文件，执行“图像>调整>去色”菜单命令，去除颜色，如下图所示。

26 选择“移动工具”，把去除颜色后的图像拖至化妆品图像文件中，得到“图层2”图层，将其移至“曲线1”调整图层上方，如下左图所示。

27 按快捷键Ctrl+T，打开自由变换编辑框，右击鼠标，在弹出的快捷菜单中选择“逆时针旋转90度”菜单命令，如下右图所示。

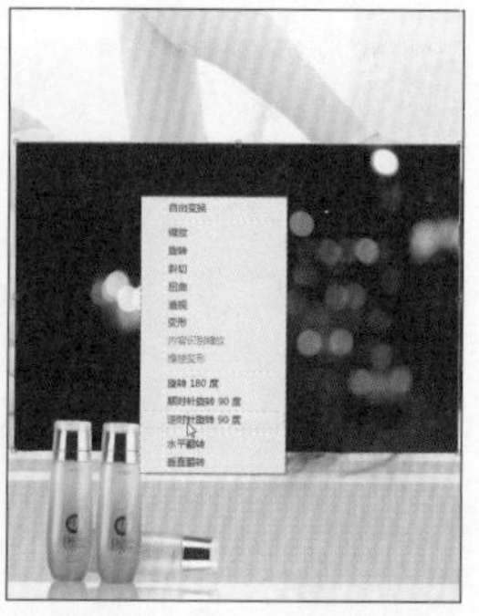

28 图像被逆时针旋转90°，如下左图所示。将鼠标移至编辑框右上角，单击并拖动鼠标，放大图像，如下右图所示。

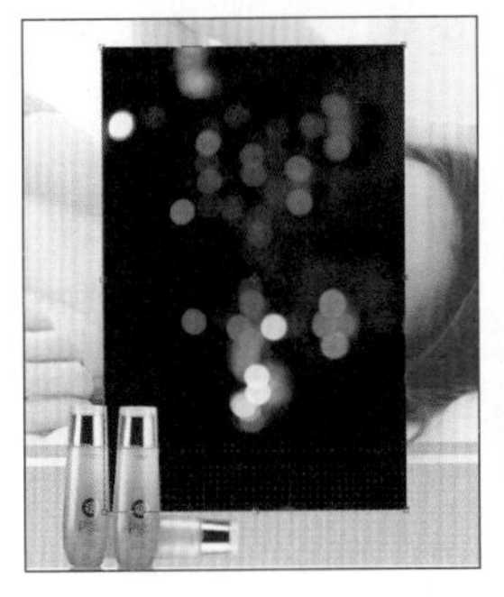

29 选择“图层2”图层，将此图层的混合模式设置为“滤色”，如下图所示。

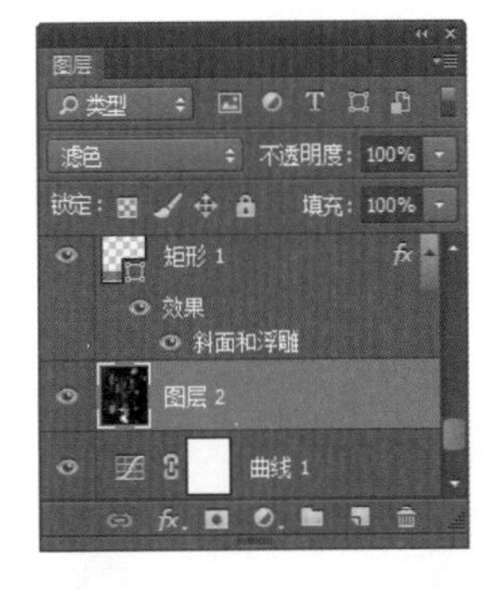

30 单击“图层”面板底部的“添加图层蒙版”按钮，添加图层蒙版，选择“画笔工具”，设置前景色为黑色，用画笔在人物面部位置涂抹，隐藏人物面部的光晕。结合“横排文字工具”和“自定形状工具”在画面中添加文字和装饰图形，如下图所示。

实例演练——为衣服添加图案

解析：本实例的素材照片拍摄的是站在满树繁花前的少女，但她穿着的衣服太过素淡，不能与人物的气质和背景的色调协调搭配。于是在后期处理中应用“变形”命令和蒙版等为衣服添加合适的图案，让画面更加甜美。下左图所示为制作前后的效果对比图，具体操作步骤如下。

扫码看视频

◎ 原始文件：随书资源\11\素材\28.jpg、29.jpg

◎ 最终文件：随书资源\11\源文件\为衣服添加图案.psd

01 打开“28.jpg”“29.jpg”文件，用“移动工具”将“29.jpg”拖至“28.jpg”中，如下左图所示。将得到的“图层1”重命名为“图案”，设置“不透明度”为50%，如下右图所示。

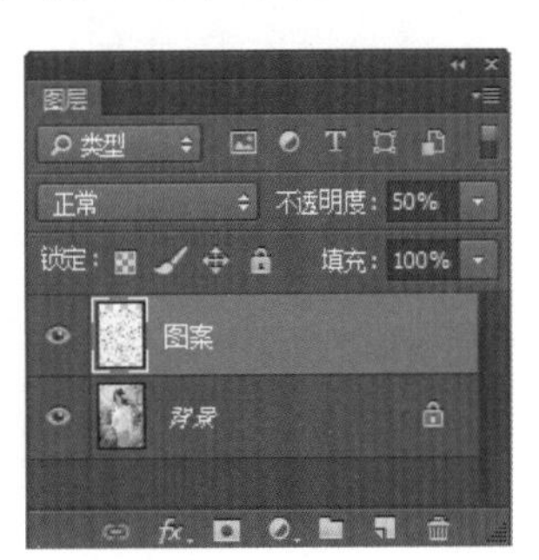

02 按Ctrl+T键，自由调整图案的大小和外形，如下左图所示。右击鼠标，在弹出的快捷菜单中选择“变形”命令，如下右图所示。

03 单击并拖动变换编辑框的角控制手柄，调整图案外形，使之与衣服外形相匹配，如下图所示。

04 按Enter键应用变换，将“图案”图层的“不透明度”设置为0，然后选中“背景”图层，如下图所示。

05 单击工具箱中的“磁性套索工具”按钮，在显示的工具选项栏中设置各项参数，如下图所示。

宽度: 10 像素 对比度: 10% 频率: 100

06 沿着衣服边缘单击并拖动鼠标，创建选区，如下左图所示。单击选项栏中的“从选区减去”按钮，沿着手部边缘单击并拖动鼠标，如下右图所示，调整选区范围。

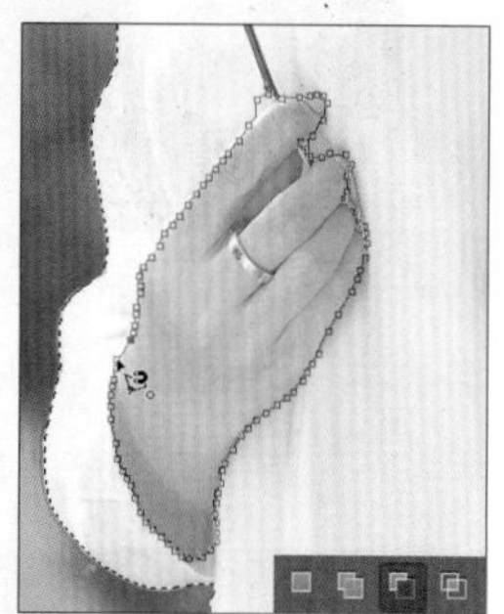

07 按快捷键Shift+F6，打开“羽化选区”对话框，设置“羽化半径”为1，单击“确定”按钮，羽化选区，如下图所示。

08 选中“图案”图层，单击“图层”面板底部的“添加图层蒙版”按钮，为该图层添加图层蒙版，并设置混合模式为“变暗”、不透明度为100%，如下图所示。

09 复制“图案”图层，得到“图案 拷贝”图层，设置该图层的混合模式为“颜色”，如下图所示。

10 按住Ctrl键单击“图案 拷贝”图层蒙版缩览图，载入选区。创建“色阶1”调整图层，打开“属性”面板，在面板中设置各项参数，如下左图所示。

11 软件根据上一步设置的色阶调整图像的亮度，得到如下右图所示的效果。

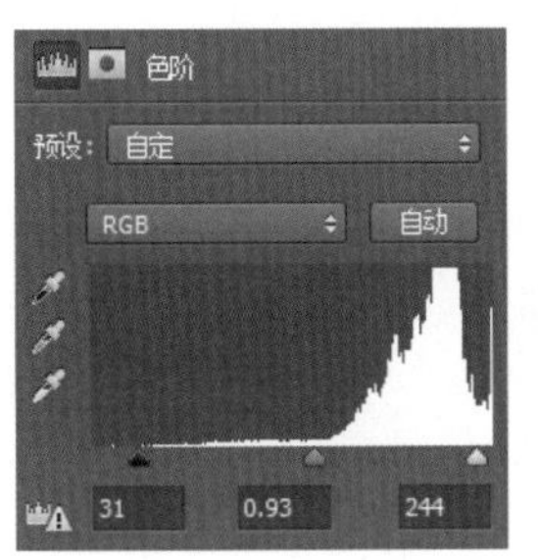

12 按住Ctrl键单击“图案 拷贝”图层蒙版缩览图，载入选区，载入的选区效果如下左图所示。

13 创建“曲线1”调整图层，打开“属性”面板，在面板中选择“蓝”选项，单击并向上拖动曲线，如下右图所示，提亮“蓝”通道中的图像亮度。

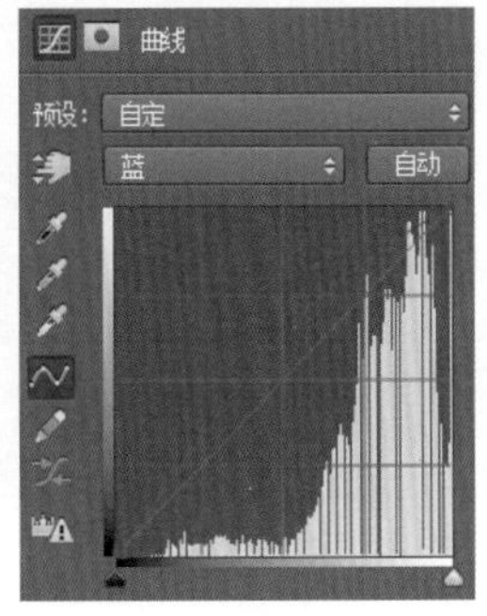

14 选择“红”选项，单击并向上拖动曲线，如下左图所示，提亮“红”通道中的图像亮度。

15 经过设置得到如下右图所示的效果，此时可看到图案更加自然地与衣服相融合。至此，已完成本实例的制作。

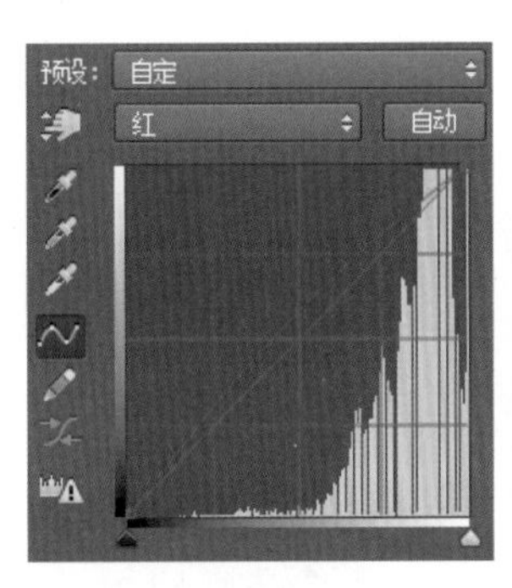

技巧 设置羽化值的技巧

如果选区小而羽化半径大，则小选区可能会变得非常模糊，以至于看不到，因此不可选。如果弹出“选中的像素不超过50%”提示对话框，就需要减小羽化半径或增大选区。

学习笔记

第12章 人像照片的后期修饰

人像照片的拍摄虽然简单，但是想要获得好的效果却不是一件容易的事情。爱美是人的天性，人人都希望照片上的自己是完美无瑕的。本章将介绍如何应用Photoshop对人像照片进行处理，去除人像照片瑕疵，并进行美化和润色，使人像照片看起来更美。

12.1 修复瑕疵——修复和仿制工具

Photoshop提供了用于修复照片各类瑕疵的修复画笔工具组和“仿制图章工具”。用户可以应用这些工具修复人像照片中的各种皮肤问题，如痘痘、皱纹、斑点等。下面详细介绍常用的修复人物皮肤瑕疵的工具的使用方法。

扫码看视频

1. 修复画笔工具

“修复画笔工具”可利用图像或图案中的样本像素来绘画，从而使修复后的像素不留痕迹地融入图像的其余部分。下面介绍“修复画笔工具”的使用方法和相关技巧。

“修复画笔工具”采用画笔涂抹的工作方式，适用于小范围的修补。单击工具箱中的“修复画笔工具”按钮，在其选项栏中可进一步设置“修复画笔工具”的各项参数，如下图所示。通过设置参数，可更精确地进行图像的修复。

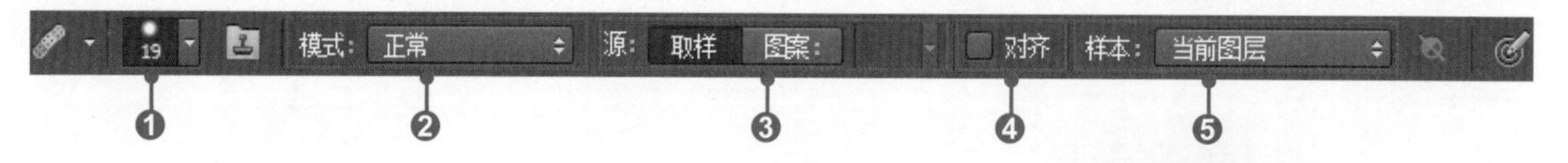

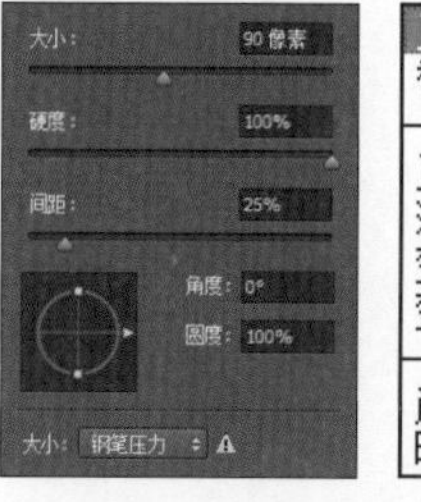

❶画笔：单击“画笔”下三角按钮，在弹出的下拉列表中可设置画笔的大小、硬度、间距和角度等参数，如右图一所示。

❷模式：用于设置画笔的混合模式。单击“模式”下三角按钮，在弹出的下拉列表中有“正常”“替换”“正片叠底”“滤色”“变暗”“变亮”“颜色”“明度”8个选项，如右图二所示。

❸源：有“取样”和“图案”两个选项。若选择“取样”选项，则使用当前图像的像素进行修复；若选择“图案”选项，则在“图案”列表框中选择一个图案，然后使用选择的图案进行修复。

❹对齐：勾选“对齐”复选框，则连续对像素进行取样，即使释放鼠标，也不会丢失当前取样点。若取消勾选“对齐”复选框，则会在每次停止并重新开始绘制时使用初始取样点中的样本像素。

❺样本：用于设置从指定的图层中进行取样。单击“样本”下三角按钮，在弹出的下拉列表中有“当前图层”“当前和下方图层”“所有图层”3个选项。若选择“当前图层”选项，则仅从现用图层中取样；若选择“当前和下方图层”选项，则从现用图层及其下方的可见图层中取样；若选择“所有图层”选项，则从所有可见图层中取样。

应用 使用“修复画笔工具”修饰人物照片

“修复画笔工具”可以在单独的图层上进行操作。使用“修复画笔工具”时，可以设置一个用于修复的源，再单击瑕疵处对其进行清除。下面介绍如何使用该工具修饰人物照片。

打开“01.jpg”素材图像，将其放大至合适比例。单击工具箱中的“修复画笔工具”按钮，在其选项栏中设置画笔大小和模式，如图❶所示。然后将鼠标置于人物面部较好的皮肤上，按住Alt键单击鼠标进行图像取样，如❷所示。再在面部有瑕疵的皮肤上单击，对人物皮肤进行修复，如图❸所示。

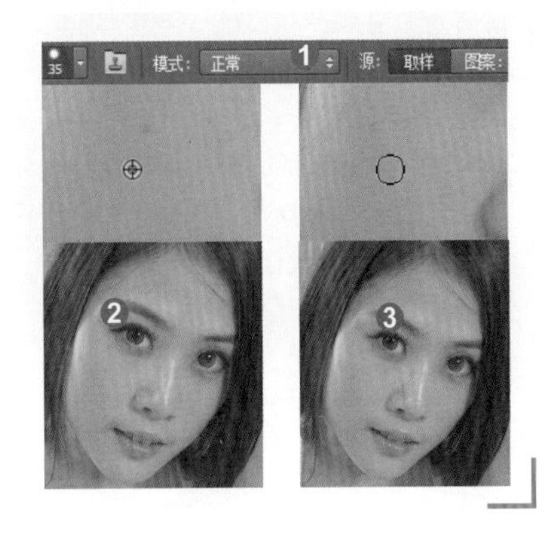

2. 污点修复画笔工具

使用“污点修复画笔工具”通过简单的单击即可去除照片中的污点和其他不理想的部分。与“修复画笔工具”不同的是，“污点修复画笔工具”可以自动从需修复区域的周围取样，来修复有污点的像素，并将样本像素的纹理、光照、透明度和阴影与需修复的像素相匹配，所以何处着笔非常重要。

单击工具箱中的“污点修复画笔工具”按钮，在其选项栏中可进一步设置工具的各项参数，如右图所示。

❶**类型**：提供“内容识别”“创建纹理”“近似匹配”3个选项。若选择“内容识别”选项，则会比较附近的图像内容，不留痕迹地填充选区，同时保留让图像栩栩如生的关键细节，如阴影和对象边缘；若选择“创建纹理”选项，则使用选区中的所有像素创建一个用于修复该区域的纹理，如果纹理不起作用，则尝试再次拖过该区域；若选择“近似匹配”选项，则可使用选区边缘周围的像素来查找要用作选定区域修补的图像区域。

❷**对所有图层取样**：勾选“对所有图层取样”复选框，则可从所有可见图层中取样。若取消勾选“对所有图层取样”复选框，则只从当前图层中取样。

技巧 “污点修复画笔工具”的使用技巧

单击工具箱中的“污点修复画笔工具”按钮，根据需要设置其选项栏中的各项参数，然后将鼠标指针移至需修复的污点上，按[或]键调整画笔的大小，在污点位置单击并拖动即可。

3. 仿制图章工具

“仿制图章工具”可将图像的一部分绘制到同一图像的另一部分或具有相同颜色模式的任何打开图像的另一部分。除此之外，通过它还可以将一个图层的局部图像绘制到另一个图层。该工具对于复制图像或移去图像中的缺陷非常有用。

单击工具箱中的“仿制图章工具”按钮，可以进一步在其选项栏中设置工具的各项参数，如右图所示。

❶**切换画笔面板**：单击“切换画笔面板”按钮，打开“画笔”面板，在该面板中可设置画笔的外形、大小、角度和样式等属性。

❷**切换仿制源面板**：单击“切换仿制源面板”按钮，打开“仿制源”面板，在其中可设置5个不同的样本源并快速选择所需的样本源。

❸**不透明度**：用于控制仿制的不透明度，设置的参数越小，仿制的图像越接近透明。

❹**流量**：用于控制仿制的流动速率，设置的参数越大，仿制的效果就越明显。

技巧二 设置用于仿制和修复的样本源

使用“仿制图章工具”或“修复画笔工具”可对当前文档或任何打开文档中的源进行取样，设置方法如下。

打开“02.jpg”素材图像，若要设置取样点，单击工具箱中的“仿制图章工具”按钮，再单击“切换仿制源面板”按钮，打开“仿制源”面板，单击如图❶所示的仿制源按钮，按住 Alt 键在需要取样的位置单击；若要设置另一个取样点，则单击“仿制源”面板中的其他仿制源按钮，如图❷所示。设置不同的取样点，可以更改仿制源按钮的样本源。

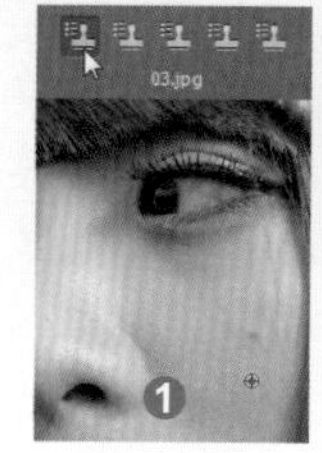

12.2 人像照片磨皮——“表面模糊”滤镜

“表面模糊”滤镜可将图像表面设置出模糊效果，在保留边缘的同时模糊图像，此滤镜常被用于人像照片的磨皮。下面简单介绍该滤镜。

扫码看视频

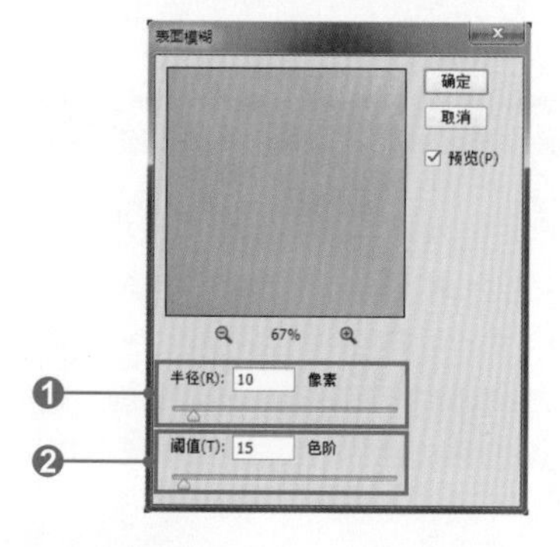

打开“03.jpg”素材图像，执行“滤镜 > 模糊 > 表面模糊”菜单命令，打开“表面模糊”对话框，如左图所示。在该对话框中可设置各项参数，具体设置如下。

❶半径：用来指定模糊取样区域的大小，设置图像像素的模糊程度。该参数越高，图像越模糊。

❷阈值：设置图像模糊效果的阶调，控制相邻像素色调值与中心像素色调值相差多大时才能成为模糊的一部分。色调差值大于阈值的像素被排除在模糊之外。该参数越大，图像越模糊。

第12章

应用 使用“表面模糊”滤镜创建光滑皮肤

打开“03.jpg”素材图像，按快捷键 Ctrl+J 复制图层，如图❶所示。执行“滤镜 > 模糊 > 表面模糊”菜单命令，打开“表面模糊”对话框，设置模糊选项，如图❷所示。完成后单击“确定”按钮，模糊图像，如图❸所示。最后添加图层蒙版，用黑色的画笔在非皮肤区域涂抹，如图❹所示。经过反复涂抹，还原非皮肤区域图像的清晰度，完成人物皮肤的修饰，得到光滑的皮肤效果，如图❺所示。

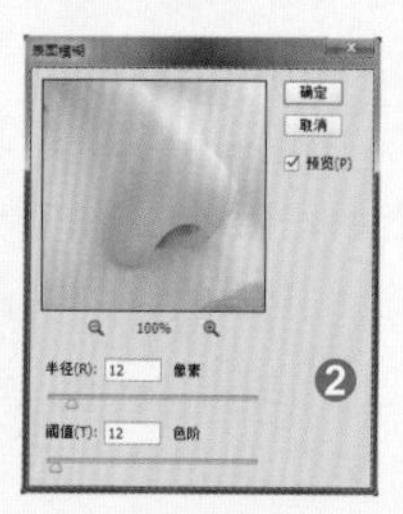

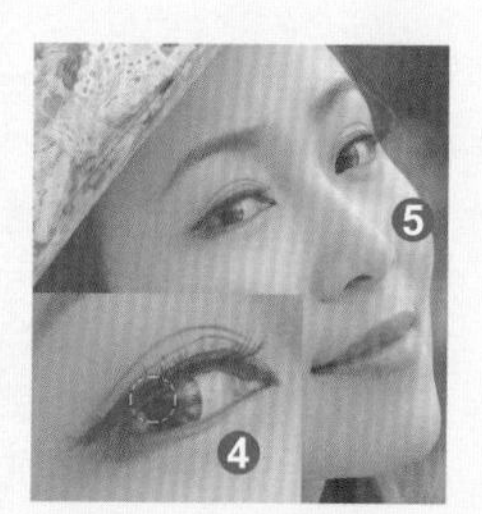

12.3 柔和磨皮术——“蒙尘与划痕”滤镜

应用“蒙尘与划痕”滤镜可快速删除图像上的灰尘、瑕疵、草图、痕迹等，还可以删除图像轮廓以外其他部分的杂点，使画面更加柔和。下面介绍如何使用“蒙尘与划痕”滤镜快速删除人像照片中的杂点。

扫码看视频

打开“04.jpg”素材图像，按快捷键 Ctrl+J 复制图层，得到“图层 1”图层。选中“图层 1”图层，执行“滤镜 > 杂色 > 蒙尘与划痕”菜单命令，打开“蒙尘与划痕”对话框，在对话框中根据图像设置选项，如下左图所示。设置过程中在图像预览框中可以即时查看模糊效果。

设置完成后单击“确定”按钮，即可应用滤镜模糊图像。因为这里只需要模糊皮肤部分，所以为“图层 1”图层添加图层蒙版，单击蒙版缩览图，再选用黑色的画笔在皮肤以外的区域涂抹，还原其清晰度，得到如下右图所示的图像效果。此时可以看到照片中人物的皮肤变得更加光滑、细腻。

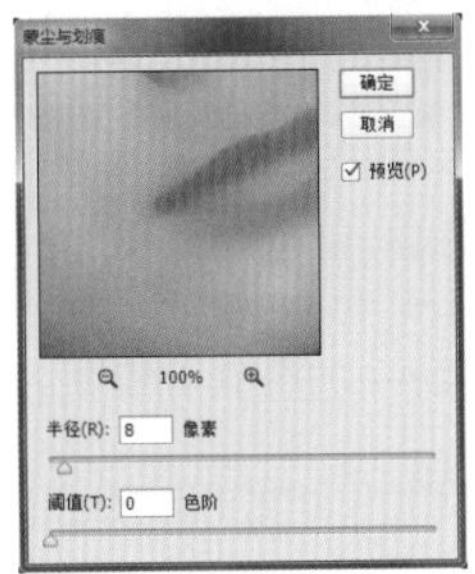

12.4 保留皮肤质感的磨皮术——“计算”命令

近距离拍摄人物时，容易将人物皮肤上的小瑕疵暴露出来，会影响人物的形象，同时也降低了画面的美观性。在对人物皮肤进行处理的时候，选择高反差保留方式进行磨皮，可以对暗部的斑点和瑕疵进行细致调整，让人物皮肤变得更加柔和。

扫码看视频

“计算”命令可用来混合两个来自一个或多个源图像的单个通道，并且将混合出来的图像以黑、白、灰显示，还能将其存储为通道、文档或选区。

打开“05.jpg”素材图像，执行“图像 > 计算”菜单命令，打开“计算”对话框，如下图所示。在该对话框中可设置各项参数，具体设置如下。

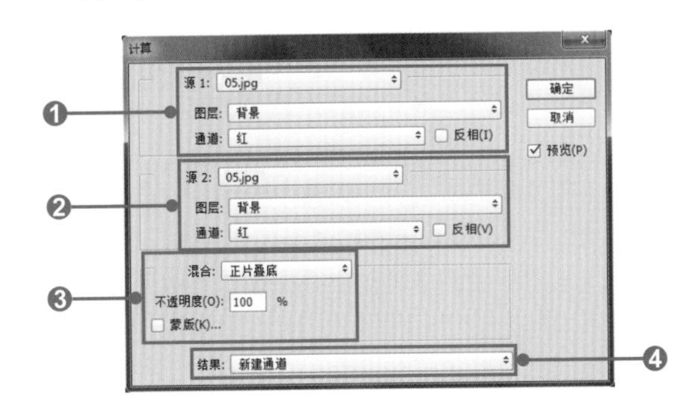

❶源 1：用于选择第一个源图像、图层和通道。

❷源 2：用于选择与“源 1”混合的第二个源图像、图层和通道。此文件必须是打开的。如果是在两个图像中应用计算，则“源 2”的图像需要与“源 1”的图像具有相同的尺寸和分辨率。

❸混合：用于设置图像的混合选项。其中，“混合”下拉列表框可设置图像的混合模式；“不透明度”选项可调整图像混合的强度；勾选“蒙版”复选框，可以启用蒙版设置。

❹结果：用于选择一种计算结果的生成方式。选择“新建通道”选项，可以将计算结果应用到新的通道中，如右图一所示；选择“新建文档”选项，可以将计算结果保存到一个新的文件中，如右图二所示；选择“选区”选项，可得到一个新的选区，如右图三所示。

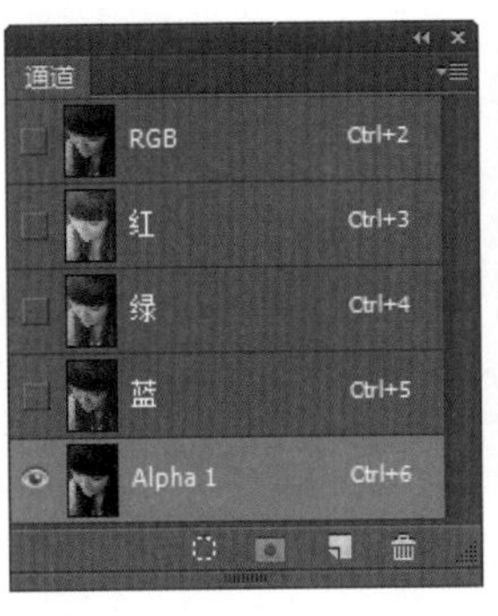

技巧一 使用快捷菜单复制通道

使用“计算”命令对人物图像进行磨皮时，需要先对图像中颜色反差较明显的通道进行复制。复制通道除了使用9.4节介绍的鼠标拖放法外，还可以在“通道”面板中右击要复制的通道，在弹出的快捷菜单中单击“复制通道”命令，如图❶所示；在弹出的“复制通道”对话框中直接单击“确定”按钮，即可得到一个通道的副本，如图❷所示。

技巧二 将通道作为选区载入

完成计算后，如果要对人物照片做进一步处理，则需要将通道中的图像以选区的方式载入。Photoshop中载入选区的方法有很多，下面分别简单介绍。

◆按住Ctrl键，单击“通道”面板中的通道缩览图。

◆选择要载入的通道后，单击“通道”面板底部的“将通道作为选区载入”按钮。

◆执行“选择 > 载入选区”命令，打开“载入选区”对话框，在对话框中选择要载入的通道。

第12章

12.5 修饰人物脸形和体形——“液化”滤镜

利用Photoshop中的“液化”滤镜可对图像的任意部分进行扭曲、收缩、膨胀等变形处理。下面简单介绍“液化”滤镜的使用方法和相关技巧。

扫码看视频

打开“06.jpg”素材图像，执行“滤镜 > 液化”菜单命令，打开“液化”对话框，如下图所示。可通过设置该对话框中的各项参数对图像进行液化处理，具体设置方法如下。

❶**工具栏**：罗列出了液化变形工具，包括“向前变形工具”“重建工具”“冻结蒙版工具”“解冻蒙版工具”等。

❷**画笔工具选项**：用于设置所选工具的参数，包括画笔的大小、浓度、压力和速率等选项。其中，“大小”用于设置扭曲图像的画笔的宽度，“浓度”用于控制画笔如何在边缘羽化，“压力”用于设置在预览图像中拖动工具时的扭曲速度，“速率”用于设置使工具在预览图像中保持静止时扭曲所应用的速度。

❸**重建选项**：用于设置重建的方式，并可以撤销在图像上所做的调整。单击其下的“重建”按钮，可对图像应用重建效果一次；单击“恢复全部”按钮，可以去除画面中的所有扭曲效果，包括冻结区域中的扭曲效果。

❹**蒙版选项**：用于设置图像中的蒙版区域。单击“替换选区”按钮，则显示原图像中的选区、蒙版或透明度；单击“添加到选区”按钮，则将通道中的选定像素添加到当前的冻结区域中；单击“从选区中减去”按钮，则从当前的冻结区域中减去通道中的像素；单击“与选区交叉”按钮，则只使用当前处于冻结状态的选定像素；单击“反相选区”按钮，则使用选定像素让当前的冻结区域反相；单击“无”按钮，可解冻所有冻结区域；单击“全部蒙版”按钮，将对全图应用蒙版冻结效果；单击“全部反相”按钮，可使冻结和解冻的区域对调。

❺视图选项：用于设置图像中要显示的内容，包括蒙版、背景、图像和网格等。勾选“视图选项”下方的“显示图像”复选框，可在图像预览区域中显示图像；若不勾选“显示图像”复选框，则只会在图像预览区域显示蒙版形状；如果要显示网格效果，则勾选“显示网格”复选框，如右图一所示；如果对图像应用了变形设置，需要查看原图像效果，则勾选“显示背景”复选框，如右图二所示。

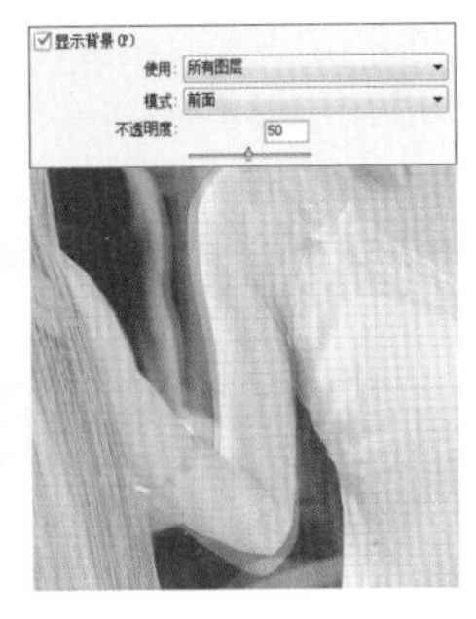

❻缩小、放大和视图显示：单击⊟按钮，将图像等比例缩小；单击⊞按钮，将图像等比例放大；单击“视图”下三角按钮，可在弹出的下拉列表中选择需要的视图选项。

应用 应用“液化”滤镜将圆脸变成瓜子脸

打开“07.jpg”素材图像，如图❶所示。执行“滤镜＞液化”菜单命令，在打开的“液化”对话框中单击“向前变形工具”按钮，在人物右侧脸颊边向左拖动进行变形，如图❷所示，减少人物脸上的赘肉；再按S键切换至“褶皱工具”，在人物下巴部分单击鼠标，进一步调整人物脸形。设置完成后单击“确定”按钮，软件会根据设置调整照片中人物的脸形，如图❸所示。

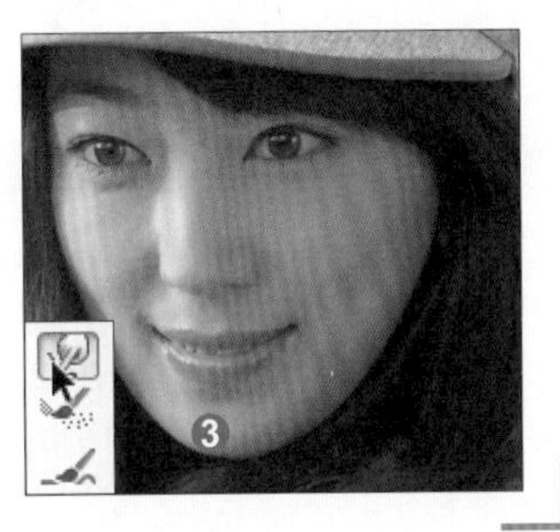

12.6 为人物添加妆容——“画笔工具”的应用

Photoshop 中的“画笔工具”能够极为逼真地模仿各种绘画媒介和技法，在处理人像照片时，可为人物添加逼真的妆容效果。单击工具箱中的“画笔工具”按钮，可在其选项栏中设置画笔笔触的形态、模式和不透明度等参数，如下图所示。

扫码看视频

❶“画笔预设”选取器：单击“点按可打开‘画笔预设’选取器”按钮，在弹出的选取器中可设置画笔的大小、硬度和外形等，如右图一所示。

❷切换画笔面板：单击“切换画笔面板”按钮，可打开“画笔”面板，该面板包含用于确定如何向画面应用颜料的画笔笔尖选项。用户可选择预设画笔，也可自定义画笔形态，如右图二所示。

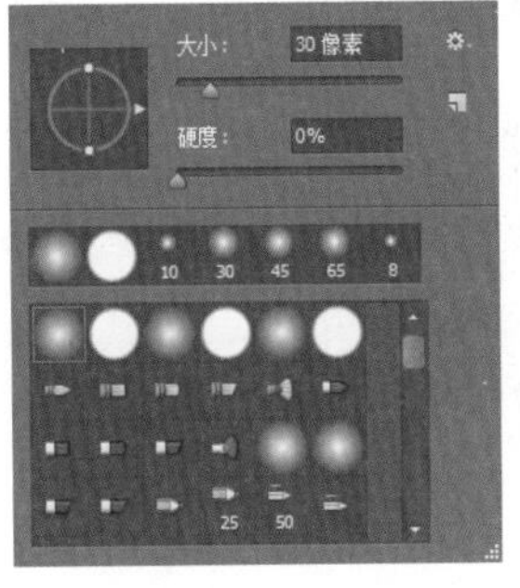

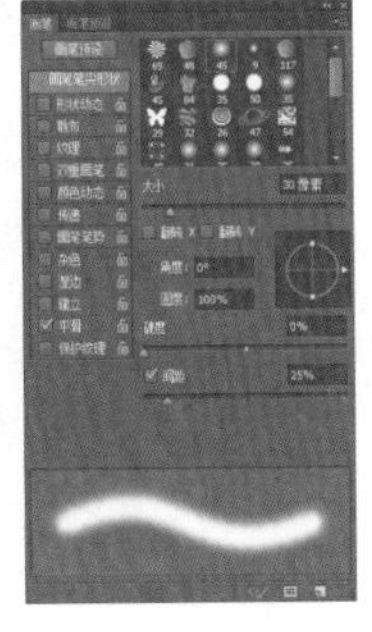

人像照片的后期修饰

技巧 载入预设画笔

单击“点按可打开‘画笔预设’选取器”按钮，弹出“画笔预设”选取器。单击右上角的扩展按钮，在弹出的菜单中选择“载入画笔”命令，如图❶所示。弹出“载入”对话框，在该对话框中选中需要载入的画笔，然后单击“载入”按钮，如图❷所示，即可载入画笔。载入画笔后，拖动“画笔预设”选取器中的滑块，在其最下方将显示载入的画笔。

❸**模式**：“模式”下拉列表框用于设置绘画颜色与下方现有像素混合的方法。Photoshop 提供了 27 种混合模式，打开“08.jpg”素材图像，下左图所示分别为原图，以及设置模式为“正常”和“溶解”时使用画笔涂抹后的图像效果。

❹**不透明度**：用于设置应用颜色的不透明度。若“不透明度”设置为 100%，则表示不透明。设置的数值越小，笔触越透明。打开“09.jpg”素材图像，下右图所示分别为原图，以及设置“不透明度”为 100% 和 40% 时使用画笔涂抹后的图像效果。

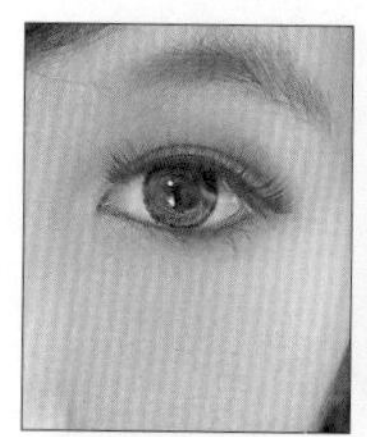
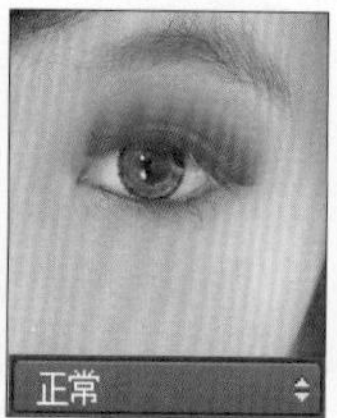

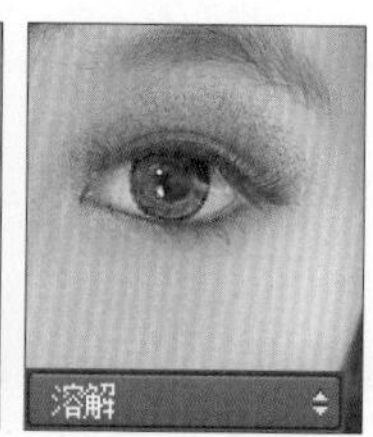

❺**流量**：用于设置画笔的笔触密度。打开“10.jpg”素材图像，右图所示分别为原图，以及设置“流量”为 100% 和 40% 时使用画笔涂抹后的图像效果。

第12章

应用 为照片添加个性花纹

打开“11.jpg”素材图像，如图❶所示。结合使用“钢笔工具”与“直接选择工具”绘制路径，然后创建“图层 1”图层，如图❷所示。按 B 键切换至“画笔工具”，在“画笔”面板中选择“柔角 30”画笔，再设置“大小”为 26 像素，如图❸所示。单击“形状动态”选项，参照图❹所示设置各项参数。接着将前景色设置为 R251、G115、B240，在“路径”面板中单击底部的“用画笔描边路径”按钮，如图❺所示，应用画笔描边效果。复制描边图案并调整位置，完成个性花纹的添加，如图❻所示。

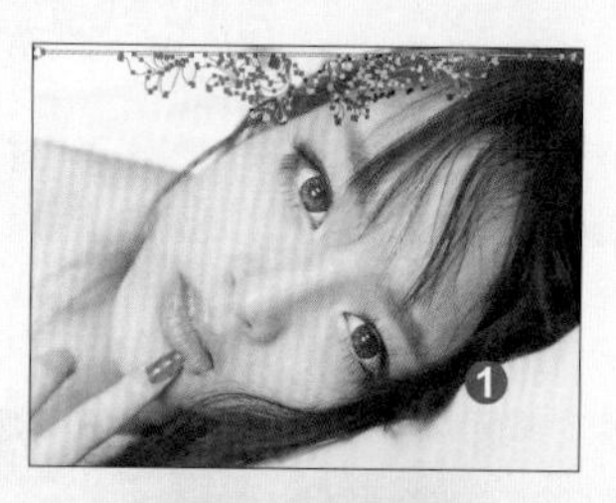
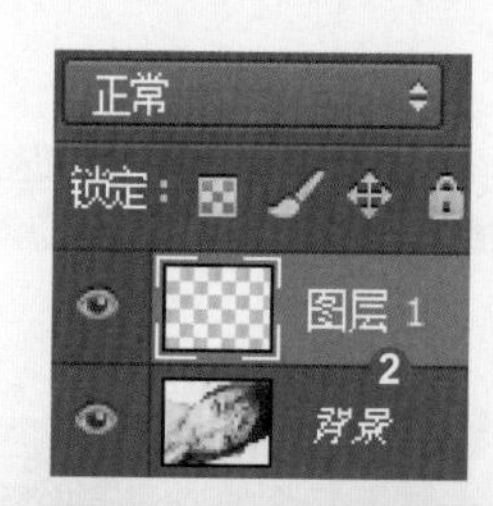

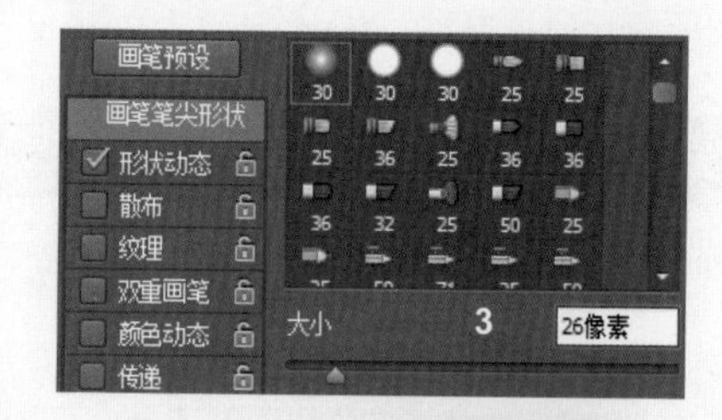

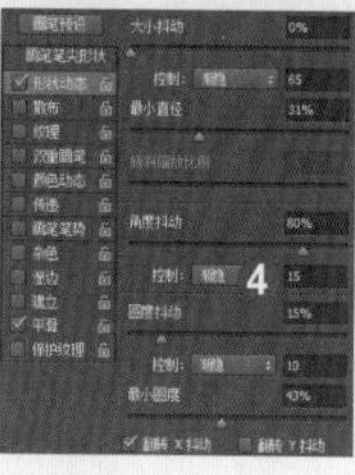

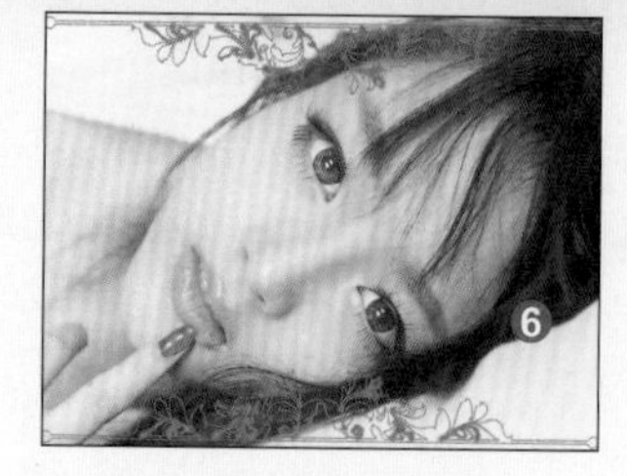

12.7 快速添加特殊效果——图层混合模式

Photoshop 的“图层”面板提供了丰富的混合模式选项，如下图所示。用这些混合模式选项结合不透明度和填充不透明度的设置，可快速为数码照片添加各种特殊效果。

扫码看视频

❶混合模式：该选项用于设置当前图层和下一图层之间的颜色混合方式，单击右侧的下拉按钮，即可选择并切换混合方式。

❷不透明度：用于确定当前图层遮蔽或显示其下方图层的程度，不透明度为 1% 的图层看起来几乎是透明的，而不透明度为 100% 的图层则显得完全不透明。

❸填充不透明度：该选项用于调整当前图层中的像素、形状或文本的不透明度，但不会对图层中的投影、发光等图层样式效果产生影响。

使用混合模式可以创建各种特殊效果。打开“12.jpg”和“13.jpg”两张素材图像，将“13.jpg”光晕素材拖至“12.jpg”人物图像中，则“图层”面板中将显示“背景”和“图层 1”两个图层，如下左图所示。

确保“图层 1”为选中状态，单击“图层混合模式”下三角按钮，在弹出的下拉列表中可设置图层的混合模式，如下右图所示分别为“滤色”和“叠加”两种图层混合模式效果。

技巧 设置图层混合模式的其他方法

除了可在“图层混合模式”下拉列表框中设置混合模式外，还可以通过“图层样式”对话框来设置图层混合模式。执行“图层 > 图层样式 > 混合选项”菜单命令，打开“图层样式”对话框，在“常规混合”选项组的“混合模式”下拉列表框中可设置图层的混合模式。

实例演练——清除人物眼袋及眼纹

解析：年龄增大、睡眠不规律等因素都会导致眼袋和眼纹。若照片中的人物有眼袋和眼纹，会给人一种精神萎靡的感觉。本实例将介绍如何使用 Photoshop 快速清除人物的眼袋和眼纹。下图所示为制作前后的效果对比图，具体操作步骤如下。

扫码看视频

◎ **原始文件：**随书资源\12\素材\14.jpg

◎ **最终文件：**随书资源\12\源文件\清除人物眼袋及眼纹.psd

01 打开“14.jpg”文件，如下左图所示，按Ctrl+J键复制图层，得到“图层1”图层，如下右图所示。

02 单击工具箱中的“缩放工具”按钮，在如下左图所示的位置单击并拖动鼠标，放大显示眼睛部分，如下右图所示。

03 单击工具箱中的“套索工具”按钮，在选项栏中把“羽化”值设置为8像素，然后在眼袋部分单击并拖动鼠标，创建选区，如下图所示。

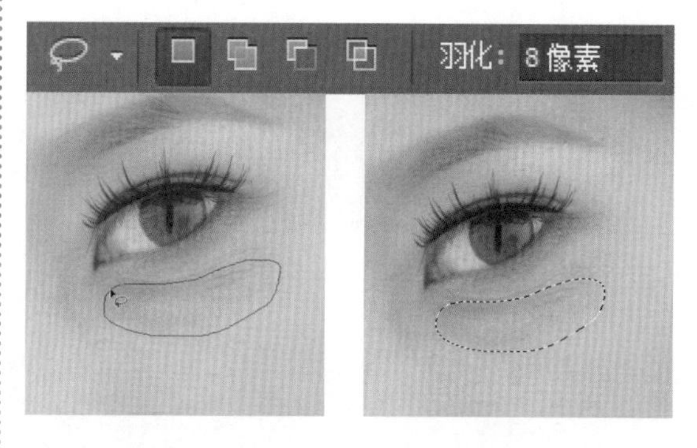

04 执行“选择>变换选区”菜单命令，打开自由变换编辑框，然后运用“移动工具”向下移动选区，如下左图所示。按Enter键确认选区位置，再按Ctrl+C键，复制选区中的图像，如下右图所示。

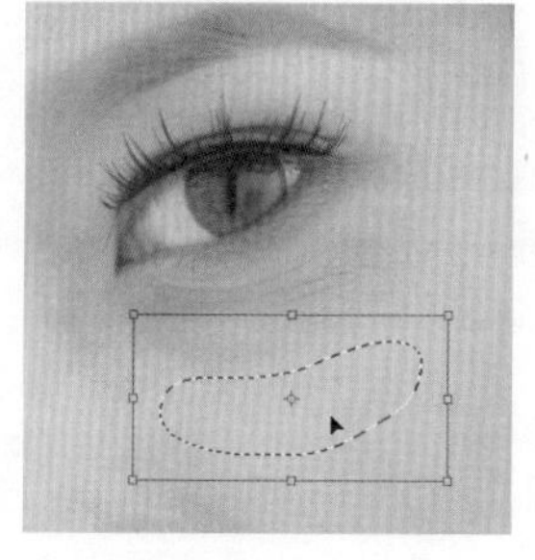

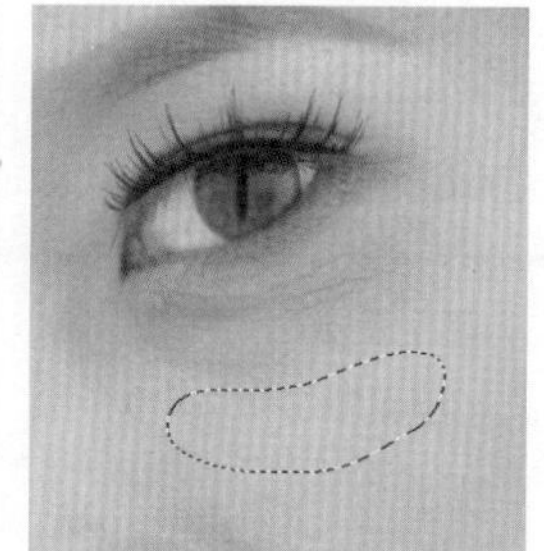

05 执行“选择>变换选区”菜单命令，打开自由变换编辑框，再次运用“移动工具”把选区拖动至原先的位置，如下左图所示。按Enter键确认选区位置，然后执行“编辑>粘贴”菜单命令或按Ctrl+V键，粘贴已复制的图像，再取消选区，得到如下右图所示的图像效果。

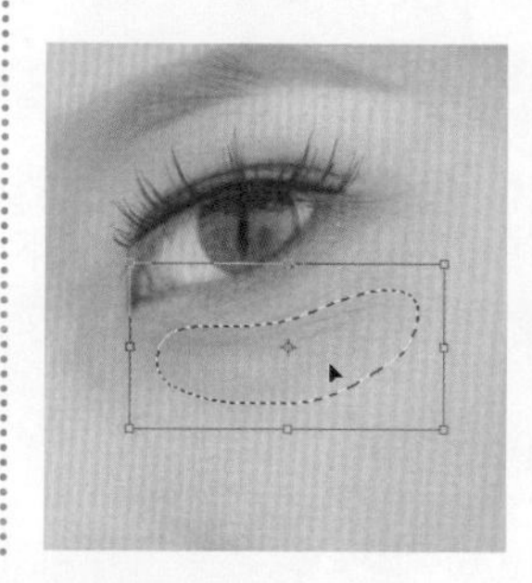

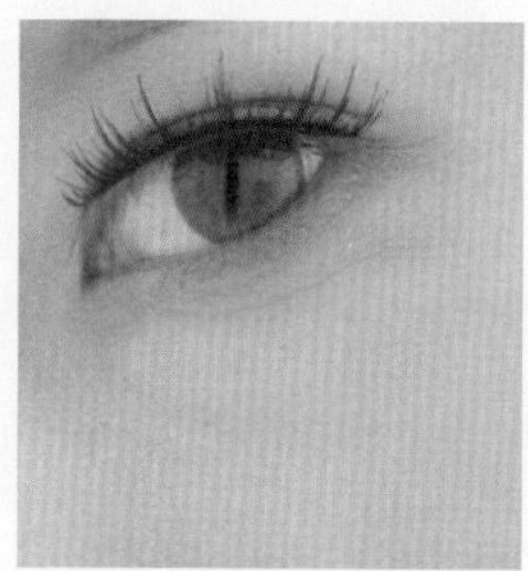

06 通过上一步操作，得到“图层2”图层，设置图层的“不透明度”为75%，如下左图所示。执行“图层>向下合并”菜单命令，向下合并图层，得到“图层1”图层，如下右图所示。

07 单击工具箱中的“修补工具”按钮，在人物眼部过渡不自然的位置创建选区，再将其拖动至较好的皮肤上，如下左图所示。继续修去这只眼睛的眼袋及眼纹，效果如下右图所示。

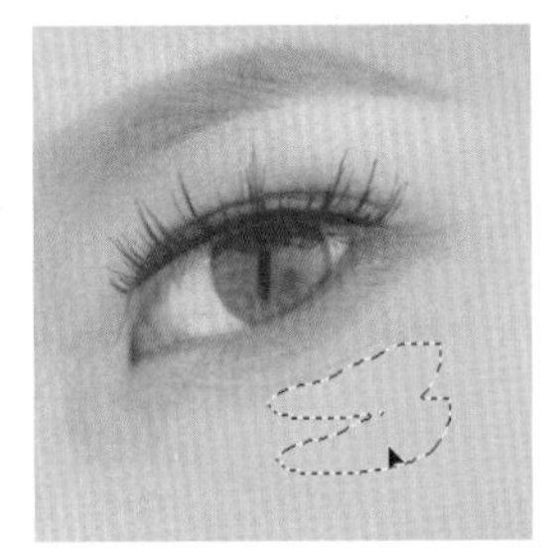

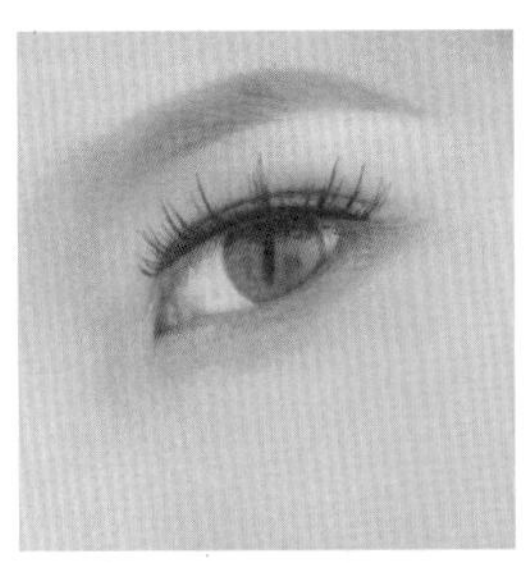

08 用“修补工具”在另一只眼睛的眼袋及眼纹部分创建选区，并向下拖动选区内的图像，修去眼袋及眼纹，如下图所示。

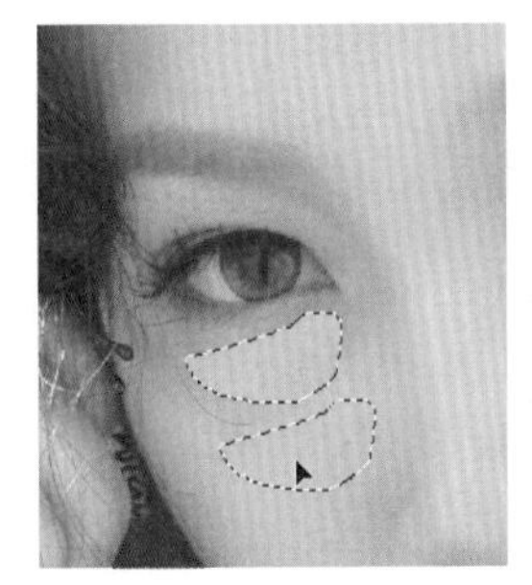

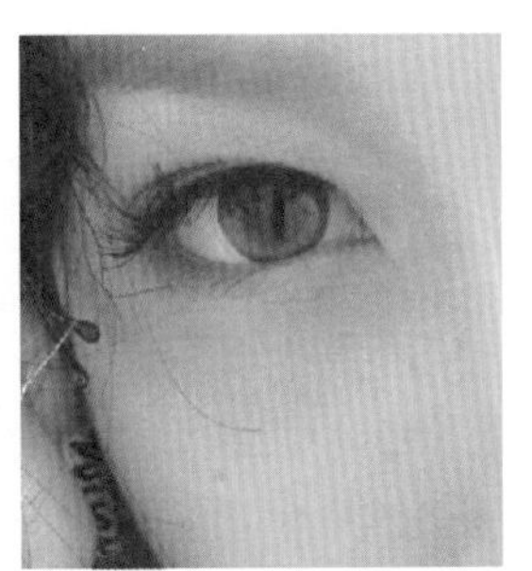

09 设置“图层1”图层的“不透明度”为80%，如下图所示。

10 按快捷键Shift+Ctrl+Alt+E盖印可见图层，得到“图层2”图层，如下左图所示。选择工具箱中的“污点修复画笔工具”，将鼠标移至人物皮肤上的瑕疵位置，如下右图所示。

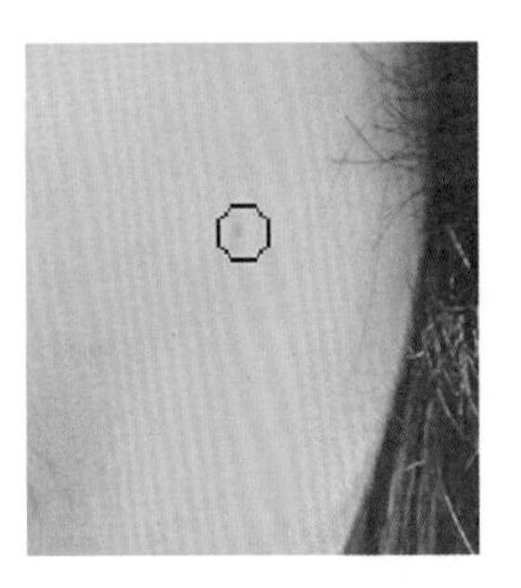

11 单击鼠标，去除鼠标所在位置的瑕疵，如下左图所示。继续使用“污点修复画笔工具”修复面部皮肤瑕疵，最终的修复效果如下右图所示。至此，已完成本实例的制作。

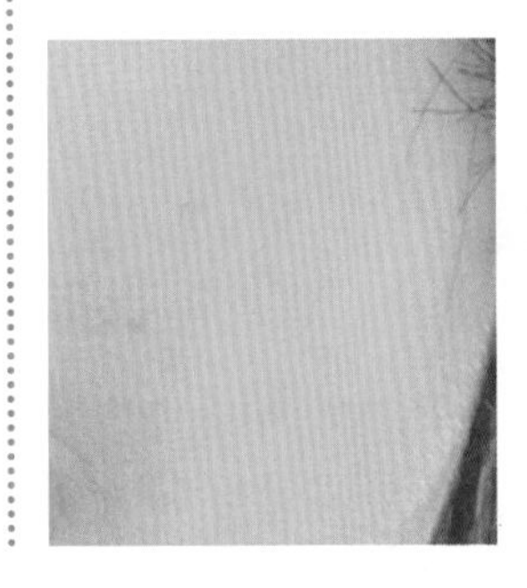

实例演练——制作明亮有神的眼睛

解析： 暗淡无光的双眼会让整个人显得无精打采。若能够让眼睛变得水汪汪的，人像照片就会更加生动迷人。本实例将介绍如何应用 Photoshop 快速制作明亮有神的眼睛。具体操作步骤参照“制作明亮有神的眼睛”视频文件。

扫码看视频

◎ **原始文件：**随书资源\12\素材\15.jpg
◎ **最终文件：**随书资源\12\源文件\制作明亮有神的眼睛.psd

技巧 让调整效果更自然

为了使人物眼神更自然逼真，在编辑“背景 拷贝”图层的蒙版时，应注意调整画笔的不透明度。在涂抹人物眼线部分时，最好将画笔的不透明度设置为 50% 左右。

实例演练——添加卷翘的睫毛

解析：卷翘的睫毛不仅可以令双眸顾盼生辉，还可以让人物显得温情脉脉。在 Photoshop 中可以使用“画笔工具”快速为人物添加自然卷翘的睫毛效果。本实例将会把下载的睫毛画笔载入到“画笔预设”选取器中，然后选择载入的画笔在人物的眼睛旁边绘制卷翘的睫毛效果。下左图所示为制作前后的效果对比图，具体操作步骤如下。

扫码看视频

◎ **原始文件：**随书资源\12\素材\16.jpg、睫毛.abr
◎ **最终文件：**随书资源\12\源文件\添加卷翘的睫毛.psd

第12章

01 打开“16.jpg”文件，选择“缩放工具”，使用鼠标在人物眼睛部分单击并拖动，放大显示该区域，如下图所示。

02 选择“画笔工具”，单击画笔右侧的下三角按钮，在展开的“画笔预设”选取器中单击右上角的扩展按钮，如下左图所示。

03 在打开的扩展菜单中选择“载入画笔”命令，如下右图所示。

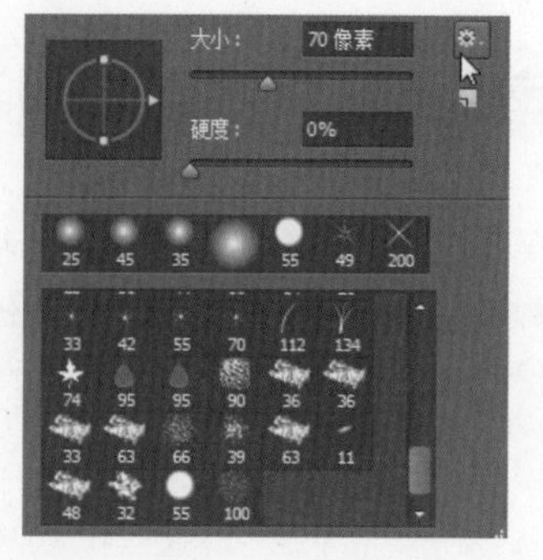

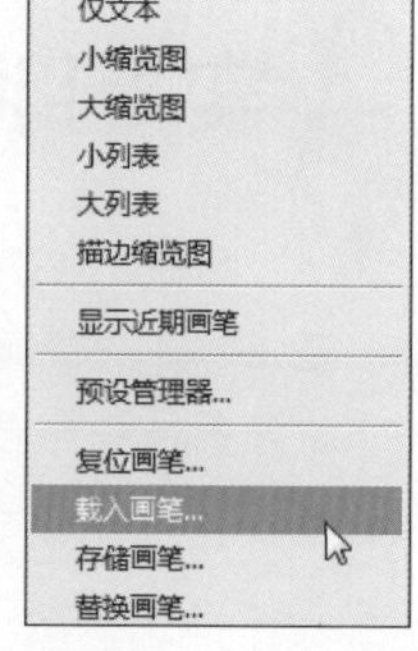

04 打开“载入”对话框，在对话框中选择要载入的“睫毛”画笔，单击“载入”按钮，如下左图所示。载入画笔后，在“画笔预设”选取器中会显示载入的画笔，如下右图所示。

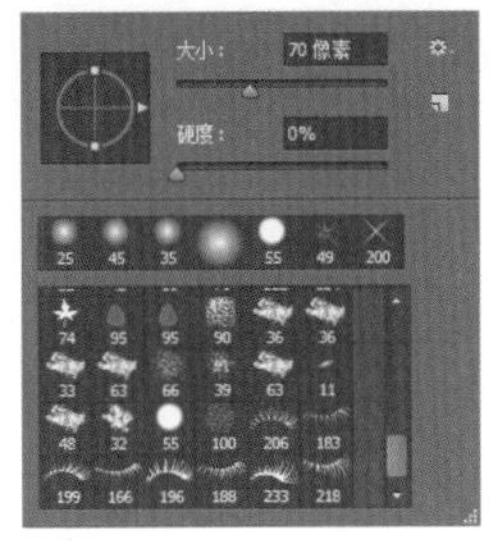

05 单击“图层”面板底部的“创建新图层”按钮，创建“图层1”图层，如下左图所示。在“画笔预设”选取器中选择一种睫毛画笔，如下右图所示。

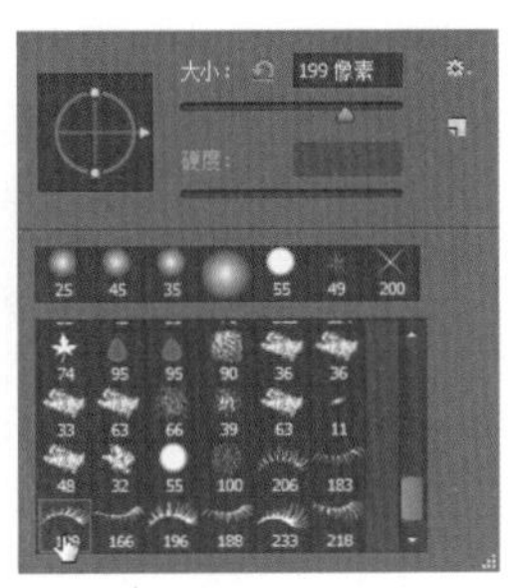

06 执行“窗口>画笔”菜单命令，打开“画笔”面板，在面板中设置各项参数，如下左图所示。设置前景色为R30、G38、B23，画笔“不透明度”为90%，在人物的一只眼睛上方单击，绘制上眼睫毛，如下右图所示。

07 打开“画笔”面板，在面板中设置各项参数，更改画笔属性，如下左图所示。

08 在人物的另一只眼睛上方单击，绘制上眼睫毛，如下右图所示。

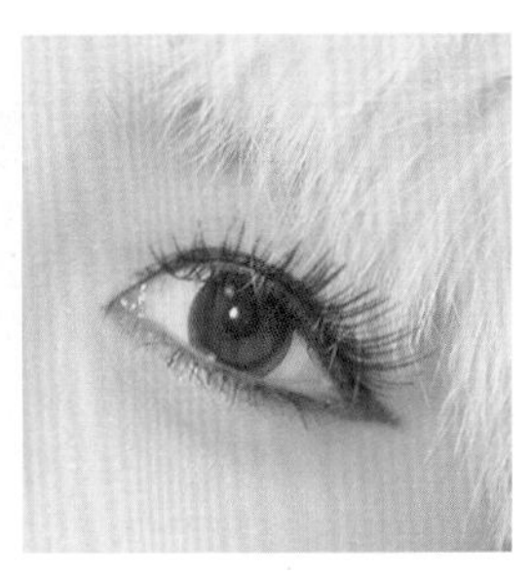

09 在“画笔预设”选取器中选择用于绘制下眼睫毛的画笔，如下左图所示。打开“画笔”面板，在面板中设置各项参数，更改画笔属性，如下右图所示。

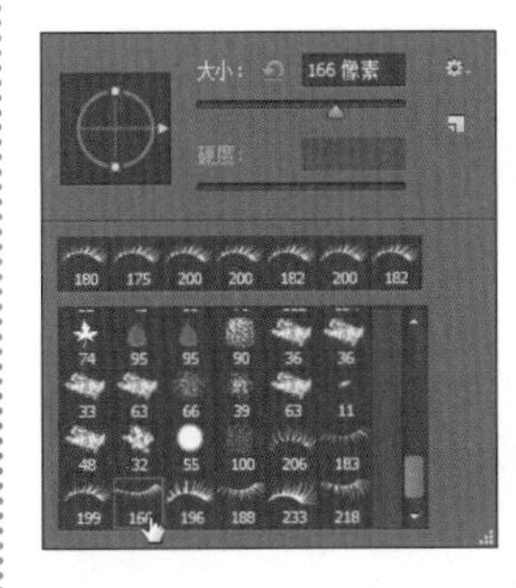

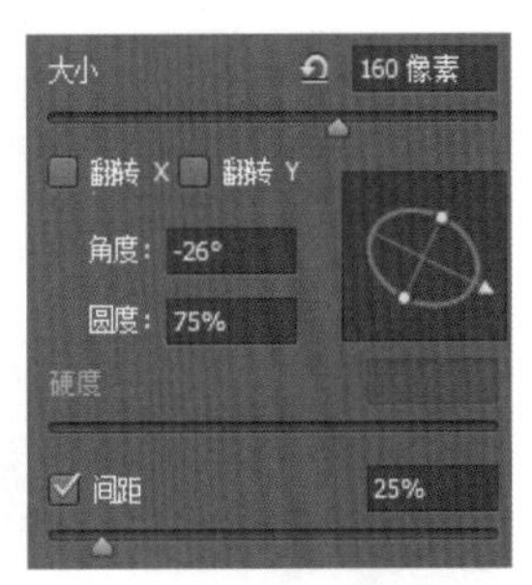

10 单击“图层”面板底部的“创建新图层”按钮，创建“图层2”图层，如下左图所示。设置画笔“不透明度”为70%，在一只眼睛下方单击，绘制下眼睫毛，如下右图所示。

11 打开“画笔”面板，在面板中设置各项参数，更改画笔属性，如下左图所示。在另一只眼睛下方单击，绘制下眼睫毛，如下右图所示。至此，已完成本实例的制作。

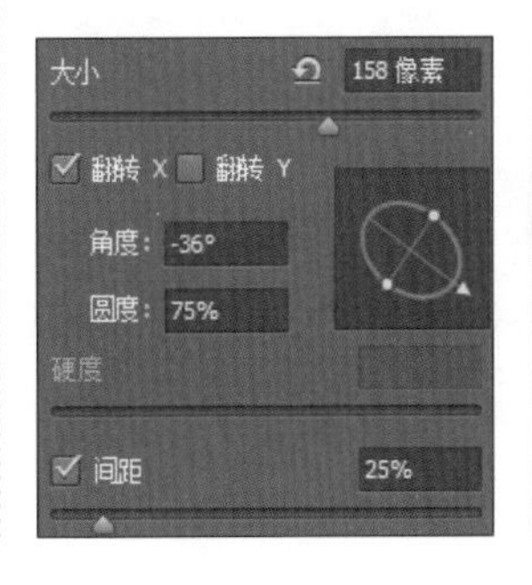

实例演练——修出精细眉形

解析：只要对眉毛稍做修整，整个面孔就会变得完全不一样。精细的眉形可使面部看上去更有型。本实例将介绍如何应用“钢笔工具”和“仿制图章工具”修出精细的眉形。下左图所示为制作前后的效果对比图，具体操作步骤如下。

扫码看视频

◎ 原始文件：随书资源\12\素材\17.jpg
◎ 最终文件：随书资源\12\源文件\修出精细眉形.psd

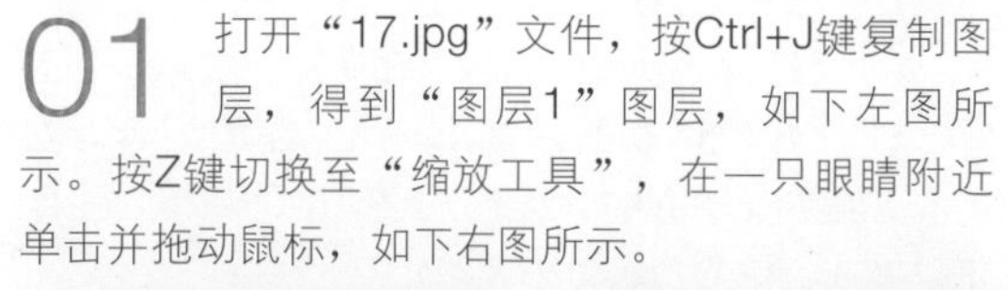

01 打开“17.jpg”文件，按Ctrl+J键复制图层，得到“图层1”图层，如下左图所示。按Z键切换至“缩放工具”，在一只眼睛附近单击并拖动鼠标，如下右图所示。

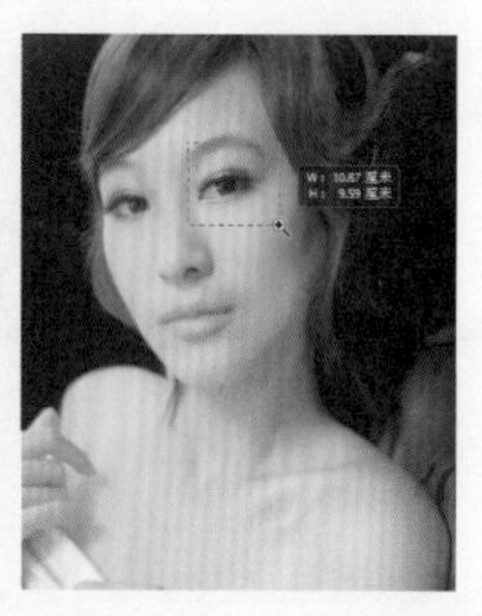

02 将图像放大至合适比例，使用“钢笔工具”在眉毛部分单击并拖动鼠标，绘制路径，绘制效果如下左图所示。按Ctrl+Enter键，将绘制的路径转换为选区，并将该选区羽化2像素，如下右图所示。

羽化半径(R)：2

03 单击工具箱中的“仿制图章工具”按钮，按住Alt键，在如下左图所示的位置单击鼠标，进行图像取样。使用“仿制图章工具”在选区中单击并拖动鼠标，修掉多余的眉毛，如下右图所示。

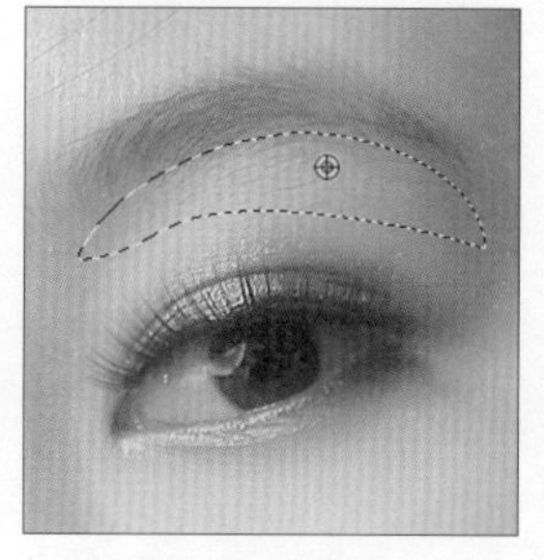

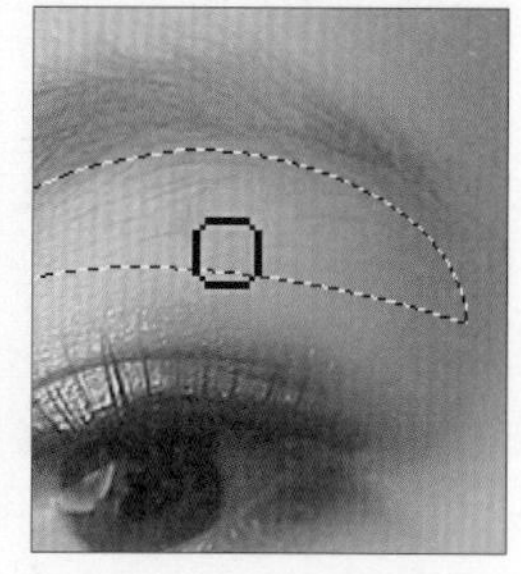

04 使用“钢笔工具”在如下左图所示的位置绘制路径。按Ctrl+Enter键，将绘制的路径转换为选区，使用“仿制图章工具”修掉选区中的多余毛发，如下右图所示。

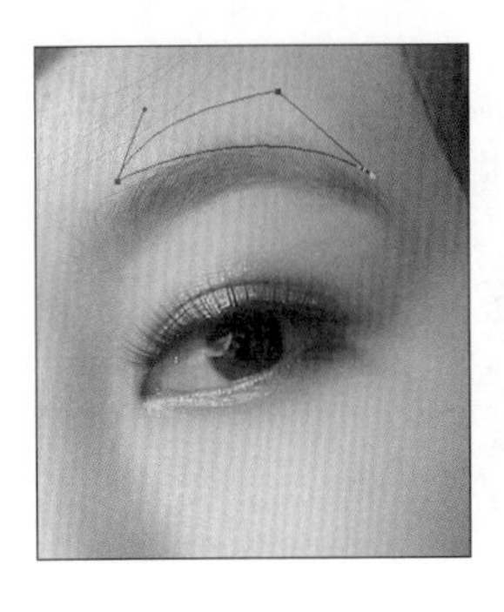
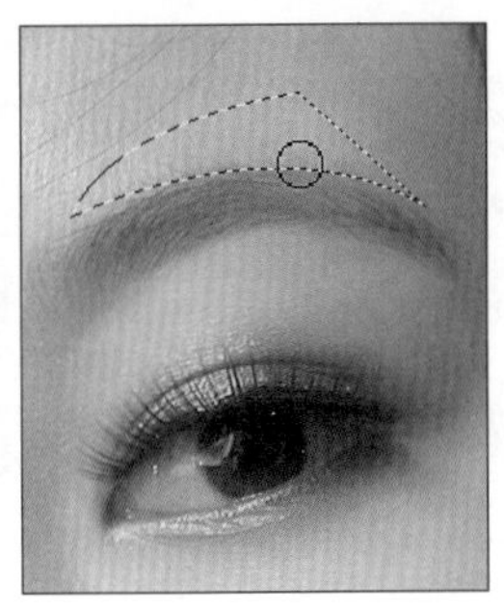

05

继续使用“仿制图章工具”修饰眉毛，完成后按快捷键Ctrl+D取消选区，得到如下左图所示的图像效果。使用“钢笔工具”在另一只眼睛上方单击并拖动鼠标，创建路径，如下右图所示。

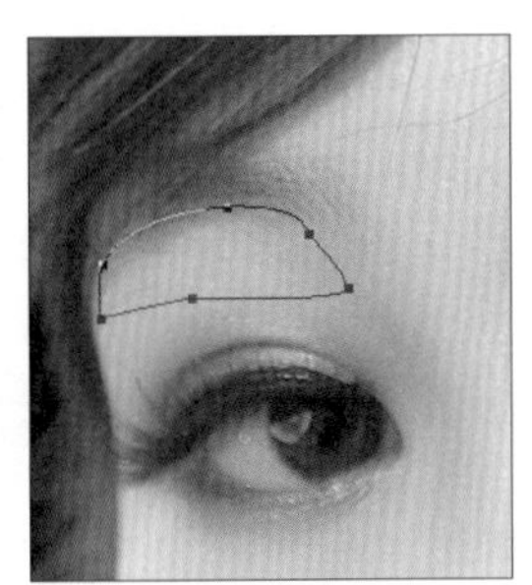

06

按快捷键Ctrl+Enter，将绘制的路径转换为选区，如下左图所示。使用“仿制图章工具”修掉选区中的多余毛发，如下右图所示。

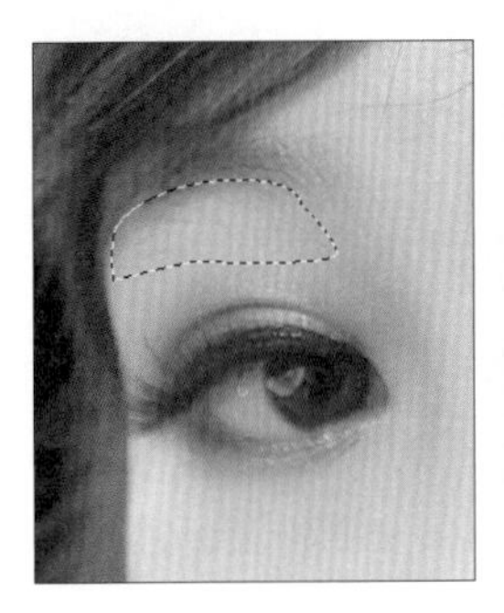
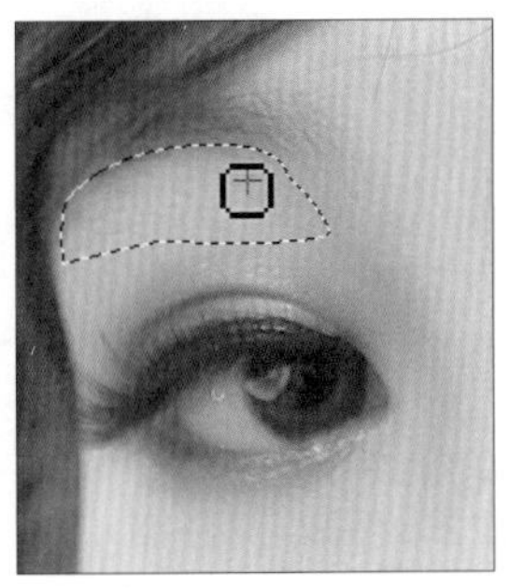

07

根据眉毛外形继续使用“钢笔工具”绘制路径，如下左图所示。按快捷键Ctrl+Enter，将绘制的路径转换为选区，如下右图所示。

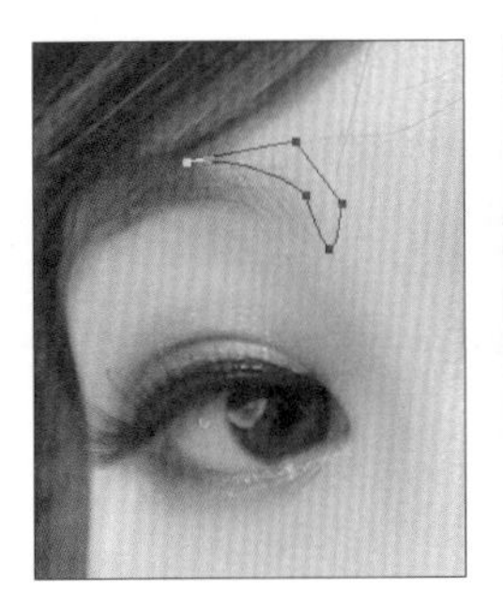
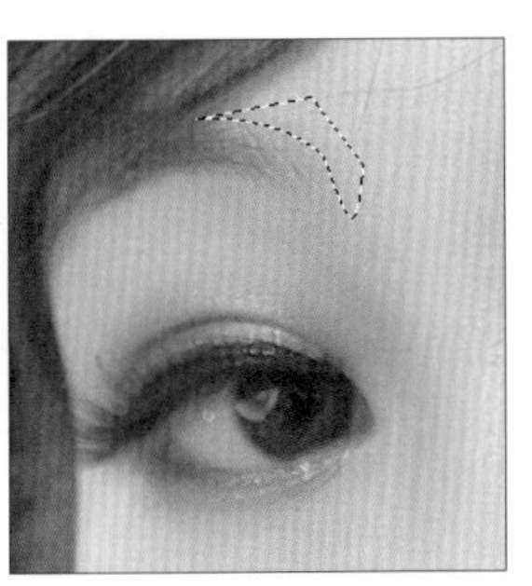

08

选择“仿制图章工具”，按住Alt键，在眉毛部分单击鼠标，进行图像取样，如下左图所示。将鼠标移至选区中涂抹，修饰眉毛外形，如下右图所示。

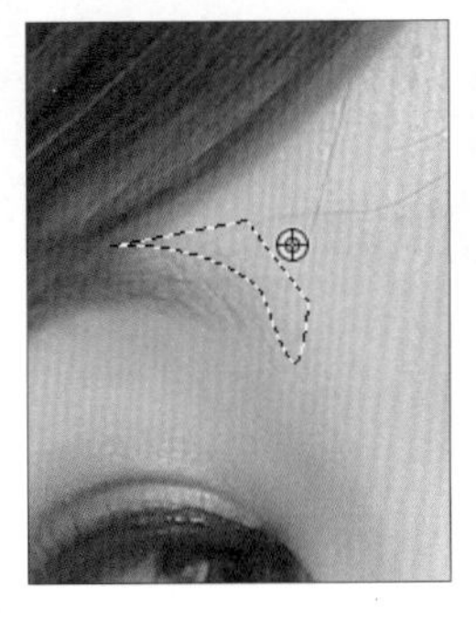
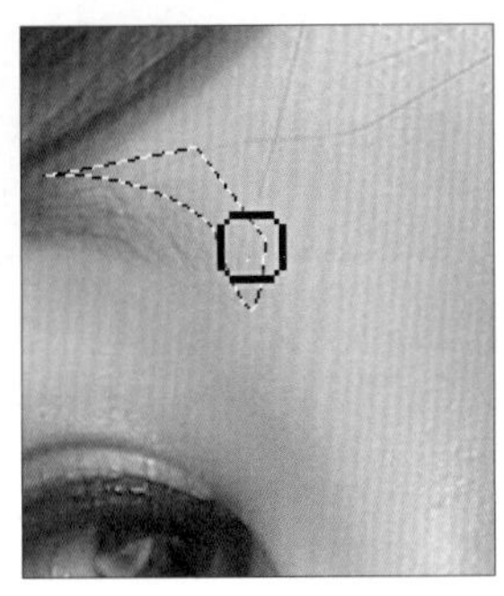

09

继续使用“仿制图章工具”修饰眉毛，如下左图所示。单击“调整”面板中的“色阶”按钮，如下右图所示，创建“色阶1”调整图层。

10

打开“属性”面板，在面板中设置色阶的各项参数，如下左图所示，调整图像的明暗，得到如下右图所示的图像效果。至此，已完成本实例的制作。

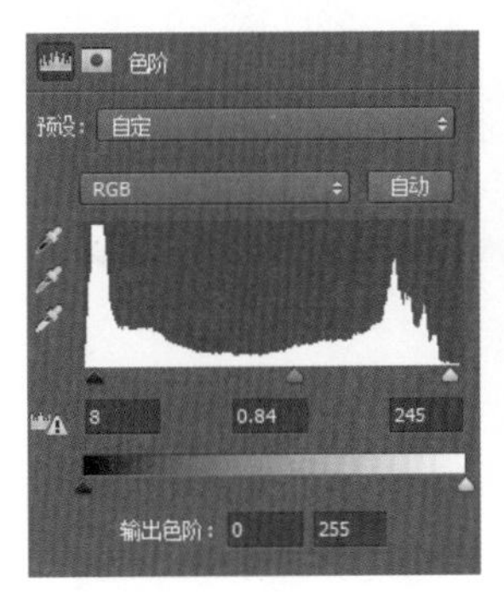

应用　让眉毛更浓密

打开“18.jpg”素材图像，如图❶所示，在如图❷所示的位置创建选区，按 Ctrl+J 键复制图层，得到“图层 1”图层，参照图❸设置图层属性，设置后的效果如图❹所示。

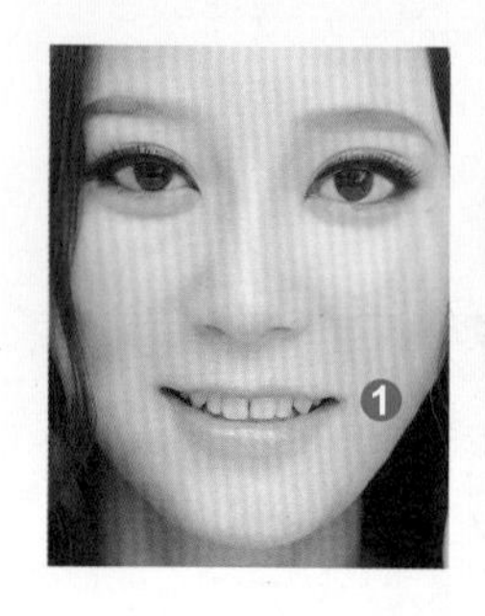

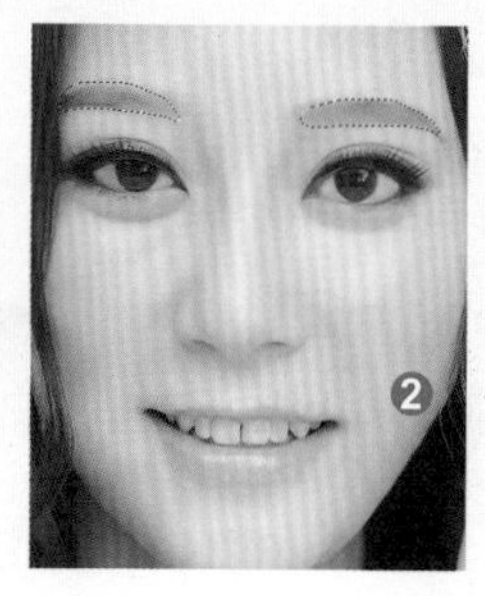

实例演练——修补齿缝打造瓷白美牙

解析：在处理人像照片时，如果照片中人物的表情是张嘴露齿的笑容，就要注意牙齿是否有发黄、不整齐等问题。本实例将应用 Photoshop 快速修补牙齿缝隙，并对牙齿做美白处理，使照片中人物的笑容更加灿烂。下图所示为制作前后的效果对比图，具体操作步骤如下。

扫码看视频

◎ **原始文件**：随书资源\12\素材\19.jpg

◎ **最终文件**：随书资源\12\源文件\修补齿缝打造瓷白美牙.psd

第12章

原 图

效果图

01 打开“19.jpg”文件，按Ctrl+J键复制图层，得到“图层1”图层，如下图所示。

02 单击工具箱中的“修复画笔工具”按钮，按住Alt键，在牙齿位置单击取样，如下左图所示。将鼠标移至牙齿缝隙位置连续单击，修补图像，如下右图所示。

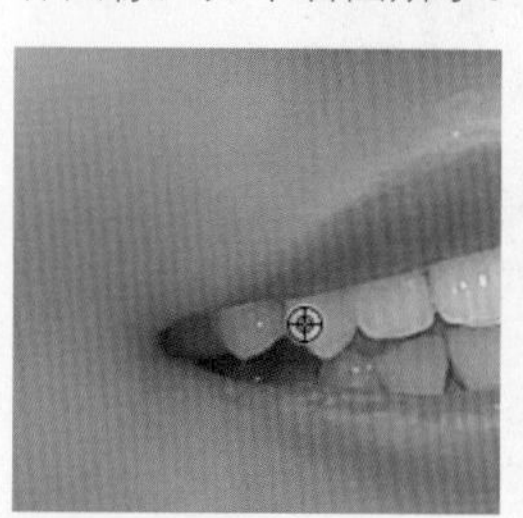

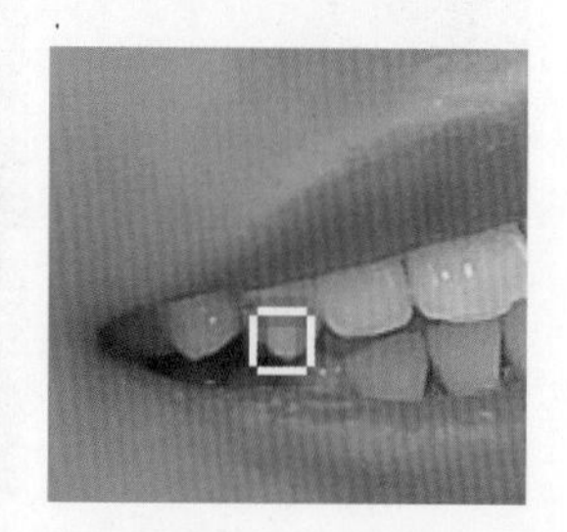

03 继续使用“修复画笔工具”修复牙齿缝隙，使照片中人物的牙齿变得更整齐，如下图所示。

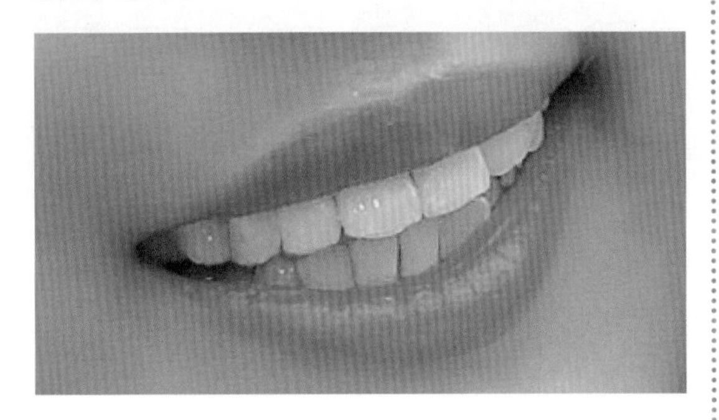

04 选择工具箱中的“套索工具”，在下牙位置单击并拖动鼠标，创建选区，如下左图所示。按快捷键Ctrl+J，复制选区内的图像，得到“图层2”图层，将此图层的“不透明度”设置为70%，如下右图所示。

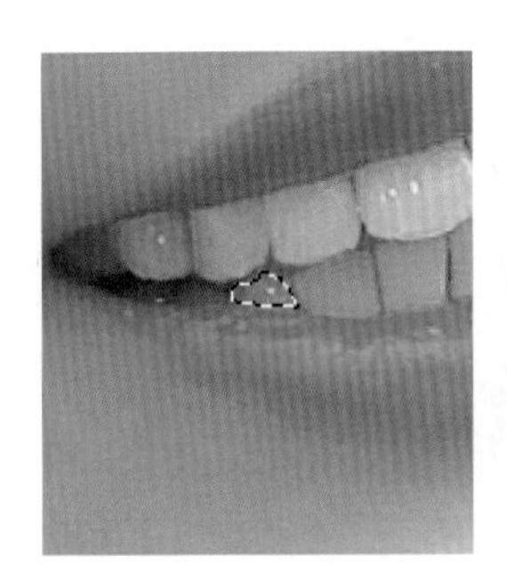

05 选择“移动工具”，把复制的牙齿图像向左拖动至旁边的缝隙位置，如下左图所示，适当调整其大小。按快捷键Ctrl+J，复制“图层2”图层，得到“图层2拷贝”图层，设置图层的“不透明度”为40%，然后将其向左拖动，修补旁边的牙齿缝隙，适当调整大小，如下右图所示。

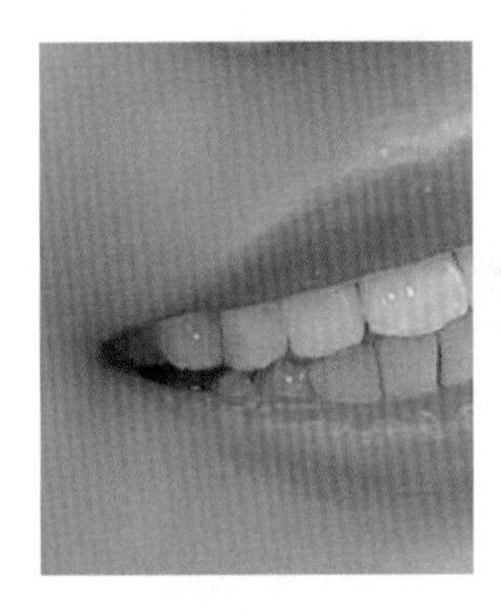

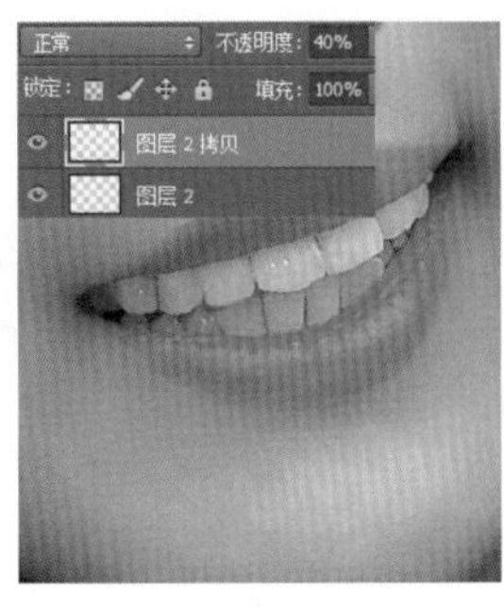

06 按快捷键Shift+Ctrl+Alt+E盖印可见图层，得到“图层3”图层，如下左图所示。单击工具箱中的“以快速蒙版模式编辑”按钮，按B键切换至“画笔工具”，在如下右图所示的位置单击并涂抹。

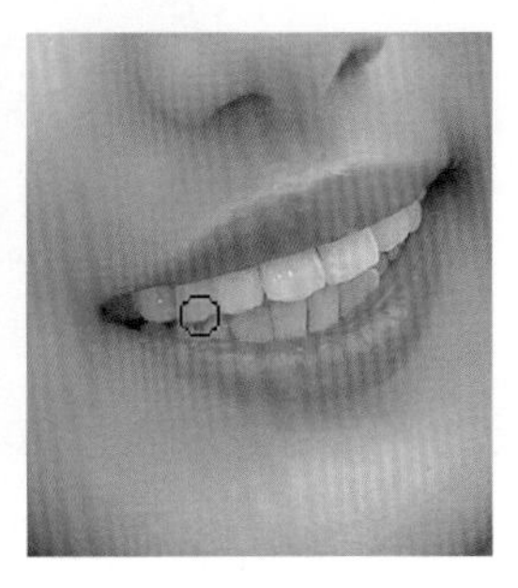

07 继续使用“画笔工具”在人物牙齿部分单击并涂抹，如下左图所示。完成后单击“以标准模式编辑”按钮，退出快速蒙版状态，创建选区，执行“选择>反选”菜单命令或按Shift+Ctrl+I键，将选区反选，如下右图所示。

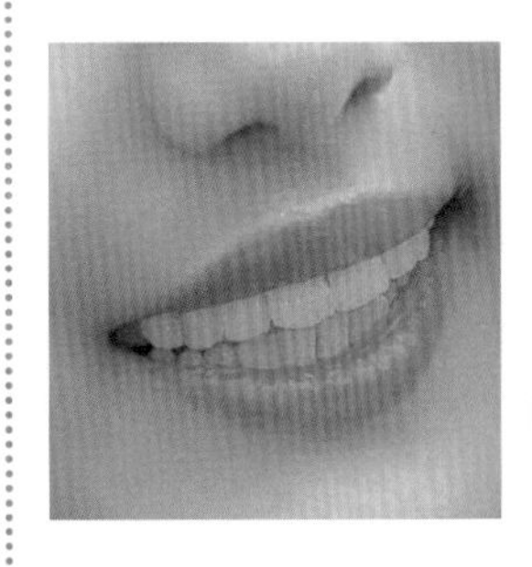

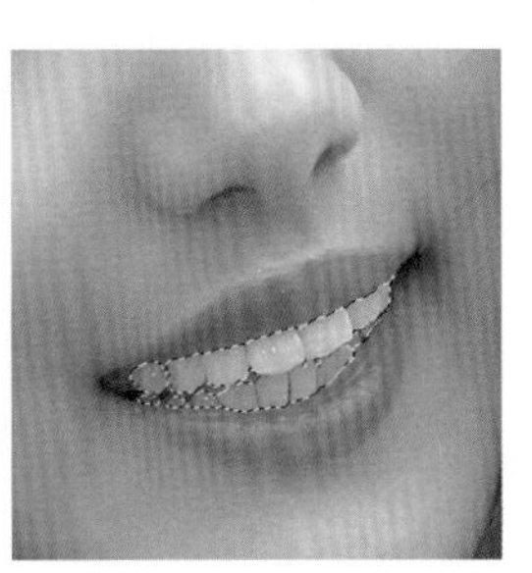

08 按Shift+F6键，打开“羽化选区”对话框，设置“羽化半径”为2，如下左图所示。设置完成后单击“确定”按钮，羽化选区，如下右图所示。

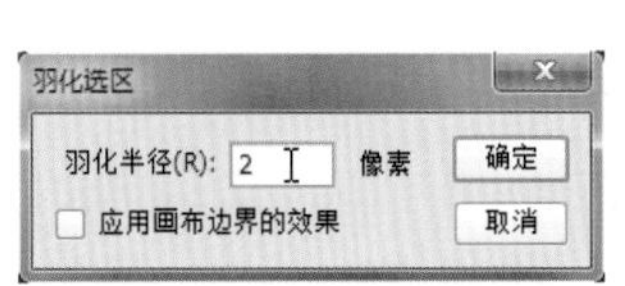

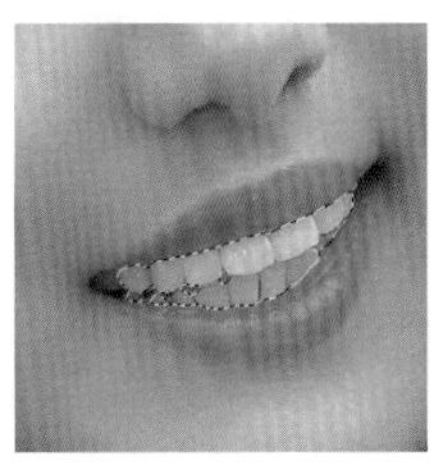

09 创建“色相/饱和度1”调整图层，在打开的“属性”面板中选择“黄色”选项，设置“饱和度”为-60，如下左图所示。然后选择“全图”选项，设置“明度”为+20，如下右图所示。

10 按住Ctrl键单击“色相/饱和度1”调整图层蒙版缩览图，载入牙齿选区，创建“色彩平衡1”调整图层，在打开的“属性”面板中设置选项，调整牙齿颜色，如右图一所示。得到如右图二所示的图像效果。至此，已完成本实例的制作。

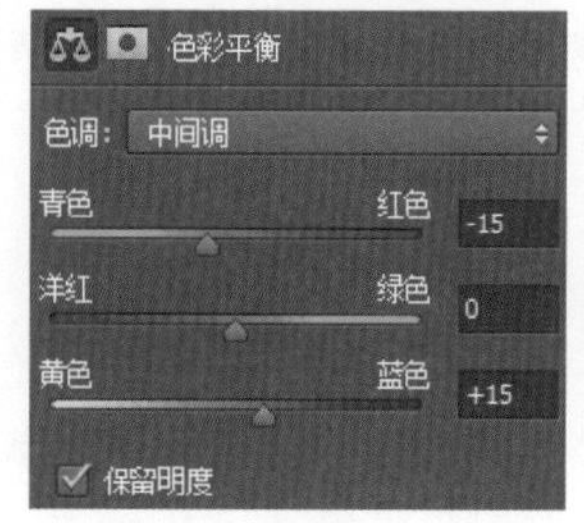

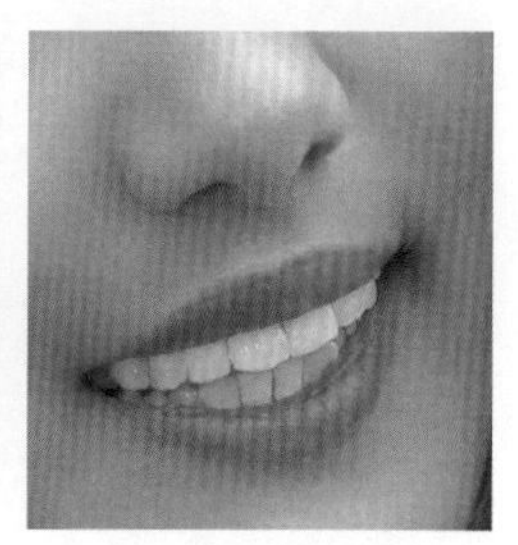

实例演练——制作闪亮唇彩

解析：对于人像照片而言，嘴唇可以说是仅次于眼睛的重要特征。干涩的嘴唇会显得不够鲜活。本实例将介绍如何应用Photoshop中的图层混合模式和其他命令制作闪亮的唇彩。具体操作步骤参照“制作闪亮唇彩”视频文件。

扫码看视频

◎ **原始文件**：随书资源\12\素材\20.jpg
◎ **最终文件**：随书资源\12\源文件\制作闪亮唇彩.psd

实例演练——去除人物皮肤上的痘痘

解析：如果内分泌失调或没做好皮肤清洁，痘痘可能就会“光临”脸部，非常影响美观。Photoshop中的“污点修复画笔工具”是十分简单又有效的战“痘”武器。本实例将介绍如何应用该工具快速去除人物面部的痘痘。具体操作步骤参照“去除人物皮肤上的痘痘”视频文件。

扫码看视频

◎ **原始文件**：随书资源\12\素材\21.jpg
◎ **最终文件**：随书资源\12\源文件\去除人物皮肤上的痘痘.psd

实例演练——轻松磨皮打造细腻的皮肤

解析：近距离拍摄的人像照片很容易暴露皮肤上的瑕疵，此时可以通过磨皮的方式快速去除这些影响美观的瑕疵。本实例将使用Photoshop中的“高反差保留”滤镜和“计算”命令对照片中的人物进行磨皮，并结合调整功能调整人物皮肤的亮度，使人物皮肤粉嫩、有光泽。下图所示为制作前后的效果对比图，具体操作步骤如下。

扫码看视频

◎ 原始文件：随书资源\12\素材\22.jpg
◎ 最终文件：随书资源\12\源文件\轻松磨皮打造细腻的皮肤.psd

01 打开“22.jpg”文件，在“图层”面板中将“背景”图层选中，将其拖动至“创建新图层”按钮上，释放鼠标，复制得到“背景 拷贝”图层，如下图所示。

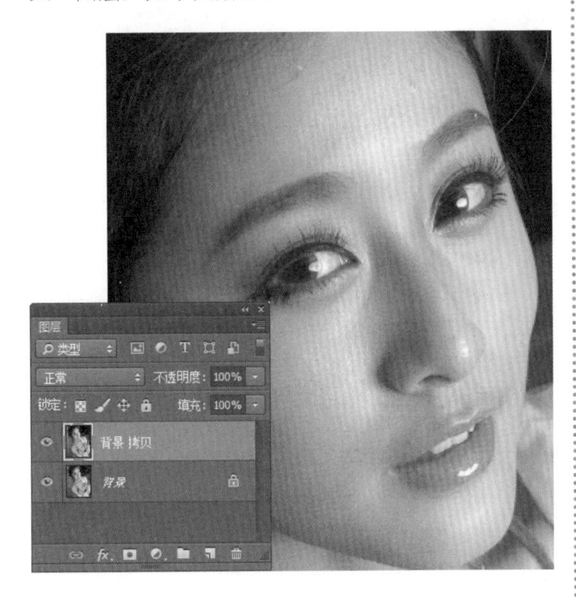

02 展开“通道”面板，观察通道中的图像，发现对比反差最强的为“绿”通道，因此单击“绿”通道，显示“绿”通道中的图像，如下图所示。

03 将选择的“绿”通道拖动至“创建新通道”按钮上，如下左图所示，释放鼠标，复制得到“绿 拷贝”通道，如下右图所示。

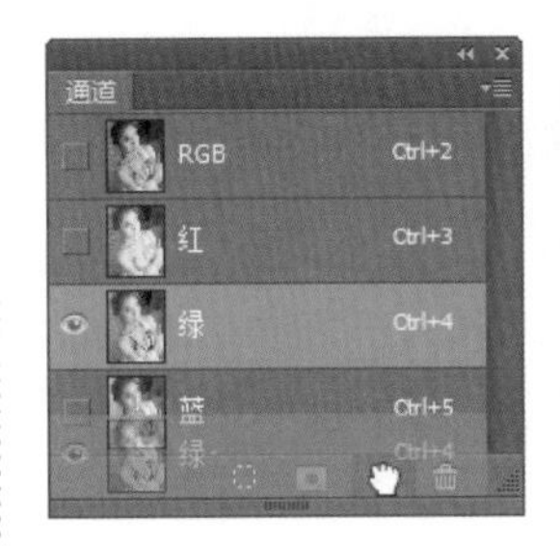

04 确保“绿 拷贝”通道为选中状态，执行“滤镜>其他>高反差保留”菜单命令，打开“高反差保留”对话框。在对话框中根据图像调整参数，设置完成后单击“确定”按钮，应用滤镜，如下图所示。

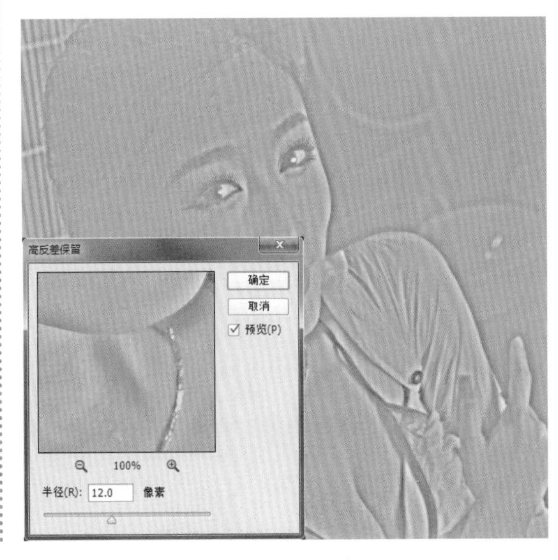

05 选择“绿 拷贝”通道，执行“图像>计算”菜单命令，打开“计算”对话框，在对话框中设置参数，设置完成后单击“确定”按钮，计算图像，得到如下图所示的效果。

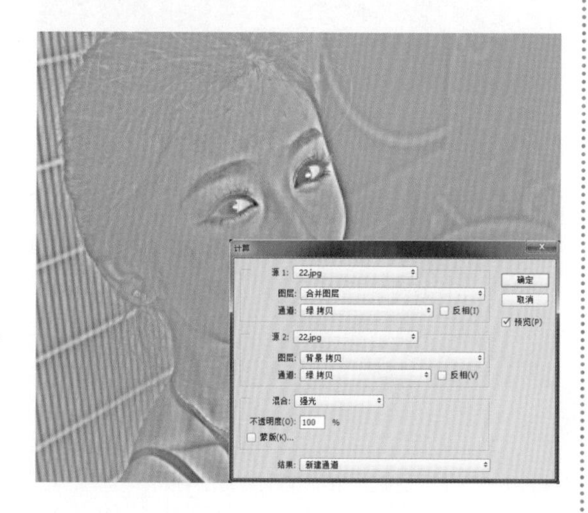

06 打开“通道”面板，在面板中可以看到计算后得到的Alpha1通道，如下左图所示。执行“图像>计算”菜单命令，打开“计算”对话框，在对话框中设置参数，如下右图所示。

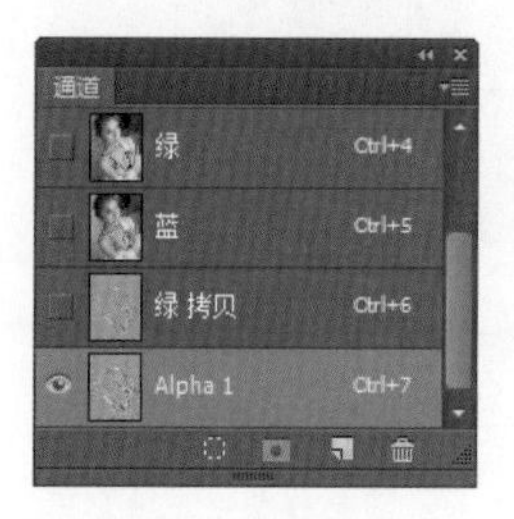

07 设置完成后单击“确定”按钮，计算图像。在“通道”面板中可以看到计算后得到的Alpha2通道，如下图所示。

08 执行“图像>计算”菜单命令，打开“计算”对话框，在对话框中设置参数。设置完成后单击“确定”按钮，计算图像，如下图所示。

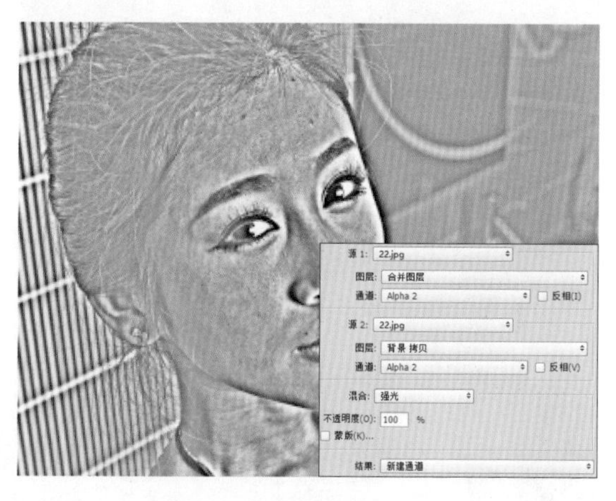

09 在“通道”面板中可看到计算后得到的Alpha3通道，选中该通道，单击“将通道作为选区载入”按钮，将此通道中的图像作为选区载入，如下图所示。

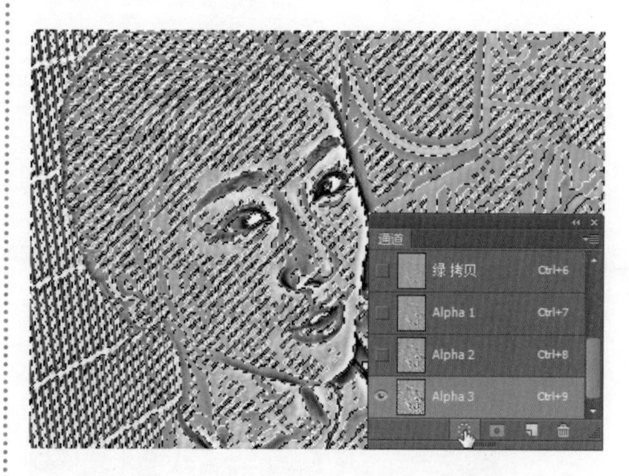

10 执行“选择>反选”菜单命令，反选选区，如下图所示。

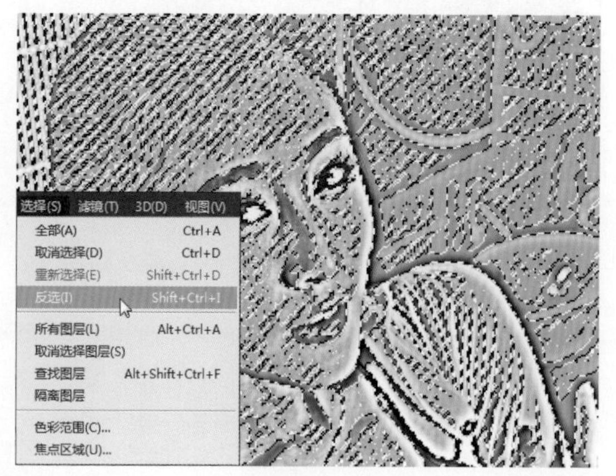

11 单击“通道”面板中的RGB通道。返回“图层”面板，查看设置的选区效果，如下图所示。

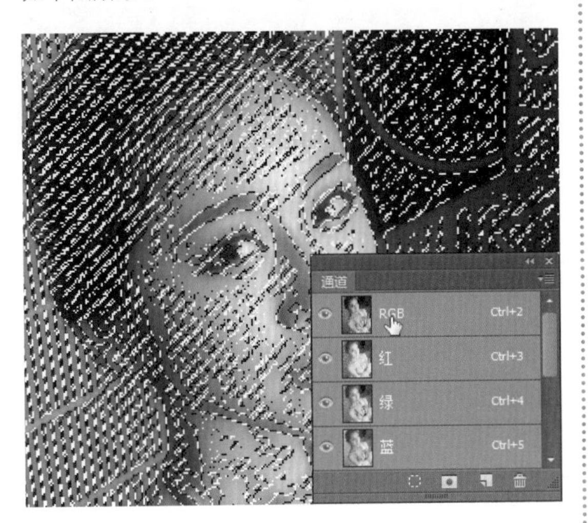

12 创建“曲线1”调整图层，在打开的“属性”面板中单击并向上拖动曲线，如下左图所示。软件根据设置的曲线调整选区内的图像亮度，得到如下右图所示的图像效果。

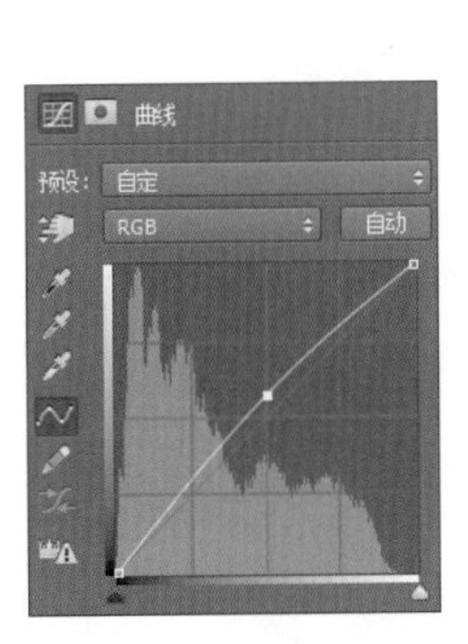

13 单击“曲线1”图层蒙版，选择“画笔工具”，设置前景色为黑色，在皮肤以外的区域涂抹，还原这些区域图像的亮度，如下图所示。

14 按住Ctrl键单击“曲线1”图层蒙版缩览图，载入选区。创建“色阶1”调整图层，打开“属性”面板，在面板中设置参数，如下左图所示。软件根据设置的参数调整选区内的图像，使皮肤显得更光滑，如下右图所示。

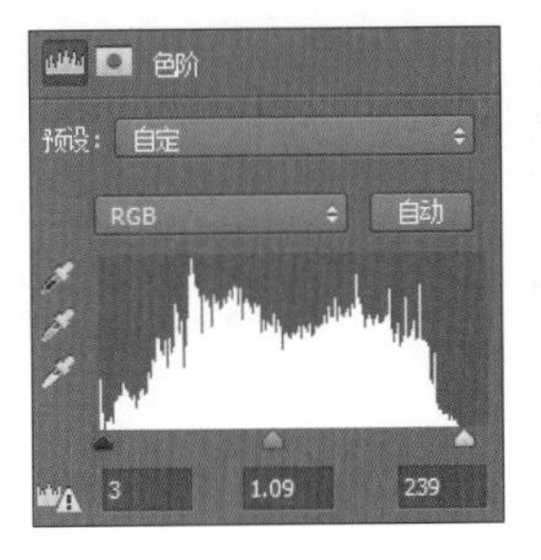

15 按快捷键Shift+Ctrl+Alt+E盖印可见图层，得到“图层1”图层。选择工具箱中的“仿制图章工具”，按住Alt键，在干净的皮肤位置单击，取样图像，如下左图所示。将鼠标移至皮肤上的黑痣位置，单击鼠标，去除黑痣，如下右图所示。继续用相同方法，修复皮肤上的明显瑕疵。

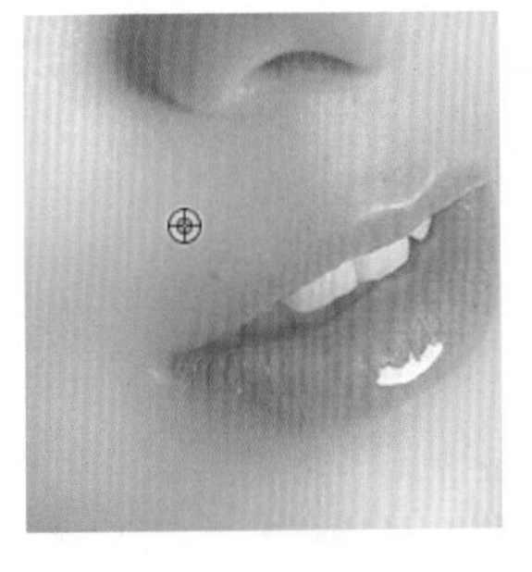

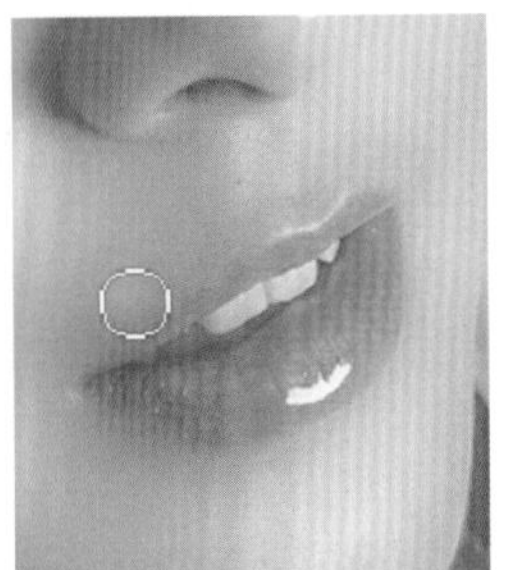

16 单击“调整”面板中的“可选颜色”按钮，创建“选取颜色1”调整图层，打开“属性”面板，在面板中单击“颜色”下三角按钮，在展开的列表中选择“白色”选项，设置颜色百分比，调整高光部分的白色，得到如下图所示的图像效果。

17 创建“曲线2”调整图层，在“属性”面板中分别对RGB通道和“蓝”通道的曲线进行设置，调整图像的亮度，使照片中人物的皮肤显得更加白皙，如右图所示。至此，已完成本实例的制作。

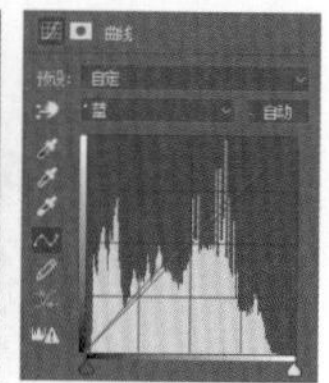

实例演练——添加梦幻彩妆效果

解析：彩妆是一种视觉语言，可以打造出赏心悦目的脸庞，展现专属于自己的魅力。本实例将介绍如何使用 Photoshop 中的“画笔工具”和图层混合模式为人像照片添加梦幻彩妆效果。下图所示为制作前后的效果对比图，具体操作步骤如下。

扫码看视频

◎ **原始文件**：随书资源\12\素材\23.jpg

◎ **最终文件**：随书资源\12\源文件\添加梦幻彩妆效果.psd

第12章

原 图

效果图

01 打开“23.jpg”文件，单击“图层”面板底部的“创建新图层”按钮，创建“图层1”图层，如下左图所示。单击工具箱中的“前景色”色块，打开“拾色器（前景色）”对话框，设置颜色值为R244、G39、B144，如下右图所示。设置完成后单击“确定”按钮。

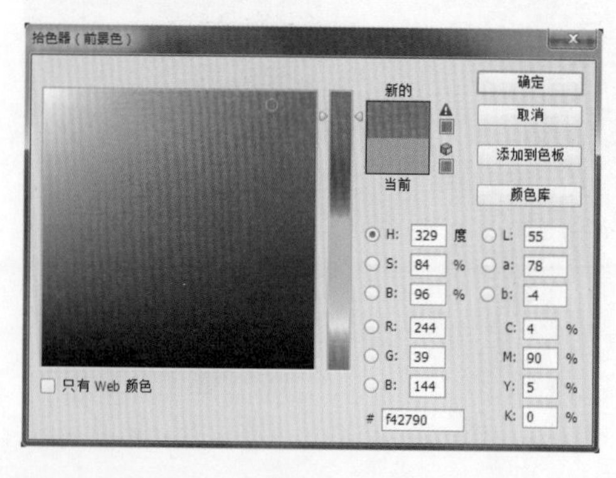

02 按B键切换至“画笔工具”，单击其选项栏中的“画笔”下三角按钮，在弹出的“画笔预设”选取器中设置画笔大小、硬度和样式等参数，如下左图所示。按快捷键Ctrl++，将图像放大至合适比例，使用“画笔工具”在上眼皮部分单击并涂抹，绘制眼影，如下右图所示。

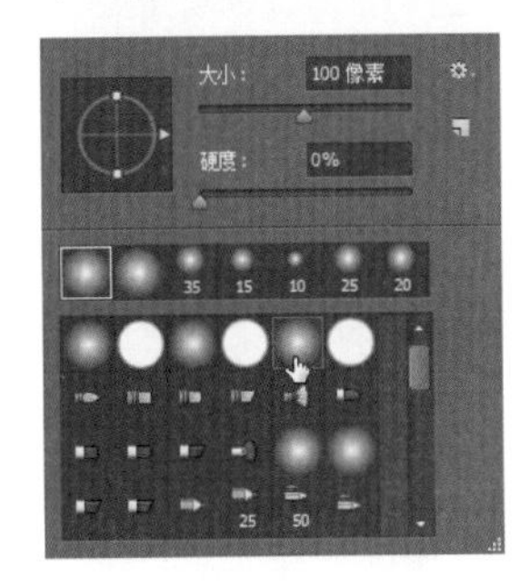

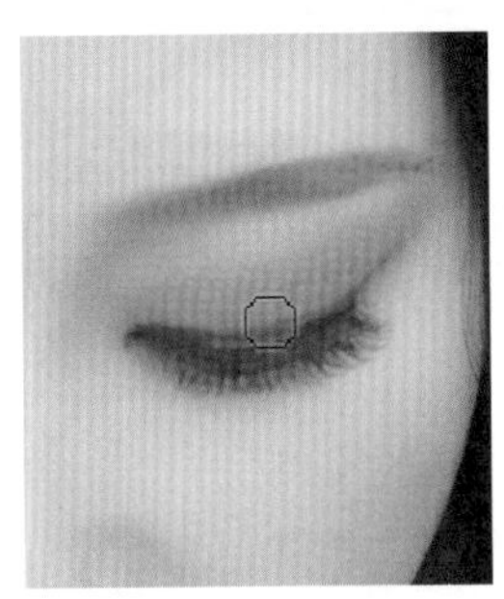

03 继续在另一处上眼皮上单击并涂抹，完成绘制，效果如下左图所示。确保“图层1”图层为选中状态，执行“滤镜>模糊>高斯模糊”菜单命令，打开“高斯模糊”对话框，在“半径”数值框中输入数值3.0，如下右图所示。

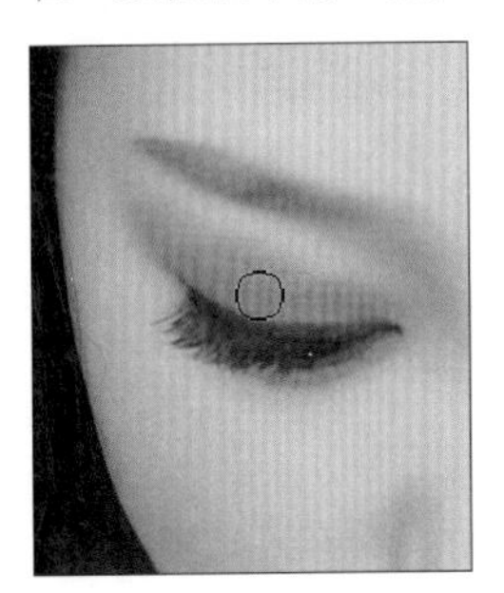

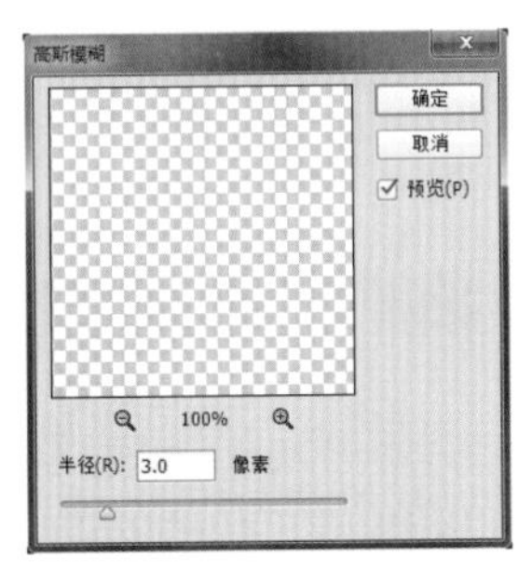

04 设置完成后单击“确定”按钮，得到如下左图所示的图像效果。设置“图层1”图层的混合模式为“叠加”，使眼影更加自然，得到如下右图所示的效果。

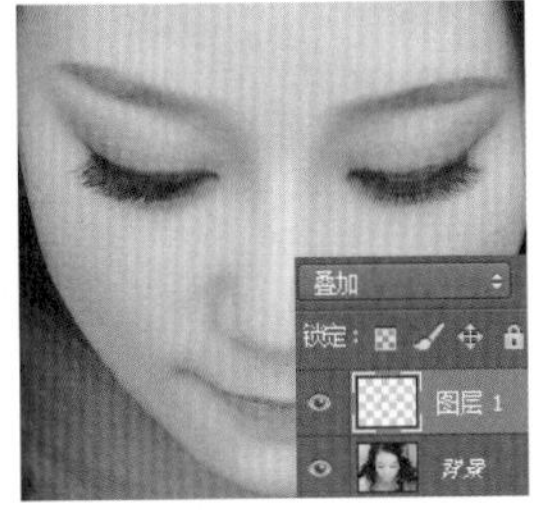

05 创建“图层2”图层，将该图层的混合模式设置为“叠加”，如下左图所示。将前景色设置为R147、G18、B75，按B键切换至“画笔工具”，在其选项栏中设置画笔“不透明度”为12%，然后在睫毛根部单击并涂抹，如下右图所示。

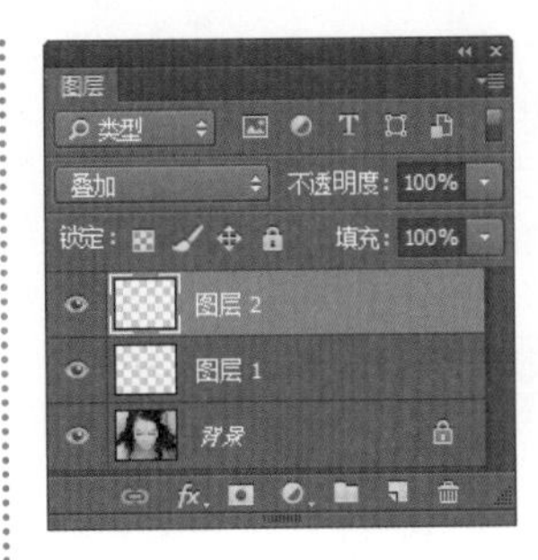

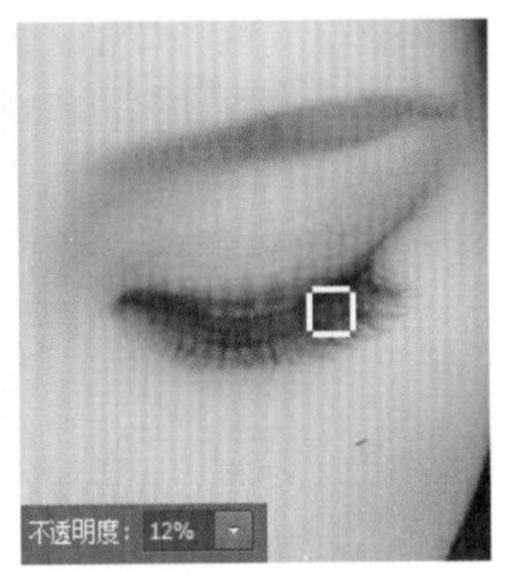

06 继续用“画笔工具”涂抹睫毛根部，增强眼影色彩，如下左图所示。设置“图层2”图层的“不透明度”为50%，如下右图所示。

07 创建“图层3”图层，设置前景色为R84、G27、B189。使用“画笔工具”在外眼角绘制紫色图像，如下图所示。

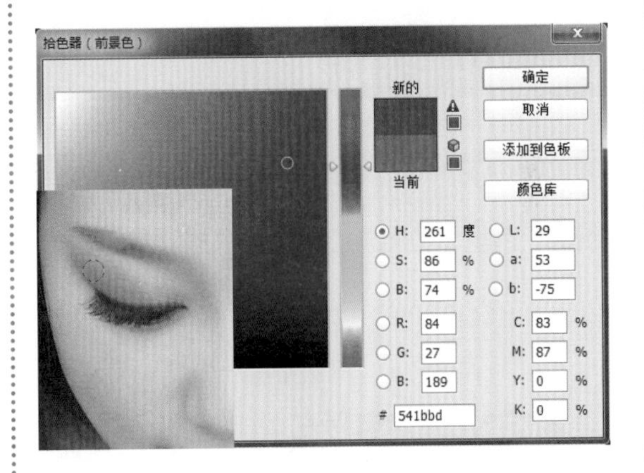

08 将“图层3”图层的混合模式设置为“叠加”，如下左图所示，使紫色影调自然融入眼影，得到如下右图所示的图像效果。

09 将前景色设置为R255、G246、B2，创建“图层4”图层，选择“画笔工具”，在内眼角位置继续涂抹，丰富眼影颜色，如下图所示。

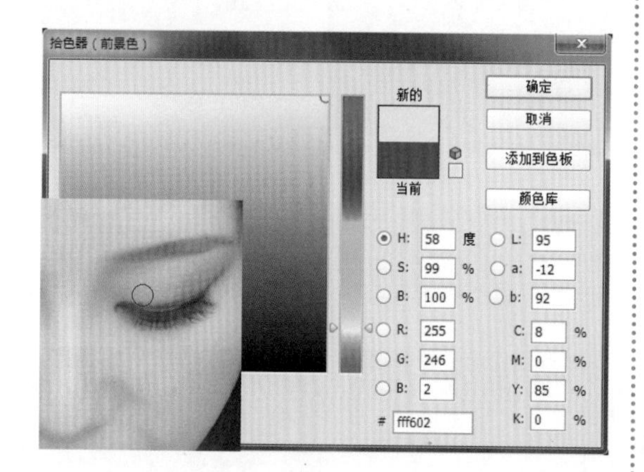

10 绘制完成后，将“图层4”图层的混合模式设置为“柔光”，如下图所示。

11 将前景色设置为R237、G22、B229，如下左图所示。创建“图层5”图层，选择“画笔工具”，在嘴唇上涂抹，更改嘴唇颜色，如下右图所示。

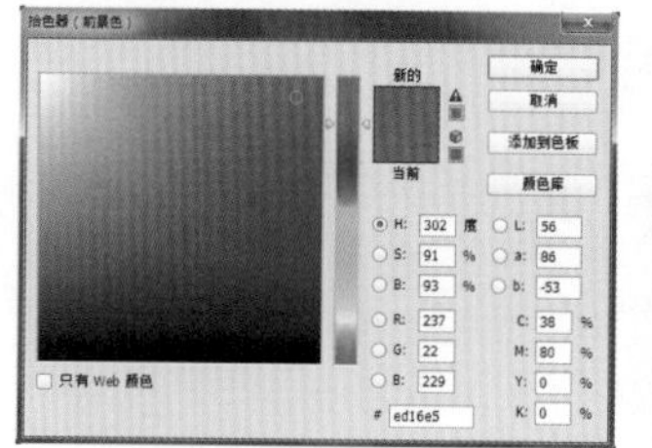

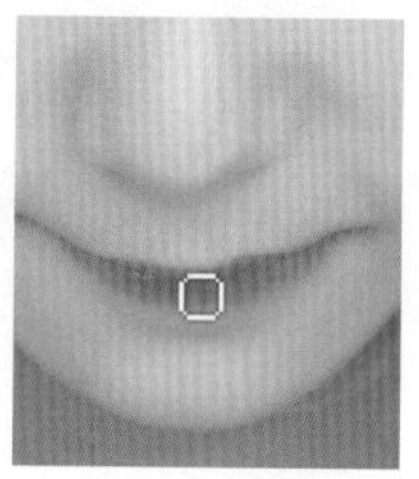

12 绘制完成后，将“图层5”图层的混合模式设置为“柔光”，如下图所示。

应用 **用“颜色替换工具”更改唇色**

单击工具箱中的“颜色替换工具”按钮，参照图❶在选项栏中设置画笔大小、限制和容差等参数，再沿着嘴唇部分单击并涂抹，如图❷所示，即可更改唇色，效果如图❸所示。

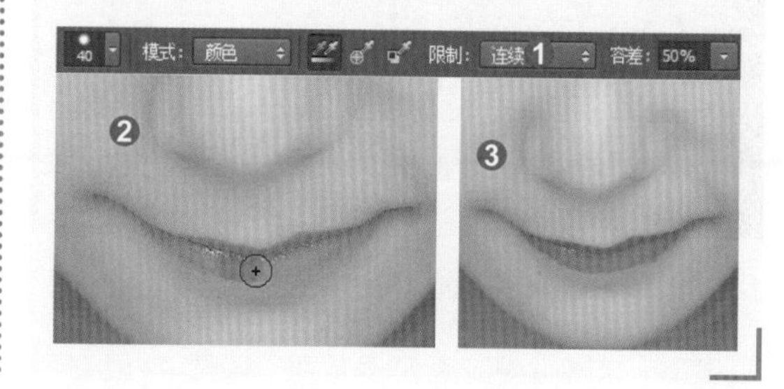

实例演练——为头发染色

解析： 出彩的发色可提升个人魅力，但有些人又担心染发会使发质受损。现在不用担心了，本实例将介绍如何应用 Photoshop 中的“色相 / 饱和度”调整图层和“画笔工具”等快速为人物头发染色。下图所示为制作前后的效果对比图，具体操作步骤如下。

◎ **原始文件：** 随书资源\12\素材\24.jpg
◎ **最终文件：** 随书资源\12\源文件\为头发染色.psd

01 打开“24.jpg”文件，素材效果如下左图所示。单击“调整”面板中的“色相/饱和度”按钮，创建“色相/饱和度1”调整图层，如下右图所示。

02 打开“属性”面板，勾选“着色”复选框，设置色相、饱和度、明度等参数，如下左图所示。设置好后，图像的整体色调发生变化，如下右图所示。

03 将前景色设置为黑色，单击“色相/饱和度1”调整图层的蒙版缩览图，如下左图所示。按B键切换至“画笔工具”，将画笔的“不透明度”设置为100%，在人物皮肤部分单击并拖动鼠标，如下右图所示。

04 继续使用画笔工具在除人物头发之外的位置单击并涂抹，恢复画面局部图像的原始色调和影调，如下左图所示。将“色相/饱和度1”调整图层的混合模式设置为“颜色”，头发的颜色将更加自然，如下右图所示。

05 复制“色相/饱和度1”调整图层，得到“色相/饱和度1拷贝”调整图层，设置该图层的混合模式为“滤色”、“不透明度”为15%，如下左图所示。

06 通过上一步的操作，得到如下右图所示的图像效果，人物头发的颜色更加艳丽、自然。至此，已完成本实例的制作。

实例演练——去除照片中多余的肩带

解析：由于造型或着装原因，有时拍摄出来的人像照片会留下本该隐藏的部分，如内衣肩带和内衣边缘等，这些细节会影响画面整体的美感。在后期处理时，可利用 Photoshop 中的“仿制图章工具”修复这些瑕疵，塑造干净的画面。具体操作步骤参照“去除照片中多余的肩带”视频文件。

扫码看视频

◎ **原始文件**：随书资源\12\素材\25.jpg
◎ **最终文件**：随书资源\12\源文件\去除照片中多余的肩带.psd

实例演练——数码塑身技术

解析：肥胖会影响美观，使人看上去十分臃肿。有没有一种方法可以马上减去身上的赘肉？使用 Photoshop 中的“液化”滤镜可快速对人物进行“减肥”，轻松获得苗条身材。下左图所示为制作前后的效果对比图，具体操作步骤如下。

扫码看视频

◎ **原始文件**：随书资源\12\素材\26.jpg
◎ **最终文件**：随书资源\12\源文件\数码塑身技术.psd

01 打开“26.jpg”文件，按Ctrl+J键复制图层，得到“图层1”图层，如下图所示。

02 执行“滤镜>液化”菜单命令，打开“液化”对话框，勾选对话框右侧的“高级模式”复选框，显示更多的液化工具和选项，如下图所示。

03 单击"液化"对话框左侧的"向前变形工具"按钮，然后在右侧的"画笔工具选项"中设置"大小"为400、"浓度"为50、"压力"为100。将鼠标移至人物的手臂位置，单击并拖动鼠标，调整手臂曲线，如下图所示。

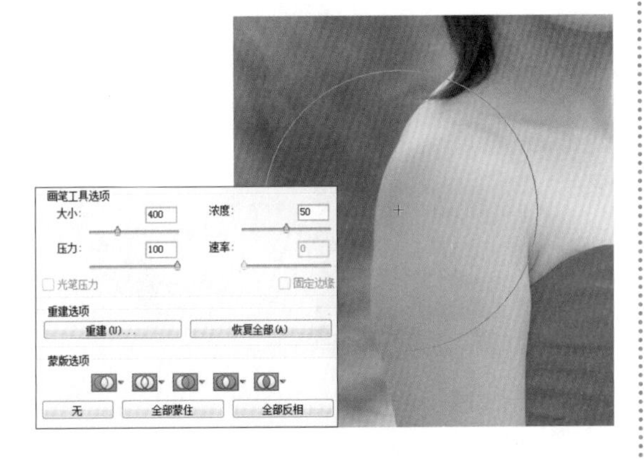

04 向下移动鼠标，然后单击并向右侧拖动鼠标，收缩手臂轮廓，如下左图所示。将鼠标移至人物肩膀位置，单击并向下拖动鼠标，调整肩部曲线，如下右图所示。

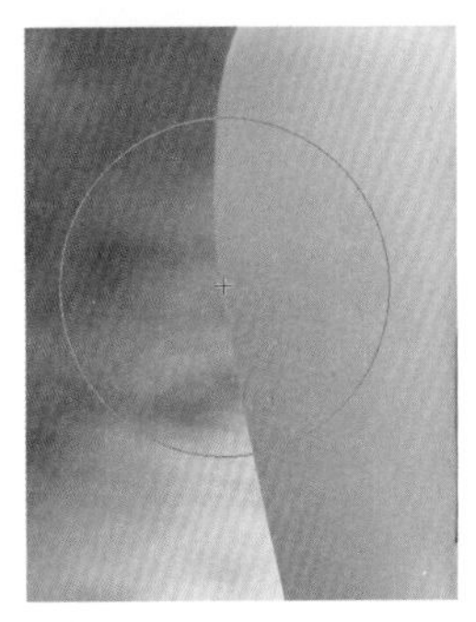

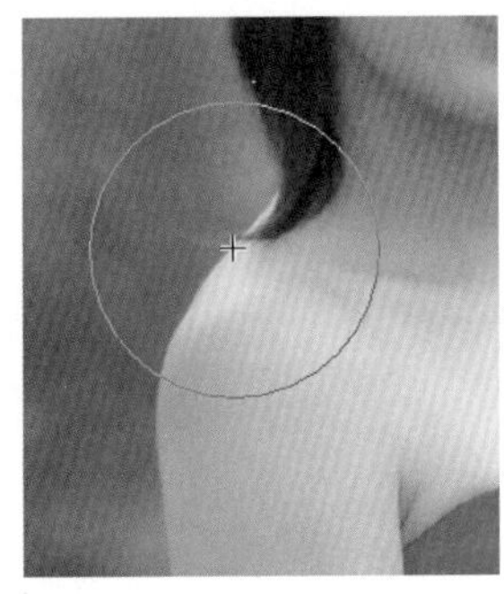

05 继续使用"向前变形工具"对人物的身材进行调整，得到如下左图所示的效果。单击工具栏中的"褶皱工具"按钮，如下右图所示。

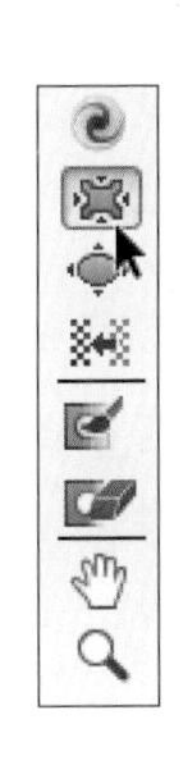

06 在右侧的"画笔工具选项"中设置画笔的参数，如下左图所示。将鼠标移至照片中的人物腰部位置，单击鼠标，收缩图像，得到更纤细的腰部线条，如下右图所示。

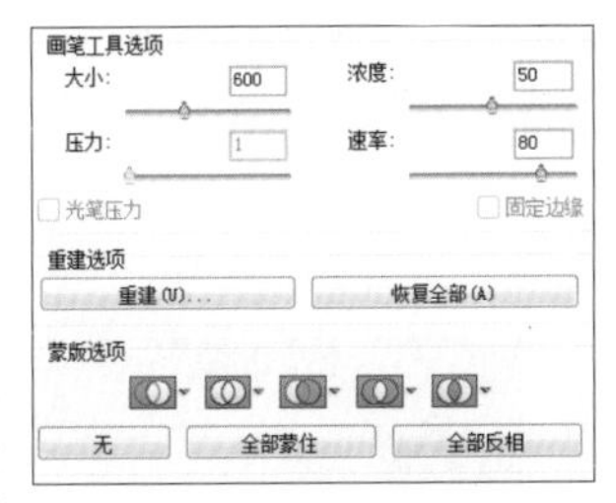

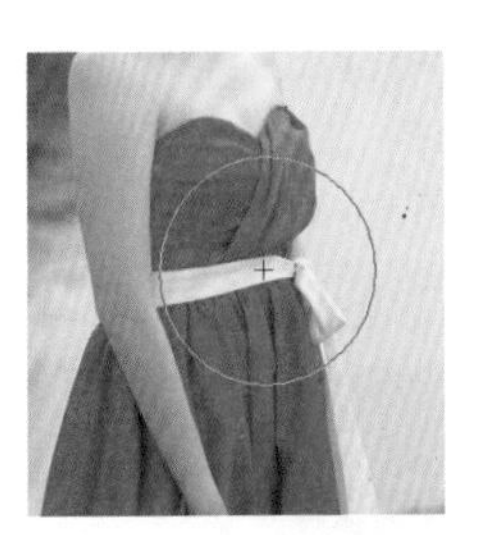

07 继续使用"褶皱工具"在如下左图所示的腰部位置单击，调整人物腰部曲线。单击"向前变形工具"按钮，按键盘中的[或]键，将画笔调整至合适大小，然后在腰部单击并拖动鼠标，调整图像，如下右图所示。

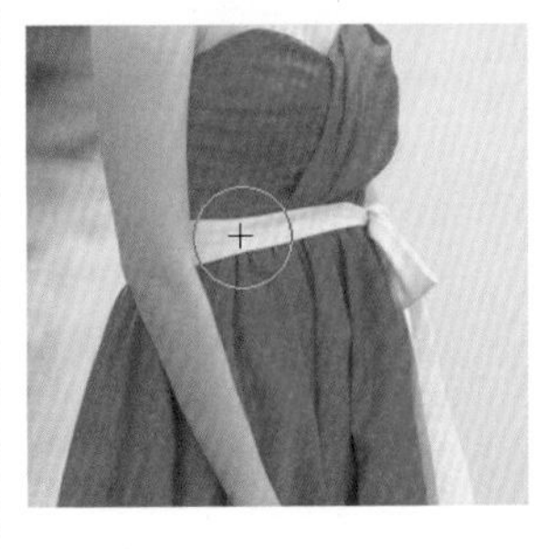

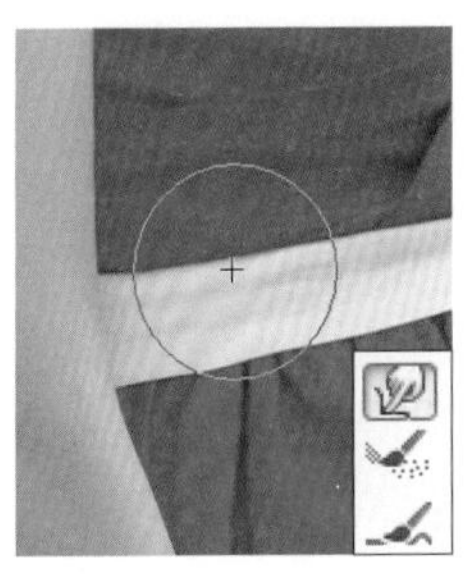

08 单击工具栏中的"膨胀工具"按钮，在右侧的"画笔工具选项"中设置画笔的参数，如下左图所示。将鼠标移至人物胸部位置，单击鼠标，调整图像，制作丰满的胸部效果，如下右图所示。

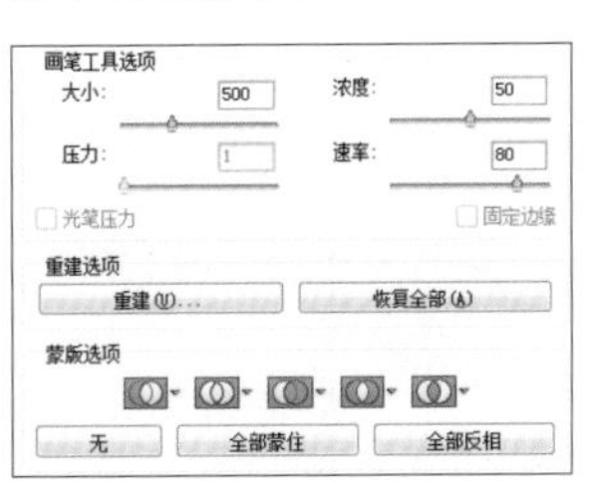

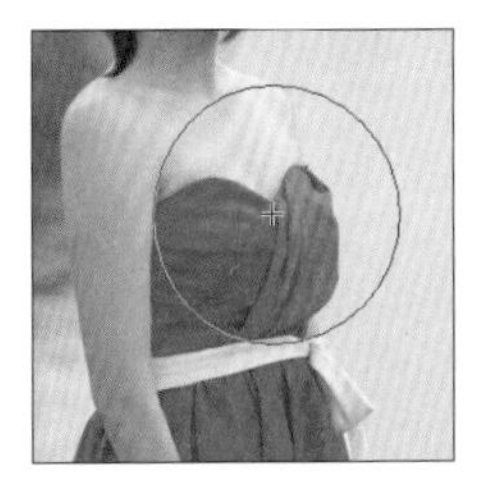

09 继续使用“膨胀工具”处理图像，得到如下左图所示的图像效果。结合更多的液化工具对图像做细节上的调整，使人物的身材更加苗条，如下右图所示。

10 单击“向前变形工具”按钮，按键盘上的[或]键，将画笔调整至合适大小，将鼠标移至脸部位置，单击鼠标，变形图像，如下左图所示。效果如下右图所示。

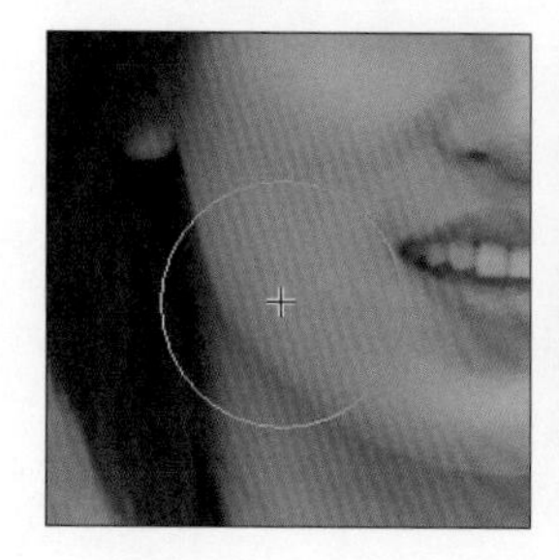

11 继续使用“向前变形工具”对人物的脸部进行变形，使人物的脸形变得更加精致。设置完成后单击“确定”按钮，应用“液化”滤镜，如下图所示。至此，已完成本实例的制作。

第12章

学习笔记

第13章 风景照片的美化和增色

大自然的风景或雄奇险峻，或秀美多姿，令人忍不住端起相机拍个不停。然而往往由于摄影技术水平有限或天气条件不够好，拍出的风景照片显得平淡无奇，与双眼看到的效果相差甚远。此时不必太过遗憾，应用 Photoshop 对风景照片进行后期处理，可以重新展现景点的风采。风景照片的后期处理主要是对照片进行拼接以展现更加壮阔的场景，并且对色彩、对比度等进行调整。本章将介绍风景照片后期修饰的常用方法和相关技巧，并通过简单明了的实例对这些方法进行实践。

13.1 自动拼合全景图——Photomerge命令

Photomerge 命令可快速对多张照片进行不同形式的拼接，得到一张全景图。执行“文件 > 自动 >Photomerge”菜单命令，打开 Photomerge 对话框，如下图所示。在该对话框中可设置拼接的各项参数，具体设置如下。

扫码看视频

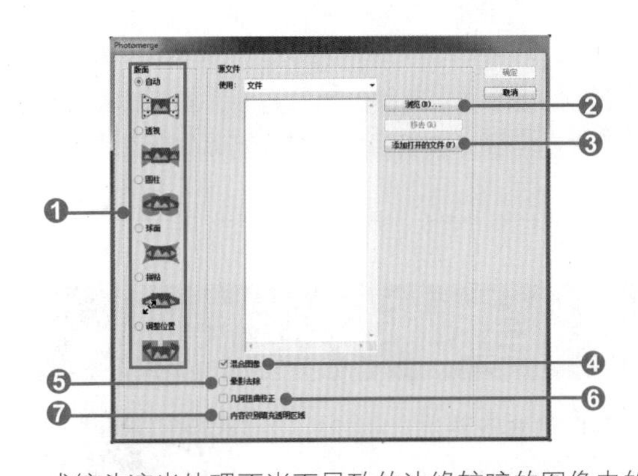

❶版面：该选项组提供了多种照片拼合版面效果，用户可以根据需要选择“自动”“透视”“圆柱”“球面”“拼贴”“调整位置”等单选按钮。

❷浏览：单击该按钮，将弹出“打开”对话框，在该对话框中可选择需要拼接的多张数码照片。

❸添加打开的文件：单击该按钮，将当前已打开的文件用于拼接。

❹混合图像：勾选该复选框，可对拼接的照片边缘的最佳边界创建接缝，使图像的颜色相匹配。

❺晕影去除：勾选该复选框，可去除由于镜头瑕疵或镜头遮光处理不当而导致的边缘较暗的图像中的晕影并执行曝光度补偿。

❻几何扭曲校正：勾选该复选框，可补偿由于镜头原因造成的桶形、枕形或鱼眼失真等。

❼内容识别填充透明区域：勾选该复选框，可替换图像边框周围的空白区域。

应用 快速拼接全景图

执行“文件 > 自动 >Photomerge”菜单命令，单击“浏览”按钮，如图❶所示。弹出“打开”对话框，选中“01.jpg”“02.jpg”“03.jpg”三张数码照片，如图❷所示。完成后单击“打开”按钮，返回 Photomerge 对话框，单击“确定”按钮，如图❸所示。软件将自动拼合全景图，得到如图❹所示的图像效果。使用“裁剪工具”在图❺所示的位置创建裁剪框，确定其外形和大小后按 Enter 键，应用裁剪，得到如图❻所示的图像。

技巧 拍摄用于Photomerge的照片的技巧

源照片的质量对于 Photomerge 命令合成的全景图效果有很大的影响。为了避免出现问题，在拍摄时需要注意以下要点。

◆充分重叠图像：图像间的重叠区域应约为 40%。如果重叠区域较小，则 Photomerge 可能无法自动汇集全景图。但是图像重叠区域也不能过多，如果图像的重合度达到 70% 或更高，则 Photomerge 可能无法混合这些图像。

◆使用同一焦距：如果使用的是变焦镜头，则不要在拍摄照片时改变焦距（放大或缩小）。

◆使相机保持水平：尽管 Photomerge 可以处理图片之间的轻微旋转，但如果倾斜角度过大，则在合成全景图时可能产生错误。

◆保持相同的位置：在拍摄系列照片时，不要改变自己的位置，这样才能让拍摄出来的照片处于同一个视点。可以将相机举到靠近眼睛的位置，使用光学取景器，这样有助于保持一致的视点，也可以尝试使用三脚架，使相机保持在同一位置。

◆避免使用扭曲镜头：扭曲镜头可能会影响 Photomerge 的合成。但是“自动”选项会对使用鱼眼镜头拍摄的照片进行调整。

◆保持同样的曝光度：避免在一部分照片中使用闪光灯，而在另一部分照片中不使用。Photomerge 中的混合功能虽然有助于消除不同的曝光度，但很难使差别极大的曝光度达到一致。一些数码相机会在拍照时自动改变曝光设置，因此，在拍摄之前需要先检查相机设置，以确保所有的图像都具有相同的曝光度。

13.2 对齐拼合全景图——自动对齐图层

“自动对齐图层”命令可根据不同图层中的相似内容自动对齐图层。用户可指定一个图层作为参考图层，也可以让 Photoshop 自动选择参考图层。选中参考图层后，其他图层将与参考图层对齐，以便匹配的内容能够自动叠加。

扫码看视频

选中需要自动对齐的多个图层，执行“编辑 > 自动对齐图层”菜单命令，打开“自动对齐图层”对话框，如下图所示。对话框中各选项的含义如下。

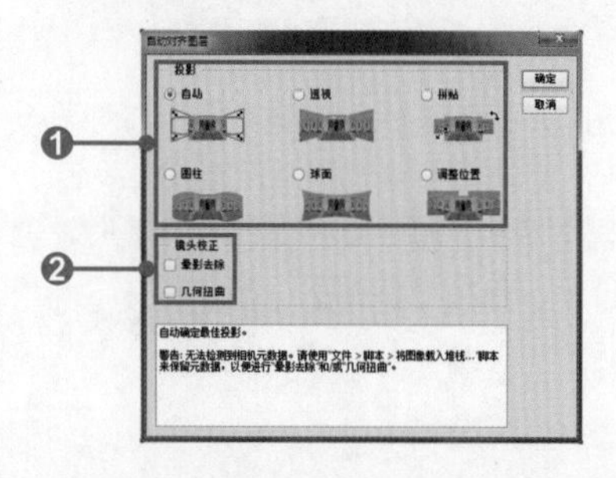

❶投影：用于设置图像的对齐方式。

▶ 自动：选择“自动”单选按钮，软件将分析源图像并应用“透视”或“圆柱”版面效果。

▶ 透视：选择“透视”单选按钮，软件会通过将源图像中的一个图像设置为参考图像来创建一致的复合图像，再变换其他图像，以便匹配图层的重叠内容。

▶ 拼贴：选择“拼贴”单选按钮，软件将在不更改图像中对象的形状的情况下对齐图层并匹配重叠内容。

▶ 圆柱：选择“圆柱”单选按钮，软件将通过在展开的圆柱上显示各个图像来减少在“透视”版面中会出现的“领结”扭曲。

▶ 球面：选择“球面”单选按钮，软件会将图像与宽视角对齐。设置某个源图像作为参考图像，并对其他图像执行球面变换，以便匹配重叠的内容。

▶ 调整位置：选择“调整位置”单选按钮，软件将对齐图层并匹配重叠内容，但不会变换任何源图层。

❷镜头校正：勾选“晕影去除”复选框，则对导致图像边缘（尤其是角落）比图像中心暗的镜头缺陷进行补偿；勾选“几何扭曲”复选框，则补偿桶形、枕形及鱼眼失真。

应用　查看不同投影选项的自动对齐效果

图❶～❻是不同对齐方式下的图像拼接效果。

自动　透视

拼贴

圆柱

球面

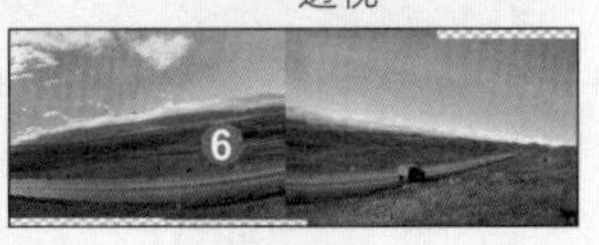

调整位置

13.3 混合合成全景图——自动混合图层

“自动混合图层”命令将根据需要对每个图层应用图层蒙版，以遮盖过度曝光或曝光不足的区域或内容差异，从而在最终混合的图像中获得平滑的过渡效果。该命令仅适用于 RGB 图像或灰度图像，不适用于智能对象、视频图层、3D 图层和“背景”图层。

扫码看视频

选择需要设置的图层，执行“编辑 > 自动混合图层”菜单命令，打开“自动混合图层”对话框，如下图所示。在该对话框中可设置混合方法和其他选项，具体设置如下。

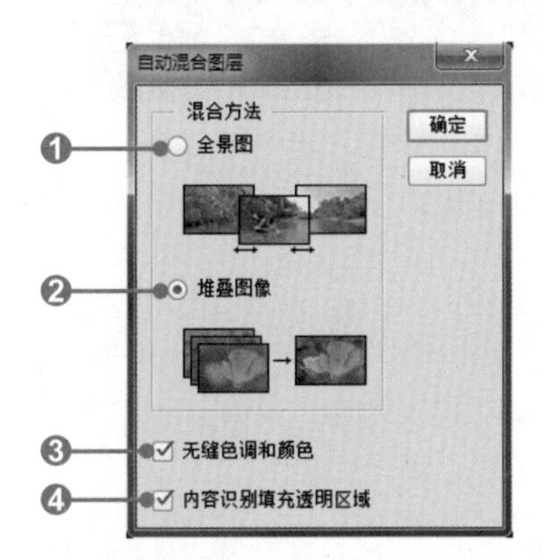

❶全景图：选中该单选按钮，将重叠的图层混合成全景图。

❷堆叠图像：选中该单选按钮，将混合每个相应区域图像中的最佳细节。该选项最适合已对齐的图层。

❸无缝色调和颜色：勾选该复选框，将自动调整颜色和色调，以便进行混合。

❹内容识别填充透明区域：勾选该复选框，将替换图像边框周围的空白区域。

13.4 单张照片的HDR特效——HDR色调

在 Photoshop 中可以使用“HDR 色调”命令快速将拍摄的风景照片转换为 HDR 色调效果。执行“图像 > 调整 >HDR 色调”菜单命令，即可打开如下图所示的“HDR 色调”对话框，在对话框中既可选择预设的 HDR 色调效果，也可以拖动选项滑块，设置自定义的 HDR 色调。

扫码看视频

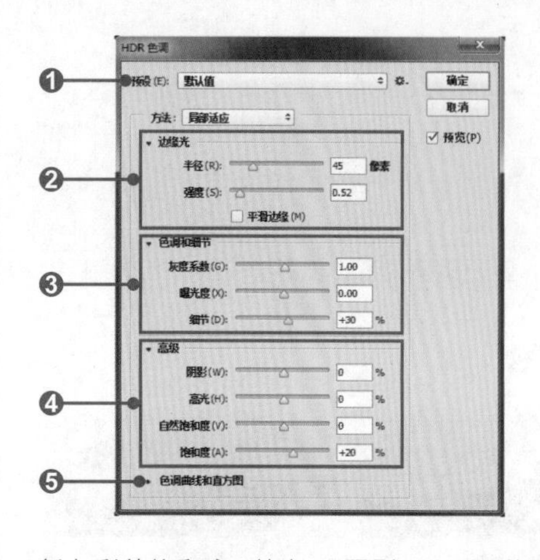

❶预设：包含 Photoshop 预设的调整选项。如果要存储当前的调整设置，以便以后使用，可以单击该选项右侧的按钮，在打开的菜单中选择“存储预设”命令。

❷边缘光：用来控制调整范围和调整的应用强度。其中，“半径”选项用来指定局部亮度区域的大小；“强度”选项用来指定两个像素的色调值相差多大时将它们划为不同的亮度区域。

❸色调和细节：用来调整 HDR 照片的曝光度，以及阴影、高光中的细节的显示程度。其中，“灰度系数”为 1.0 时动态范围最大，较低的设置会加重中间调，而较高的设置会加重高光和阴影；“曝光度”选项用于反映光圈的大小；“细节”选项用于调整图像的锐化程度，数值越大，图像越清晰。

❹高级：用于调整阴影和高光部分的亮度，以及增加或降低色彩的饱和度。其中，“阴影”用于调整阴影区域的明暗程度，拖动滑块可使阴影部分变亮或变暗；“高光”选项用于调整高光区域的明暗程度，拖动滑块可使高光部分变亮或变暗；“自然饱和度”选项用于细微调整图像颜色强度，同时尽量不剪切高饱和度的颜色，避免溢色；“饱和度”选项用于调整图像颜色的浓度，其调整效果比“自然饱和度”强。

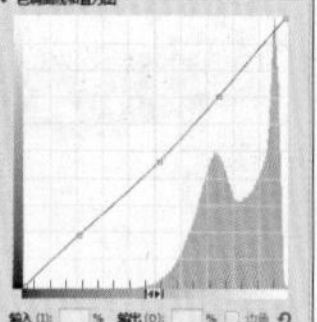

❺色调曲线和直方图：显示图像的直方图，并提供曲线用于调整图像的色调。单击左侧的三角形按钮，即可展开“色调曲线和直方图”选项组，如右图所示。

应用一　使用预设的HDR色调效果

打开“07.jpg”素材图像，如图❶所示。执行“图像 > 调整 >HDR 色调”菜单命令，打开“HDR 色调”对话框，如图❷所示。在对话框中单击“预设”下三角形按钮，在展开的下拉列表中选择“更加饱和”选项，如图❸所示。选择后可以看到照片被转换为高饱和度的 HDR 效果，如图❹所示。

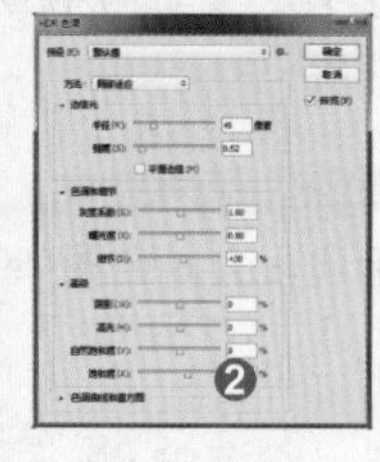
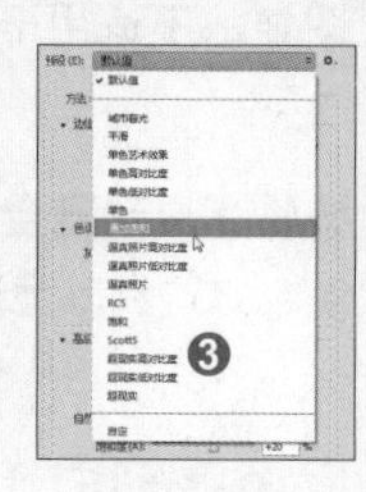

应用二　手动调整HDR效果

在“HDR 色调”对话框中，除了可以用预设的选项进行风景照片的调整外，还可以通过自定义选项来创建更符合照片特色的 HDR 效果，具体操作方法如下。

打开“08.jpg”素材图像，如图❶所示。执行“图像 > 调整 >HDR 色调”菜单命令，打开“HDR 色调”对话框。设置“半径”为 58、“强度”为 2.31、“灰度系数”为 0.82、“曝光度”为 -1.13，“细节”为 +57，其他参数不变，如图❷所示。再单击“色调曲线和直方图”选项组前的三角形按钮，展开“色调曲线和直方图”选项组，然后运用鼠标连续单击，添加几个曲线控制点，拖动这些控制点，调整曲线形状，如图❸所示。设置完成后单击“确定”按钮，应用设置的参数调整图像，得到如图❹所示的 HDR 图像效果。

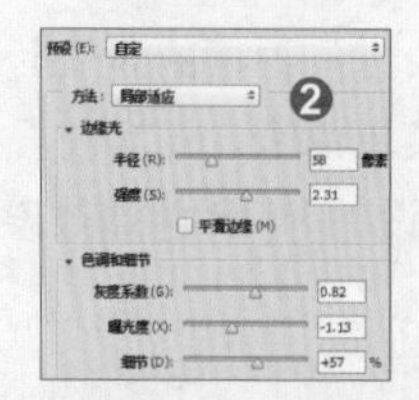
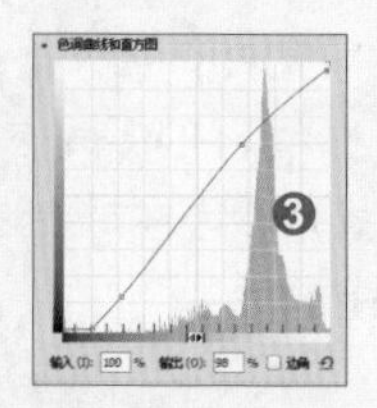

13.5 多张照片HDR——合并到HDR Pro

扫码看视频

前面介绍了使用“HDR 色调”命令将单张照片调整为 HDR 效果，下面介绍使用“合并到 HDR Pro”命令将拍摄的多张照片拼合成 HDR 效果。

“合并到 HDR Pro”命令可以将用不同曝光度拍摄同一场景的多个图像合并，从而捕获单个 HDR 图像中的全部动态范围。使用“合并到 HDR Pro”命令合成的图像可以输出为 32 位 / 通道、13 位 / 通道或 8 位 / 通道的文件，但是只有 32 位 / 通道的文件可以存储全部 HDR 图像数据。准备好用于合成的素材图像“09.jpg”“10.jpg”“11.jpg”，如下图所示。

执行“文件 > 自动 > 合并到 HDR Pro”菜单命令，在打开的“合并到 HDR Pro”对话框中单击“浏览”按钮，再在弹出的“打开”对话框中选择 3 张素材图像，依次单击 2 个“确定”按钮，进入如下图所示的对话框。

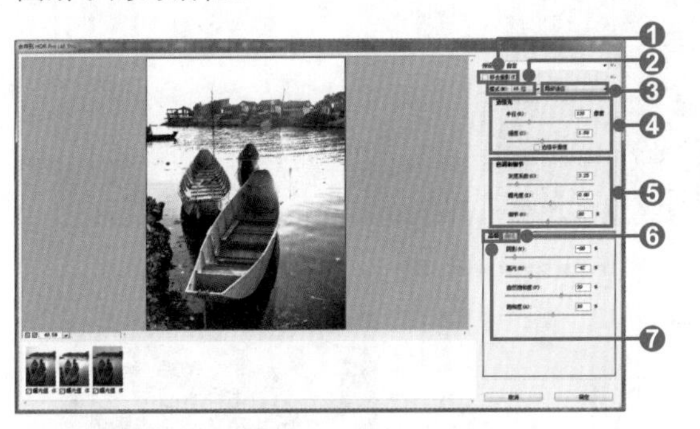

❶移去重影：如果画面中因为对象的移动而具有不同的内容，可勾选此复选框，Photoshop 会在具有最佳色调平衡的缩览图周围显示一个绿色轮廓，以标识基本图像。其他图像中找到的移动对象将被移去。

❷模式：为合并后的图像选择一个位深度。

❸色调映射方法：选择“局部适应”，可通过调整图像中的局部亮度区域来调整 HDR 色调；选择“色调均化直方图”，可在压缩 HDR 图像动态范围的同时，尝试保留一部分对比度；选择“曝光度和灰度系数”，可手动调整 HDR 图像的亮度和对比度；选择“高光压缩”，可压缩 HDR 图像中的高光值，使其位于 8 位 / 通道或 13 位 / 通道的图像文件的亮度值范围内。

❹边缘光：用来控制调整范围和调整的应用强度。

❺色调和细节：用来调整照片的曝光度，以及阴影、高光中的细节的显示程度。其中，“灰度系数”可使用简单的乘方函数调整图像的灰度系数。

❻曲线：可通过曲线调整 HDR 图像。如果要对曲线进行更大幅度的调整，可勾选“边角”复选框，然后拖动控制点时，曲线会变为尖角。

❼高级：用来增加或降低色彩的饱和度。其中，拖动“自然饱和度”滑块编辑饱和度时，不会出现溢色。

技巧 拍摄用于HDR合成的照片的技巧

一张 HDR 图像往往是由 3 ～ 7 张同样场景、不同曝光的照片合成的。每一个亮度级别对应一张完美曝光的照片。虽然使用 Photoshop 中的“HDR 色调”和“合并到 HDR Pro”命令可以创建 HDR

色调效果，但还是应当在拍摄的时候运用一些技巧，以便能快速地进行 HDR 照片的合成。拍摄要使用“合并到 HDR Pro”命令合并的照片时，请牢记下列几点。

◆将相机固定在三脚架上。

◆拍摄足够多的照片以覆盖场景的整个动态范围。用户可以尝试拍摄 5 ～ 7 张照片，视场景的动态范围不同，可能需要进行更多次的曝光，但是最少应拍摄 3 张照片。

◆改变快门速度，以获得不同曝光度的照片效果。

◆一般来说，不要使用相机的自动包围曝光功能，因为其曝光度的变化通常非常小。

◆照片的曝光度差异应在一两个 EV（曝光度值）级（相当于差一两级光圈）。

◆不要改变光照条件。例如，不要在这次曝光时不使用闪光灯，而在下次曝光时使用闪光灯。

◆确保场景中没有移动的物体。该命令只能用于处理场景相同但曝光度不同的图像。

应用 用色调曲线控制HDR影调

使用“合并到 HDR Pro”命令合成 HDR 照片时，如果要对照片的影调进行更精细的调整，可以使用“合并到 HDR Pro”对话框中的“曲线”功能，具体操作方法如下。

打开用于合并 HDR 效果的“12.jpg”“13.jpg”“14.jpg”三张素材图像，如图❶所示。执行“文件 > 自动 > 合并到 HDR Pro”菜单命令，打开“合并到 HDR Pro”对话框。在该对话框中可以选择用于拼合的素材照片，如图❷所示。选择好素材照片后，单击右上角的“确定”按钮，将会再弹出一个“合并到 HDR Pro”对话框，在此对话框中进行色调参数的调整，如图❸所示。设置好后，为了进一步控制照片影调，单击“曲线”标签，切换到“曲线”选项卡，在其中单击添加多个曲线控制点，然后拖动曲线，如图❹所示。拖动后可看到照片的明暗对比更加突出，画面的层次感得到了提高，如图❺所示。

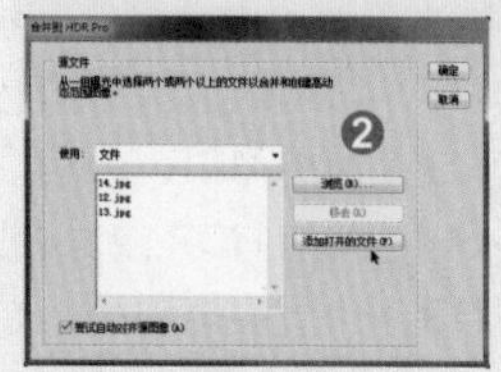

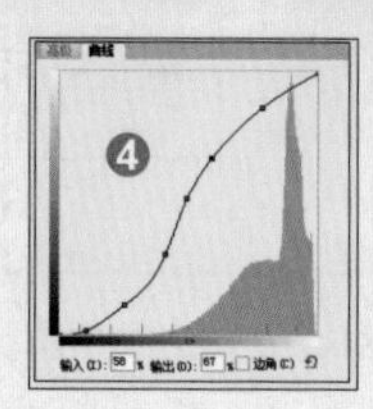

13.6 快速处理多张数码照片——批处理功能

应用 Photoshop 中的批处理功能可快速调整和设置大量的数码照片。“批处理”命令可快速对一个文件夹中的文件执行动作，为它们统一添加某种特殊效果。本节将简单介绍如何使用批处理功能处理多张数码照片。

扫码看视频

执行“文件 > 自动 > 批处理”菜单命令，打开“批处理”对话框，如下图所示。具体设置方法如下。

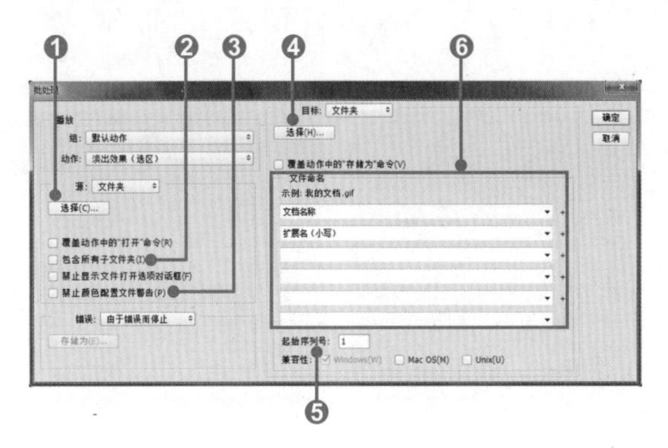

❶选择：单击该按钮，打开“浏览文件夹”对话框，在该对话框中可设置需要处理的文件存放的位置，如下图所示。

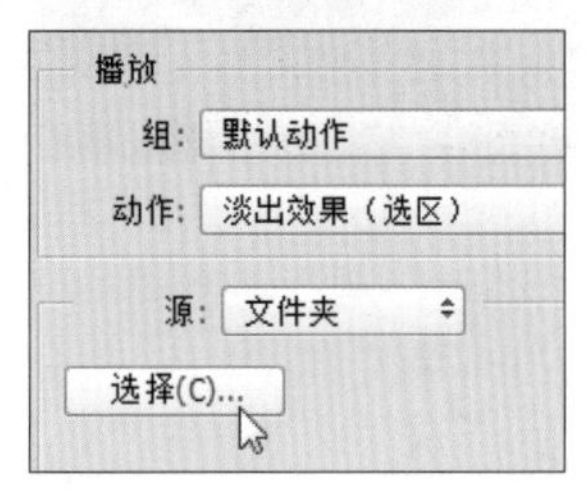

❷包含所有子文件夹：勾选该复选框，可同时处理指定文件夹中子文件夹的文件。

❸禁止颜色配置文件警告：勾选该复选框，将不显示颜色方案的相关警告信息。

❹选择：用于设置处理后文件存放的位置。

❺起始序列号：用于设置自定义文件名称的序列号起始数值。

❻文件命名：用于设置文件名称的形式，可设置名称的大小写或以日期命名。

实例演练——快速拼接全景照片

解析：本实例将介绍如何应用“自动对齐图层”命令快速拼接全景照片，应用该命令的前提条件是要将用于拼合全景照片的图像添加到同一个文件中。下图所示为制作前后的效果对比图，具体操作步骤如下。

扫码看视频

◎ 原始文件：随书资源\13\素材\15.jpg、16.jpg、17.jpg

◎ 最终文件：随书资源\13\源文件\快速拼接全景照片.psd

01 打开“15.jpg”“16.jpg”“17.jpg”文件，如下图所示。

02 按V键切换至“移动工具”，将“15.jpg”文件拖至“16.jpg”文件中，如下图所示。拖动后关闭“15.jpg”文件。

03 用“移动工具”将“17.jpg”文件拖至“16.jpg”文件中，如下图所示。拖动后关闭“17.jpg”文件。

04 使用“移动工具”分别将拖动后得到的图层调整至合适位置，如下图所示。

05 选中“背景”图层，双击该图层，打开“新建图层”对话框，对话框中的各项参数使用默认值，然后单击“确定”按钮，将“背景”图层转换为“图层0”图层，如下图所示。

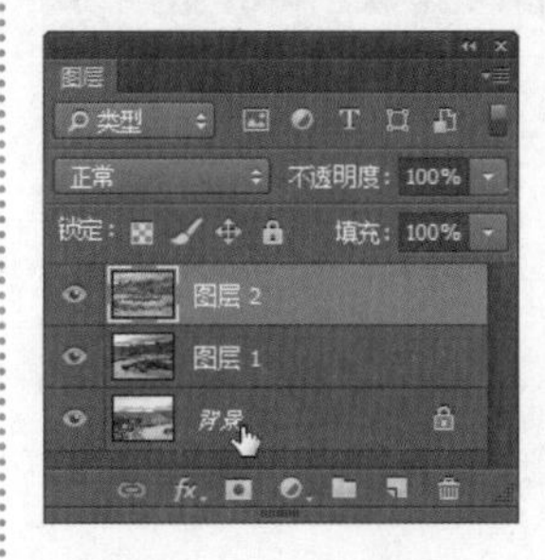

06 按住Shift键，依次单击选中“图层0”“图层1”“图层2”图层，如下左图所示。执行“编辑>自动对齐图层”菜单命令，打开“自动对齐图层”对话框，设置参数，如下右图所示。

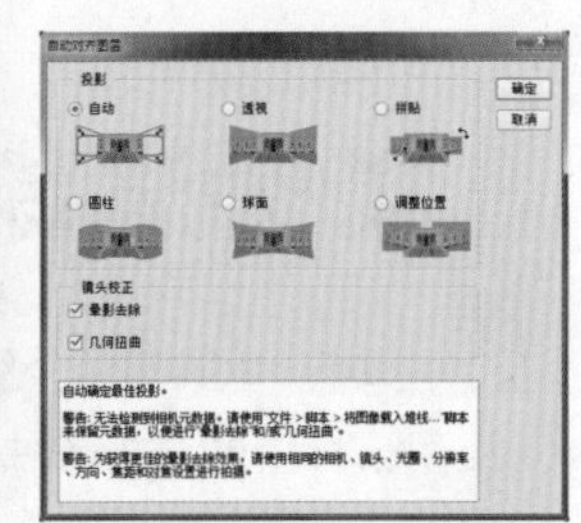

07 设置好“自动对齐图层”对话框中的各项参数后，单击“确定”按钮，得到如下图所示的图像效果。

08 执行“编辑>自动混合图层”菜单命令，打开“自动混合图层”对话框，在对话框中设置选项，如下图所示。

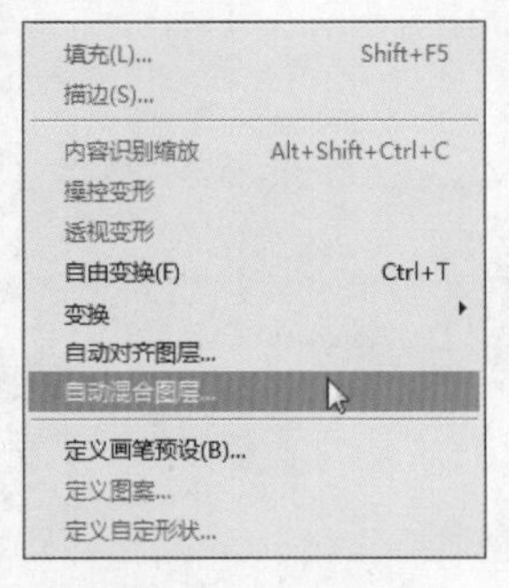

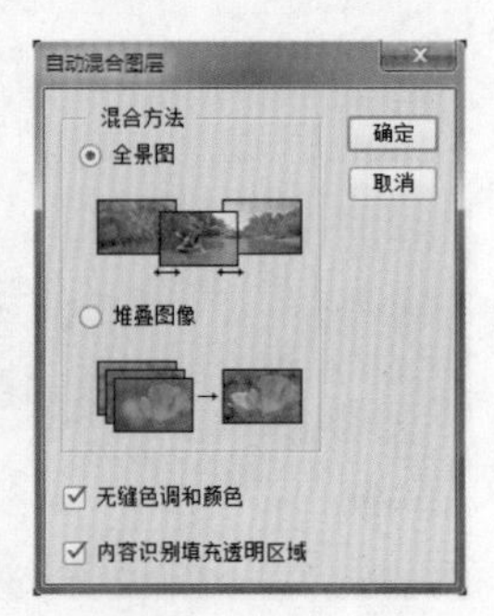

第13章

09 设置好“自动混合图层”对话框中的各项参数后，单击“确定”按钮，自动调整拼接照片的色调和影调，调整效果如下图所示，并在“图层”面板中得到“图层2（合并）”图层。

10 按Ctrl+D键取消选区，选中“图层2（合并）”图层，执行“图像>自动色调”菜单命令或按Shift+Ctrl+L键，自动调整图像影调，如下图所示。

11 创建“色相/饱和度1”调整图层，打开“属性”面板，设置“饱和度”为+22，在“编辑”列表框中选择“黄色”选项，设置“色相”为-7、“饱和度”为+26，如下图所示。

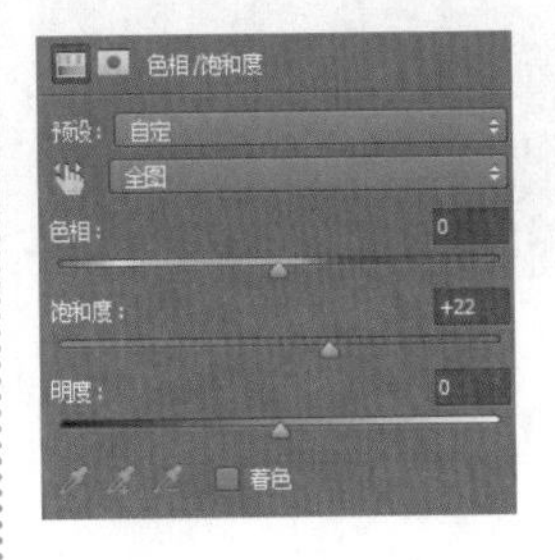

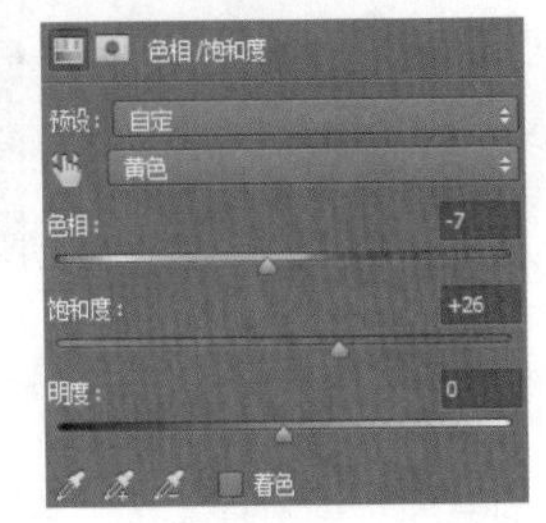

12 通过上一步的设置，调整了图像的颜色饱和度，得到如下图所示的图像效果。

实例演练——自动拼合全景图

解析： 在拍摄风景照片时，若想展现壮阔的风光，但所使用的相机没有拍摄全景图的功能，则可以从不同角度拍摄同一场景的多张照片，然后在 Photoshop 中使用 Photomerge 命令快速合成全景图。下图所示为制作前后的效果对比图，具体操作步骤如下。

扫码看视频

◎ **原始文件：** 随书资源\13\素材\18.jpg、19.jpg、20.jpg

◎ **最终文件：** 随书资源\13\源文件\自动拼合全景图.psd

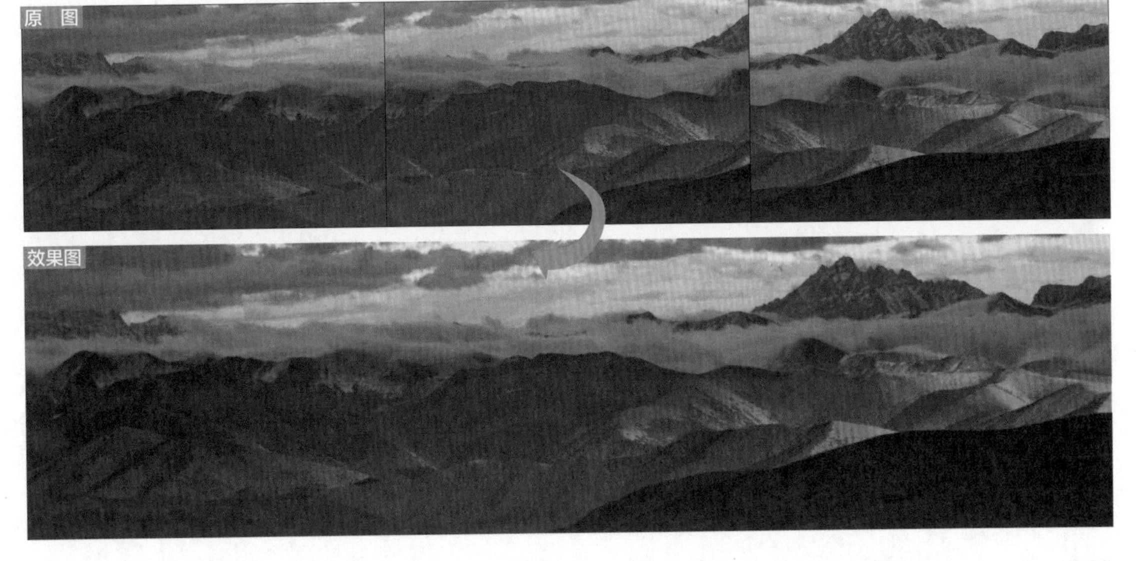

01 打开“18.jpg”“19.jpg”“20.jpg”文件，如下图所示。

02 执行“文件>自动>Photomerge”菜单命令，打开Photomerge对话框，单击“添加打开的文件”按钮，如下图所示。

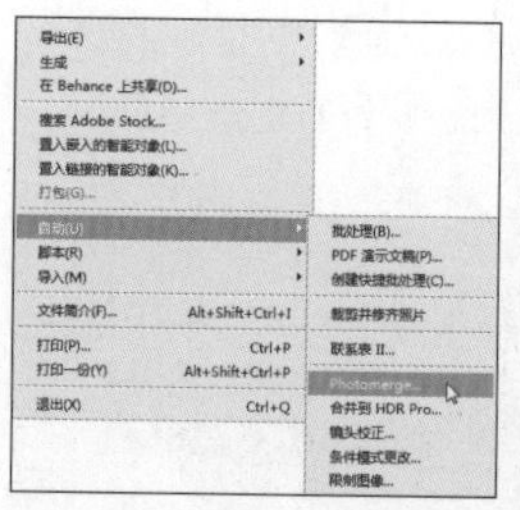

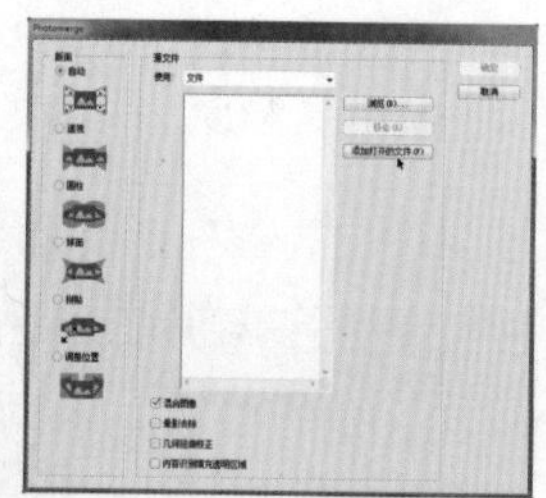

03 通过上一步的操作，将打开的文件载入“源文件”中，如下左图所示。勾选“晕影去除”“几何扭曲校正”复选框，如下右图所示。

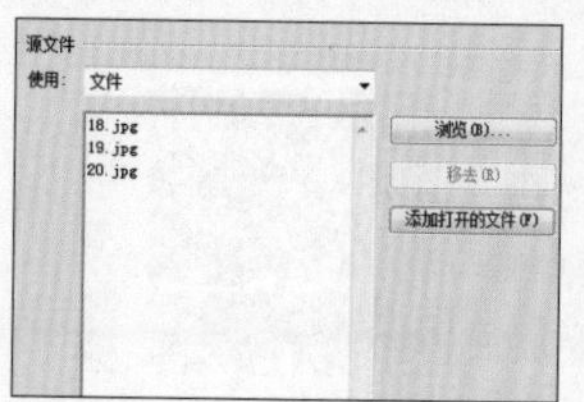

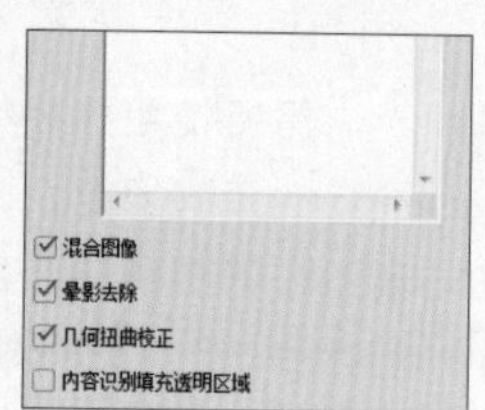

04 设置好Photomerge对话框中的各项参数后，单击“确定”按钮，Photoshop将自动对选择的素材照片进行拼合，拼合的全景图的边缘部分会使用透明图像填充，效果如下图所示。

05 单击工具箱中的“裁剪工具”按钮，在图像适当位置单击并拖动鼠标，创建矩形裁剪框，如下图所示。

06 设置完成后单击工具选项栏中的“提交当前裁剪操作”按钮或按Enter键，裁剪照片，如下图所示。

07 按Shift+Ctrl+Alt+E键盖印可见图层，得到“图层1”图层，如下左图所示。创建“色阶1”调整图层，打开“属性”面板，在面板中输入色阶为0、0.85、235，如下右图所示。

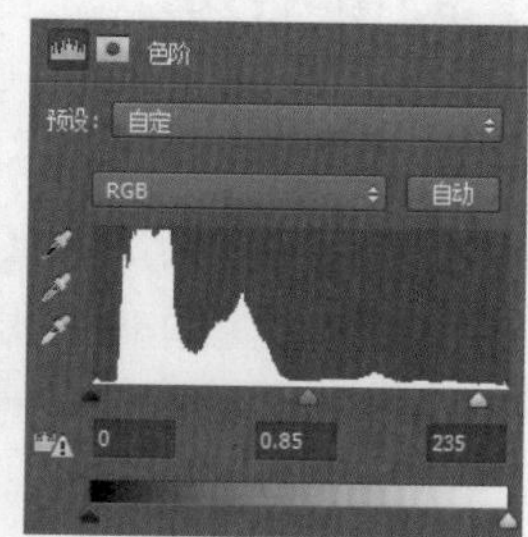

08 通过上一步的操作，调整图像色阶，效果如下图所示。至此，已完成本实例的制作。

实例演练——手动拼接全景照片

解析： 如果用于拼合全景图的素材照片的影调、色调等有较大差异，使用 Photomerge 命令、“自动对齐图层”命令等自动拼合功能得不到理想的效果，则可以手动进行拼接。下图所示为制作前后的效果对比图，具体操作步骤如下。

扫码看视频

第13章

◎ 原始文件：随书资源\13\素材\21.jpg、22.jpg、23.jpg

◎ 最终文件：随书资源\13\源文件\手动拼接全景照片.psd

01 打开“21.jpg”“22.jpg”“23.jpg”文件，如下左图所示。确保“21.jpg”为当前图像，如下右图所示。

02 按快捷键Ctrl+J复制图层，得到“图层1”图层，如下左图所示。执行“图像>画布大小”菜单命令，打开“画布大小”对话框，在该对话框的“宽度”数值框中输入数值45，在“高度”数值框中输入数值15，然后单击“定位”选项中左侧中间的方块，如下右图所示。

03 设置好“画布大小”对话框中的各项参数后，单击“确定”按钮，得到如下图所示的图像效果。

04 使用“移动工具”将“22.jpg”文件拖至“21.jpg”文件中，得到“图层2”图层，如下图所示。

05 使用“移动工具”将“23.jpg”文件拖至“21.jpg”文件中，得到“图层3”图层，然后使用“移动工具”分别将图像调整至合适位置，调整效果如下图所示。

06 双击“图层1”的名称文字，输入“全景左”，按Enter键确认重命名，如下图所示。

07 双击“图层2”的名称文字，输入“全景中”，按Enter键确认重命名，如下左图所示。使用相同的方法，将“图层3”重命名为“全景右”，如下右图所示。

08 隐藏“背景”图层，同时选中“全景左”“全景中”“全景右”图层，按下快捷键 Ctrl+T，打开自由变换编辑框，将鼠标移至编辑框右上角的手柄上，当指针变为双向箭头时单击并拖动鼠标，同时缩放图像，如下图所示。

09 选择“全景中”图层，将此图层的“不透明度”设置为50%，然后使用“移动工具”将该图层中的图像调整至合适位置，如下图所示。

10 完成后将“全景中”图层的“不透明度”设置为100%，如下图所示。

11 执行“图像>调整>色彩平衡”菜单命令，如下左图所示。打开“色彩平衡”对话框，设置“中间调”部分的图像颜色参数，如下右图所示。

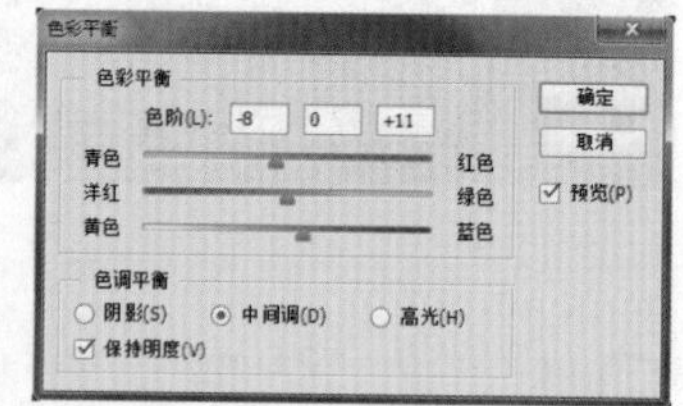

12 设置好“色彩平衡”对话框中的各项参数后，单击“确定”按钮，得到如下图所示的图像效果，使照片的颜色影调统一。

13 选中“全景右”图层，将该图层的“不透明度”设置为50%，如下图所示。

14 选择“移动工具”，移动“全景右”图层中图像的位置，如下图所示。

第13章

15 完成后将"全景右"图层的"不透明度"设置为100%，如下图所示。

16 执行"图像>调整>色彩平衡"菜单命令，如下左图所示。打开"色彩平衡"对话框，设置"中间调"部分的图像颜色参数，如下右图所示。

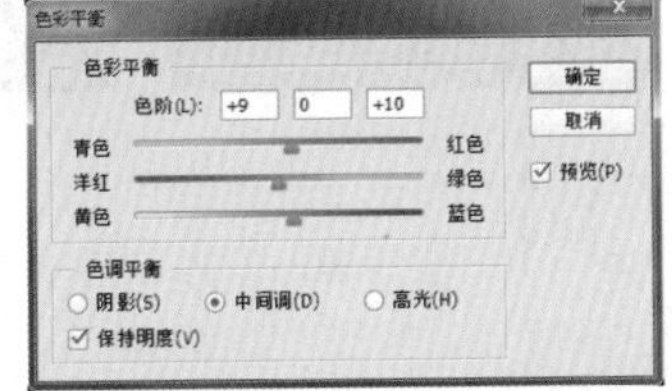

17 设置好"色彩平衡"对话框中的各项参数后，单击"确定"按钮，得到如下图所示的图像效果，使照片的颜色影调统一。

18 按快捷键Shift+Ctrl+Alt+E盖印图层，得到"图层1"图层，同时选中该图层和"全景左""全景中""全景右"图层，再通过应用自由变换将图像调整至合适大小。

19 选择"裁剪工具"，在图像中单击并拖动，创建裁剪框，如下图所示。

20 按Enter键裁剪图像，裁剪后发现图像右上角还有透明的背景，因此选择"仿制图章工具"，按住Alt键，在天空处单击取样，如下左图所示。将鼠标移至透明的背景位置，单击并涂抹，修补图像，如下右图所示。

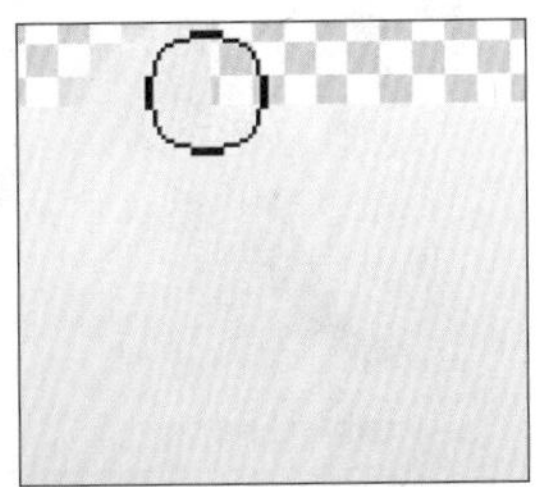

21 继续使用"仿制图章工具"修补图像，得到更完整的画面效果，如下图所示。

22 创建"色阶1"调整图层，打开"属性"面板，在面板中设置色阶值，调整图像的明暗层次，如下图所示。

实例演练——为一组风景照片添加特效边框

解析： 近年来，随着网络相册和博客的流行，很多人热衷于将拍摄的照片发布到网上与人分享。在上传之前，用户可能希望为照片添加各种特殊效果，使照片具有系列感和个性特点，但若逐张更改会花费不少时间。本实例将针对这一问题，介绍如何应用动作、滤镜和批处理功能快速为一组风景照片添加特效边框。下图所示为制作前后的效果对比图，具体操作步骤如下。

扫码看视频

◎ 原始文件：随书资源\13\素材\添加边框前\24.jpg～27.jpg
◎ 最终文件：随书资源\13\源文件\为一组风景照片添加特效边框.psd、添加边框后（文件夹）

01 打开“24.jpg”文件，图像效果如下左图所示。执行“窗口>动作”或按Alt+F9键，打开“动作”面板，如下右图所示。

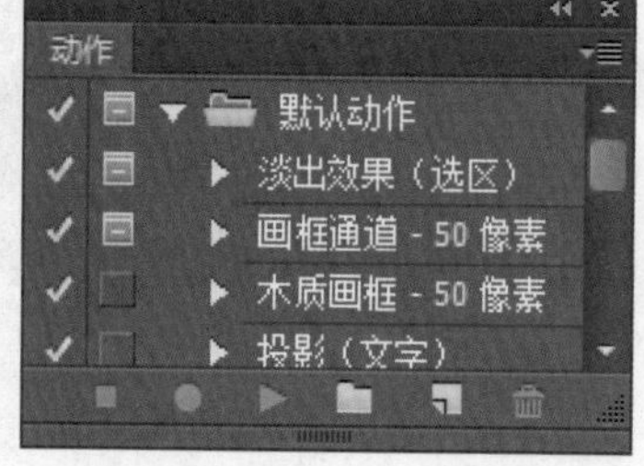

02 单击“动作”面板底部的“创建新动作”按钮，打开“新建动作”对话框。设置动作名称等参数，完成后单击“确定”按钮，开始录制“特效边框”动作，如下图所示。

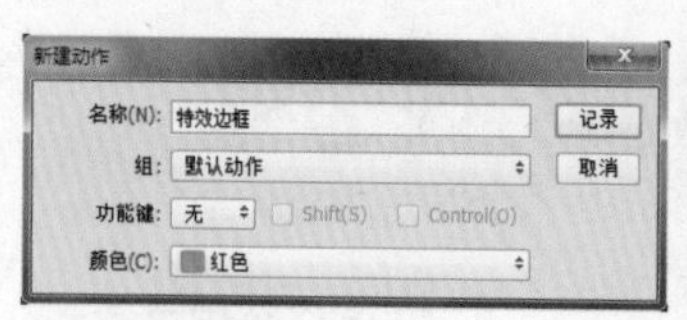

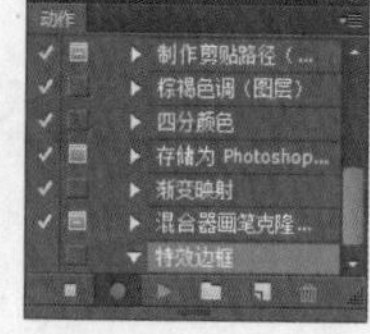

03 使用“矩形选框工具”在图像适当位置单击并拖动鼠标，创建矩形选区，如下左图所示。按Shift+Ctrl+I键，反选选区，如下右图所示。

04 单击工具箱中的“以快速蒙版模式编辑”按钮，进入快速蒙版编辑状态，如下左图所示。执行“滤镜>滤镜库”菜单命令，打开“滤镜库”对话框，单击“扭曲”滤镜组中的“玻璃”滤镜，设置滤镜的各项参数，如下右图所示。

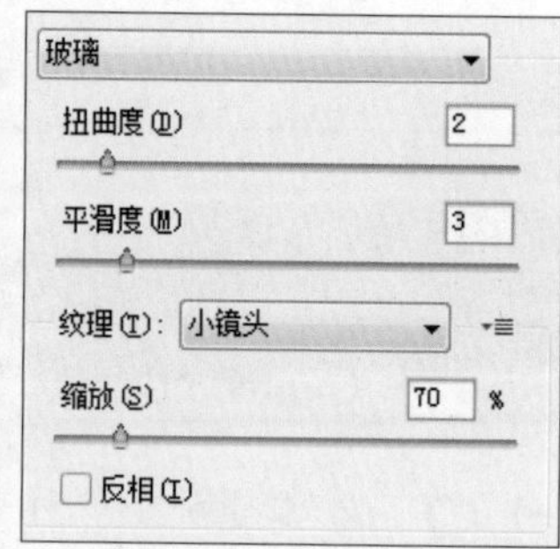

05 设置完成后单击“确定”按钮，得到如下左图所示的图像效果。执行“滤镜>像素化>碎片”菜单命令，得到如下右图所示的图像效果。

06 执行“滤镜>滤镜库”菜单命令，在打开的“滤镜库”对话框中单击“画笔描

边”滤镜组中的“成角的线条”滤镜，并设置滤镜的各项参数，如下左图所示。设置完成后单击“确定”按钮，得到如下右图所示的图像效果。

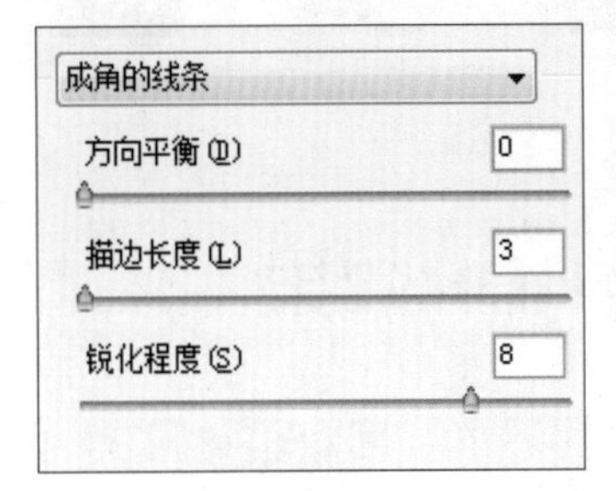

07 单击工具箱中的“以标准模式编辑”按钮，如下左图所示。创建“图层1”图层，设置前景色为白色，按快捷键Alt+Delete，将选区填充为白色，如下右图所示。

08 执行“选择>取消选择”菜单命令，取消选区，如下左图所示。单击“动作”面板底部的“停止播放/记录”按钮，如下右图所示。

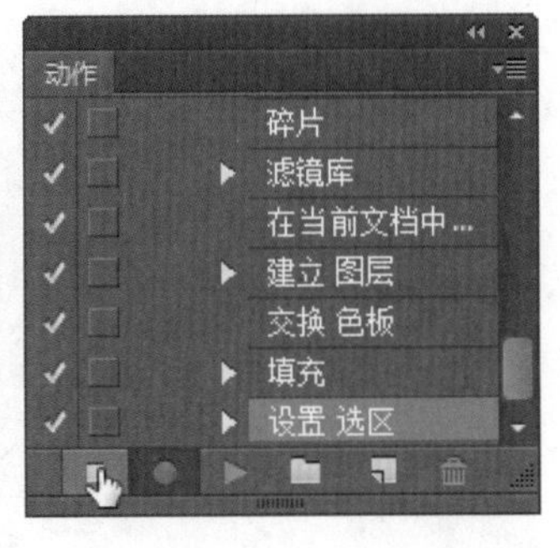

09 执行“文件>自动>批处理”菜单命令，打开“批处理”对话框，在“动作”下拉列表框中选择“特效边框”选项，如下左图所示。在“源”下拉列表框中选择打开的方式为“文件夹”，单击“源”选项组中的“选择”按钮，在“浏览文件夹”对话框中选择相应的文件夹，如下右图所示。

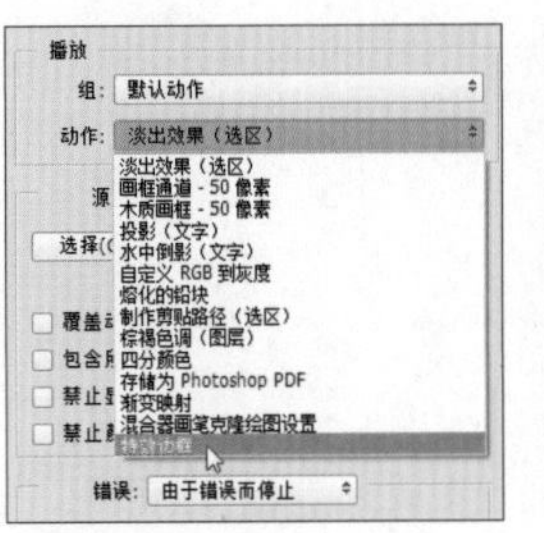

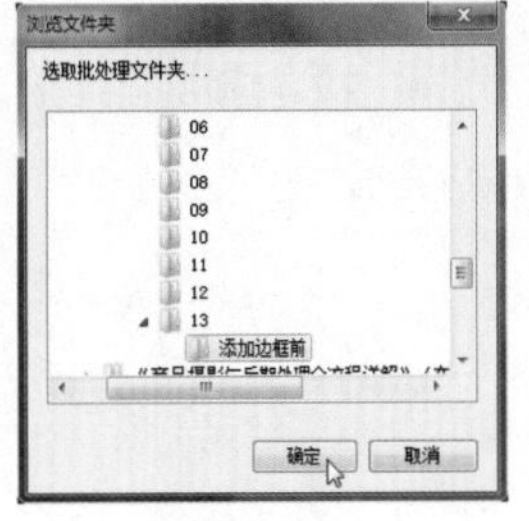

10 经过上一步操作，在对话框中显示文件存储路径，如下左图所示。单击“目标”下三角按钮，在下拉列表中选择“文件夹”选项，如下右图所示。

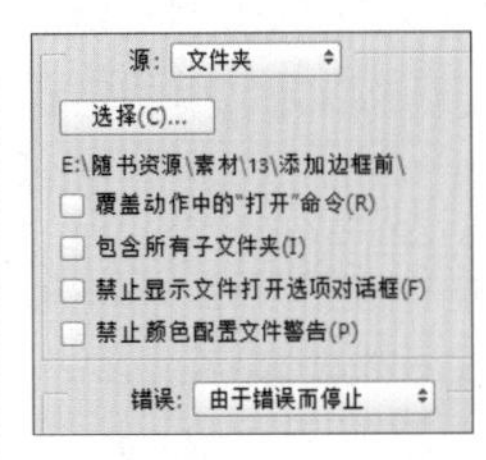

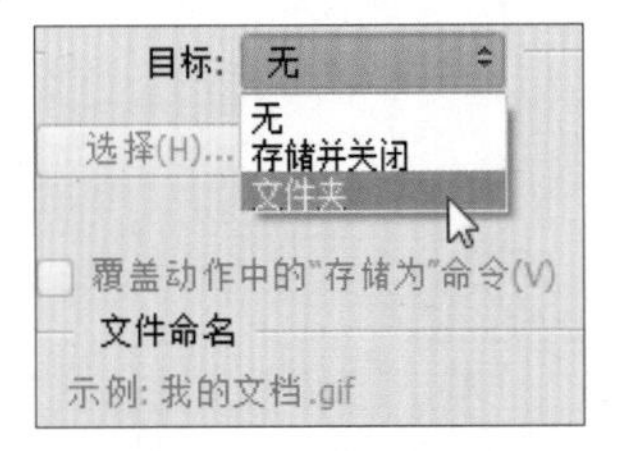

11 单击“选择”按钮，打开“浏览文件夹”对话框，为目标文件指定存储位置，然后在“文件命名”选项组中选择文件名称并修改为“为一组风景照片添加特效边框”，选择“1位数序号”和“扩展名（小写）”组成的文件名称，如下图所示，完成后单击“确定”按钮。

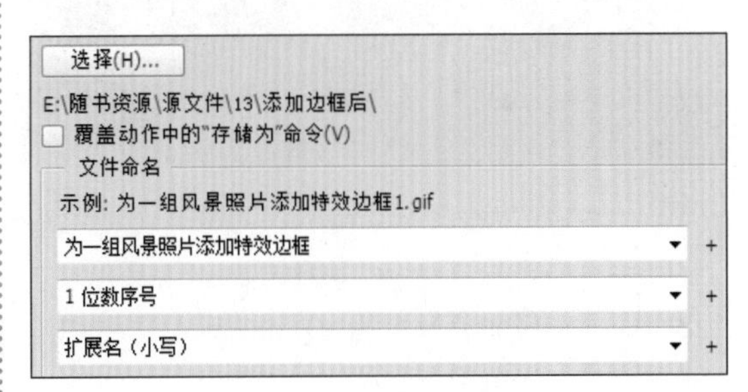

12 经过上一步操作，可快速为一组数码照片添加特效边框效果。执行动作时，弹出“另存为”对话框，在对话框中指定存储格式后，单击“保存”按钮，在弹出的对话框中设置存储选项，单击“确定”按钮，存储图像，进行照片的批处理操作，如下图所示。

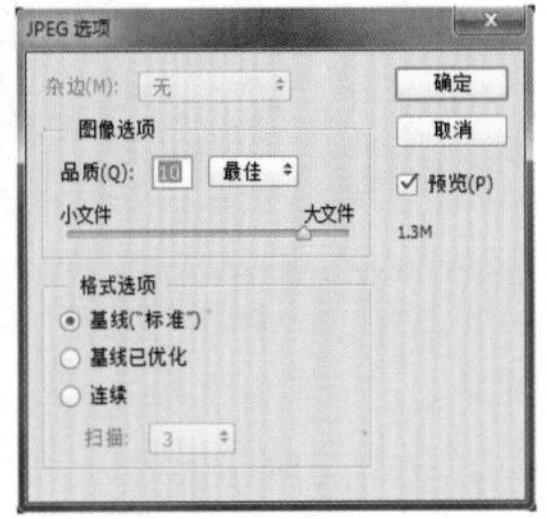

13 完成边框添加后可在目标文件夹中查看设置效果，如右图所示。至此，已完成本实例的制作。

实例演练——在风景照片中应用HDR效果

解析：在处理风景照片时，为了得到更细腻的画面，可以应用“HDR色调”命令创建HDR效果。使用该命令时，可以选用预设的参数，也可以手动设置参数，获得更满意的HDR色调效果。本实例将介绍HDR特效在风光照片中的应用。下图所示为制作前后的效果对比图，具体操作步骤如下。

扫码看视频

◎ **原始文件：**随书资源\13\素材\28.jpg

◎ **最终文件：**随书资源\13\源文件\在风景照片中应用HDR效果.psd

01 打开“28.jpg”文件，执行“图像>调整>HDR色调”菜单命令，打开“HDR色调”对话框，如下图所示。

02 单击“预设”下三角按钮，在展开的下拉列表中选择Scott5选项，调整图像颜色，如下图所示。

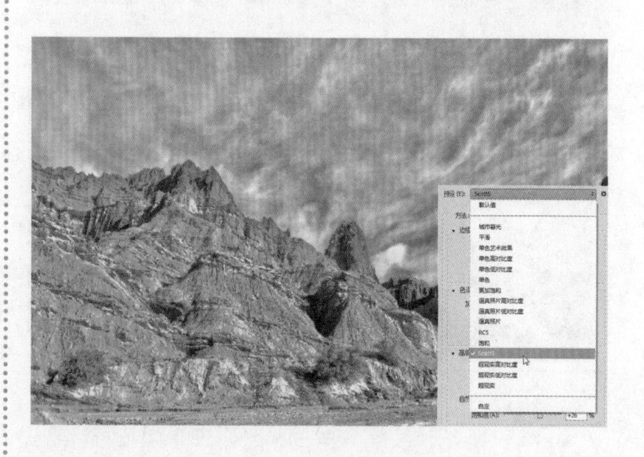

03 继续在对话框中对各项参数进行设置，设置“半径”为166、“强度”为1.72、“灰度系数”为0.45、“曝光度”为+0.23、“细节”为+118、“阴影”为-20、“高光”为-100、“自然饱和度”为+22、“饱和度”为+26，得到如下图所示的效果。

04 单击“色调曲线和直方图”选项组左侧的三角形按钮，展开“色调曲线和直方图”选项组，运用鼠标拖动曲线，设置完成后，单击“确定”按钮，得到如下图所示的效果。

05 按快捷键Ctrl+J复制图层，得到“图层1”图层，如下左图所示。执行“滤镜>锐化>USM锐化”菜单命令，打开“USM锐化”对话框，在对话框中设置参数，如下右图所示。

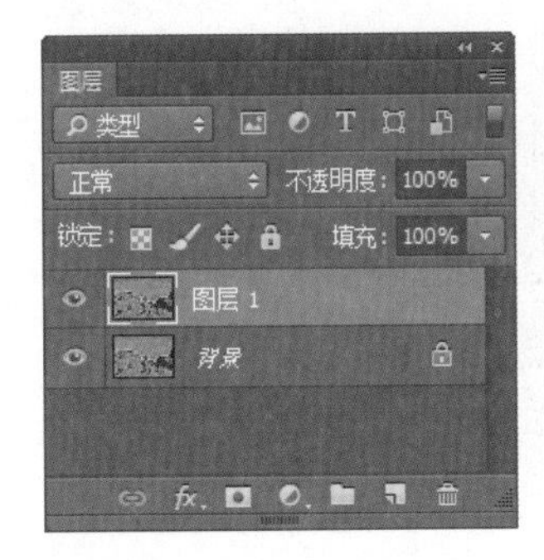

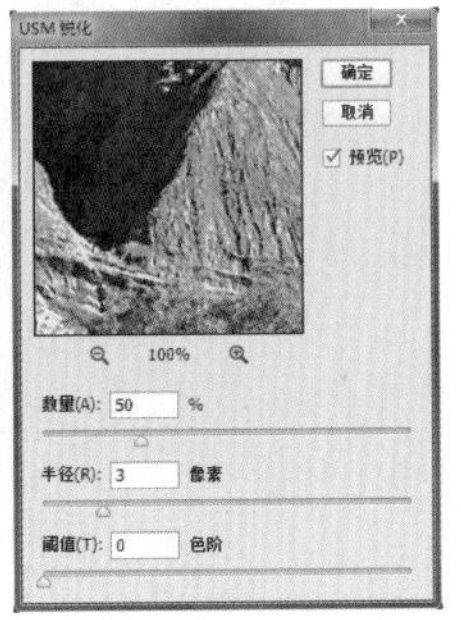

06 设置完成后单击“确定”按钮，选择“快速选择工具”，在天空部分单击，创建选区，执行“选择>反选”菜单命令，或按快捷键Shift+Ctrl+I，反选选区，如下图所示。

07 选择“图层1”图层，单击“图层”面板底部的“添加图层蒙版”按钮，添加图层蒙版，如下左图所示。按住Ctrl键单击“图层1”图层蒙版缩览图，载入选区，如下右图所示。

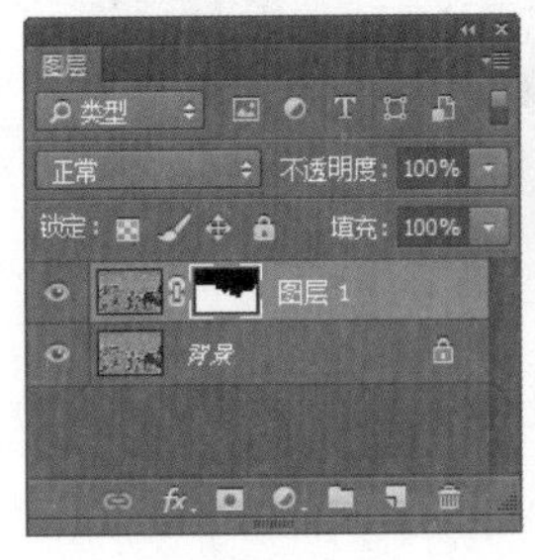

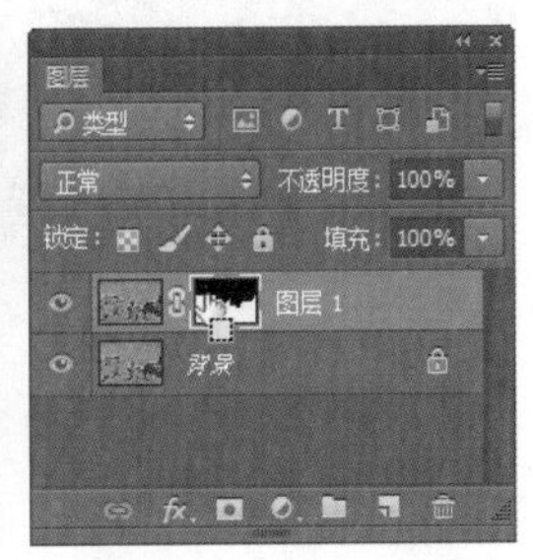

08 创建“色彩平衡1”调整图层，在打开的“属性”面板中设置颜色值为-15、0、+27，如下左图所示。在“色调”下拉列表框中选择“阴影”选项，并设置参数，如下右图所示。

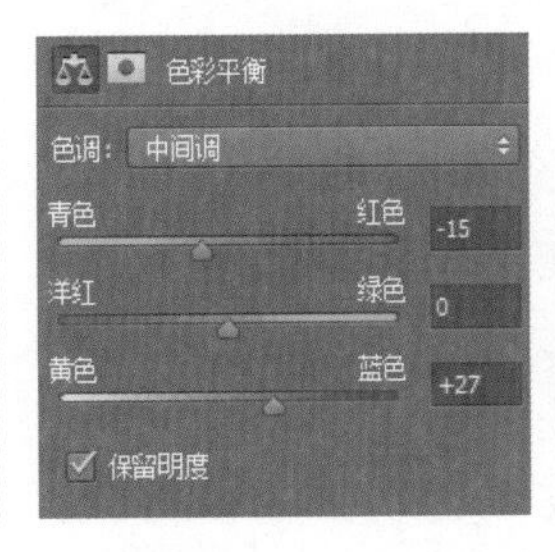

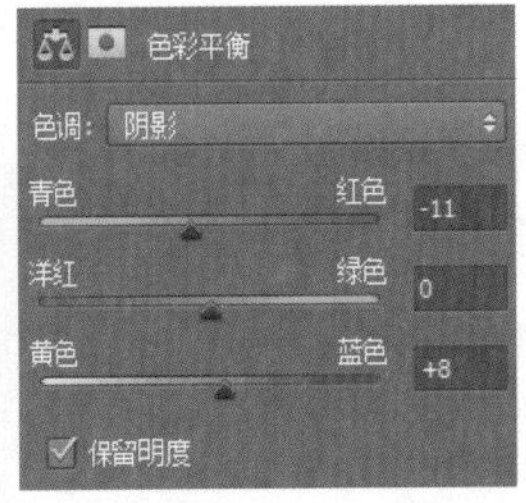

09 在“色调”下拉列表框中选择“高光”选项，并设置参数，完成后得到如下图所示的效果。

10 按住Ctrl键单击“色彩平衡1”图层蒙版缩览图，载入选区，按下快捷键Shift+Ctrl+I，反选选区。创建“色阶1”调整图层，打开“属性”面板，在面板中设置色阶为57、1.20、222，如下图所示。

11 单击“色阶1”图层蒙版缩览图，选择“画笔工具”，设置其“不透明度”为23%，使用较软的黑色画笔在天空与山峰之间较亮的位置涂抹，如下图所示。

12 继续使用“画笔工具”涂抹，还原涂抹区域的亮度，调整效果如下图所示。至此，已完成本实例的制作。

第13章

学习笔记

第14章 商品照片的后期修饰

随着电子商务的不断发展，商品照片的处理已经成为照片处理中一个重要的专项应用领域，通过对拍摄的商品照片进行修饰与美化，能够让商品获得更多顾客的关注。本章将详细讲解如何使用 Photoshop 中的工具修饰和美化商品照片，包括基础图形和自定义图形的绘制、横排 / 直排文字的添加、文字属性的更改、特殊字形和字符的添加等。通过对本章的学习，读者可以掌握商品照片后期处理的技巧，并且能够将所学知识应用到实际的商品照片处理中，快速完成商品照片的修饰和美化。

14.1 添加基础图形——规则图形绘制工具

在处理商品照片时，为了使画面看起来更为丰富、美观，经常会在画面中添加一些简单的图形作为修饰。在 Photoshop 中可以应用规则图形绘制工具在图像中绘制方形、圆形、线条等规则的几何图形。

单击工具箱中的“矩形工具”按钮，在显示的选项栏中可进一步设置工具的各项参数，如下图所示。选项栏中各参数的设置具体如下。

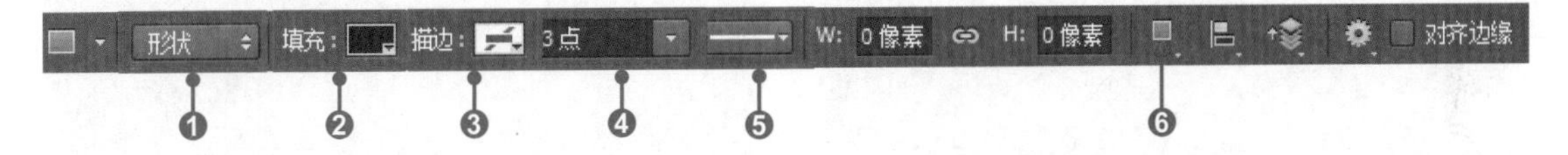

❶选择工具模式：选择图形的绘制模式，包括“形状”“路径”“像素”3 个选项。

❷填充：用于设置图形的填充颜色，单击右侧的下三角按钮，在展开的“填充”面板中可选择以纯色、渐变、图案等方式填充图形，如下左图所示。

❸描边：用于设置图形的描边效果。单击右侧的下三角按钮，在展开的面板中设置描边颜色，如果需要使用新颜色对图形描边，则单击右上角的“拾色器”图标，在打开的对话框中重新选择颜色，如下右图所示。

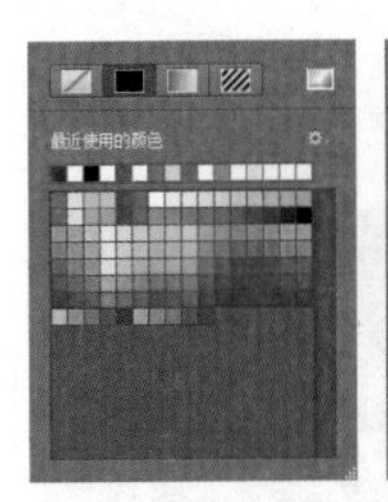
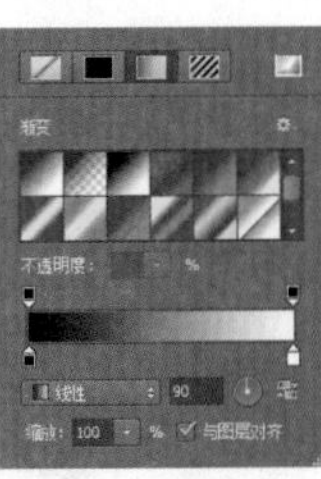
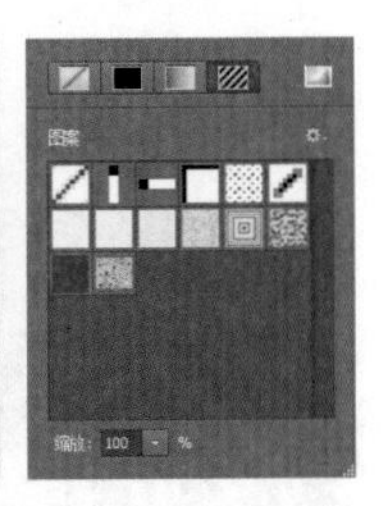
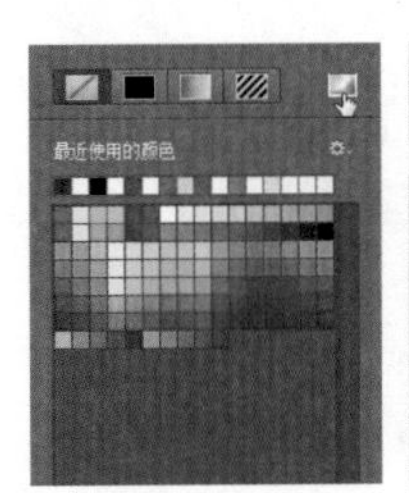
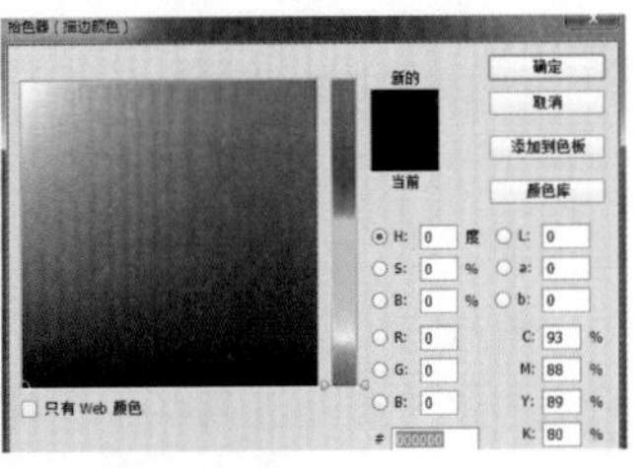

❹设置形状描边宽度：用于指定描边的宽度，可输入数值或单击下三角按钮并拖动滑块进行宽度的调节。

❺设置形状描边类型：用于指定描边的类型。单击下三角按钮，在展开的面板中进行选择，如果要重

新设置描边类型，则单击右上角的扩展按钮，选择“更多选项”，打开“描边”对话框，设置描边类型，如下左图所示。

❻路径操作：用于设置图形的组合方式，包括“新建图层”“合并形状”“减去顶层形状”“与形状区域相交”“排除重叠形状”5 种方式，如下右图所示。

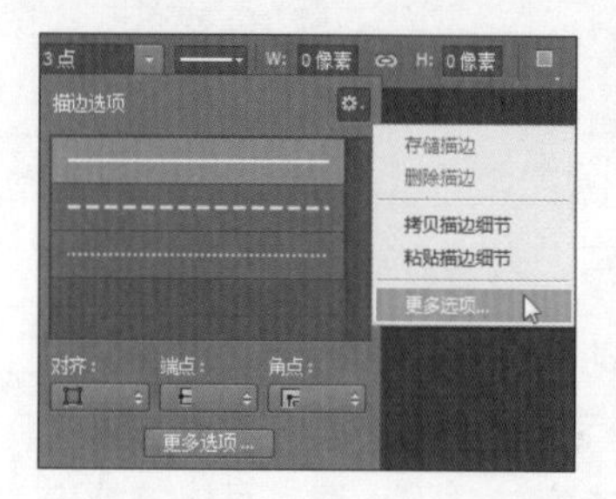

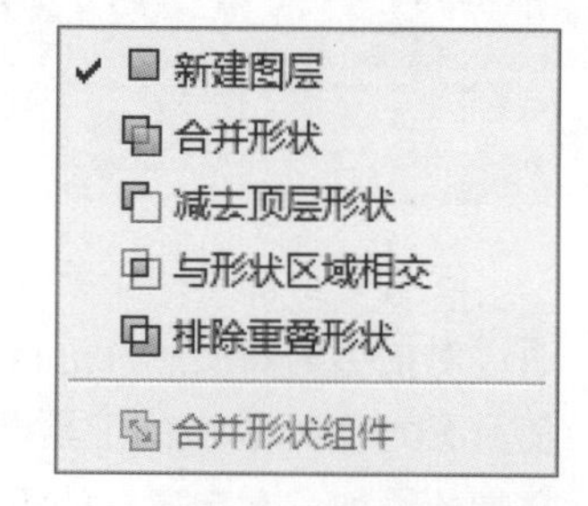

除了“矩形工具”，Photoshop 中还有“圆角矩形工具”“椭圆工具”“多边形工具”“直线工具”等基础图形绘制工具，如右图所示。下面简单介绍这些工具的使用方法。

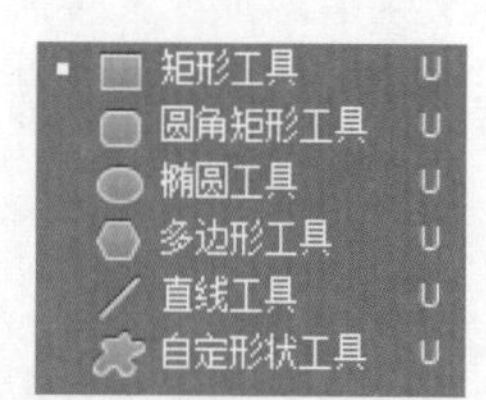

1. 矩形工具

“矩形工具”用来创建各种比例的矩形和正方形。打开“01.psd”素材图像，单击工具箱中的“矩形工具”按钮，在图像中单击并拖动鼠标，拖动至合适大小后，释放鼠标，即可绘制出一个矩形图形。下图所示为运用“矩形工具”在照片中绘制的黑色矩形效果。按住 Shift 键拖动，可绘制正方形图形。

2. 椭圆工具

“椭圆工具”用于创建椭圆和正圆图形。单击“椭圆工具”按钮，然后在图像中单击并拖动鼠标，可绘制椭圆图形；按住 Shift 键拖动，可绘制正圆图形。

继续在“01.psd”素材图像中操作，选择工具箱中的“椭圆工具”，设置前景色为红色，在文字“饰”下方单击并拖动鼠标，释放鼠标，绘制出红色小圆，如右图所示。

3. 圆角矩形工具

“圆角矩形工具”用于在图像中绘制圆角的矩形。“圆角矩形工具”的使用方法与“矩形工具”的使用方法相同。不同的是，“圆角矩形工具”在绘制前可以通过指定“半径”来控制绘制的矩形的边角圆度。当“半径”为0时，则可绘制直角矩形。

打开“02.psd”素材图像，单击“圆角矩形工具”按钮，在选项栏中设置绘制模式及“半径”选项，将鼠标移至画面左侧，单击并拖动鼠标，即可绘制指定半径的圆角矩形，如右图所示。

应用 为图形添加描边效果

使用图形绘制工具绘制好图形后，可以为绘制的图形添加新的描边效果，具体方法如下。

在“图层”面板中选中形状图层，如图❶所示，单击工具箱中的“直接选择工具”按钮，在图像中的形状上单击，如图❷所示。此时会显示路径及路径上的所有锚点，并展开工具选项栏，在选项栏中即会出现描边颜色、宽度和类型等选项，参照图❸、图❹所示设置各选项，设置后得到如图❺所示的描边效果。

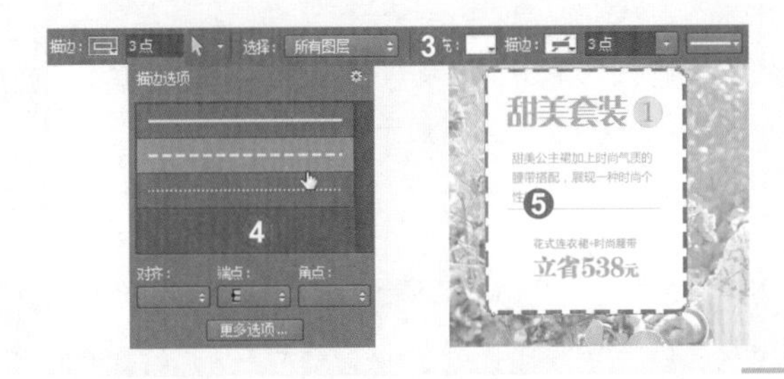

4. 多边形工具

“多边形工具”可绘制任意边数的多边形图形，在选项栏中可设置多边形的边数，还可单击“几何体选项”按钮，在展开的面板中指定星形或内陷星形效果。打开“03.psd”素材图像，单击“多边形工具”按钮，在选项栏中输入“边”为5，单击“几何体选项”按钮，在展开的面板中勾选“星形”复选框，然后在图像中的合适位置单击并拖动鼠标，即可绘制出五角星图形，如下左图所示。

5. 直线工具

“直线工具”可以绘制直线或带箭头的直线，结合选项栏可控制绘制效果。在绘制时按住Shift键单击并拖动，可创建水平、垂直或以45°角为增量的直线。打开“04.psd”素材图像，单击“直线工具”按钮，在选项栏中设置线条粗细及箭头选项，然后在图像中的合适位置单击并拖动鼠标，即可绘制出带箭头的直线，如下右图所示。

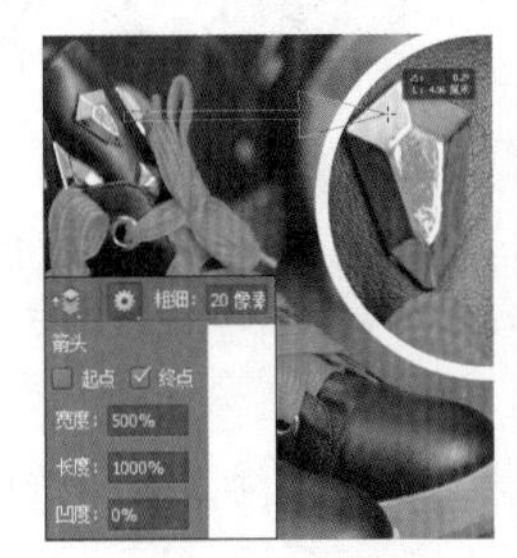

技巧一 设置图形组合方式

在绘制图形前，可以在工具选项栏中选择图形的组合方式。Photoshop 提供了“新建图层”“合并形状”“减去顶层形状”“与形状区域相交”“排除重叠形状”等图形组合方式，如图❶所示。打开“05.jpg”素材图像，选择默认的“新建图层”，单击并拖动鼠标时可创建新的形状图层；选择“合并形状”选项时，会将新的形状区域添加到现有形状中；选择“减去顶层形状”选项时，会将重叠区域从现有形状或路径中移去；选择“与形状区域相交”选项时，会将区域限制为新区域与现有形状或路径的交叉区域；选择“排除重叠形状”选项时，从新区域和现有区域的合并区域中排除重叠区域。图❷～❻展示了不同形状组合方式下绘制的图形效果。

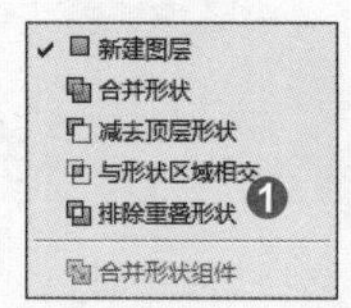

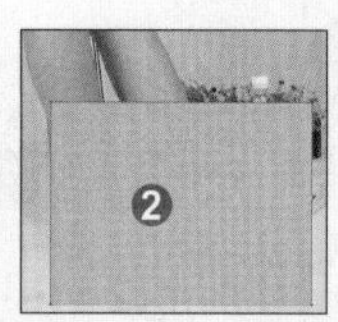

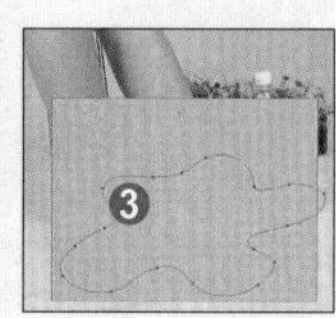

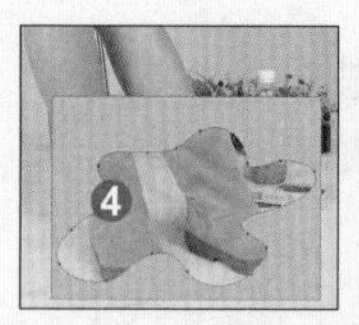

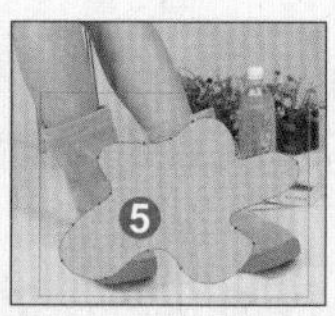

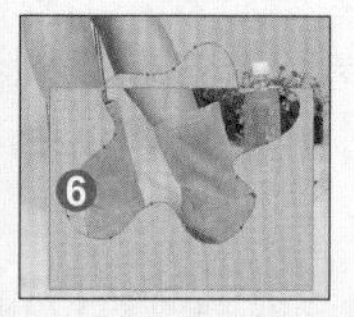

技巧二 栅格化形状

使用图形工具在图像中绘制形状后，可以将创建的形状图层通过栅格化的方式转换为普通图层，具体方法如下。

选中要栅格化处理的图层，如图❶所示，执行“图层 > 栅格化 > 形状”菜单命令，如图❷所示，栅格化图层，得到如图❸所示的图层显示效果。

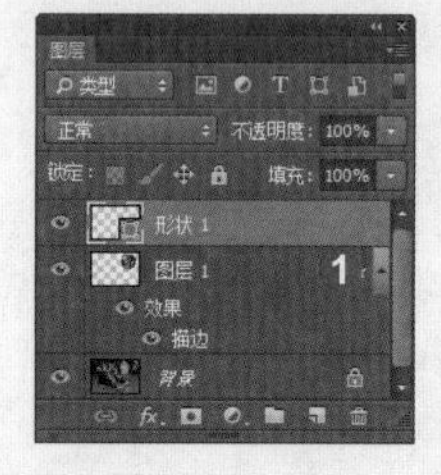

第14章

14.2 自定义图形的绘制——自定形状工具

“自定形状工具”可以绘制系统预设的图形，也可以将自己绘制的图形定义为预设图形后完成更多相同图形的创建，还可以将网上下载的图形载入并进行绘制。

打开“06.psd”素材图像，选择工具箱中的“自定形状工具”，然后在显示的工具选项栏中单击“形状”右侧的下三角按钮，在展开的面板中单击选择图形，如下左图所示。

选择好要绘制的图形后，将鼠标移至图像中单击并拖动，就可以完成图形的绘制，如下右图所示。

Photoshop 中除了默认显示的图形外，还预设了“动物”“音乐”“自然”“物体”等多个种类的图形，用户只需要单击“形状”面板右上角的扩展按钮，在弹出的菜单中即可查看并选择这些图形，这里选择“画框”选项，在弹出的提示框中可以选择以添加或替换的方式处理“形状”选取器中的图形。若单击“确定”按钮，则会用新选择的图形替换“形状”选取器中的图形，如下左图所示。如果单击“追加”按钮，则在“形状”选取器中增加新选择的预设图形，如下右图所示。

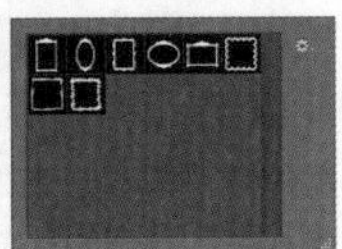

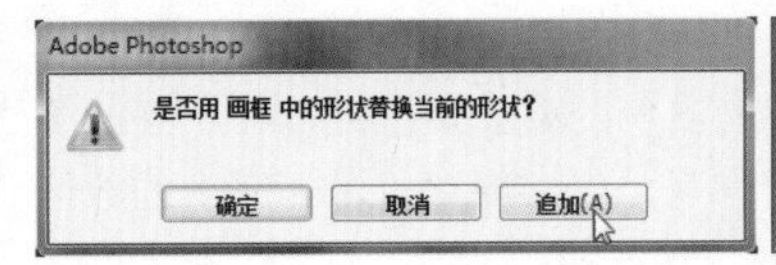

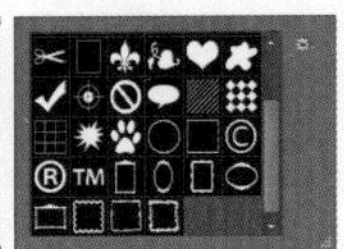

技巧一 自定义形状

不仅可以载入系统预设的图形，还可以将绘制的图形定义为新的预设图形。打开“07.psd”素材图像，用“钢笔工具”绘制一个花纹图形，如图❶所示。执行“编辑 > 定义自定形状”菜单命令，如图❷所示。打开“形状名称”对话框，在对话框中输入要定义的图形的名称，如图❸所示，输入后单击“确定”按钮。此时在“形状”选取器中拖动滑块，在最下方可以看到新定义的图形，如图❹所示。

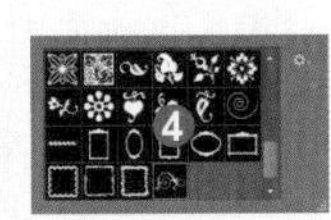

技巧二 复位默认形状

当在“形状”选取器中添加了较多新的图形后，如果不再需要绘制了，就可以将“形状”选取器中的图形还原至默认状态，操作方法如下。

单击“形状”选取器右上角的扩展按钮，如图❶所示。在展开的菜单中选择“复位形状”命令，如图❷所示。弹出提示对话框，在对话框中单击“确定”按钮，如图❸所示。复位后的“形状”选取器如图❹所示。

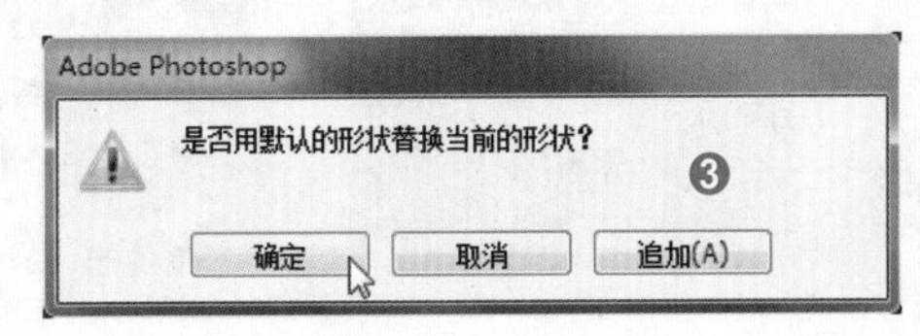

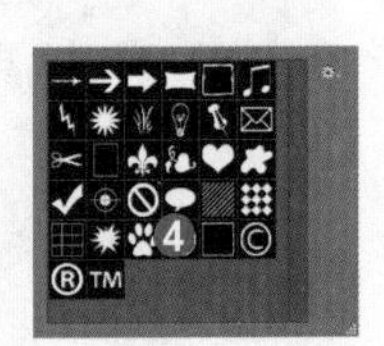

14.3 横排文字的添加——横排文字工具

文字能够直观、便捷地传达信息，在处理商品照片时，为了使观者了解更多的产品信息，可用“横排文字工具”在照片中添加文字。

“横排文字工具”可在图像中添加水平方向的文字。单击工具箱中的“横排文字工具”按钮，然后将鼠标移至要添加文字的位置，单击并输入文字即可。运用“横排文字工具”输入文字前，可以在工具选项栏中对要输入文字的字体、颜色、字号等进行设置，如下图所示。

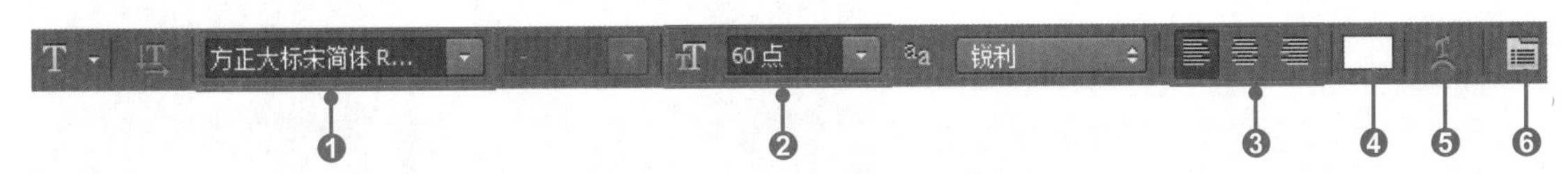

❶字体样式：选择并更改文字的字体。单击“字体样式”下三角按钮，即可展开“字体样式”下拉列表，单击列表中的一种字体样式，就可以将该样式应用至选择的文字上，如下右图一所示。

❷**字体大小**：用于设置文字的字号，可直接输入数值，也可单击右侧的下三角按钮，在展开的列表中选择预设的字号，如右图二所示。输入的数值越大，文字显示得也就越大。

❸**对齐方式**：主要用于设置文字的对齐方式，包括“左对齐文本”“居中对齐文本”“右对齐文本”3种方式。单击其中一个按钮后，会以创建文本时鼠标单击处为基准按指定对齐方式对齐文本。

❹**颜色**：用于设置文字的颜色。单击颜色块，即可打开“拾色器（文字颜色）”对话框，如右图三所示，在对话框中可重新设置文字颜色。

❺**创建文字变形**：单击“创建文字变形”按钮，即可打开“变形文字”对话框，在对话框中单击“样式”下三角按钮，可选择文字变形样式，如右图四所示。

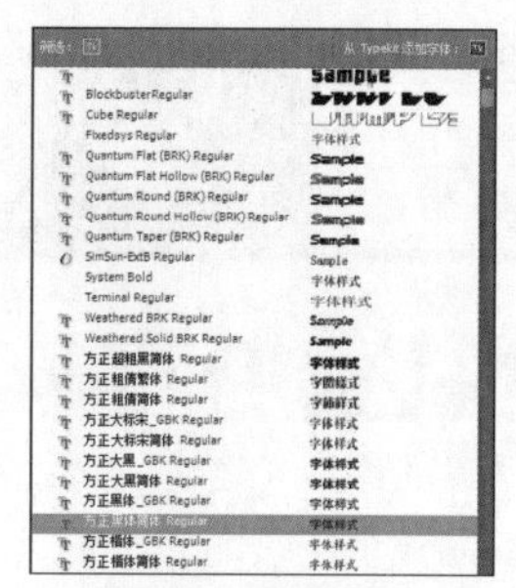

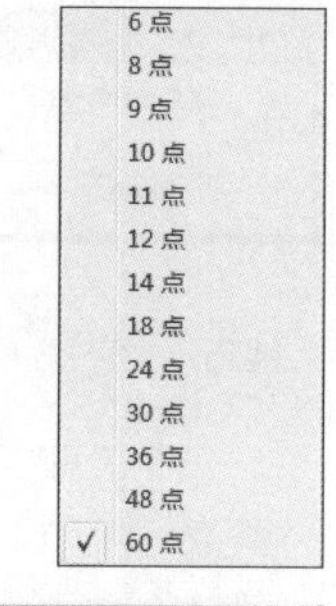

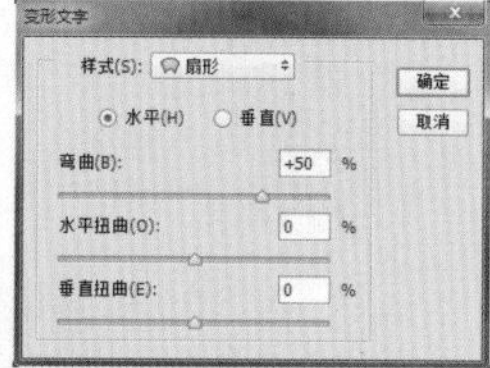

❻**切换字符和段落面板**：单击“切换字符和段落面板”按钮，会弹出“字符／段落”面板组，单击面板组中的标签，可以在“字符”面板和“段落”面板之间切换。

应用 在商品照片中添加横排文字

打开“08.jpg”素材照片，如图❶所示。选择“横排文字工具”，在图像中单击并输入文字，如图❷所示。选中文字图层，在选项栏中对文字的字体、字号、对齐方式进行设置，如图❸所示，设置后得到如图❹所示的效果。确保“横排文字工具”为选中状态，选中部分文字，更改文字颜色，如图❺所示。

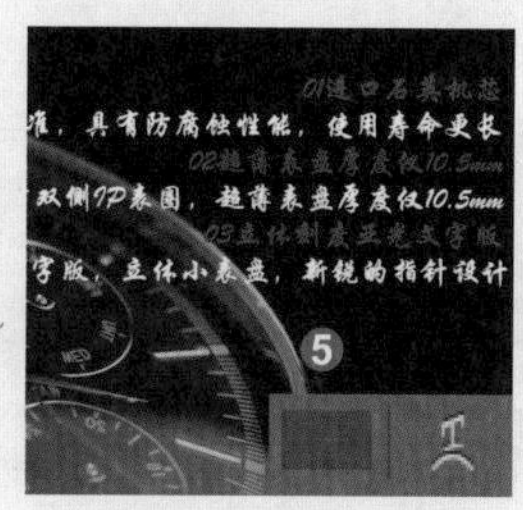

14.4 直排文字的添加——直排文字工具

与“横排文字工具”的作用相似，“直排文字工具”用于在图像中添加垂直方向排列的文字。它的使用方法与“横排文字工具”相同，都是通过在图像中单击输入文字。本节将介绍如何使用“直排文字工具”在商品照片中添加直排的文字，具体操作方法如下。

扫码看视频

打开“09.jpg”素材图像，按住“横排文字工具”按钮不放，在弹出的工具条中选择“直排文字工具”，显示文字工具选项栏，在选项栏中设置文字选项，然后在图像中单击并输入文字，如右图所示。

应用 **更改文字的对齐效果**

输入直排文字以后，可以通过单击工具选项栏中的文本对齐按钮，重新调整文字的对齐效果。如右图所示，选择“直排文字工具”，在文字中单击并拖动，选中文字，单击“居中对齐文本”按钮，把文字从默认的顶对齐效果更改为居中对齐效果。

技巧 **直排文字与横排文字的转换**

在文字工具选项栏中有一个“切换文本取向”按钮，单击该按钮，可以在直排文字和横排文字之间进行快速切换。打开“10.psd”素材图像，在图像中使用“直排文字工具”输入垂直方向排列的文字，如图❶所示。单击“切换文本取向”按钮，如图❷所示。随后可看到输入的垂直方向排列的文字被更改为水平方向排列的效果，如图❸所示。

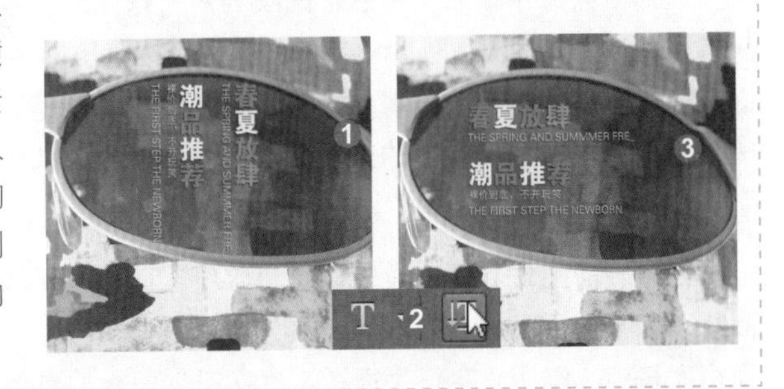

14.5 创建文字选区——文字蒙版工具

在 Photoshop 中，如果要为文字添加渐变或图案叠加效果，可以将文字转换为选区，通过编辑选区对输入的文字进行创意性设计。使用“横排文字蒙版工具”和“直排文字蒙版工具”可以在照片中创建横排或直排文字选区。本节将介绍这两个工具的使用方法。

扫码看视频

打开需要添加文字选区的“11.jpg”素材图像，按住“横排文字工具”按钮不放，在弹出的隐藏工具条中选择“横排文字蒙版工具”，将鼠标移至要添加文字的起点位置，单击鼠标进入快速蒙版编辑状态，同时会在画面中显示光标插入点，输入文字，如下图所示。

输入完成后单击图像编辑窗口中的空白区域，退出快速蒙版编辑状态，获得文字选区，如下左图所示。创建文字选区后，可以对选区做进一步编辑，如填充渐变颜色、设置文字样式等。

打开需要添加文字选区的“12.jpg”素材图像，如果要创建直排的文字选区，则选择“直排文字蒙版工具”，然后在图像中单击并输入文字。输入完成后单击图像编辑窗口中的空白区域，退出快速蒙版编辑状态，创建直排文字选区，如下右图所示，接着可以为选区填充颜色或叠加图案。

14.6 文字属性的更改——“字符”面板

在商品照片中输入文字后，如果要对已输入的文字做更改，除了使用文字工具选项栏以外，还可以使用“字符”面板。相对于文字工具选项栏来说，“字符”面板有更多属性选项，如水平缩放、垂直缩放、调整文本基线等，通过这些选项的设置，可以创建更丰富的文字效果。本节将介绍如何使用“字符”面板调整文字属性。

扫码看视频

如果当前工作界面中没有显示“字符”面板，可以执行“窗口 > 字符”菜单命令，显示“字符”面板；如果选择了“横排文字工具”或“直排文字工具”，则可以单击选项栏中的“切换字符和段落面板”按钮，调用“字符”面板。“字符”面板的具体设置如下图所示。

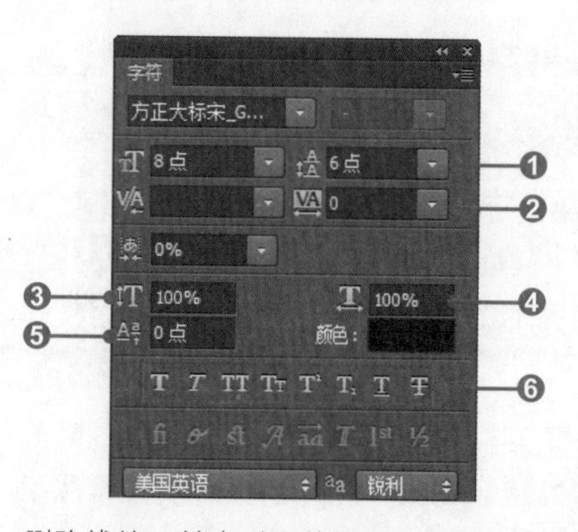

❶设置行距：行距是指文本段落各行之间的垂直距离。在“设置行距”下拉列表框中选择选项或输入数值可调整行距。

❷字距调整：选择部分字符时，此选项可调整所选字符的间距。

❸垂直缩放：用于调整字符的高度。

❹水平缩放：用于调整字符的宽度。

❺基线偏移：用来控制文字与基线的距离，它可以升高或降低所选文字。

❻特殊字体：预设的一组特殊的字体样式按钮，包括仿粗体、仿斜体、全部大写字母、小型大写字母、上标、下标、下画线、删除线等。单击对应的按钮，就可以将该样式应用于文字。

应用一 更改照片中已有文字的效果

打开已经添加了文字的“13.psd”素材图像，如图❶所示。选择“横排文字工具”，在文字上单击并拖动鼠标，选择其中需要更改的文字，如图❷所示。执行“窗口 > 字符”菜单命令，打开“字符”面板，在面板中重新设置文字的字体和颜色，如图❸所示。设置完成后单击工具箱中的任意非文字工具，退出文字编辑状态，得到如图❹所示的文字效果。

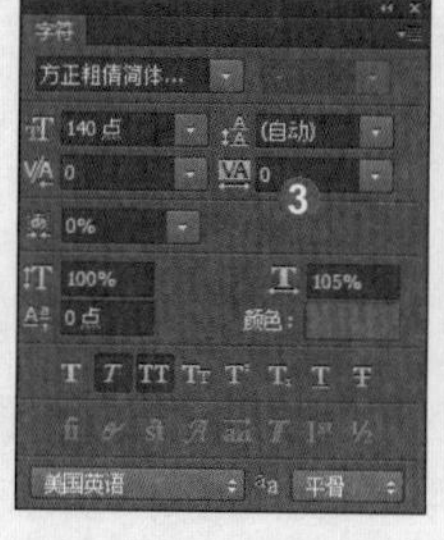

第14章

应用二 将文字转换为形状

在商品照片中添加了文字后，为了增强文字的表现力，可以对文字进行变形。在 Photoshop 中可以执行“转换为形状”命令把文字转换为形状，再结合图形编辑工具对文字图形做艺术化的变形设置，具体操作如下。

打开“14.psd”素材图像，在“图层”面板中选中对应的文字图层，如图❶所示。执行“文字 > 转换为形状”菜单命令，把文字转换为形状，如图❷所示。此时在“图层”面板中可看到文字图层被转换为形状图层，选择“直接选择工具”，在文字上单击，选中要编辑的文字形状，然后结合路径编辑工具对文字进行变形，如图❸所示。最终效果如图❹所示。

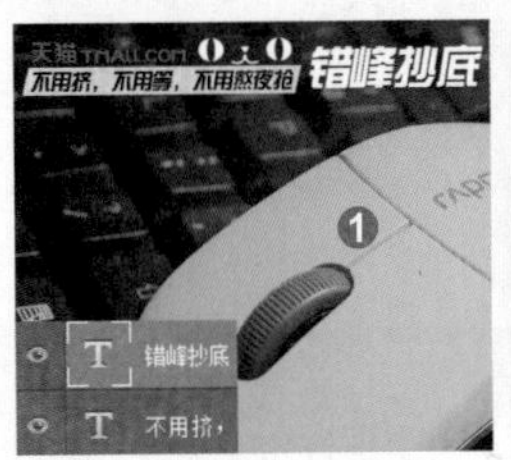

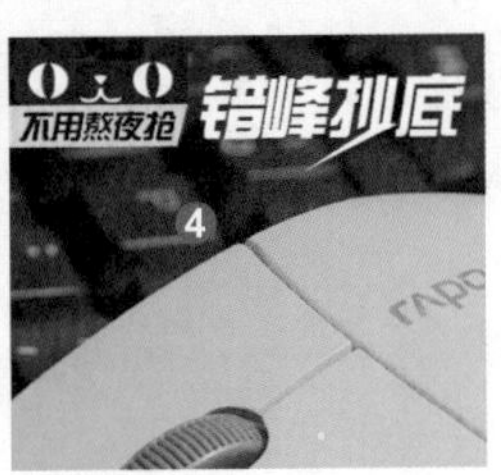

14.7 插入特殊字形、字符——“字形”面板

在 Photoshop 中输入文字时，如果遇到有些字形和字符不便于通过键盘输入，可以打开“字形”面板，面板中会显示正在使用的字体所包含的各种特殊字形和字符，如标点、货币符号、数字序号或特殊符号等，供用户插入到照片中。本节将介绍“字形”面板中的字形和字符的插入方法。

打开“15.psd”素材图像，用“横排文字工具”在文字中单击，确定要添加字形的位置，如下左图所示。执行“文字 > 面板 > 字形面板”菜单命令或“窗口 > 字形”菜单命令，打开“字形”面板，双击面板中的“$”字形，随后可以看到在光标插入点前显示了该字形，如下右图所示。

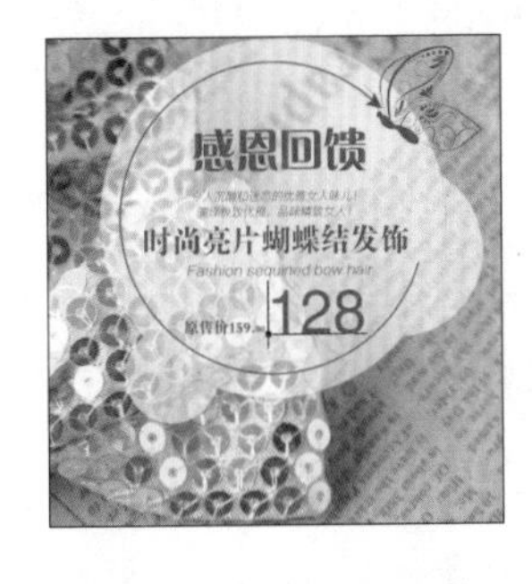

技巧 在“字形”面板中更改字体

使用“字形”面板插入特殊字形时，可以单击面板上方的“设置字体系列”下拉按钮，在展开的列表中重新选择字体。不同系列的字体在“字形”面板中显示的字形会有一定的差异。

实例演练——商品照片中的文字添加

解析：在商品照片的后期处理过程中，为了将照片中的商品信息传递得更加准确，可以在照片中添加一些说明文字。本实例将介绍如何使用“横排文字工具”在拍摄的商品照片中添加文字，并结合“字符”面板调整文字的字体、颜色、字号等，创建更有层次感的文字效果。下图所示为制作前后的效果对比图，具体操作步骤如下。

◎ 原始文件：随书资源\14\素材\16.jpg

◎ 最终文件：随书资源\14\源文件\商品照片中的文字添加.psd

01 打开“16.jpg”文件，选择“裁剪工具”，取消选项栏中“删除裁剪的像素”复选框的勾选状态，然后单击并拖动鼠标，绘制裁剪框，裁剪照片，扩展画布，如下图所示。

02 设置前景色为R222、G220、B210，创建“图层1”图层，按快捷键Alt+Delete，将图层填充为灰色，如下图所示。

03 复制“图层0”，得到“图层0拷贝”图层，将该图层移至最上层，如下左图所示。确保“图层0拷贝”图层为选中状态，单击“图层”面板底部的“添加图层蒙版”按钮，为此图层添加蒙版，如下右图所示。

04 选择“画笔工具”，在选项栏中调整画笔大小、不透明度等选项，如下图所示。

05 设置前景色为黑色，将鼠标移至手链顶部的黄色背景位置，单击并涂抹，隐藏图像，如下左图所示。继续使用“画笔工具”在背景处涂抹，使本图层与“图层1”图层中填充的背景颜色融合起来，如下右图所示。

06 选择“图层0拷贝”图层，按快捷键Ctrl+J复制图层，得到“图层0拷贝2”图层，将此图层移至最上层，并设置混合模式为“柔光”、“不透明度”为57%。按Ctrl+T键，打开自由变换编辑框，将鼠标移至编辑框右下角单击并拖动，对图像进行缩放，完成后按Enter键，得到如下图所示的效果。

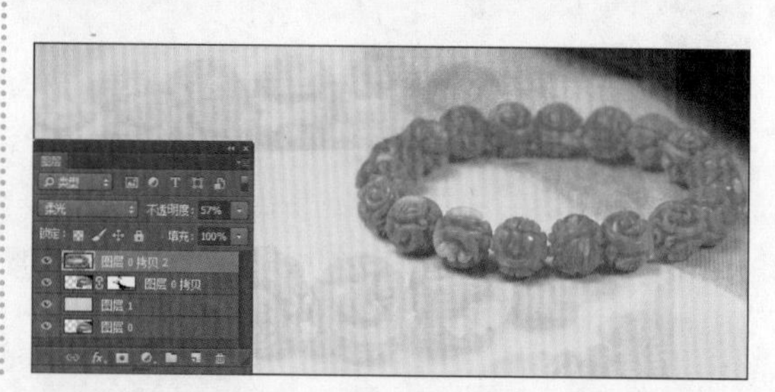

07 单击“添加图层蒙版”按钮，为该图层添加图层蒙版。选择“渐变工具”，在选项栏中设置渐变选项，然后从图像右侧向左侧拖动鼠标，如下图所示。

08 释放鼠标后，完成渐变的填充，得到渐隐的图像效果，如下图所示。

09 创建“色阶1”调整图层，打开“属性”面板，在面板中设置色阶值为0、1.00、231，使画面中的高光部分变得更亮，如下图所示。

10 打开“字符”面板，调整文字字体、字号等选项，如下左图所示。选择“横排文字工具”，在画面中输入数字“2015”，得到如下右图所示的文字效果。

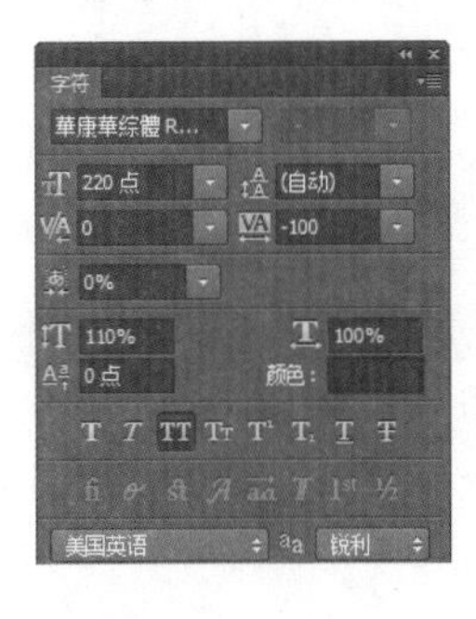

11 在“字符”面板中更改文字属性，如下左图所示。在“2015”后方输入文字“Summer”，如下右图所示。

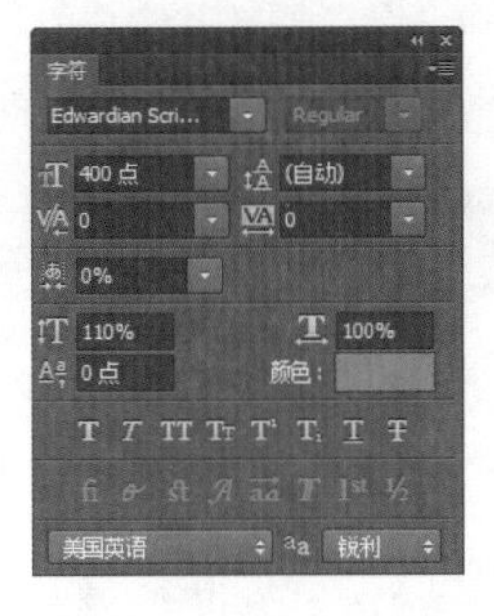

12 执行“图层>图层样式>投影”菜单命令，打开“图层样式”对话框，设置“投影”选项，如下左图所示，单击“确定”按钮，应用样式，得到如下右图所示的效果。

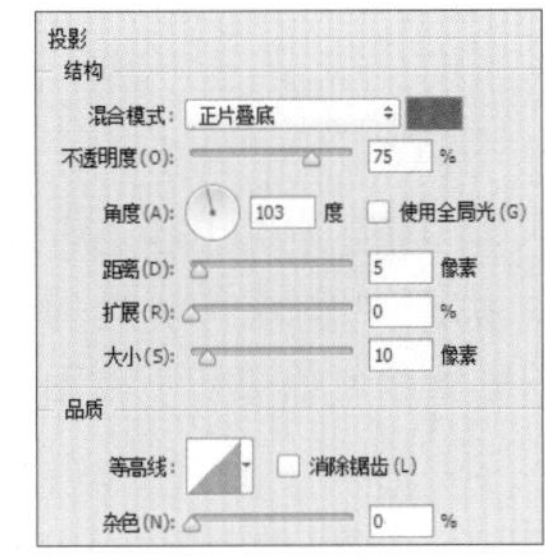

13 在“字符”面板中更改文字属性，如下左图所示。在数字“2015”下方输入文字“NEW”，如下右图所示。

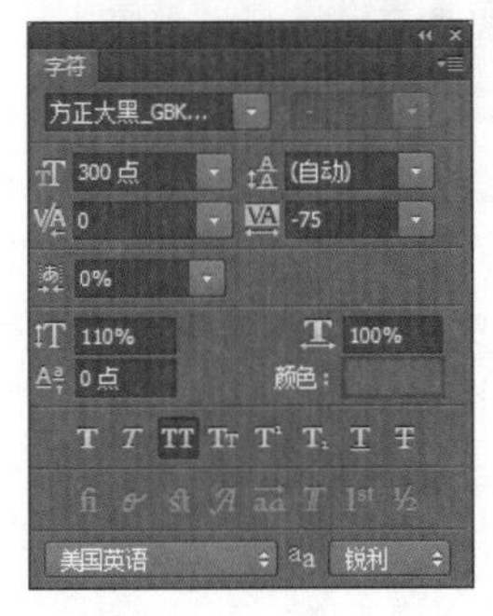

14 执行“图层>图层样式>斜面和浮雕”菜单命令，打开“图层样式”对话框，勾选“纹理”样式，设置纹理选项，如下左图所示。再勾选“投影”样式，设置投影选项，如下右图所示。

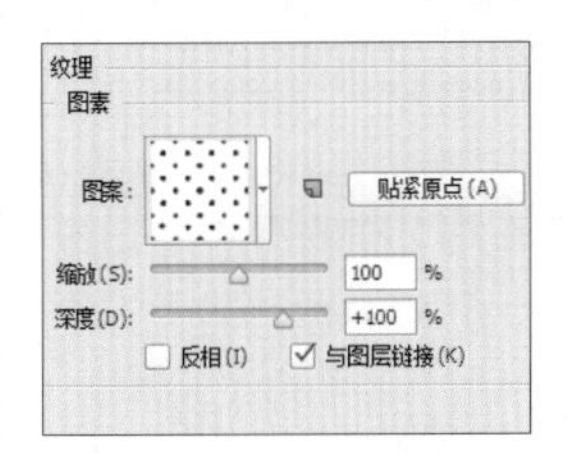

15 设置完成后，单击“确定”按钮，应用样式。选择“图层0”图层，按快捷键Ctrl+J复制图层，得到“图层0拷贝3”图层。执行“编辑>变换>水平翻转”菜单命令，翻转图像，如下图所示。

16 确保“图层0拷贝3”图层为选中状态，如下左图所示，执行“图层>创建剪贴蒙版”菜单命令，创建剪贴蒙版，效果如下右图所示。

17 继续使用“横排文字工具”在画面中添加更多的文字，如下图所示。

18 使用“横排文字工具”在画面中单击并拖动鼠标，绘制一个文本框，如下左图所示。

19 打开“字符”面板，在面板中设置文字选项，如下右图所示。

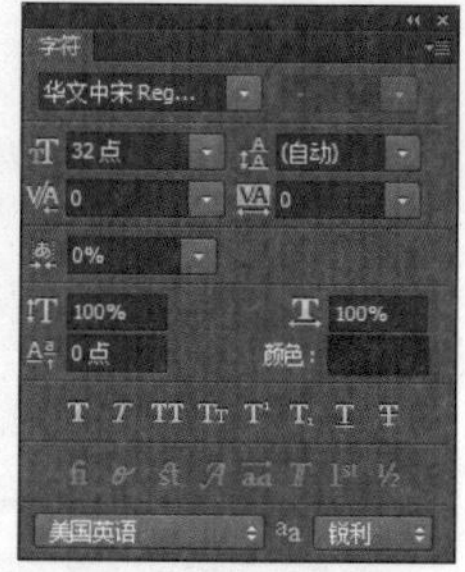

20 在文本框中单击，将光标插入点置于文本框内，然后输入文字，如下左图所示。打开“段落”面板，单击面板中的“右对齐文本”按钮，如下右图所示。

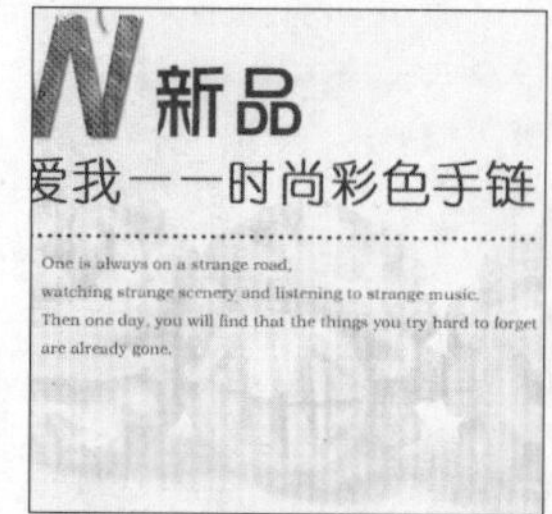

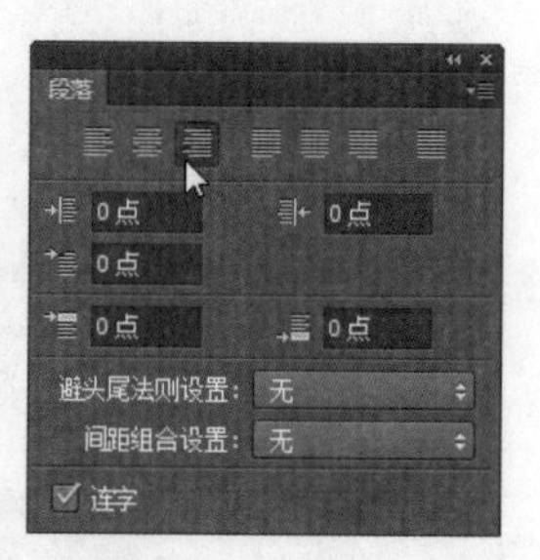

21 经过上一步的操作，使文本框中的段落文本右对齐，如下图所示。至此，已完成本实例的制作。

技巧 指定段落文本的对齐方式

段落文本的对齐方式有很多，包括“左对齐文本”“居中对齐文本”“右对齐文本”“最后一行左对齐”“最后一行居中对齐”“最后一行右对齐”“全部对齐”等。如果需要指定段落文本的对齐方式，可以执行“窗口>段落”菜单命令，打开“段落”面板，再通过单击“段落”面板中的段落对齐按钮，为创建的段落文本指定适合画面整体效果的文字对齐方式。

实例演练——照片中的文字与图形的组合设计

解析： 在处理商品照片时，不但可以在照片中添加文字，还可以绘制简单的图形，让文字变得更加醒目、突出。本实例将结合“横排文字工具”和基础图形绘制工具，在拍摄的家居产品照片中绘制几何图形，并添加优惠券信息，制作出收藏区效果。下图所示为制作前后的效果对比图，具体操作步骤如下。

扫码看视频

◎ **原始文件：** 随书资源\14\素材\17.jpg
◎ **最终文件：** 随书资源\14\源文件\照片中的文字与图形的组合设计.psd

01 打开“17.jpg”文件，创建“色阶1”调整图层，打开“属性”面板，在面板中设置色阶为32、1.22、222，如下图所示，调整图像，增强对比效果。

02 创建“自然饱和度1”调整图层，打开“属性”面板，在面板中设置各项参数，调整图像颜色，得到如下图所示的画面效果。

03 单击“图层”面板底部的“创建新组”按钮，创建图层组，并将其命名为“优惠券”，如下左图所示。

04 单击“创建新组”按钮，在“优惠券”图层组中创建“优惠券1”“优惠券2”“优惠券3”图层组，如下右图所示。

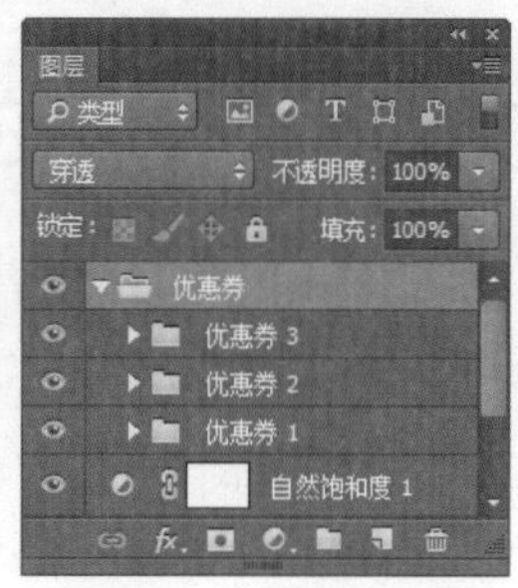

05 选中“优惠券1”图层组，选择工具箱中的“矩形工具”，在选项栏中设置绘制模式、填充颜色等选项，如下图所示。

06 将鼠标移至照片下半部分，单击并拖动鼠标，绘制暗红色的矩形，如下图所示。

07 在“矩形工具”的选项栏中修改填充颜色为黄色，如下图所示。

08 在暗红色矩形的下方单击并拖动鼠标，绘制一个黄色的矩形，如下图所示。

09 选择“直线工具”，在显示的工具选项栏中设置绘制模式、填充颜色等选项，如下图所示。

10 将鼠标移至黄色矩形顶端，然后单击并拖动鼠标，绘制一条粉红色的直线，如下左图所示。在“图层”面板中选中“形状1”图层，执行“图层>创建剪贴蒙版”菜单命令，创建剪贴蒙版，将直线置于黄色矩形中，如下右图所示。

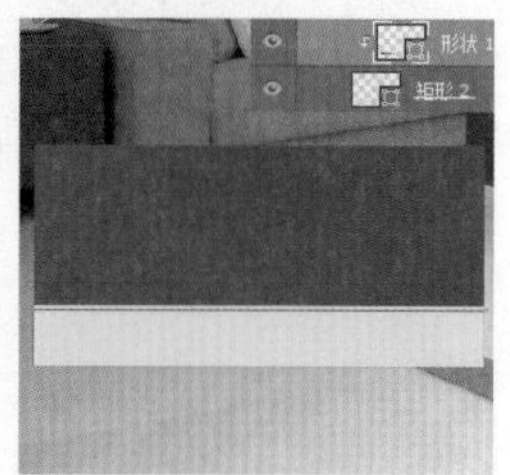

11 选择“横排文字工具”，将鼠标移至暗红色矩形中单击，设置光标插入点位置，如下左图所示。执行“窗口>字形”菜单命令，打开“字形”面板，在面板中双击货币符号字形，如下右图所示，将其插入到画面中。

12 使用“横排文字工具”在插入的字形上单击并拖动鼠标，选中字形，打开“字符”面板，在面板中调整文字属性，如下左图所示，得到如下右图所示的效果。

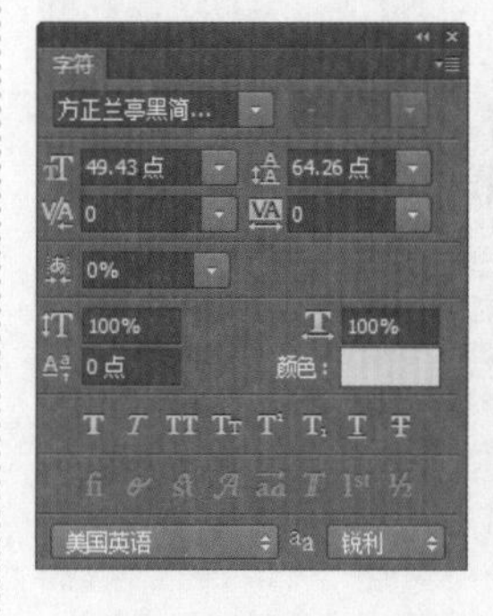

13 继续使用“横排文字工具”在画面中输入更多文字。分别选中“优惠券2”“优惠券3”图层组，使用与步骤05～12相同的操作方法，在图层组中绘制图形并添加文字，完成后的效果如下图所示。

14 单击“创建新组”按钮，创建“折扣”图层组。选择“矩形工具”，在选项栏中设置绘制模式和填充颜色后，在画面底部单击并拖动鼠标，绘制暗红色的矩形，如下图所示。

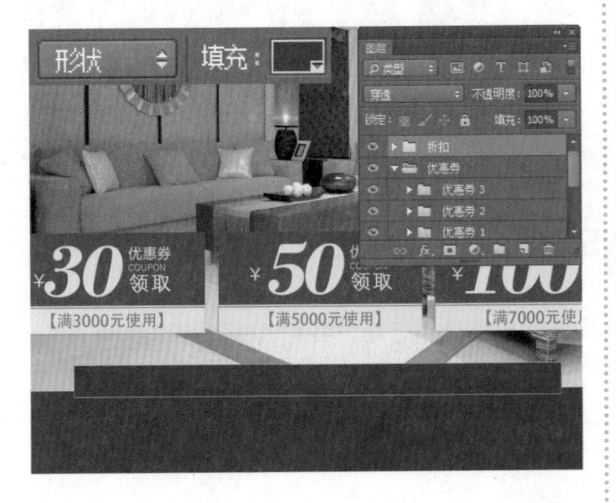

15 选择“多边形工具”，在选项栏中设置工具选项，如下图所示。

16 将鼠标移至画面中单击并拖动，绘制三角形图形，如下左图所示。执行“编辑>变换>水平翻转”菜单命令，水平翻转三角形，再按快捷键Ctrl+T，打开自由变换编辑框，调整三角形的大小和位置，得到如下右图所示的效果。

17 选择“矩形工具”，在步骤14绘制的矩形上绘制一个暗红色矩形，如下左图所示。选择“钢笔工具”，设置绘制模式为“形状”，单击工具选项栏中的“路径操作”按钮，在展开的列表中单击“合并形状”选项，如下右图所示。

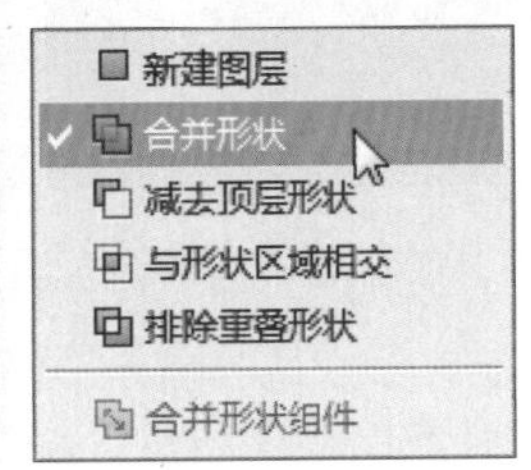

18 运用“钢笔工具”在矩形两边绘制不同形状的三角形，如下左图所示。双击图形图层，打开“图层样式”对话框，勾选“投影”样式，然后设置投影选项，如下右图所示。

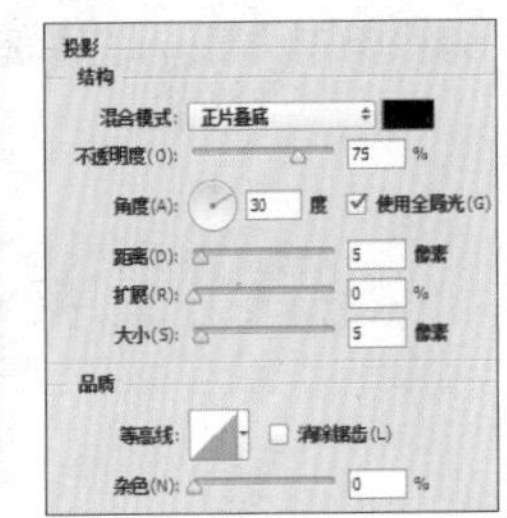

19 设置完成后单击“确定”按钮，得到如下左图所示的效果。选择“矩形工具”，在选项栏中把填充颜色更改为R143、G4、B9，然后绘制矩形图形，如下右图所示。

20 选择“添加锚点工具”，将鼠标移至矩形图形上方，如下左图所示。单击鼠标，在图形上添加一个路径锚点，如下右图所示。

21 选择“删除锚点工具”，将鼠标移至矩形右上角的锚点，如下左图所示。单击鼠标，删除该锚点，如下右图所示。

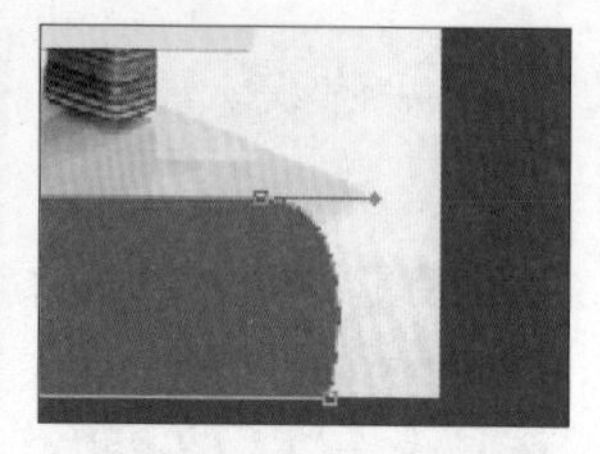

22 选择“转换点工具”，将鼠标移至矩形右上角的锚点，如下左图所示。单击鼠标，将平滑点转换为角点，如下右图所示。

23 使用“横排文字工具”在矩形中输入文字，选中文字图层，执行“图层>图层样式>投影”菜单命令，打开“图层样式”对话框，然后设置“投影”样式选项。设置完成后单击“确定”按钮，为文字添加投影效果，如下图所示。至此，已完成本实例的制作。

实例演练——制作商品分类导航区

解析：商品分类导航区是网店页面中不可缺少的一部分，它使顾客可以快速、方便地找到需要的商品。本实例将不同的商品照片组合起来，并在商品照片下方添加对应的文字和图形，对商品的分类进行补充说明，制作出精美的分类导航区。下图所示为制作前后的效果对比图，具体操作步骤如下。

扫码看视频

◎ 原始文件：随书资源\14\素材\18.jpg～25.jpg

◎ 最终文件：随书资源\14\源文件\制作商品分类导航区.psd

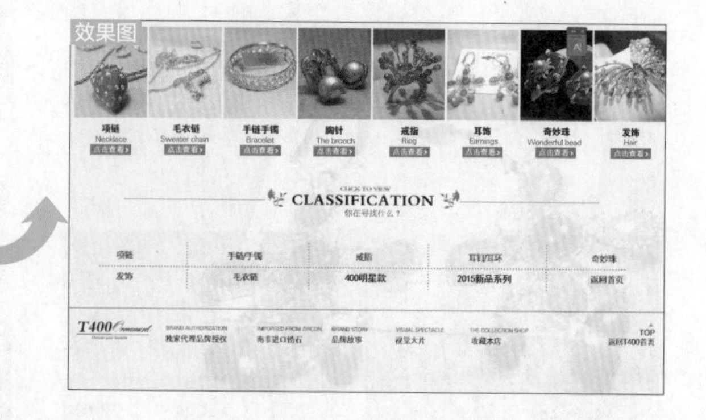

01 执行“文件>新建”菜单命令，打开“新建”对话框，在对话框中设置新建文件的尺寸和分辨率等选项，如下左图所示。

02 设置完成后单击“确定”按钮，新建文件。设置前景色为R246、G247、B251，创建“图层1”图层，按快捷键Alt+Delete，为图层填充颜色，如下右图所示。

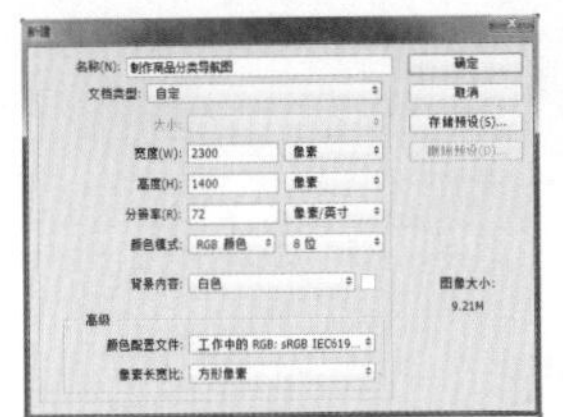

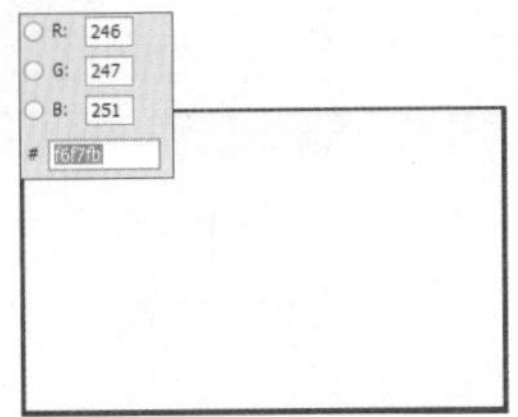

03 打开“18.jpg”文件，将打开的图像复制到本实例的文件中，得到“图层2”图层，设置图层的“不透明度”为14%，如下图所示。

04 单击“图层”面板底部的“创建新组”按钮，创建“商品列表”图层组，如下左图所示。选择“矩形工具”，设置绘制模式为“形状”，填充颜色为黑色，然后在画面左上角单击并拖动鼠标，绘制黑色矩形，如下右图所示。

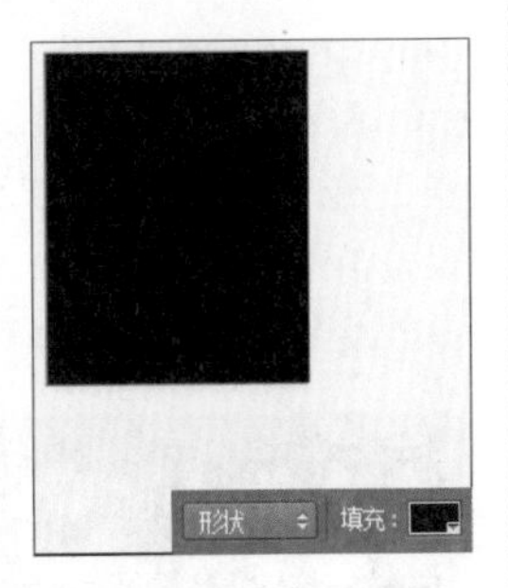

05 连续按快捷键Ctrl+J，复制出多个黑色矩形，然后用“移动工具”拖动调整矩形位置，得到如下图所示的效果。

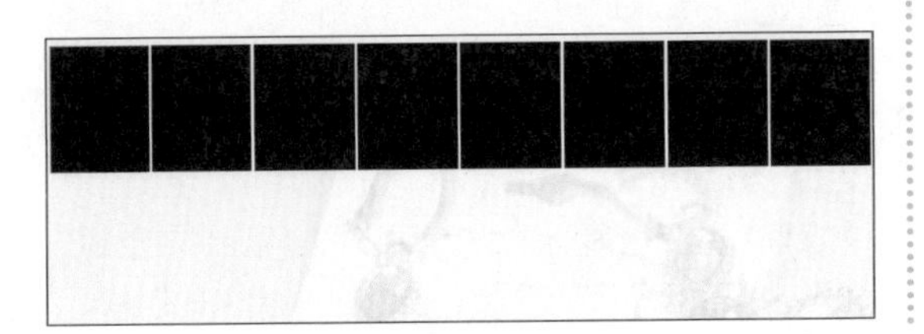

06 打开“19.jpg”文件，图像效果如下左图所示。选择“移动工具”，把打开的项链图像拖至本实例的文件中，如下右图所示。

07 经过上一步的操作，得到“图层3”图层。执行“图层>创建剪贴蒙版”菜单命令，创建剪贴蒙版，让项链图像只显示在矩形之内，如下图所示。

08 继续使用同样的方法，把其他的饰品图像也复制到本实例的文件中，再通过创建剪贴蒙版合并图像，如下图所示。

09 创建“分类1”图层组，设置前景色为R207、G41、B41，选择“矩形工具”，在画面中单击并拖动鼠标，绘制红色矩形，如下左图所示。选择“横排文字工具”，打开“字符”面板，在面板中设置文字字体、字号、颜色等选项，如下右图所示。

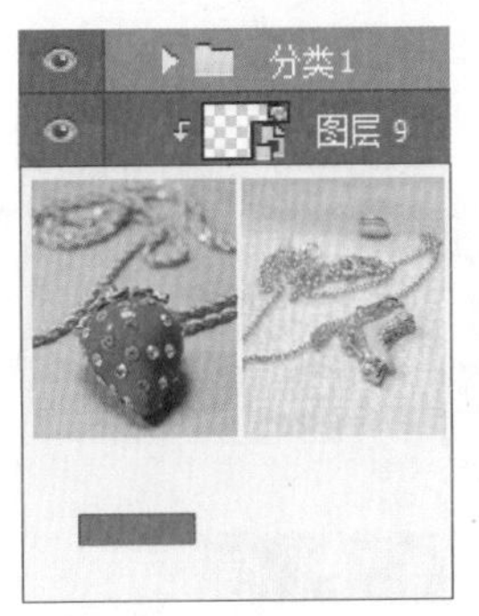

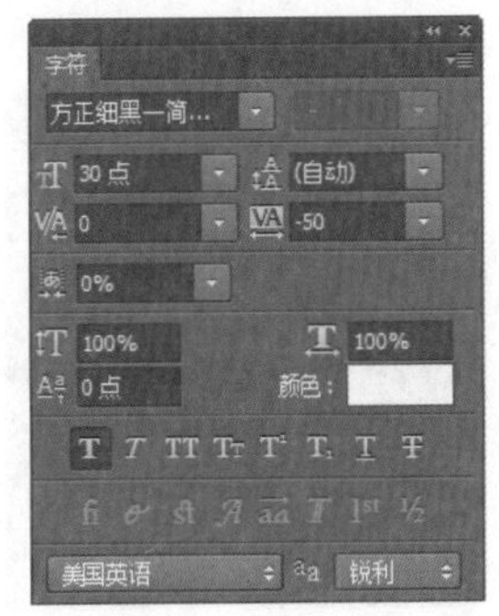

10 将鼠标移至矩形中单击，输入文字“点击查看”，如下左图所示。选择“自定形状工具”，单击选项栏中“形状”右侧的下三角按钮，打开“形状”选取器，单击“箭头2”形状，如下右图所示。

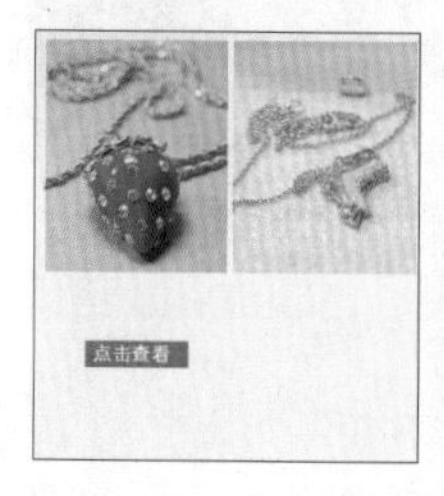

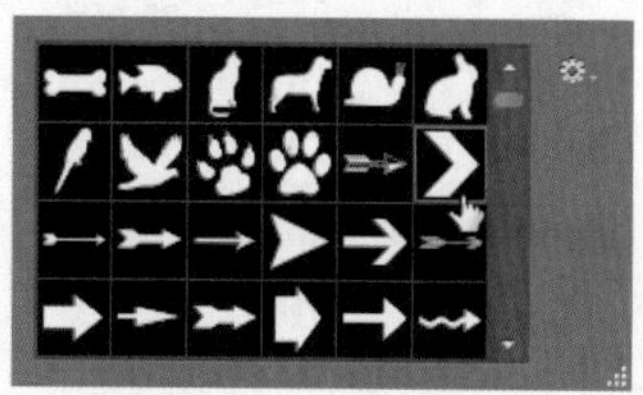

11 将鼠标移至文字“点击查看”右侧，单击并拖动鼠标，绘制白色的箭头，如下左图所示。选择“横排文字工具”，继续在图形上方输入文字，输入后的效果如下右图所示。

12 使用相同的方法，在每个商品下面绘制图形并添加对应的文字，完成后的效果如下图所示。

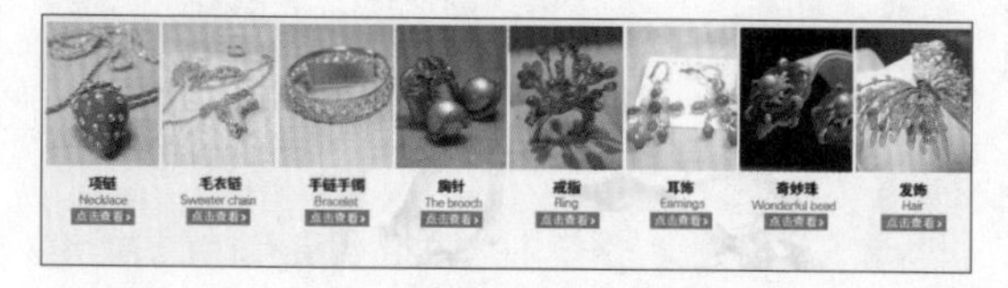

13 单击“创建新组”按钮，创建“信息列表”图层组，如下左图所示。设置前景色为R68、G142、B73，选择“直线工具”，在选项栏中设置“粗细”为3像素，按住 Shift键，单击并拖动鼠标，绘制直线，如下右图所示。

14 按快捷键Ctrl+J，复制直线，再用“移动工具”把复制的直线移到右侧，如下图所示。

15 选择“横排文字工具”，打开“字符”面板，在面板中设置文字字体、字号、颜色等选项，如下左图所示。将鼠标移至两条直线的中间，单击并输入文字，如下右图所示。

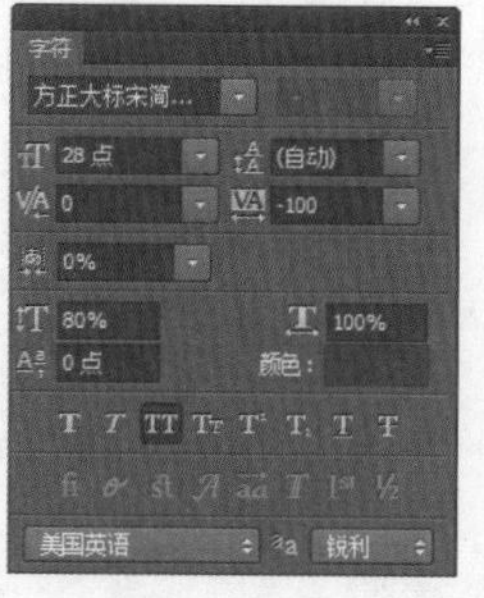

16 使用相同的方法，在画面中绘制更多的线条并输入文字，如下图所示。

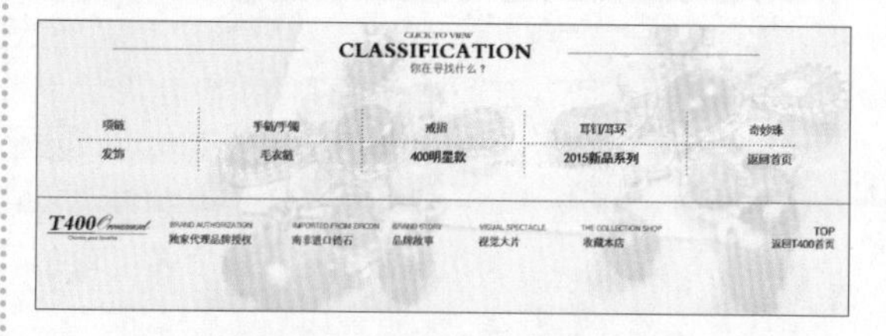

17 选择“自定形状工具”，单击选项栏中“形状”右侧的下三角按钮，打开“形状”选取器，单击“花3”形状，如下左图所示。设置前景色为红色，然后在直线旁边单击并拖动鼠标，绘制花朵图形，如下右图所示。

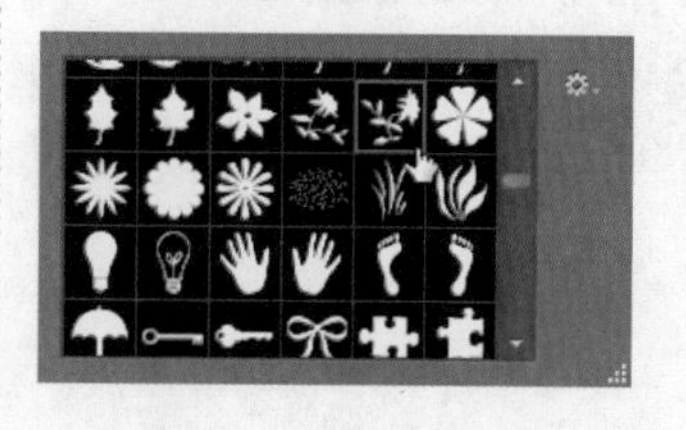

18 按快捷键Ctrl+J，复制花朵图形，执行“编辑>变换>水平翻转”菜单命令，水平翻转图形，然后用“移动工具”将复制的花朵移至另一直线旁边。选择“多边形工具”，在选项栏中设置“边”为3，然后在画面右下角绘制灰色的三角形，如下图所示。至此，已完成本实例的制作。

第14章

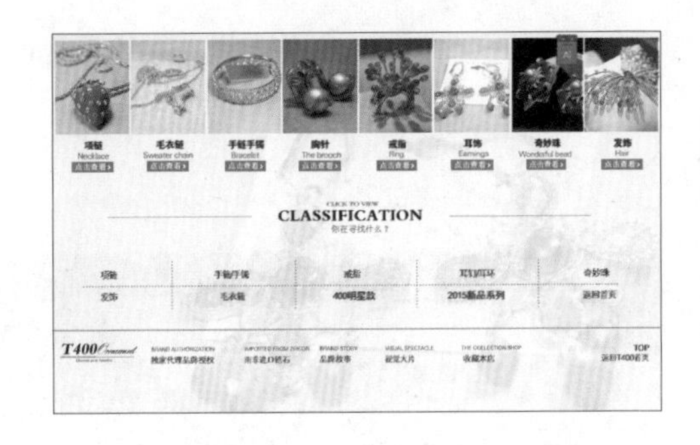

实例演练——制作商品主图

解析： 商品主图决定了观者对于商品的第一印象，因此，商品主图的好坏会直接影响商品点击率和购买率。本实例将使用“矩形工具”“直线工具”等绘制一个简洁的背景图，然后把拍摄的手机照片复制到绘制的背景中，最后根据手机特点输入文字信息，完成手机主图的设计。下左图所示为制作前后的效果对比图，具体操作步骤如下。

扫码看视频

◎ **原始文件：** 随书资源\14\素材\26.jpg、27.jpg

◎ **最终文件：** 随书资源\14\源文件\制作商品主图.psd

01 执行“文件>新建”菜单命令，打开“新建”对话框，在对话框中设置文件尺寸等选项，如下左图所示。

02 单击“确定”按钮，新建文件。选择“矩形工具”，在选项栏中单击“填充”右侧的下三角按钮，在展开的面板中单击“渐变”按钮，然后设置渐变选项，如下右图所示。

03 沿画面边缘单击并拖动鼠标，绘制一个灰-白色渐变矩形，如下左图所示。

04 在“矩形工具”的选项栏中单击“填充”右侧的下三角按钮，在展开的面板中单击“渐变”按钮，然后设置渐变选项，如下右图所示。

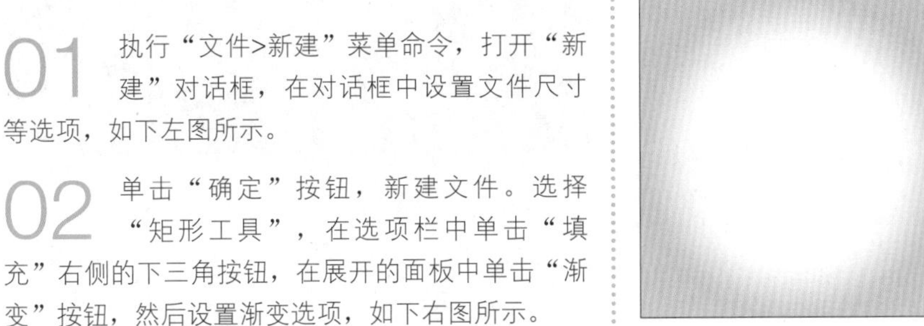

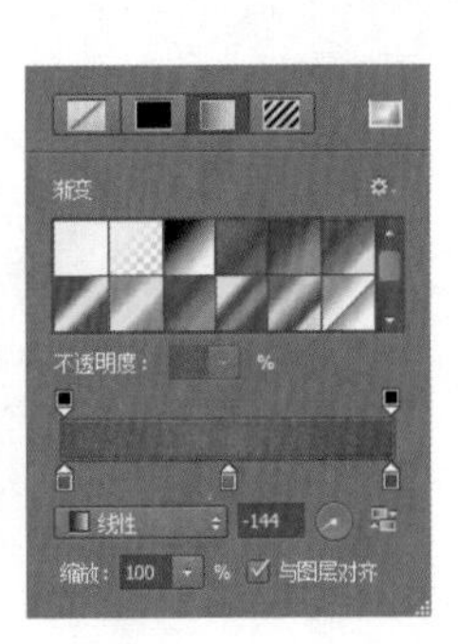

05 在画面中单击并拖动鼠标，绘制红色渐变矩形，如下左图所示。按快捷键Ctrl+T，打开自由变换编辑框，在选项栏的“角度”数值框中输入数值-46，旋转矩形，如下右图所示。

06 在“矩形工具”的选项栏中单击“填充”右侧的下三角按钮，在展开的面板中单击“渐变”按钮，然后设置渐变选项，如下左图所示。在画面中单击并拖动鼠标，绘制矩形，如下右图所示。

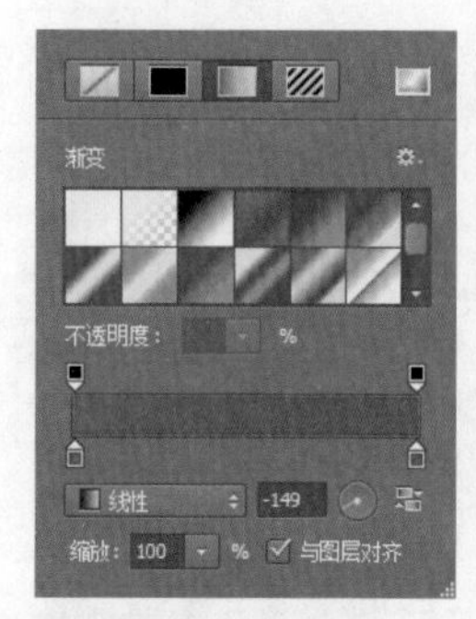

07 选择“直接选择工具”，单击路径上的锚点，将其选中，如下左图所示。按键盘中的右方向键，向右移动锚点，更改矩形形状，如下右图所示。

08 选择“直线工具”，在选项栏中设置绘制模式为“形状”、“填充”为白色、“粗细”为5像素，在画面中单击并拖动鼠标，绘制白色直线，如下左图所示。

09 按快捷键Ctrl+T，打开自由变换编辑框，将鼠标移至直线右侧，当指针变为折线箭头时，单击并拖动鼠标，旋转直线，如下右图所示。

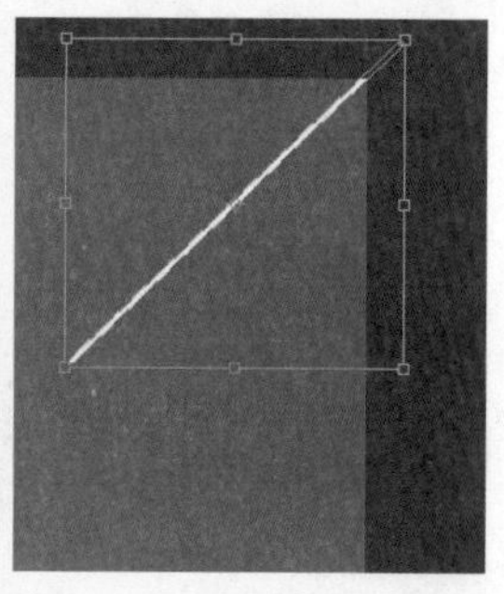

10 继续使用图形绘制工具在画面中绘制更多的矩形和线条图形，如下左图所示。选择“多边形工具”，在选项栏中单击“填充”右侧的下三角按钮，在展开的面板中单击“渐变”按钮，然后设置渐变选项，如下右图所示。

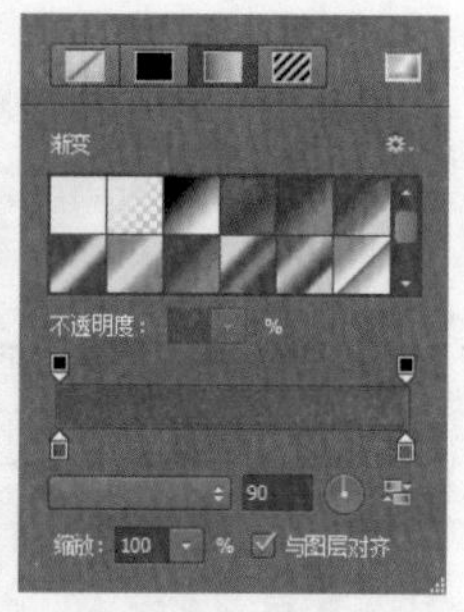

11 在选项栏中设置“边”为3，如下左图所示，在画面中单击并拖动鼠标，绘制一个三角形。按快捷键Ctrl+J，复制两个三角形，然后按快捷键Ctrl+T，打开自由变换编辑框，分别调整复制的三角形的大小和位置，得到如下右图所示的效果。

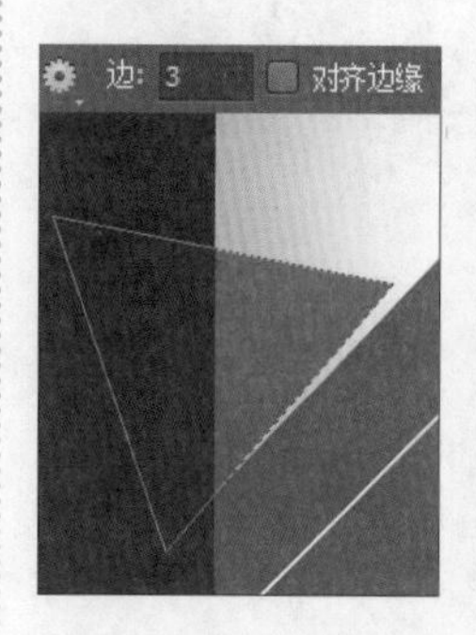

12 打开“26.jpg”文件，选择“移动工具”，把打开的手机照片复制到本实例

的文件中，生成“图层1”图层，如下左图所示。选择“钢笔工具”，设置绘制模式为“路径”，然后沿手机图像外沿绘制路径，如下右图所示。

13 按快捷键Ctrl+Enter，将绘制的路径转换为选区，如下左图所示。选中“图层1”图层，单击“添加图层蒙版”按钮，添加图层蒙版，隐藏背景图像，如下右图所示。

14 按住Ctrl键单击“图层1”图层蒙版缩览图，载入选区。创建“黑白1”调整图层，打开“属性”面板，单击面板中的“自动”按钮，调整颜色选项，如下左图所示。

15 此时手机图像被转换为黑白效果，如下右图所示。

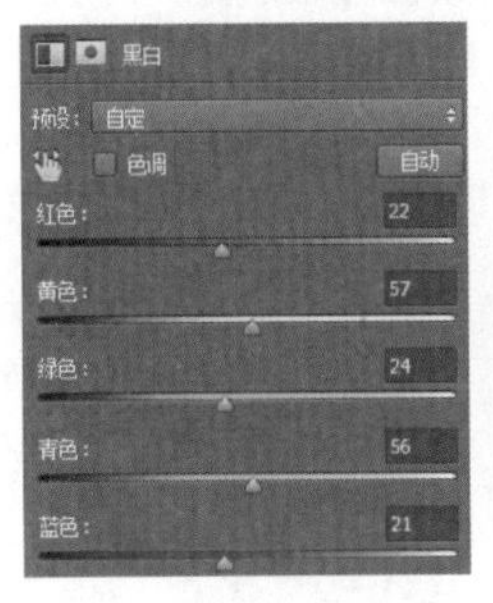

16 按住Ctrl键单击“黑白1”图层蒙版缩览图，载入选区。创建“色阶1”调整图层，打开“属性”面板，在面板中设置参数，如下左图所示。

17 软件根据设置的色阶，调整手机图像的亮度，增强对比效果，如下右图所示。

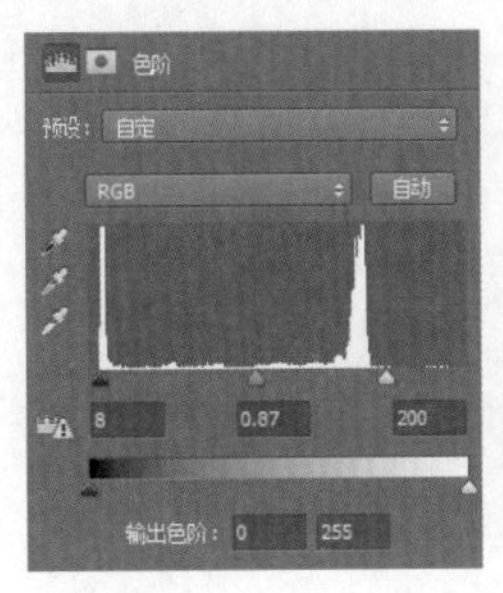

18 选择“圆角矩形工具”，设置绘制模式为“形状”、“半径”为2像素，在手机图像中间位置单击并拖动鼠标，绘制黄色圆角矩形，如下左图所示。打开“27.jpg”文件，将打开的图像复制到手机图像上，如下右图所示。

19 经过上一步的操作，得到“图层3”图层，执行“图层>创建剪贴蒙版”菜单命令，创建剪贴蒙版，如下图所示。

20 选择“横排文字工具”，打开“字符”面板，在面板中设置字体、字号、颜色等选项，如下左图所示。将鼠标移至白色的四边形中单击并输入文字，如下右图所示。

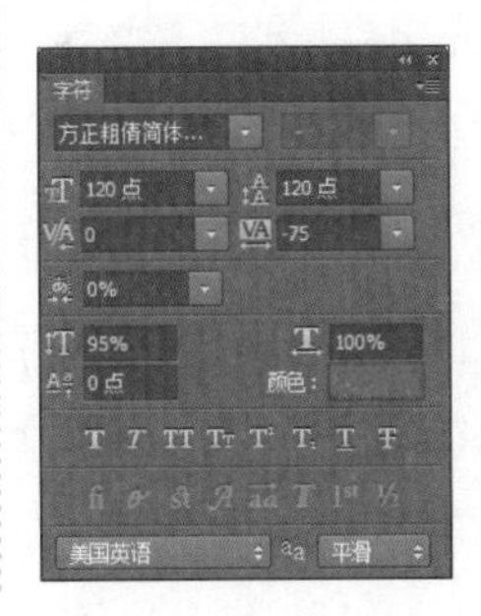

21 继续使用“横排文字工具”在画面中输入更多文字。选中“三星智能手机”文字图层，执行“图层>图层样式>投影”菜单命令，打开“图层样式”对话框，在对话框中设置样式选项，如下左图所示。设置完成后单击“确定”按钮，应用图层样式，如下右图所示。

22 选择“圆角矩形工具”，在选项栏中设置“半径”为10像素，在手机右侧单击并拖动鼠标，绘制白色的圆角矩形，如下左图所示。选择“直线工具”，在选项栏中单击“路径操作”按钮，在展开的列表中单击“排除重叠形状”选项，如下右图所示。

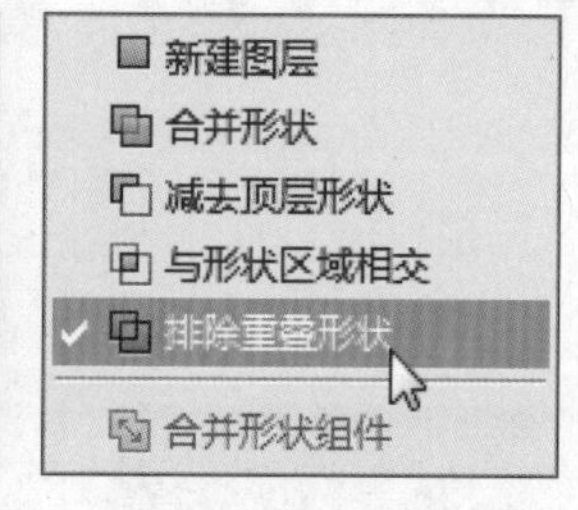

23 设置“粗细”为10像素，在白色的矩形中间位置单击并拖动鼠标，绘制直线，如下左图所示，创建复合图形，效果如下右图所示。

24 继续在白色圆角矩形中绘制直线，得到如下左图所示的效果。选择“钢笔工具”，设置绘制模式为“形状”，在画面中绘制蝴蝶结图形，如下右图所示。

25 选择“自定形状工具”，单击选项栏中“形状”右侧的下三角按钮，打开“形状”选取器，单击“猫”形状，如下左图所示。在画面左上角单击并拖动鼠标，绘制猫图形，然后在图形旁边输入文字，如下右图所示。至此，已完成本实例的制作。

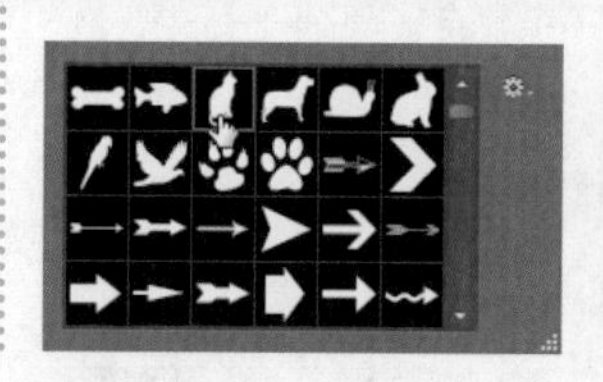

实例演练——制作商品细节展示图

解析： 为了让观者了解商品的使用方法、材质、细节等各个方面的内容，在商品详情页中会利用图形与文字搭配的方式，对商品做详细介绍。本实例将介绍如何应用Photoshop中的文字工具、图形工具，制作商品细节展示图。下图所示为制作前后的效果对比图，具体操作步骤如下。

扫码看视频

◎ **原始文件：** 随书资源\14\素材\28.jpg

◎ **最终文件：** 随书资源\14\源文件\制作商品细节展示图.psd

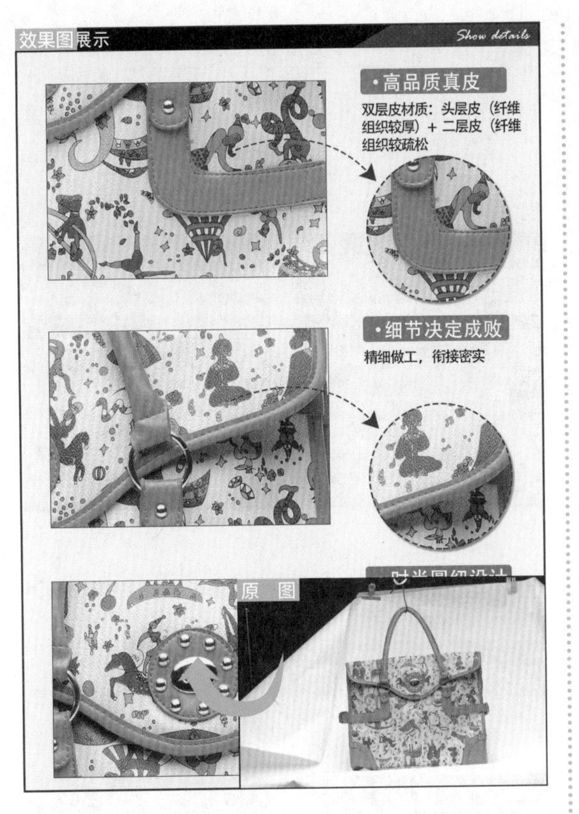

01 执行“文件>新建”菜单命令，打开“新建”对话框，在对话框中设置文件的尺寸等选项，如下左图所示。单击“确定”按钮，新建文件，如下右图所示。

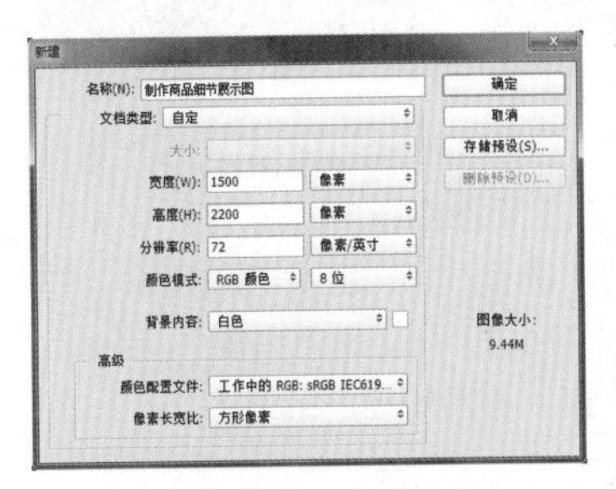

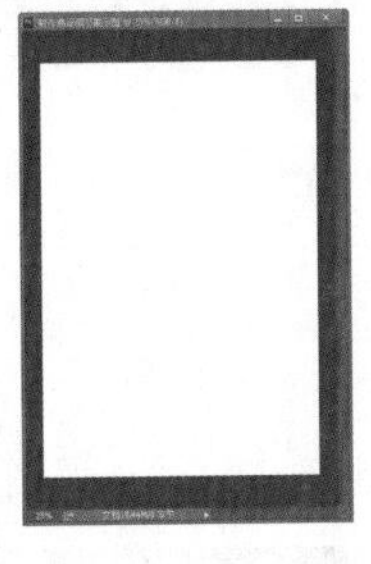

02 单击“图层”面板底部的“创建新组”按钮，创建“细节展示”图层组，如下左图所示。选择“矩形工具”，在选项栏中设置绘制模式为“形状”、填充颜色为黑色，在画面左上角单击并拖动鼠标，绘制黑色矩形，如下右图所示。

03 选择“多边形工具”，在选项栏中设置绘制模式为“形状”、填充颜色为黑色、“边”为3，如下图所示。

形状 填充: 描边: 边: 3

04 将鼠标移至黑色矩形右侧，单击并拖动鼠标，绘制三角形，如下左图所示。选择“矩形工具”，在选项栏中设置绘制模式为“形状”，填充颜色为R46、G44、B45，在画面右上角单击并拖动鼠标，绘制深灰色矩形，如下右图所示。

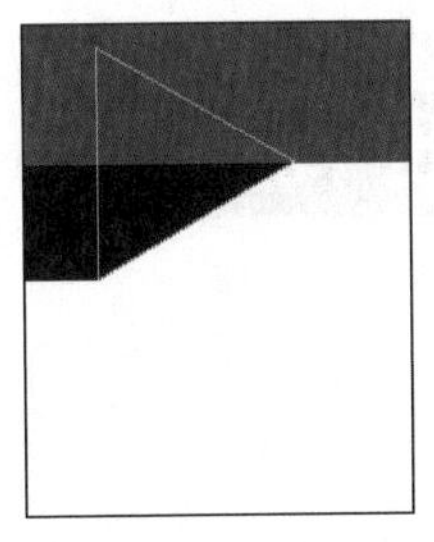

05 执行“图层>图层样式>斜面和浮雕”菜单命令，打开“图层样式”对话框，在对话框中设置阴影选项，如下左图所示。勾选“纹理”样式，然后在右侧选择纹理图案，设置“缩放”和“深度”选项，如下右图所示。

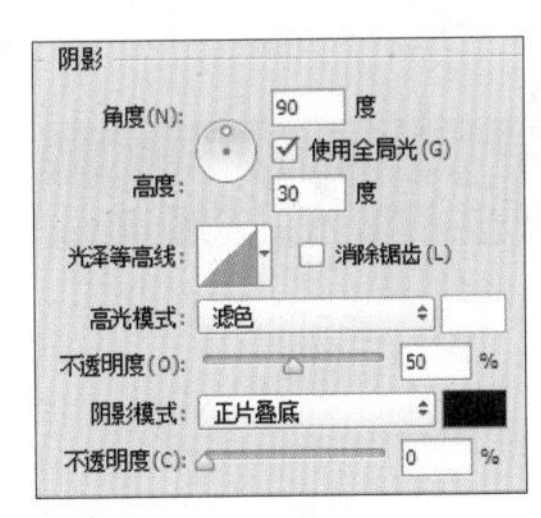

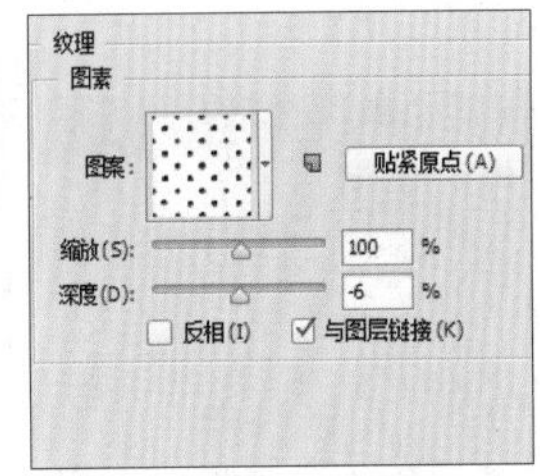

06 设置完成后，单击“图层样式”对话框中的“确定”按钮，应用样式，效果如下图所示。

07 选择前面添加了样式的“矩形2”图层，将此图层移至“矩形1”图层上方，如下图所示，调整图形排列顺序。

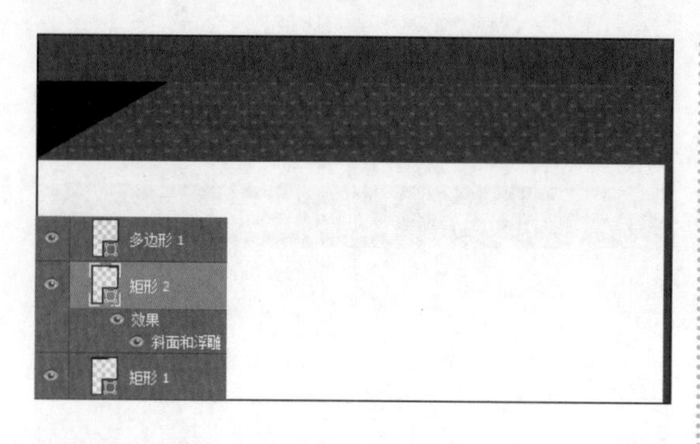

08 选择“横排文字工具”，打开“字符”面板，在面板中设置文字属性，如下左图所示。将鼠标移至左上角的黑色矩形中，单击并输入文字“细节展示”，如下右图所示。

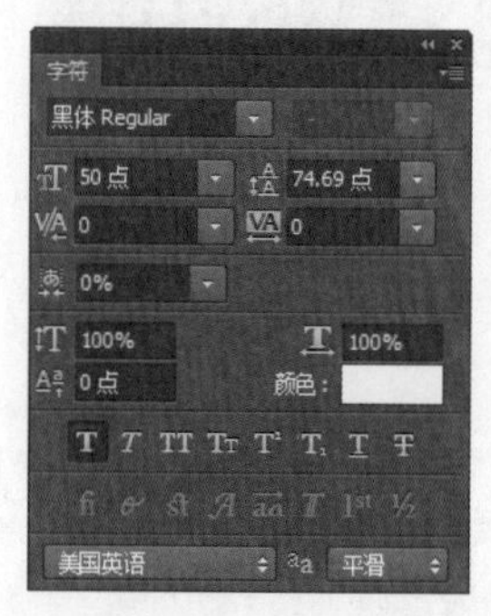

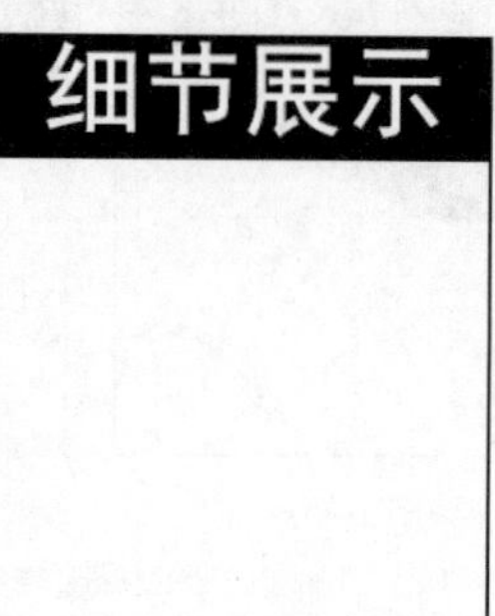

09 在“字符”面板中修改文字的字体、字号等选项，如下左图所示。将鼠标移至右上角添加了纹理的矩形中，单击并输入文字，如下右图所示。

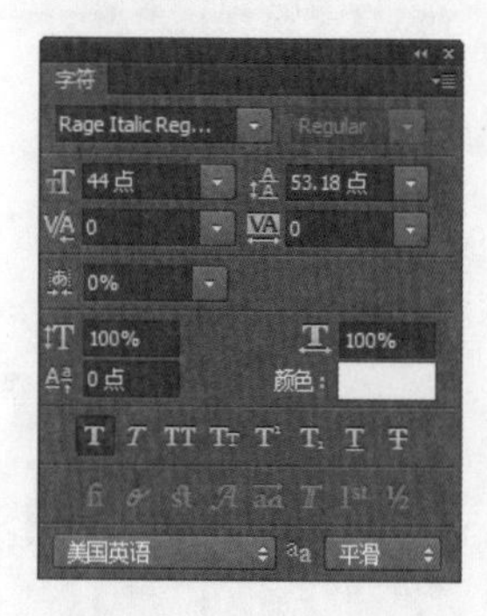

10 设置前景色为R240、G240、B240，然后在画面下方单击并拖动鼠标，绘制一个浅灰色的矩形，如下图所示。

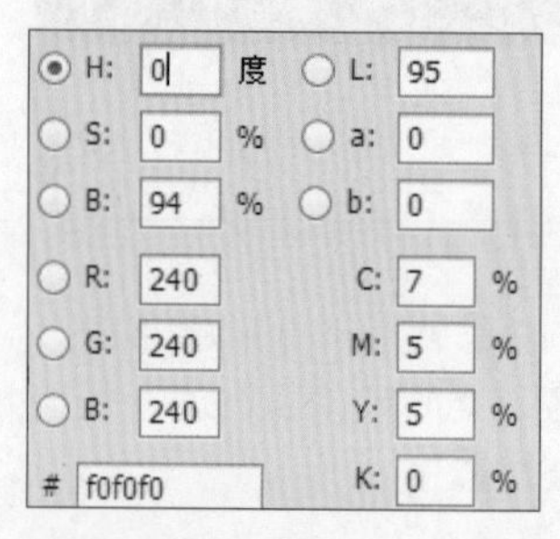

11 单击“图层”面板底部的“创建新组”按钮，创建“商品细节图”图层组，如下左图所示。选中“商品细节图”图层组，单击“创建新组”按钮，在该组中创建“细节01”图层组，如下右图所示。

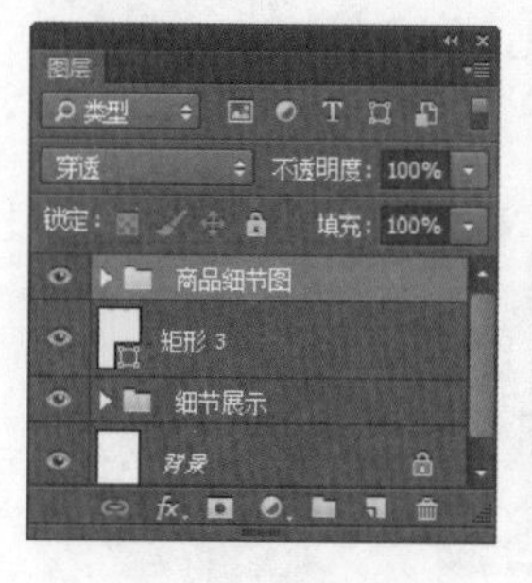

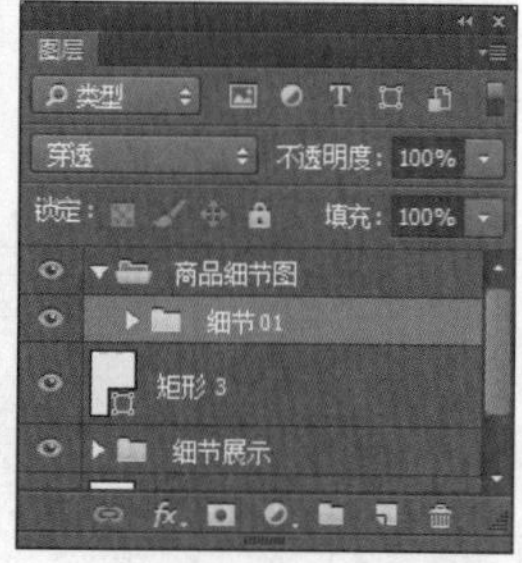

12 打开“28.jpg”文件，创建“色相/饱和度1”调整图层，在打开的“属性”面板中将全图“饱和度”设置为+12，如下左图所示。在“编辑”列表框中选择“黄色”选项，设置“色相”为-6、“饱和度”为+18，如下右图所示。

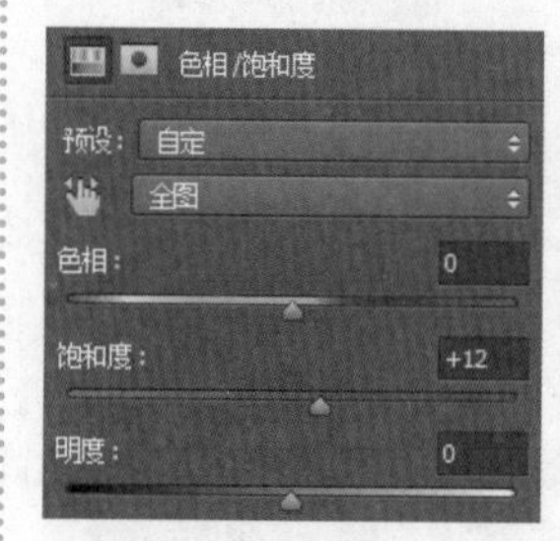

13 软件根据上一步设置的选项，调整图像颜色，增强颜色饱和度，得到如下左图所示的效果。创建“亮度/对比度1”调整图层，打开“属性”面板，在面板中设置“亮度”为30、“对比度”为31，如下右图所示。

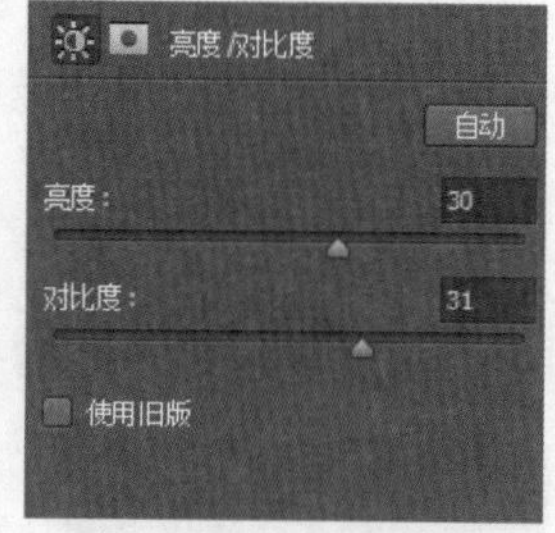

14 软件根据上一步设置的参数，调整图像的明暗，得到如下左图所示的效果。按快捷键Shift+Ctrl+Alt+E盖印图层，得到“图层1”图层，如下右图所示。

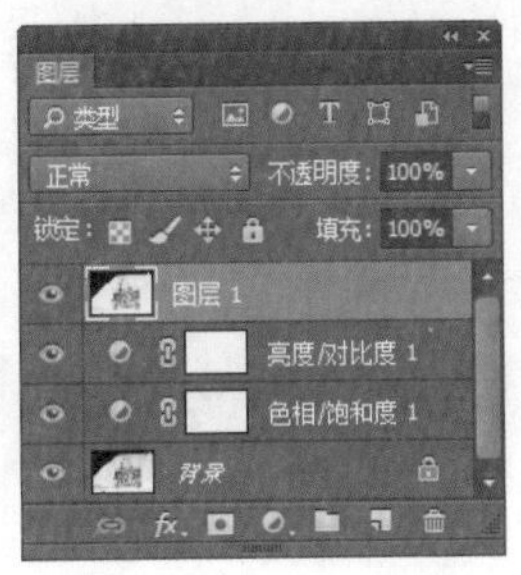

15 选择“移动工具”，把“图层1”图层复制到本实例的文件中，如下左图所示。隐藏“图层1”图层，选择“矩形工具”，在画面中单击并拖动鼠标，绘制白色矩形，得到“矩形4”图层，如下右图所示。

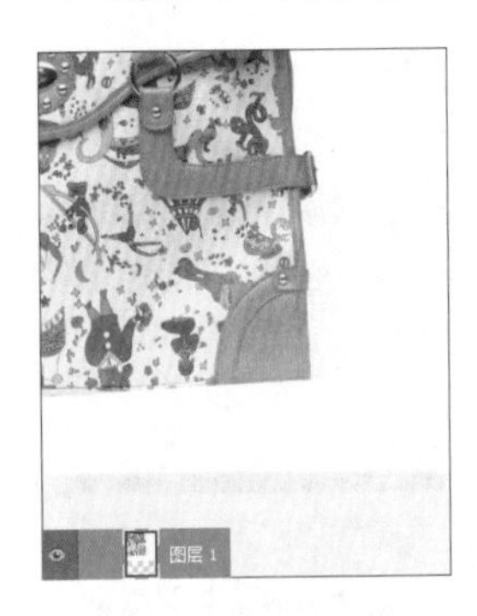

16 显示并选中“图层1”图层，执行“图层>创建剪贴蒙版”菜单命令，创建剪贴蒙版，如下图所示。

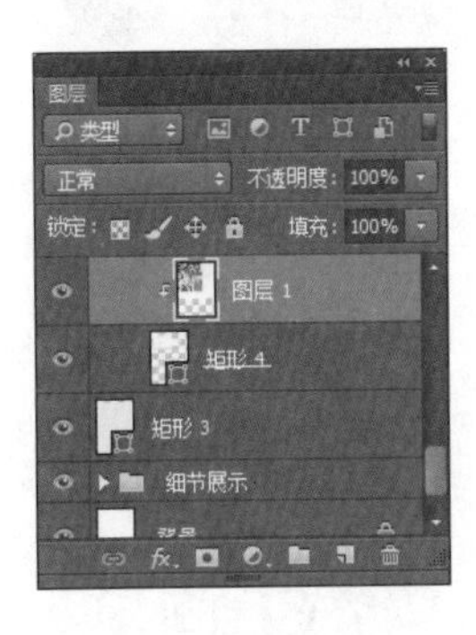

17 选择“钢笔工具”，在选项栏中设置绘制模式为“形状”，填充颜色为无，描边颜色为R52、G31、B33，粗细为4点，类型为虚线，如下图所示。

18 将鼠标移至女包图像上，单击并拖动鼠标，绘制路径，并添加描边效果，如下图所示。

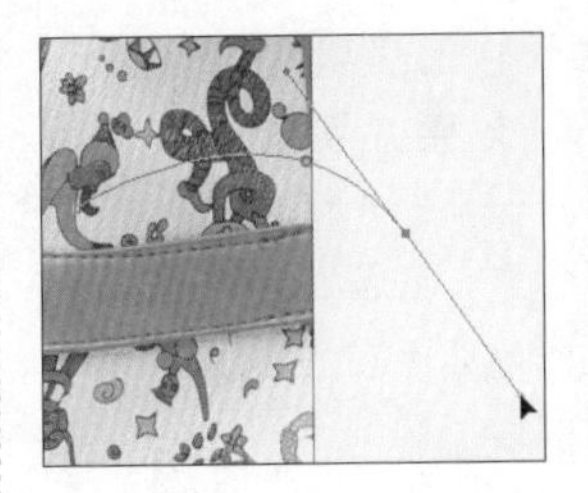

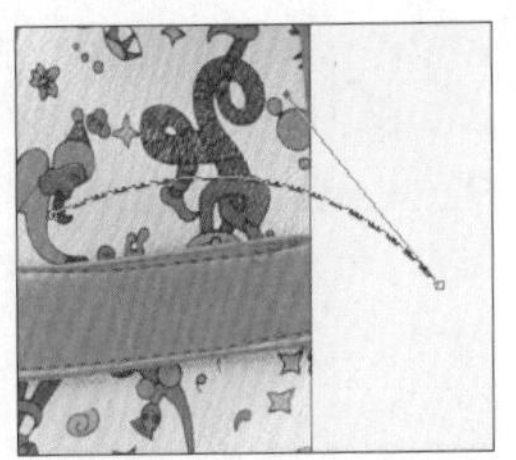

19 选择工具箱中的“自定形状工具”，在选项栏中单击“形状”下三角按钮，在展开的“形状”选取器中单击“箭头6”形状，如下左图所示。在画面中单击并拖动鼠标，绘制箭头图形，如下右图所示。

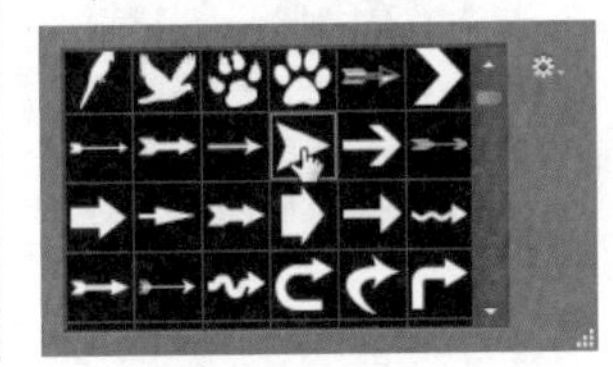

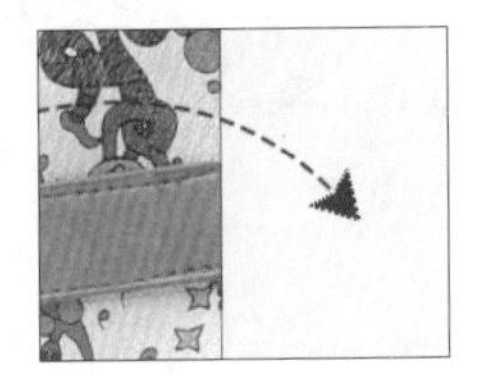

20 选择“椭圆工具”，设置绘制模式为“形状”，填充颜色和描边颜色均为R52、G31、B33，在箭头下方按住Shift键单击并拖动鼠标，绘制圆形，如下左图所示。执行“图层>图层样式>投影”菜单命令，打开“图层样式”对话框，在对话框中设置投影选项，如下右图所示。

21 完成后单击“确定”按钮，为圆形添加投影，效果如下左图所示。复制“图层1”图层，得到“图层1拷贝”图层，将该图层移至“椭圆1”图层上方，执行“图层>创建剪贴蒙版”菜单命令，创建剪贴蒙版，如下右图所示。

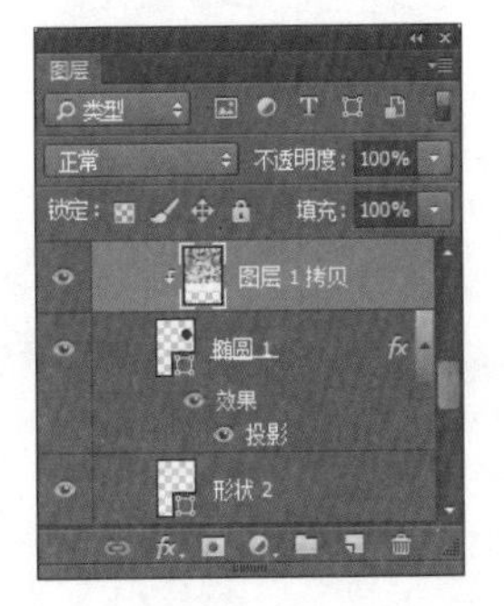

22 此时圆形外的女包图像被隐藏，得到如下左图所示的效果。设置前景色为R234、G0、B16，选择“圆角矩形工具”，在选项栏中设置“半径”为4像素，在画面中单击并拖动鼠标，绘制红色圆角矩形，如下右图所示。

23 选择“椭圆工具”，在红色圆角矩形左侧按住Shift键单击并拖动鼠标，绘制白色小圆，如下左图所示。选择“横排文字工具”，打开“字符”面板，在面板中设置文字的字体、字号、颜色等选项，如下右图所示。

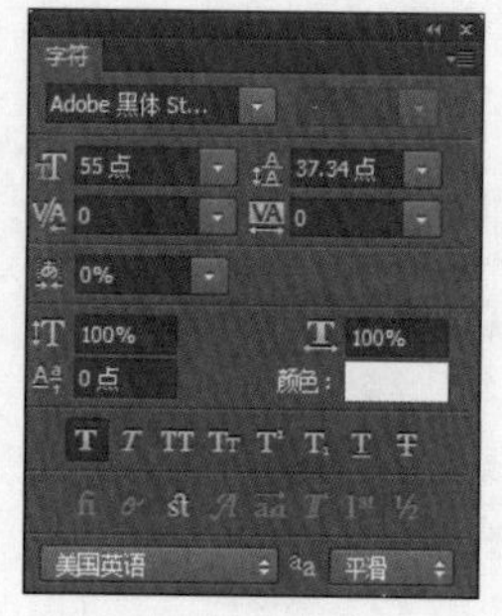

24 在白色小圆的右侧单击并输入文字“高品质真皮”，如下左图所示。继续使用“横排文字工具”在画面中输入更多文字，得到如下右图所示的效果。

25 复制“细节01”图层组，得到“细节01拷贝”和“细节01拷贝2”图层组，如下左图所示。用“移动工具”调整这两个图层组中的女包图像位置，然后使用“横排文字工具”更改对应的文字，如下右图所示。至此，已完成本实例的制作。

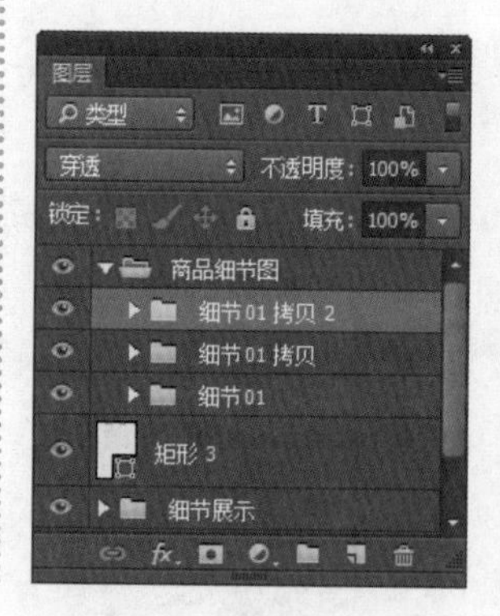

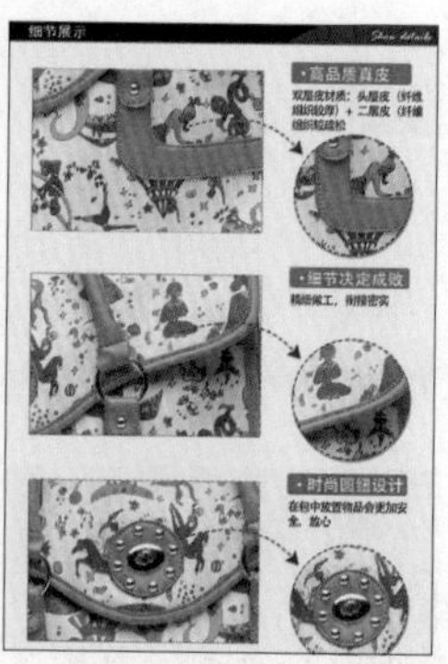

第14章

实例演练——制作电商广告

解析：本实例首先使用图形绘制工具绘制出颇具创意的矢量背景图像，然后将模特与商品图像添加到画面中，结合文字的应用，打造出电商广告图片。具体操作步骤参照“制作电商广告”视频文件。

扫码看视频

◎ **原始文件：**随书资源\14\素材\29.jpg、30.jpg

◎ **最终文件：**随书资源\14\源文件\制作电商广告.psd

第15章 轻松编辑RAW格式照片

和常见的JPEG格式照片不同，RAW格式照片记录的是相机感光元件最原始的感光数据，没有经过任何处理，给后期处理留下了更大的空间。本章将介绍使用Photoshop中的Camera Raw滤镜处理RAW格式照片的方法。

15.1 在Camera Raw中打开图像

要想在计算机上查看RAW格式照片，通常要使用专门的软件。在Photoshop中，可以使用自带的Camera Raw滤镜查看和编辑RAW格式的图像，该滤镜还可以编辑JPEG、TIFF等常见格式的图像。下面简单介绍如何在Camera Raw中打开数码照片。

扫码看视频

1. 打开RAW格式图像

在启动Photoshop后执行“文件>打开”菜单命令或按快捷键Ctrl+O，打开“打开”对话框。在该对话框中选择需要打开的RAW格式照片（扩展名通常为*.dng、*.cr2、*.nef、*.orf等），如“01.nef”，单击“打开”按钮，如右图一所示，即可自动调用Camera Raw滤镜打开照片，如右图二所示。

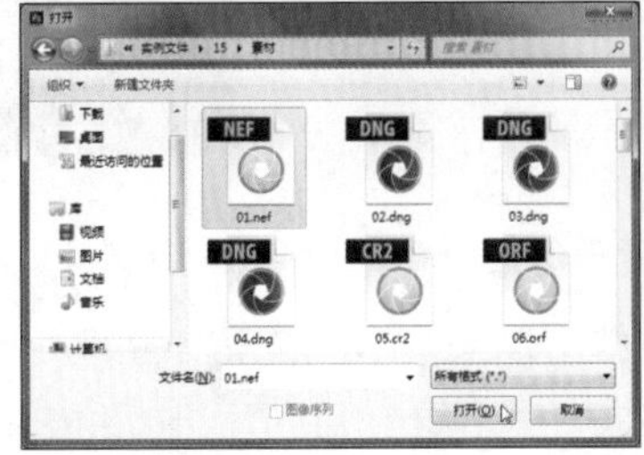

2. 打开JPEG或TIFF格式图像

要在Camera Raw中处理JPEG或TIFF图像，则先在Adobe Bridge窗口中选择一个或多个JPEG或TIFF文件，执行“文件>在Camera Raw中打开”菜单命令或按Ctrl+R键，如下左图所示，即可打开Camera Raw对话框。如果已在Photoshop中打开JPEG或TIFF格式的图像，则可执行“滤镜>Camera Raw滤镜”命令，如下右图所示，在Camera Raw对话框中打开图像。

文件 编辑 视图 堆栈 标签 工具 窗口 帮助
新建窗口 Ctrl+N
新建文件夹 Ctrl+Shift+N
打开 Ctrl+O
打开方式
最近打开文件
在 Camera Raw 中打开... Ctrl+R
关闭窗口 Ctrl+W

滤镜(T) 3D(D) 视图(V) 窗口(W) 帮助(H)
上次滤镜操作(F) Ctrl+F
转换为智能滤镜(S)
滤镜库(G)...
自适应广角(A)... Alt+Shift+Ctrl+A
Camera Raw 滤镜(C)... Shift+Ctrl+A
镜头校正(R)... Shift+Ctrl+R
液化(L)... Shift+Ctrl+X
消失点(V)... Alt+Ctrl+V

15.2 旋转、裁剪和纠正倾斜的照片

在 Camera Raw 中打开数码照片后，可以通过单击对话框顶部的各按钮来裁剪、旋转或拉直照片，如下图所示。这些功能可以节省后期处理的时间。下面简单介绍这些工具的应用方法和相关技巧。

扫码看视频

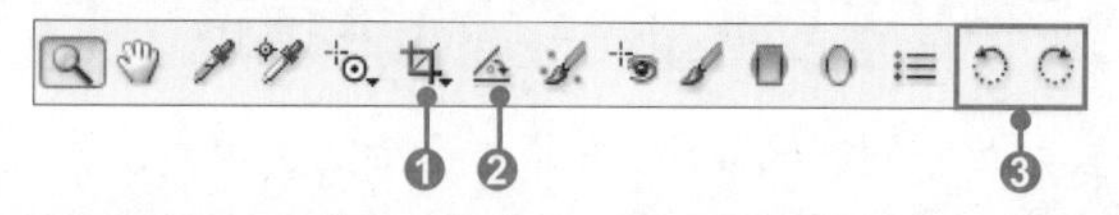

❶裁剪工具：该工具用于在 Camera Raw 中裁剪图像。单击“裁剪工具”按钮，在需要保留的位置单击并拖动鼠标，创建裁剪框，可自由裁剪图像。若要限制裁剪比例，则按住“裁剪工具”按钮，在弹出的下拉列表中可选择预设的裁剪比例或设置自定义的裁剪比例，如下左图一所示。若选择“自定”选项，则打开“自定裁剪”对话框，如下左图二所示。

❷拉直工具：该工具用于快速校正倾斜的照片。打开“02.dng”素材图像，如下右图一所示，单击对话框顶部的“拉直工具”按钮或按 A 键，在倾斜对象的任意一端单击鼠标，然后沿着水平方向拖动鼠标，释放鼠标后将在预览区域中显示拉直图像的范围，如下右图二所示。此时按 Enter 键即可应用校正。

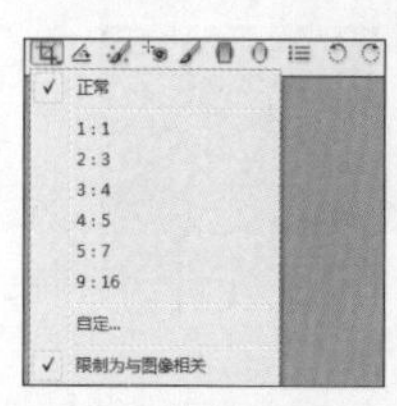

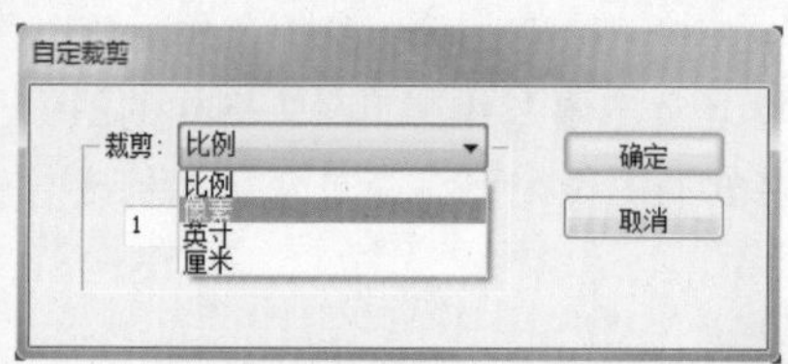

❸旋转工具：该工具用于将照片逆时针或顺时针旋转 90°。打开“03.dng”素材图像，单击“逆时针旋转图像 90 度”按钮或按 L 键，可将照片逆时针旋转 90°；单击“顺时针旋转图像 90 度”按钮或按 R 键，可将照片顺时针旋转 90°。右图所示分别为原图和旋转图像效果。

应用 移动、缩放或旋转裁剪区域

打开“04.dng”素材图像，如图❶所示。单击对话框顶部的“裁剪工具”按钮，在需要保留的位置单击并拖动鼠标，创建裁剪框，如图❷所示。用户可进一步设置裁剪范围，单击并拖动裁剪区域或其手柄，即可对裁剪框进行旋转，如图❸所示。确定裁剪范围后按 Enter 键，即可应用裁剪，如图❹所示。

15.3 调整白平衡、明暗与对比度

Camera Raw 提供了预设、手动设置和白平衡工具 3 种调节白平衡的方式。除此之外，用户还可以通过设置“基本”选项卡中的曝光、高光、黑色、白色、阴影和对比度等选项，快速调整数码照片的色调和影调。下面介绍如何在 Camera Raw 中调整数码照片的白平衡、明暗与对比度。

扫码看视频

1. 设置照片的白平衡

数码相机中正确的白平衡设置可以让实际环境中白色的物体在所拍摄的画面中也呈现出“真正”的白色。错误的白平衡设置则会导致画面色彩偏暖或偏冷，这时就需要在后期处理中重新设置正确的白平衡。

在 Camera Raw 中可以单击顶部的“白平衡工具”按钮，如右图一所示，然后通过在预览框中单击应该为白色或灰色的区域，校正白平衡。除此之外，用户还可以应用“基本”选项卡中的“白平衡”选项组，选择预设白平衡或在“色温”“色调”数值框中输入参数来校正照片白平衡，如右图二所示。

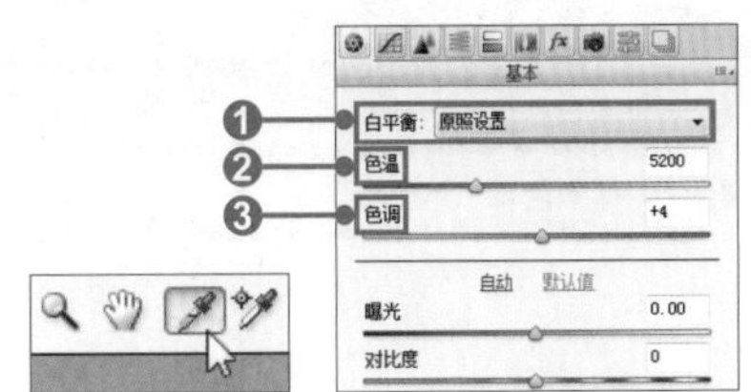

❶白平衡：单击“白平衡”下三角按钮，在弹出的下拉列表中有多个设置白平衡的选项。用户可以根据照明环境选择与之相匹配的预设白平衡。如右图所示为打开“06.orf”素材图像后分别应用“阴影”和“荧光灯”白平衡选项时得到的图像效果。

❷色温：可用作场景光照的测量单位，因为自然光和白炽灯光源发出的光具有可预测的分布形式，具体取决于其温度。如果拍摄照片时光线的色温较低，降低色温可校正该照片。如果拍摄照片时光线的色温较高，提高色温可校正该照片，此时图像颜色会变得更暖，以补偿周围光线的高色温。打开“07.dng”素材图像，如右图所示分别为原图及不同色温下的图像效果。

❸色调：设置白平衡以补偿绿色或洋红色色调。减少色调可在图像中添加绿色，增加色调可在图像中添加洋红色。如右图所示，打开“08.dng”素材图像，拖曳“色调”滑块，分别添加绿色和洋红色，得到不同的图像效果。

应用一 使用“白平衡工具”校正白平衡

若用户要快速调整数码照片的白平衡，可以使用“白平衡工具”，具体操作方法如下。

打开“05.cr2”素材图像，单击“白平衡工具”按钮，单击预览图像中应为灰色或白色的区域，如图❶所示。Camera Raw 将自动设置图像的色温和色调，使这部分图像变为中灰，且在此过程中平衡图像的其余部分，如图❷所示。

2. 设置照片的明暗和对比度

用户可通过拖动“基本”选项卡中的各滑块，快速调整数码照片的明暗和对比度，如下图所示。

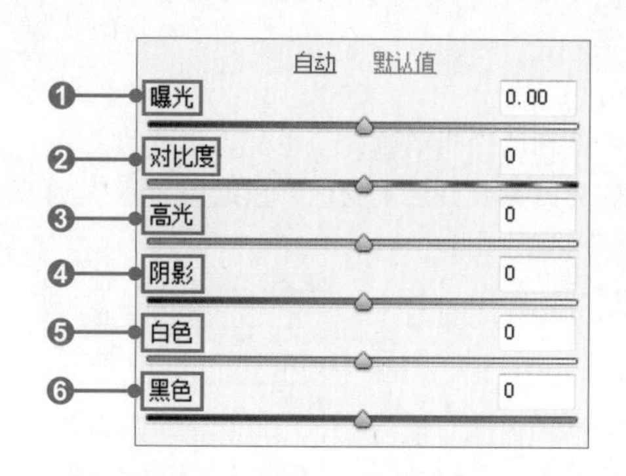

❶**曝光**：该选项用于调整图像的亮度。打开“09.dng”素材图像，将滑块向右拖动，则图像整体变亮；将滑块向左拖动，则图像整体变暗，如下左图所示。“曝光”滑块使用的度量单位和相机的光圈值是相同的。需要注意的是，若设置的参数值高于图像中可以表示的最高值或低于图像中可以表示的最低值，系统将修剪过亮的值以输出白色，修剪过暗的值以输出黑色。这将导致图像的细节丢失。该值每单位的增量等同于光圈大小。

❷**对比度**：用于增加或减小图像对比度，主要影响中色调。打开“10.nef”素材图像，增加对比度时，中到暗图像区域会变得更暗，中到亮图像区域会变得更亮；降低对比度时，对于图像色调的影响相反，如下右图所示。

❸**高光**：用于调整图像的明亮区域。打开“11.dng”素材图像，向左拖动滑块可使高光变暗；向右拖动滑块可在最小化修剪的同时使高光变亮，如下左图所示。

❹**阴影**：用于调整图像的阴影区域。打开“12.dng”素材图像，向左拖动可在最小化修剪的同时使阴影变暗；向右拖动可使阴影变亮并恢复阴影细节，如下右图所示。

❺**白色**：用于设置哪些输入色阶将在最终图像中映射为白色。单击并拖动该滑块或在其后的数值框中输入数值，可设置图像中的最亮点。设置的数值越高，则映射为白色的区域越多，图像看起来越亮。如下左图所示为打开“13.dng”素材图像后分别设置不同的数值调整图像。

❻**黑色**：用于设置哪些输入色阶将在最终图像中映射为黑色。单击并拖动该滑块或在其后的数值框中输入数值，可设置图像中的最暗点。设置的数值越高，则扩展映射为黑色的区域，使图像的对比看起来更强，但阴影区域丧失的细节也越多，所以黑色数值不宜调得太高。如下右图所示为打开“14.dng”素材图像后分别设置不同的数值调整图像。

应用二 调整数码照片的影调

在 Camera Raw 对话框中打开“15.nef”素材图像，如图❶所示。单击对话框右侧的“自动”选项，如图❷所示。此时“曝光”值自动设置为 2.95，图像整体变亮，如图❸所示。

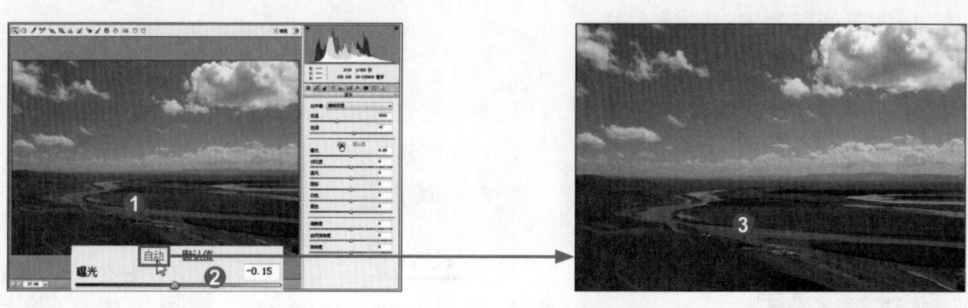

调整后图像的阴影部分仍然较暗，单击并向右拖动“白色”滑块，如图❹所示。单击并向右拖动“黑色”滑块，如图❺所示。效果如图❻所示。接着设置对比度，单击并向右拖动“对比度”滑块，如图❼所示，设置后图像对比度增强。完成后单击对话框右下角的“打开图像”按钮，即可在 Photoshop 中打开设置后的图像，进一步调整影调和色调，如图❽所示。

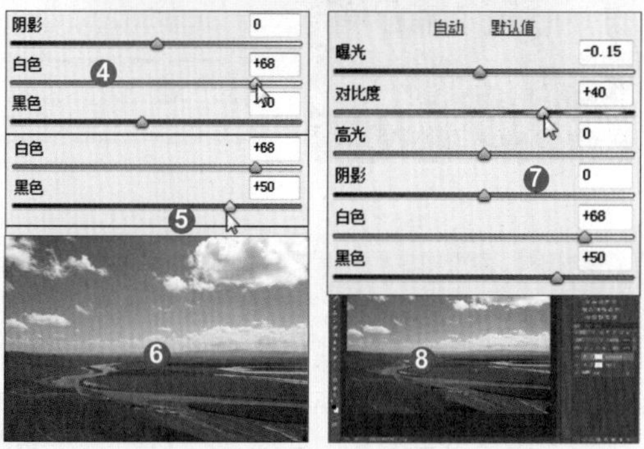

15.4 在Camera Raw中调整颜色和色调

本节将详细介绍如何在 Camera Raw 中调整数码照片的颜色和色调，内容包括调整图像自然饱和度及饱和度、“色调曲线”选项卡的应用、修复色差和镜头晕影等。

扫码看视频

1. 调整图像自然饱和度及饱和度

用户可通过设置“基本”选项卡中的“自然饱和度”及“饱和度”参数来调整数码照片的颜色，如右图所示。具体设置如下。

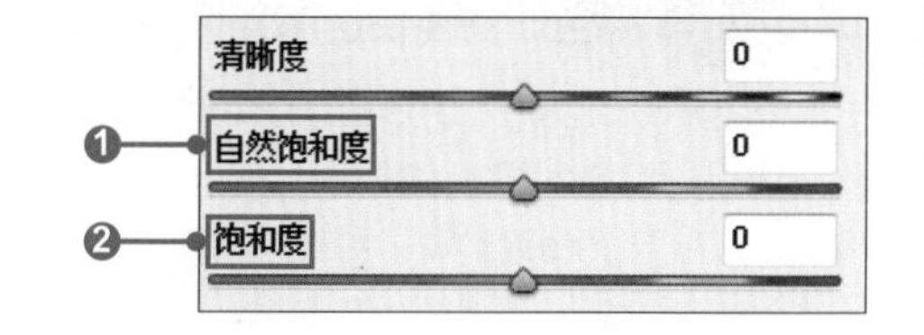

❶自然饱和度：该选项用于轻微地调整所有图像颜色的饱和度。打开“16.dng”素材图像，单击并向左拖动滑块或输入负值，可降低图像的饱和度，产生类似单色照片的效果；单击并向右拖动滑块或输入正值，可均匀地加强图像的颜色饱和度，如下左图所示。

❷饱和度：该选项可均匀地调整所有图像颜色的饱和度。用户可单击并拖动“饱和度”滑块或在其后的数值框中输入 -100 ～ 100 之间的数值。输入的数值越高，则图像的颜色越饱和，如下右图所示。

应用一 制作高质量的黑白照片

向右拖动“饱和度”滑块可提高图像饱和度，当“饱和度”为 100 时，图像的色彩浓度是其值为 0 时的 2 倍。向左拖动滑块可降低图像饱和度，“饱和度”为 -100 时，图像将变成单色。打开“17.orf”素材图像，如图❶所示。将“饱和度”设置为 -100，如图❷所示。然后参照图❸进一步设置图像影调，即可快速将彩色照片制作为高质量的黑白照片。效果如图❹所示。

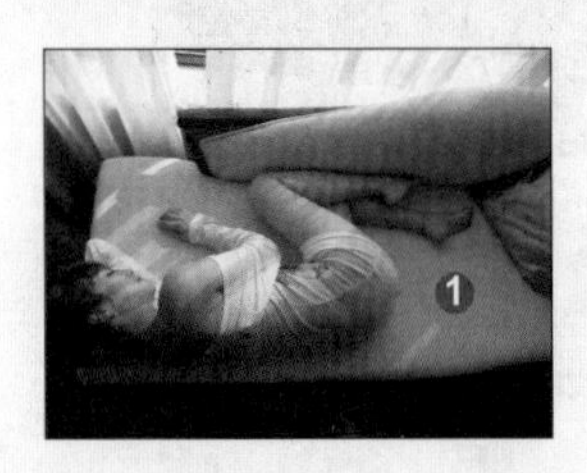

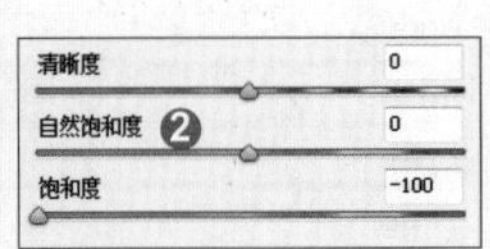

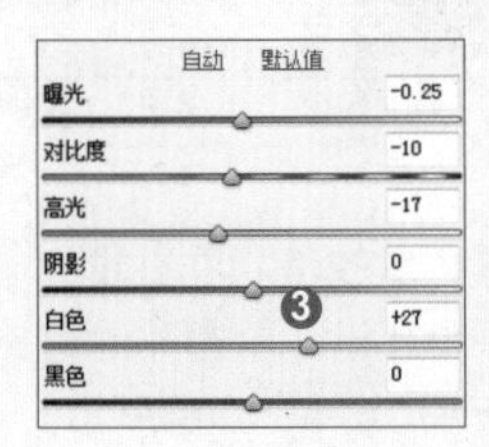

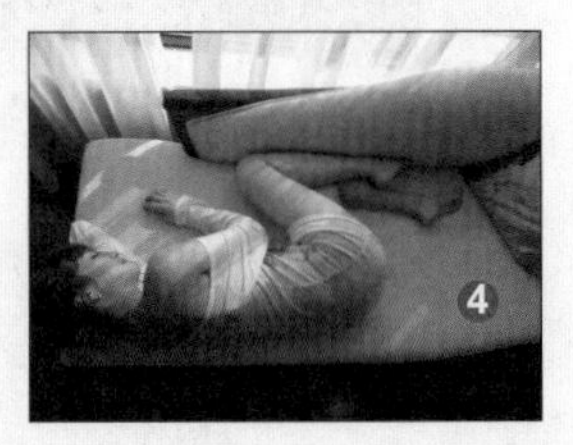

2. “色调曲线”选项卡

通过设置“色调曲线”选项卡中的各项参数，可对数码照片的色彩进行微调。色调曲线表示对图像色调范围所做的更改。水平轴（输入值）表示图像的原始色调值，左侧为黑色，并向右逐渐变亮。垂直轴（输出值）表示更改的色调值，底部为黑色，并向上逐渐变为白色。单击“色调曲线”按钮，切换至“色调曲线”选项卡，如右图一所示。单击“点”标签，切换至“点”选项卡，在其中的“曲线”下拉列表框中可选择预设的曲线选项，如右图二所示。用户还可以直接单击并拖动曲线，设置曲线外形。

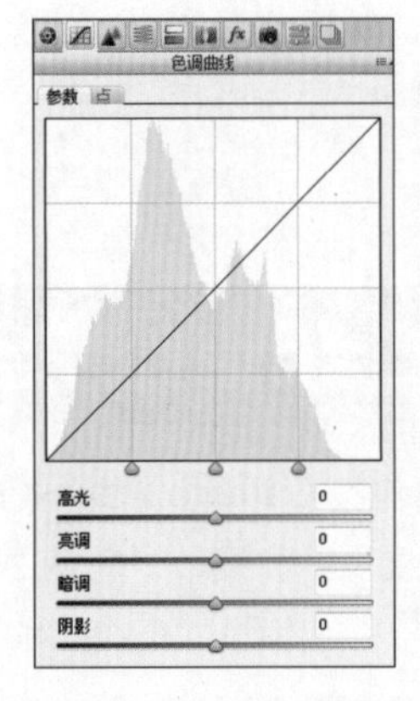

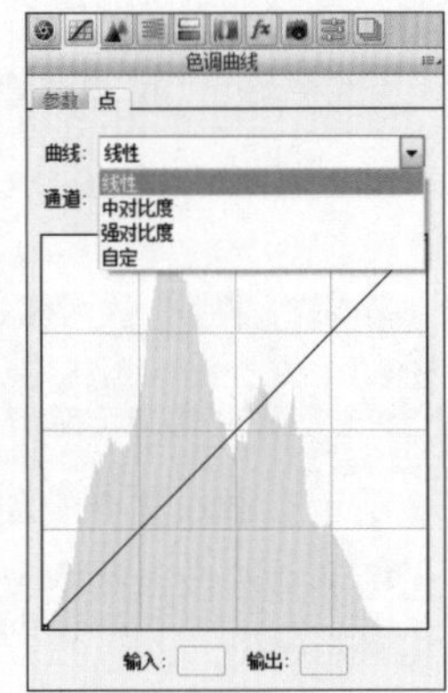

应用二 用色调曲线快速调整照片影调

用户可以使用“色调曲线”选项卡快速对照片的明暗和对比度进行调整，使画面层次更加突出。

打开“18.cr2”素材图像，如图❶所示。单击“色调曲线”按钮，展开“色调曲线”选项卡，在其“参数”选项卡下设置选项，如图❷所示。设置完成后单击“点”标签，切换至“点”选项卡，在其中运用鼠标单击曲线，添加曲线控制点，然后拖动曲线控制点，更改曲线形状，如图❸所示。设置完成后可以看到照片的亮部区域变得更亮，而暗部区域变得更暗，如图❹所示。

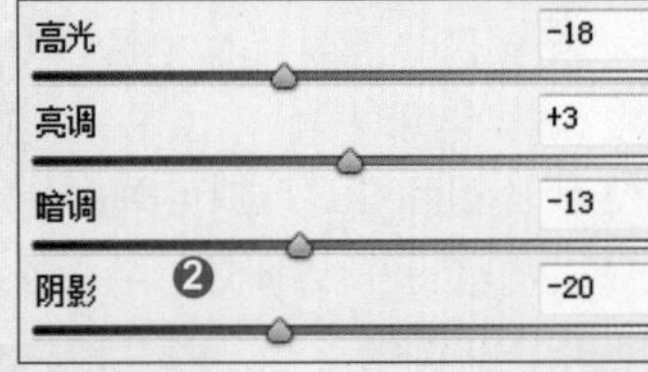

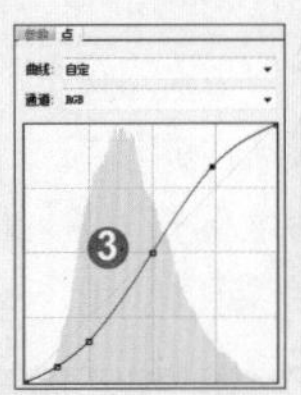

3. 在Camera Raw中修复色差和镜头晕影

晕影是数码照片中常见的镜头问题，由于镜头无法将不同频率（颜色）的光线聚焦到同一点，导致图像的边缘（尤其是角落）比图像中心暗。色差则是指当被拍摄物体明暗反差较大时，在高光与阴影部分交界处出现的色斑现象。在 Camera Raw 中可以使用“镜头校正”选项卡中的“去边”和“镜头晕影”选项来修复色差并补偿晕影。单击“镜头校正”按钮，切换至“镜头校正”选项卡，在选项卡中单击“颜色”标签，在展开的选项卡中会显示“去边”选项组，如右图一所示；若单击“手动”标签，则在展开的选项卡下方会显示“镜头晕影”选项组，如右图二所示。

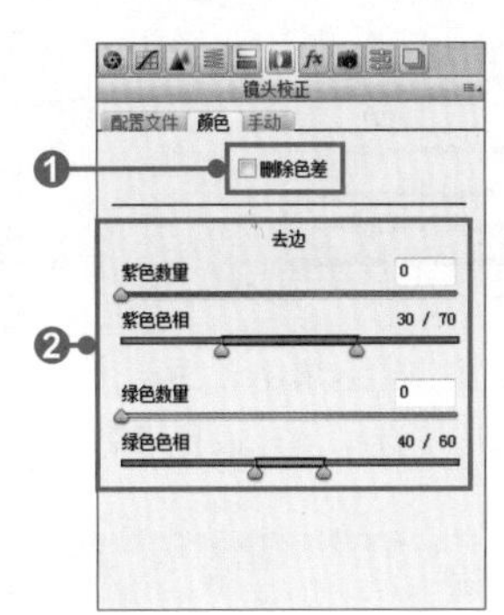

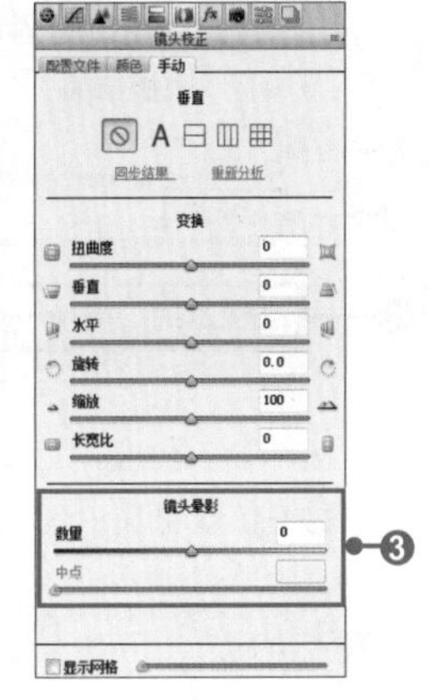

❶删除色差：勾选“删除色差”复选框，可删除红色／绿色和蓝色／黄色色差。

❷去边：用于去除彩色杂边。其中，“紫色数量”选项用于控制去除紫色的强度，设置的参数值越大，去除紫边的效果越干净；“紫色色相”选项用于调整紫边的颜色，向边缘区域补偿青色或红色；“绿色数量”选项用于控制去除绿色的强度，设置的参数值越大，去除的效果越干净；“绿色色相”选项用于调整绿边的颜色，向边缘区域补偿黄色或蓝色。

❸镜头晕影：用于调整边缘晕影。打开“19.dng”素材图像，单击并向右拖动“数量”滑块，可使图像角落变亮；单击并向左拖动“数量”滑块，可使图像角落变暗。增加“中点”数值，可将调整限制在离角落较近的区域；减少“中点”数值，可将调整应用于远离角落的较大区域。右图所示为不同设置下的图像效果。

应用三 清除照片的虚光效果

在 Camera Raw 对话框中打开“20.nef”素材图像，如图❶所示。单击对话框中的“镜头校正”按钮，切换至“镜头校正”选项卡，单击“手动”标签，切换至“手动”选项卡，在下方参照图❷设置参数。设置完成后单击“基本”按钮，切换至“基本”选项卡，在“白平衡”下拉列表框中选择“原照设置”选项，再单击“自动”按钮，如图❸所示。设置完成后，图像的影调和色调将恢复正常，如图❹所示。

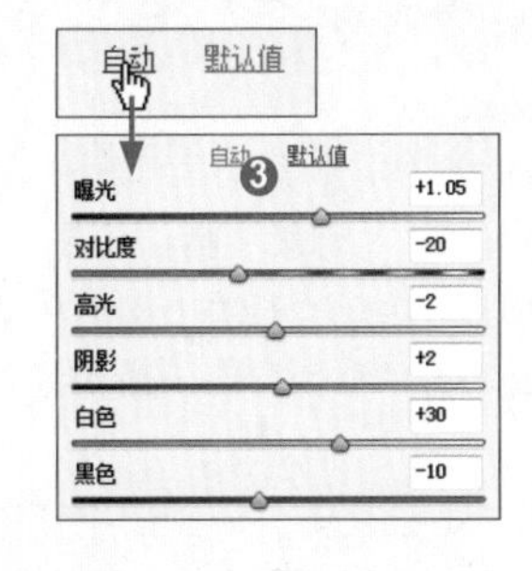

15.5 在Camera Raw中修饰、锐化和降噪

本节将介绍如何在 Camera Raw 中对数码照片进行修饰、锐化和降噪处理，内容包括“污点去除”工具的应用、锐化和减少数码照片杂色等。

扫码看视频

1. “污点去除”工具

“污点去除”工具可使用另一区域中的样本来修复图像中的选定区域。打开“21.dng”素材图像，单击“污点去除”按钮或按 B 键，在右侧的选项卡中可进一步设置工具选项，如下图所示。

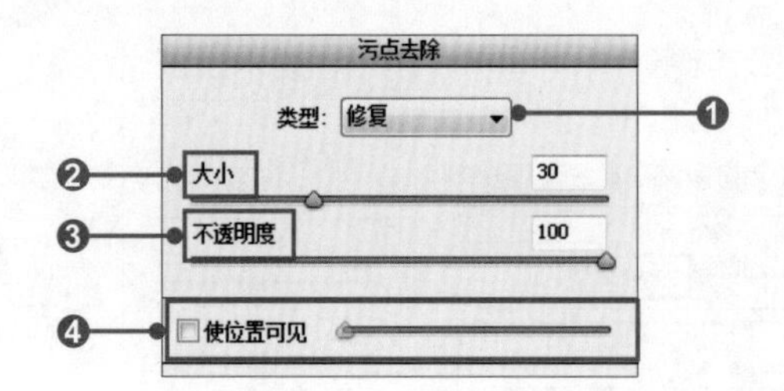

❶**类型**：提供“修复”和“仿制”两个选项，用于设置修复的类型。若选择“修复”选项，则使样本区域的纹理、光照和阴影与所选区域相匹配；若选择“仿制”选项，则将图像的样本区域应用于所选区域。

❷**大小**：单击并拖动“大小”滑块或在其后的数值框中输入数值，可设置“污点去除”工具影响的区域大小。

❸**不透明度**：单击并拖动“不透明度”滑块或在其后的数值框中输入数值，可设置应用区域的不透明度。设置的数值越大，则图像越不透明。

❹**使位置可见**：勾选该复选框，可以更清楚地查看修复后的图像效果。

技巧 “污点去除”工具的使用

要指定样本区域，则使用鼠标在图像中单击并涂抹，此时被涂抹的区域用红色虚线框选，就是需要进行仿制或修复的区域；释放鼠标后，会在其附近显示一个绿色虚线框选的区域，即使用此部分图像来修复红色虚线框以内的图像，如右图所示。用户在修复图像时，可以单击并拖动虚线框内部的红色手柄和绿色手柄，调整修复源和目标图像。

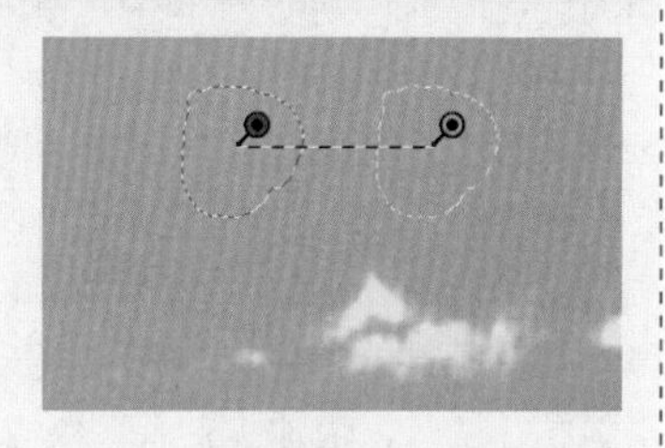

2. 锐化和减少杂色

调整完照片的色调和影调后，往往还要进行锐化和降噪。虽然许多相机内置了锐化和降噪功能，但是为了追求完美的画质，最好等到在计算机中处理文件时再进行这些调节。单击“细节”按钮，切换至“细节”选项卡，如右图所示。“细节”选项卡的“减少杂色”选项组包含一些用于减少图像杂色（图像中多余的不自然的内容，会降低图像品质）的选项，具体设置如下。

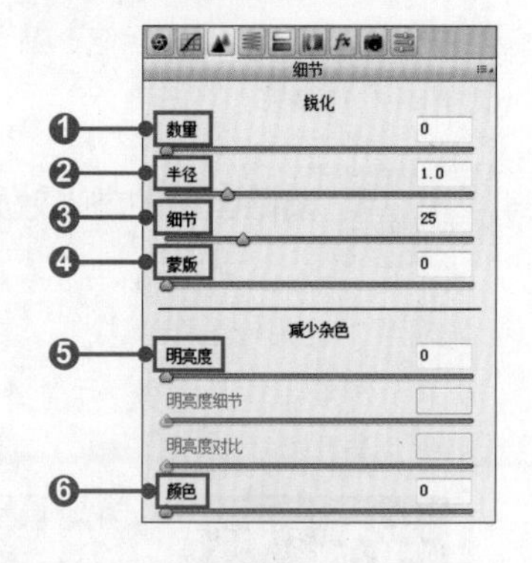

❶**数量**：用于调整图像边缘的清晰度。单击并向右拖动“数量”滑块，即可增加锐化。若设置“数量”为 0，则关闭锐化。为了使图像看起来更清晰，应将“数量”设置得较高。

❷**半径**：用于调整应用锐化的细节的大小。具有微小细节的照片可能需要较低的“半径”值，具有较粗略细节的照片可以使用较大的“半径”值。需要注意的是，若设置的“半径”值太大，则会使图像产生不自然的效果。

❸**细节**：用于调整在图像中锐化多少高频信息和锐化过程中强调边缘的程度。若设置的数值较低，则主要锐化边缘以消除模糊。若设置的数值较高，则会使图像中的纹理更显著。

❹**蒙版**：用于控制边缘蒙版。若在其后的数值框中输入 0，则图像中的所有部分均接受等量的锐化。若在其后的数值框中输入 100，则锐化主要限制在饱和度最高的边缘附近的区域。

❺**明亮度**：减少明亮度杂色。

❻**颜色**：减少彩色杂色。

应用 在“基本”选项卡中快速锐化模糊的照片

用户可以通过设置 Camera Raw 对话框中“基本”选项卡的各项参数来对数码照片进行锐化和降噪处理。打开“22.dng”素材图像，单击“自动”按钮，再在“清晰度”后的数值框中输入 +95 即可，如图❶所示。图❷和图❸所示分别为处理前与处理后的效果。

15.6 在Camera Raw中进行局部调整

若用户要对数码照片的特定区域进行颜色调整，则可以使用 Camera Raw 中的“调整画笔”“渐变滤镜”“径向滤镜”工具，如下图所示。本节将简单介绍如何使用这三个工具对图像进行局部调整。与 Camera Raw 中应用的其他调整一样，局部调整是非破坏性调整，并非永久地应用到照片中。

扫码看视频

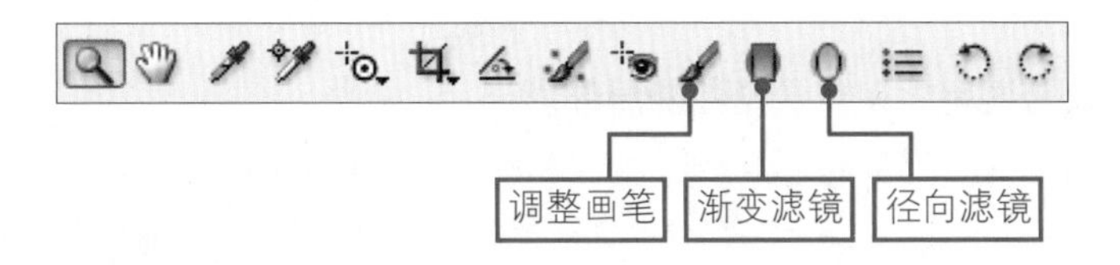

1. 调整画笔的应用

使用“调整画笔”工具可以有选择地应用曝光度、亮度、对比度和其他色调调整，并将这些调整“绘制”到照片上。单击工具栏中的“调整画笔”按钮或按 K 键，可切换到“调整画笔”选项卡，如下图所示。具体设置如下。

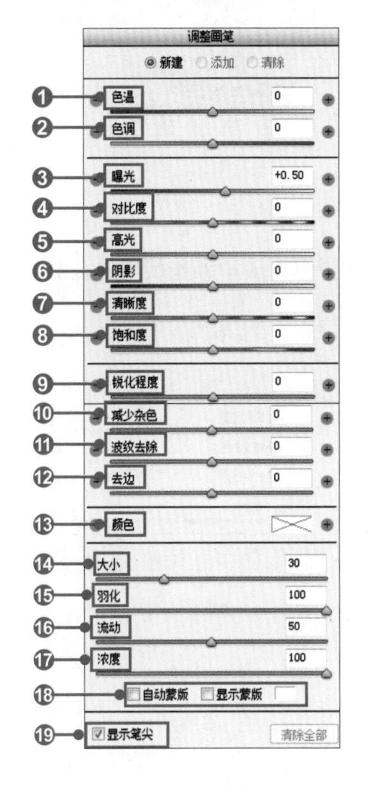

❶色温：调整图像某个区域的色温。向右拖动滑块，使图像颜色变暖；向左拖动滑块，使图像颜色变冷。

❷色调：对指定区域补偿绿色或洋红色色调。向左拖动滑块可在图像中添加绿色，向右拖动滑块可在图像中添加洋红色。

❸曝光：用于调整指定区域的亮度。向左拖动滑块降低曝光度，使图像变暗；向右拖动滑块提高曝光度，使图像变亮。

❹对比度：用于增加或减少特定区域的对比度，对图像中间调的影响较大。单击并向右拖动滑块或在其后的数值框中输入正值，可增强图像的对比度；单击并向左拖动滑块或在其后的数值框中输入负值，可减小图像对比度。

❺高光：用于调整高光区域的亮度。向左拖动滑块可使高光区域变暗，向右拖动滑块可使高光区域变亮。

❻阴影：用于调整阴影区域的亮度。向左拖动滑块可使阴影区域变暗，向右拖动滑块可使阴影区域变亮。

❼清晰度：通过增加局部对比来增加图像深度。数值越大，图像越清晰。

❽饱和度：用于更改局部颜色的鲜艳度。输入正值，提高图像饱和度；输入负值，降低图像饱和度。

❾锐化程度：增强边缘清晰度以显示照片中的细节。设置为正值时，

图像细节变得清晰；设置为负值时，图像细节变得模糊。

⑩减少杂色：减少明亮度杂色。向左拖动增加杂色，向右拖动减少杂色。

⑪波纹去除：用于去除波纹或者校正颜色失真。

⑫去边：去除图像边缘的色边。

⑬颜色：用于将色调应用到选中的区域。单击“颜色”后的颜色框，将打开“拾色器”对话框，如右图所示。在该对话框中可设置“颜色”“色相”“饱和度”，也可以运用鼠标单击以调整颜色，设置完成后单击“确定”按钮，即可将设置的颜色应用于选定区域。

⑭大小：用于指定画笔笔尖的直径，直接输入数值或用鼠标左右拖动可以调整其大小。

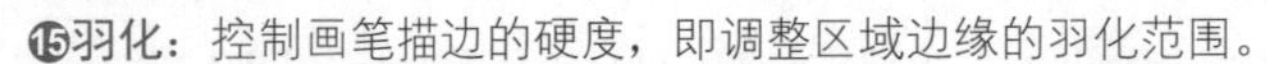

⑮羽化：控制画笔描边的硬度，即调整区域边缘的羽化范围。

⑯流动：控制应用调整的速率，即笔刷涂抹作用的强度。

⑰浓度：控制描边中的透明度程度，即笔刷涂抹所能达到的密度。

⑱自动蒙版/显示蒙版：勾选“自动蒙版”复选框，可将画笔描边限制到颜色相似的区域。勾选“显示蒙版”复选框时，当前调整区域始终显示蒙版；取消勾选时，只有鼠标悬停在笔刷标记点上时才显示蒙版。

⑲显示笔尖：勾选“显示笔尖”复选框，会显示当前图像中的所有笔刷标记点。

应用一 应用“调整画笔”工具调整图像局部影调

打开“23.nef”素材图像，单击工具栏中的“调整画笔”按钮或按K键，选择“调整画笔”工具，并展开“调整画笔”选项卡。在选项卡中蒙版模式将默认为“新建”，如图❶所示。此时，运用画笔在图像上涂抹，可以确定要应用调整的图像范围，如图❷所示。如果要添加调整范围，则需要选中选项卡中的“添加”单选按钮，然后在图像上涂抹；如果要减去调整范围，则可选中“清除”单选按钮，然后在图像上涂抹，如图❸所示。确定调整范围后，再通过拖动“调整画笔”选项卡中的选项滑块以定义图像调整效果，设置完成后选中“新建”单选按钮，以调整图像，如图❹所示。

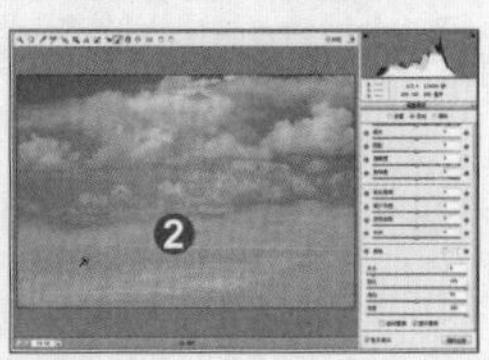

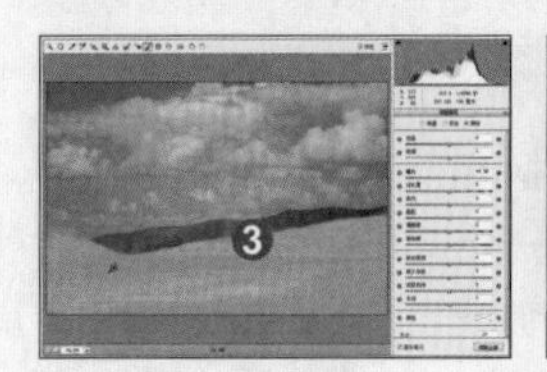

2. 渐变滤镜的应用

使用“渐变滤镜”工具可以跨照片区域渐变地应用同一类型的调整。用户可以随意调整区域的宽窄。另外，还可以将局部调整的两种类型应用到任何图片，根据用户的喜好对其进行自定义和调整。单击工具栏中的“渐变滤镜”按钮或按G键，在直方图下会出现“渐变滤镜”选项卡，如右图所示，可以看到“渐变滤镜”选项卡中的选项与“调整画笔”选项卡中的选项相同，这里就不再一一介绍。

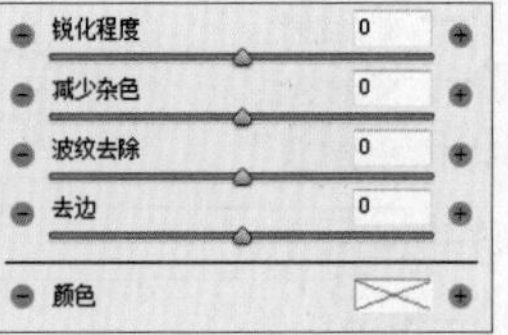

应用二 使用“渐变滤镜”工具调整图像局部

打开“24.dng”素材图像，如图❶所示。单击工具栏中的“渐变滤镜”按钮，然后在图像上需要调整的位置单击并拖动鼠标，再在右侧的选项卡中设置参数，如图❷所示。

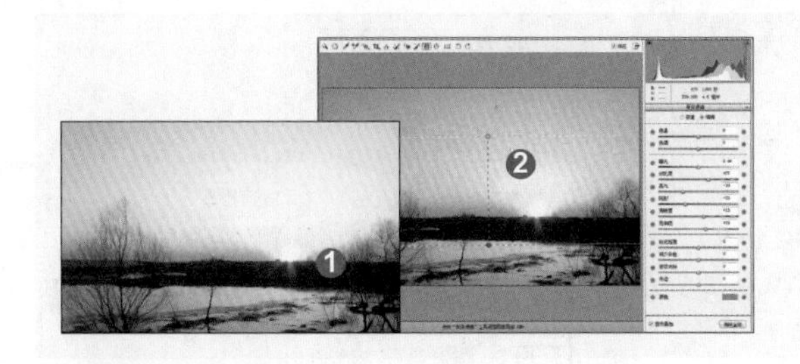

绿点表示滤镜开头边缘的起点，红点表示滤镜结尾边缘的终点，连接这些点的黑白相间的虚线表示中线。绿白相间的虚线和红白相间的虚线分别表示效果范围的开头和结尾。

3. 径向滤镜的应用

应用“径向滤镜”工具可以为主体位于画面中心的图像创建特殊的渐晕效果。选择“径向滤镜”工具，在 Camera Raw 预览区域单击并拖动鼠标，能够在主体对象周围绘制出椭圆形状，然后通过增强该椭圆区域的曝光度和清晰度等选项，凸显画面中的主体。单击工具栏中的“径向滤镜”按钮或按 J 键，可以选择“径向滤镜”工具，并显示如右图所示的“径向滤镜”选项卡，其中大部分选项的作用与“调整画笔”“渐变滤镜”选项卡中的相同。

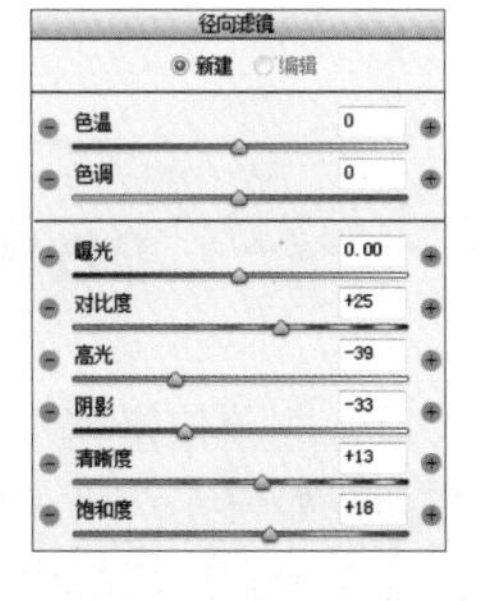

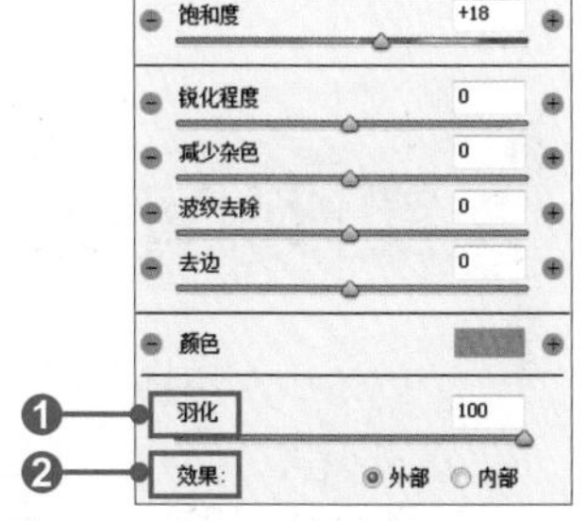

❶羽化：用于设置修复区域的边缘硬度，即调整区域边缘的羽化范围。

❷效果：用于确定图像中哪些区域被修改。选中“外部”单选按钮，将所有修改应用于选定区域的外部；选中“内部”单选按钮，则将所有修改应用于选定区域。

15.7 使用其他格式存储图像

输出文件是照片处理的最后一步，用户可以在 Camera Raw 中设置输出文件的类型。Camera Raw 主预览区域下方包含输出选项设置。用户可以在 Camera Raw 对话框中以 PSD、TIFF、JPEG 或 DNG 格式来存储 RAW 格式文件。下面将简单介绍如何使用其他格式存储 RAW 格式图像。

扫码看视频

单击 Camera Raw 对话框左下角的“存储图像”按钮，打开“存储选项”对话框，如下图所示。在该对话框中可对存储的各项参数进行设置，具体设置如下。

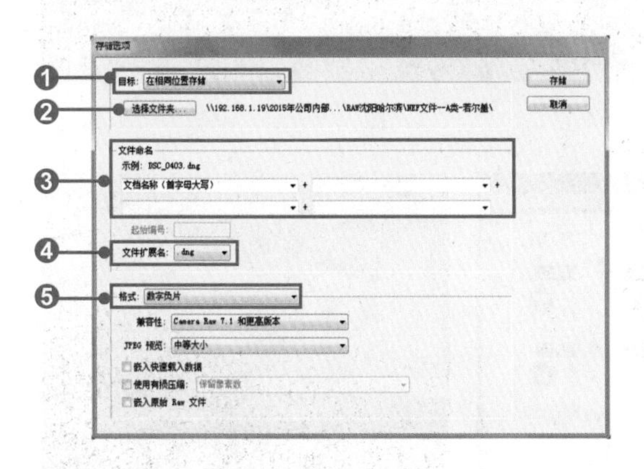

❶目标：设置文件的存储位置。单击该下三角按钮，在弹出的下拉列表中有“在相同位置存储”和“在新位置存储”两个选项，如下图所示。

❷选择文件夹：单击该按钮，将打开“选择目标文件夹”对话框，在该对话框中可设置存储的位置。

❸文件命名：在该选项组中可设置文件的名称。可使用包含日期和序列号等元素的命名约定设置文件名，或使用基于命名约定且包含很多信息的文件名。

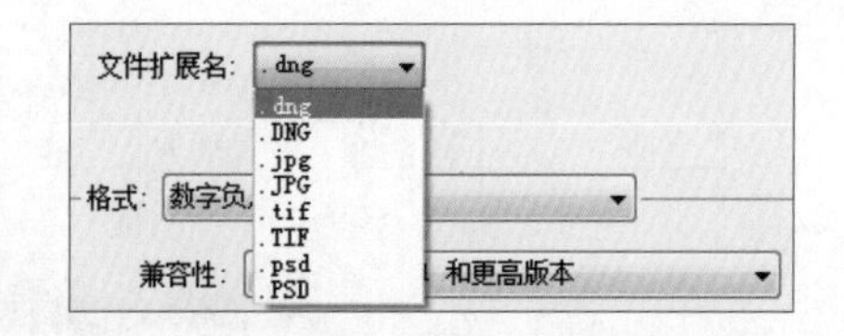

❹**文件扩展名**：单击该下三角按钮，在弹出的下拉列表中可选择需要的扩展名，如右图一所示。

❺**格式**：在该下拉列表框中可设置存储图像的格式，如右图二所示。若选择“数字负片”选项，则以 DNG 格式存储 RAW 格式文件的副本；若选择 JPEG 选项，则以 JPEG 格式存储 RAW 格式文件的副本；若选择 TIFF 选项，则将 RAW 格式文件的副本存储为 TIFF 文件；若选择 Photoshop 选项，则以 PSD 格式存储 RAW 格式文件的副本。

技巧 RAW格式照片的保存技巧

按住 Alt 键单击“存储图像”按钮，可以跳过“存储选项”对话框，直接保存文件。保存的文件将应用 RAW 格式处理设置。

实例演练——在Camera Raw中校正照片

解析：在拍摄数码照片时，由于拍摄水平和拍摄环境的限制，可能会拍摄出倾斜的照片。下面将介绍如何在 Camera Raw 中校正极度倾斜的照片。下图所示为制作前后的效果对比图，具体操作步骤如下。

扫码看视频

第15章

◎ **原始文件**：随书资源\15\素材\25.dng

◎ **最终文件**：随书资源\15\源文件\在Camera Raw中校正照片.dng

01 按快捷键Ctrl+O，在“打开”对话框中选择“25.dng”文件，单击“打开”按钮，如右图一所示。随后，将在Camera Raw对话框中打开选中的素材图像，单击对话框中的“拉直工具”按钮或按A键，如右图二所示。

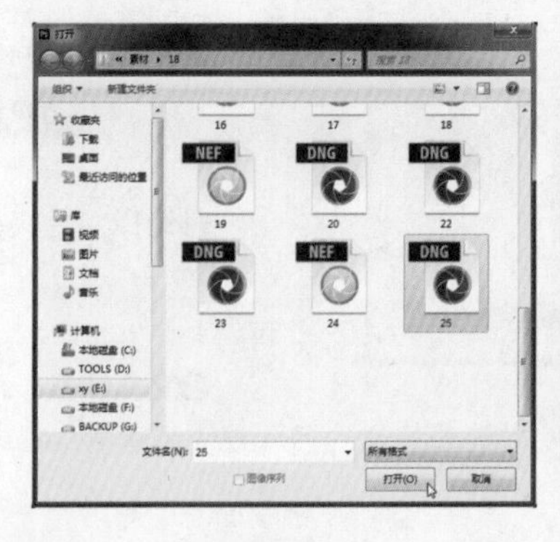

02 在照片的左下角沿着水平线方向单击并拖动鼠标，创建拉直参考线，如下左图所示。设置好拉直参考线后释放鼠标，可在预览区域显示系统自动旋转的效果，如下右图所示。

03 单击并拖动裁剪框，调整裁剪的范围，如下左图所示。确定裁剪的范围和大小后按Enter键，应用裁剪，得到如下右图所示的图像效果，修正偏移的照片。

04 单击“色调曲线”按钮，切换至“色调曲线”选项卡，单击“点”标签，在展开选项卡中的曲线上单击，添加曲线控制点，拖动调整其位置，如右图一所示，效果如右图二所示。

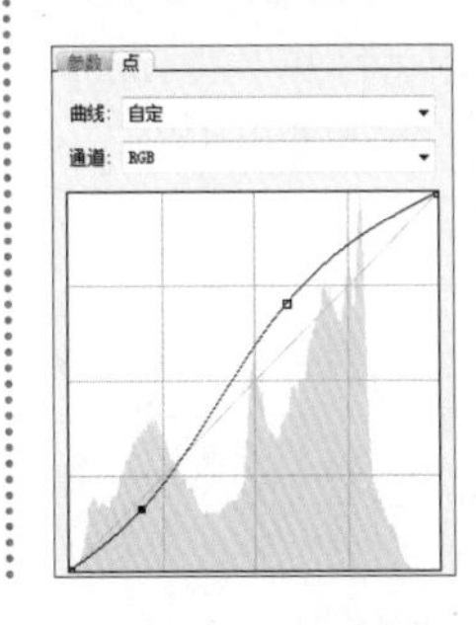

实例演练——裁剪照片至特定比例并调整色调

解析：使用 Camera Raw 对话框中的“裁剪工具”可对数码照片进行再次构图，并可应用“裁剪工具”的“自定”选项设计裁剪，以满足特殊的输出要求。本实例将详细介绍如何将照片裁剪至特定比例并调整其色调。具体操作步骤参照“裁剪照片至特定比例并调整色调”视频文件。

扫码看视频

◎ **原始文件**：随书资源\15\素材\26.dng

◎ **最终文件**：随书资源\15\源文件\裁剪照片至特定比例并调整色调.dng

实例演练——校正偏色的照片

解析：不正确的白平衡设置会造成照片的偏色，所以在拍摄时应选择正确的白平衡模式。如果选择的白平衡模式不正确，也不用担心，可利用 Photoshop 进行后期校正。本实例将详细介绍如何通过 Camera Raw 校正偏色的数码照片。下图所示为制作前后的效果对比图，具体操作步骤如下。

扫码看视频

◎ **原始文件**：随书资源\15\素材\27.nef

◎ **最终文件**：随书资源\15\源文件\校正偏色的照片.dng

01 在Camera Raw对话框中打开“27.nef”文件，将“色温”滑块拖动至4800、“色调”滑块拖动至+20，如下图所示。

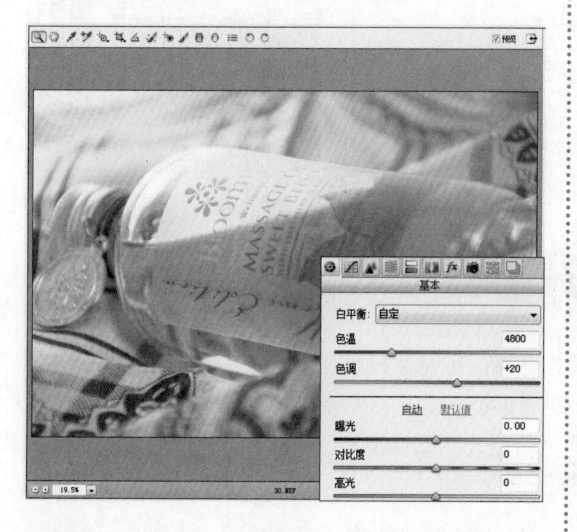

02 经过上一步的操作，得到如下图所示的图像效果，快速校正照片的整体色调。

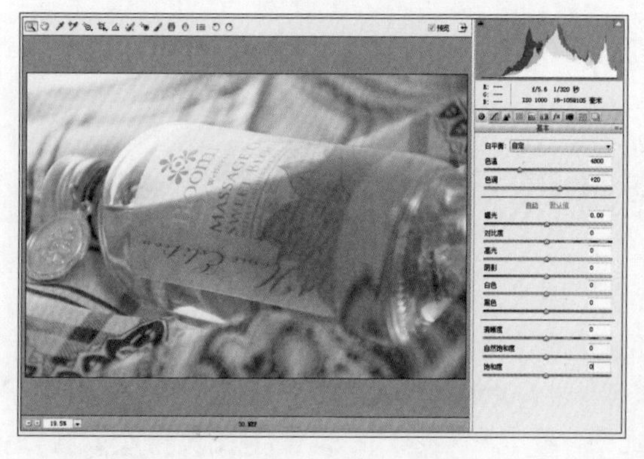

03 单击“HSL/灰度”按钮，切换至“HSL/灰度”选项卡，在选项卡中单击“色相”标签，设置“色相”选项卡中的各项参数，快速校正照片的整体色调，得到如下图所示的图像效果。

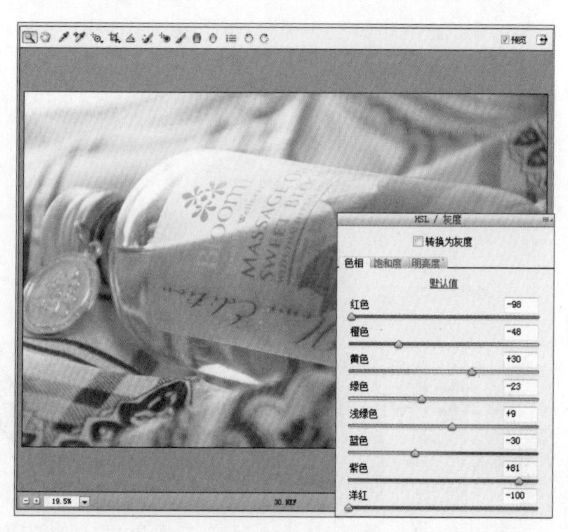

04 单击“HSL/灰度”选项卡中的“饱和度”标签，切换至“饱和度”选项卡，设置选项卡中的各项参数，进一步校正照片的色调，得到如下图所示的图像效果。

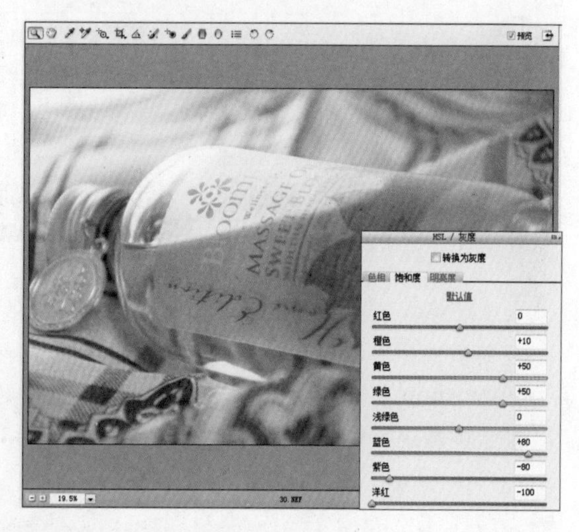

05 单击“明亮度”标签，切换至“明亮度”选项卡，设置选项卡中的各项参数，如下左图所示。图像效果如下右图所示。

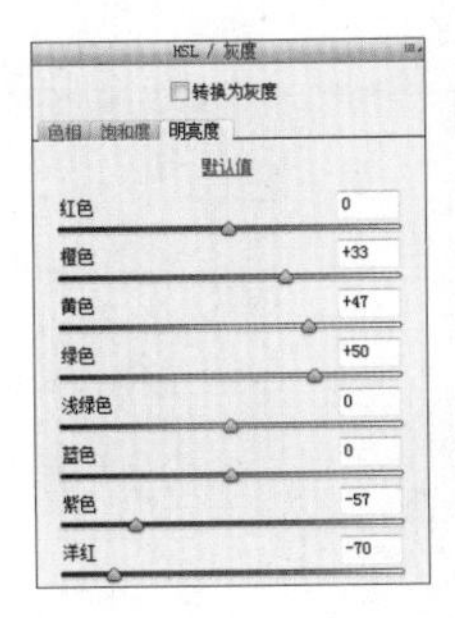

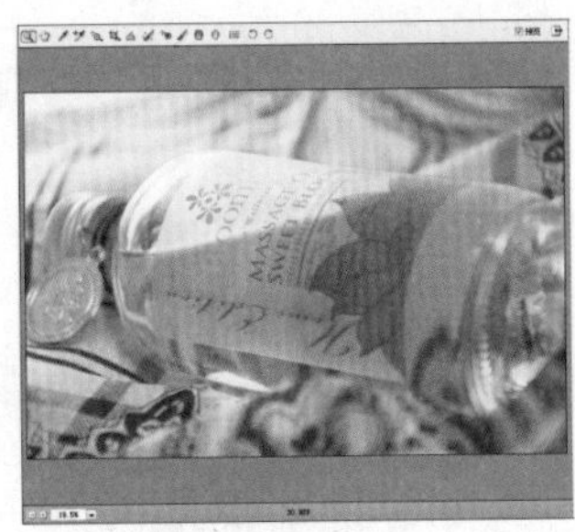

06 单击“镜头校正”按钮，切换至“镜头校正”选项卡，勾选“删除色差”复选框，消除边缘色差，如下图所示。

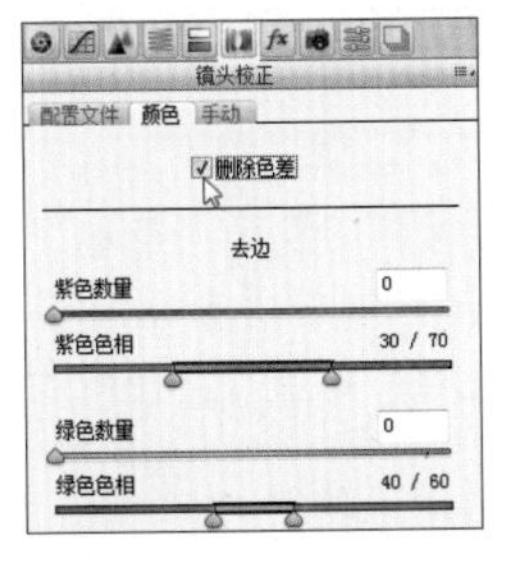

07 单击“基本”按钮，切换至“基本”选项卡，设置“白色”“自然饱和度”“饱和度”等参数，调整照片颜色，效果如下图所示。至此，已完成本实例的制作。

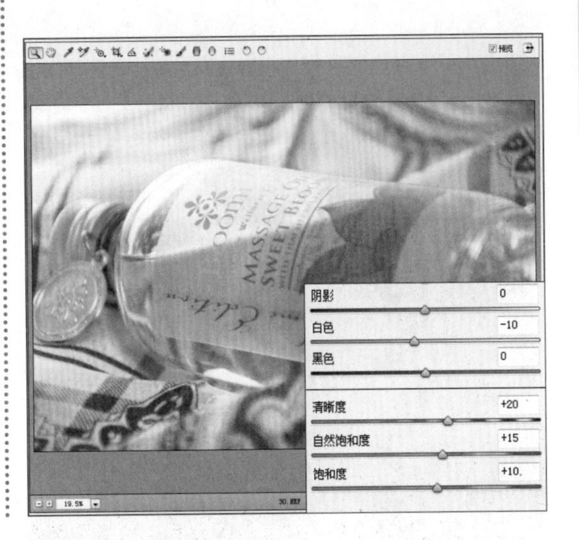

实例演练——模拟背景虚化效果

解析：摄影师在拍摄过程中，常常通过虚化背景来突出主体对象。本实例将介绍如何使用 Camera Raw 中的“调整画笔”工具对照片背景进行模糊处理，模拟背景虚化效果。具体操作步骤参照“模拟背景虚化效果”视频文件。

扫码看视频

◎ **原始文件**：随书资源\15\素材\28.dng

◎ **最终文件**：随书资源\15\源文件\模拟背景虚化效果.dng

实例演练——去除照片四周的暗角

解析：当对着亮度均匀的景物进行拍摄时，拍出的照片中有四角变暗的现象，称为暗角。本实例将介绍如何在 Camera Raw 中快速去除照片四周的暗角。下图所示为制作前后的效果对比图，具体操作步骤如下。

扫码看视频

◎ **原始文件**：随书资源\15\素材\29.dng

◎ **最终文件**：随书资源\15\源文件\去除照片四周的暗角.dng

01 在Camera Raw对话框中打开“29.dng”文件，单击“镜头校正”按钮，切换至“镜头校正”选项卡，在选项卡中单击“手动”标签，然后在“变换”选项组中设置参数，如下左图所示，得到如下右图所示的效果。

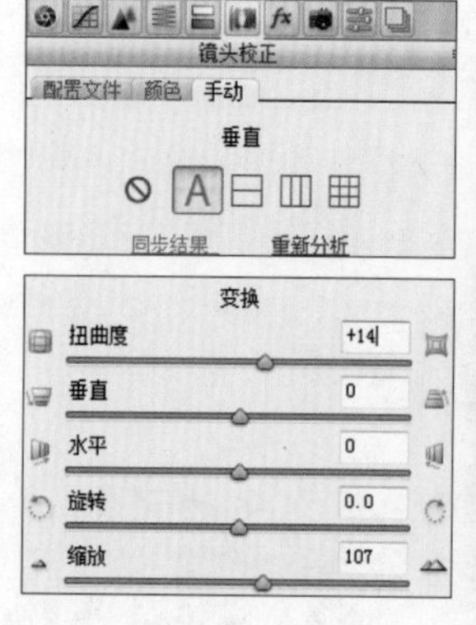

02 继续在“镜头校正”选项卡中设置参数，单击并向右拖动“数量”滑块，向左拖动“中点”滑块，得到如下图所示的图像效果，图像四周的暗角变亮。

03 单击“基本”按钮，切换至“基本”选项卡，在选项卡中单击“自动”按钮，自动调整“曝光”“对比度”等选项，使图像变得更加明亮，如下图所示。

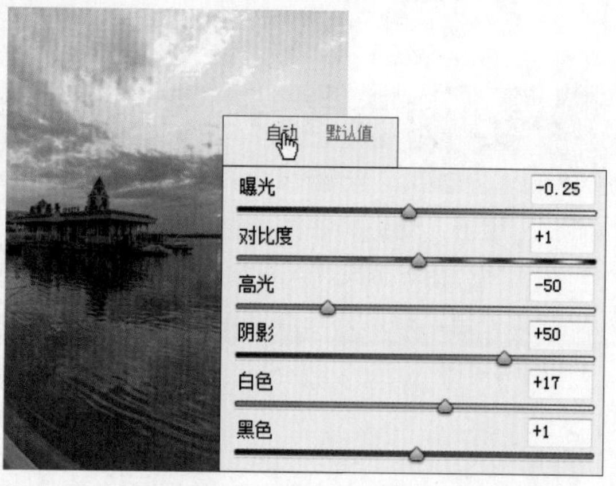

04 在“基本”选项卡中设置“清晰度”为+34、“自然饱和度”为+50，调整图像清晰度和颜色饱和度，效果如下图所示。至此，已完成本实例的制作。

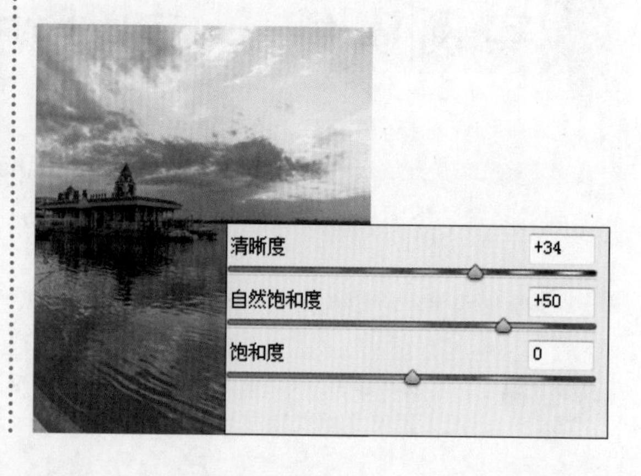

实例演练——同时调整多张RAW格式照片

解析：在 Camera Raw 对话框中可实现多张图像的同步编辑，该操作可节省大量的时间，且随时可以查看数码照片的效果，非常方便。本实例将详细介绍如何同时调整多张 RAW 格式照片的色调和影调。下图所示为制作前后的效果对比图，具体操作步骤如下。

◎ **原始文件**：随书资源\15\素材\30.nef～33.nef

◎ **最终文件**：随书资源\15\源文件\同时调整多张RAW格式照片（文件夹）

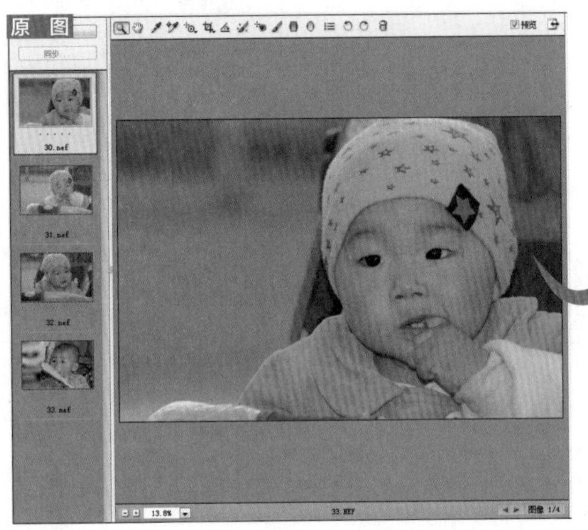

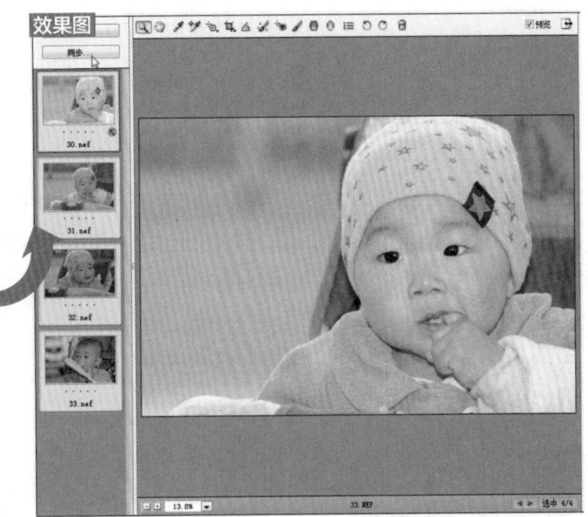

01 按快捷键Ctrl+O，在“打开”对话框中选择“30.nef～33.nef”文件，单击“打开”按钮，将在Camera Raw对话框中打开选中的RAW格式图像，如下图所示。

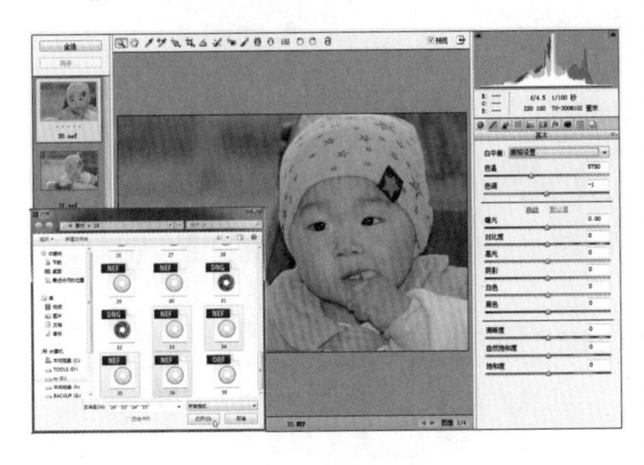

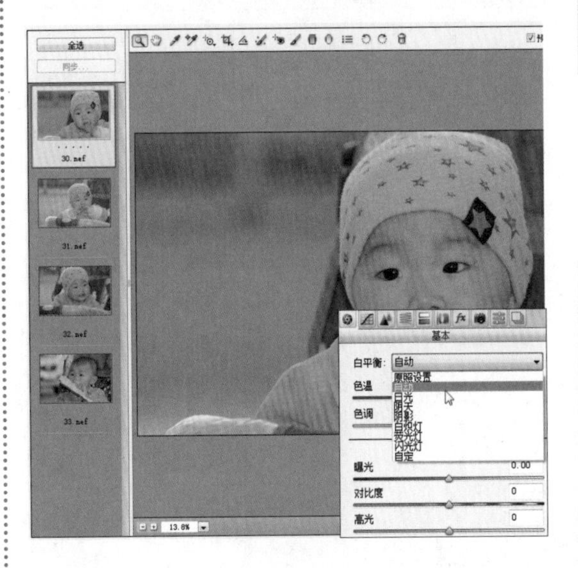

02 单击文件列表中的“30.nef”素材图像，确定此图像为基本图像，在“基本”选项卡中单击“白平衡”下三角按钮，在展开的下拉列表中选择“自动”选项，如下图所示。

03 在“基本”选项卡下方设置“曝光”“对比度”“白色”“黑色”等选项，调整图像明暗，得到如下图所示的效果。

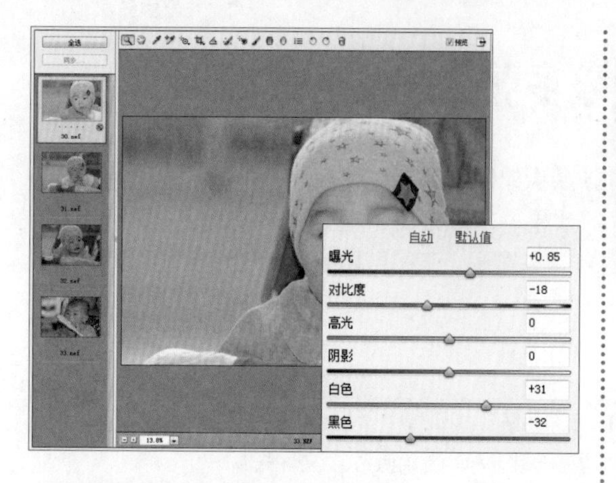

04 单击“色调曲线”按钮，切换至“色调曲线”选项卡，在选项卡中单击“点”标签，在展开的选项卡中单击并向上拖动曲线，提高图像的亮度，如下图所示。

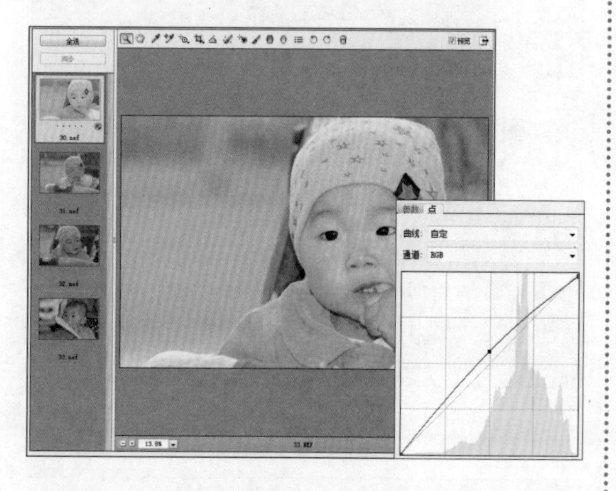

05 单击“通道”下三角按钮，在展开的下拉列表中选择“蓝色”选项，单击并向上拖动曲线，调整图像颜色，如下图所示。

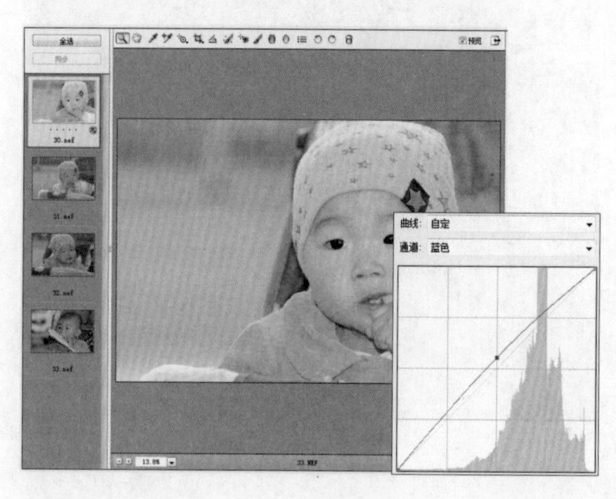

06 单击对话框左上角的“全选”按钮，如下左图所示，选中所有的数码照片，如下右图所示。

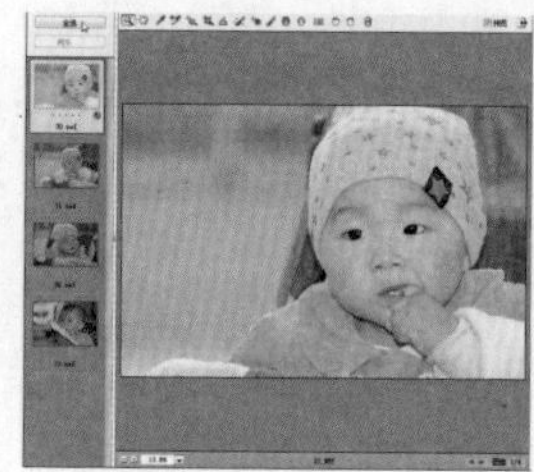
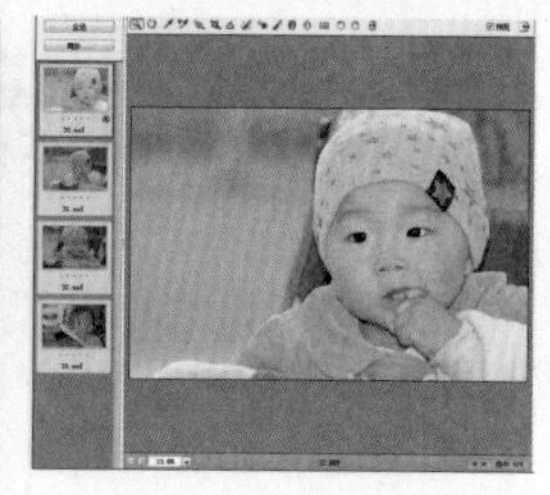

07 为了同步调整打开的多张数码照片，单击对话框左上角的“同步”按钮，打开“同步”对话框，在该对话框中设置同步的各项参数，如下图所示。

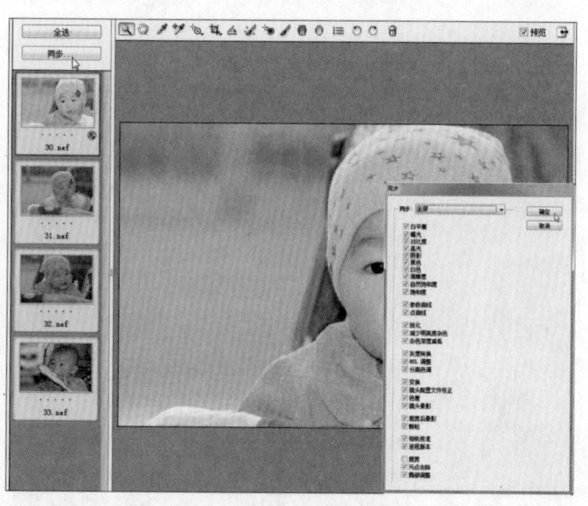

08 完成后单击“确定”按钮，同步处理图像。处理完成后单击文件列表中的图像缩览图，可查看处理后的图像效果，如下图所示。

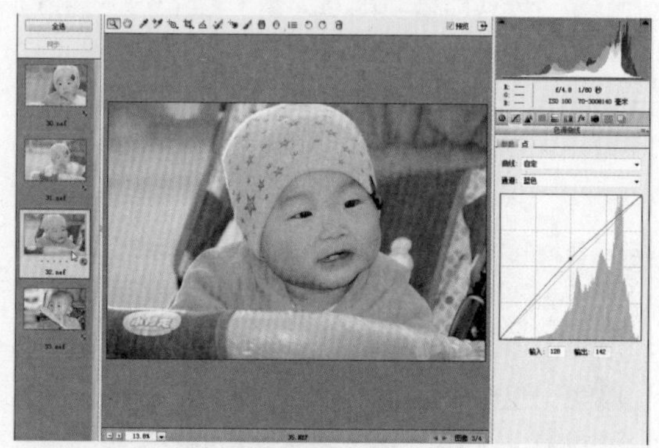

技巧 什么是RAW格式工作流程

良好的工作流程是为获得尽可能高的工作质量而遵循的一整套固定且高效的工作步骤。RAW 格式工作流程包括 RAW 格式文件的拍摄、转换、处理、输出和存档等。DNG 文件转换、色彩管理、打印和存档是 RAW 格式工作流程中的 4 项基本工作。

实例演练——将模糊暗淡的照片清晰化

解析：拍摄现场的光线不足或相机 ISO 感光值设置过高等因素会使拍出的照片模糊且色彩暗淡。本实例将介绍如何在 Camera Raw 中将模糊暗淡的照片清晰化。下图所示为制作前后的效果对比图，具体操作步骤如下。

扫码看视频

◎ **原始文件**：随书资源\15\素材\34.dng

◎ **最终文件**：随书资源\15\源文件\将模糊暗淡的照片清晰化.dng

01 在Camera Raw对话框中打开“34.dng”文件，设置“清晰度”“自然饱和度”“饱和度”，增强照片的色彩饱和度，并对照片进行初步锐化，得到如下图所示的图像效果。

02 单击“细节”按钮，如下左图所示，切换至“细节”选项卡。在“细节”选项卡中设置“锐化”和“减少杂色”选项组中的各项参数，如下右图所示。

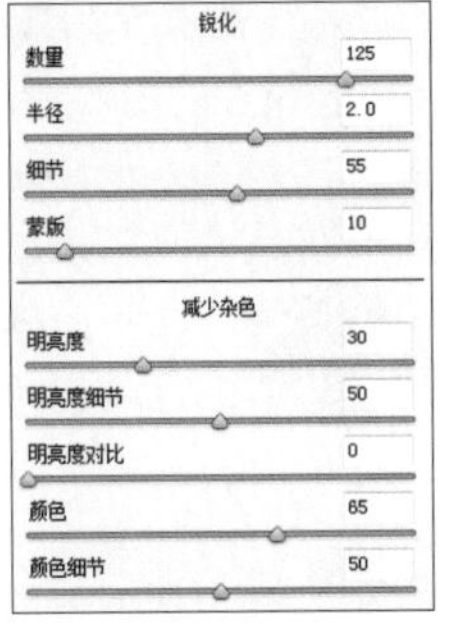

03 经过上一步的操作，得到如下左图所示的图像效果。单击“色调曲线”按钮，切换至“色调曲线”选项卡，单击“点”标签，在展开的“点”选项卡的“曲线”下拉列表框中选择“中对比度”选项，如下右图所示。

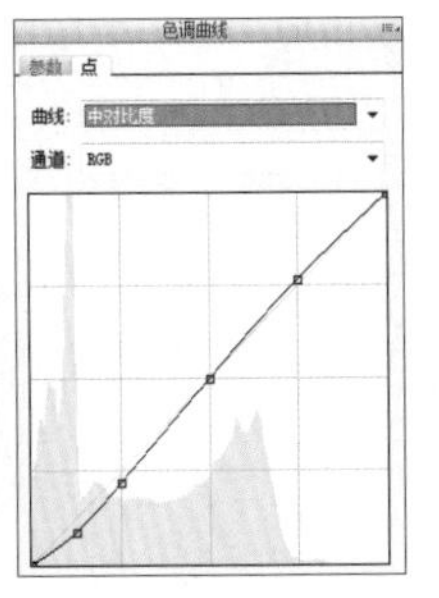

04 单击“参数”标签，在展开的“参数”选项卡中设置各项参数，调整图像的亮度，如下图所示。至此，已完成本实例的制作。

技巧 在Camera Raw中预览高光与阴影修剪

若像素的颜色值高于图像中的最高值或低于图像中的最低值，将发生修剪，会使图像细节丢失。要查看被修剪的像素及预览图像的其他部分，单击直方图最上方的“阴影修剪警告”按钮或“高光修剪警告”按钮。如图❶所示，单击“阴影修剪警告”按钮，可看到图像左下角严重曝光不足的区域显示为蓝色。如图❷所示，单击“高光修剪警告”按钮，可看到曝光过度的区域以红色显示。还可直接按U键来查看阴影修剪，按O键来查看高光修剪。

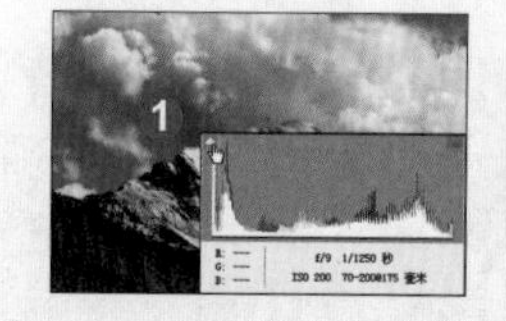

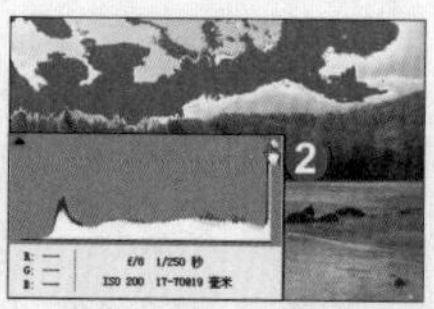

实例演练——校正照片的白平衡

解析：拍摄时白平衡设置不正确怎么办？不用担心，在后期处理时可以通过重设白平衡来修正色偏，使图像的色彩恢复到平衡状态。Camera Raw对话框右侧的图像调整区提供了相当精确而完整的图像调整功能，本实例就来介绍如何利用它快速校正照片的白平衡。具体操作步骤参照“校正照片的白平衡”视频文件。

扫码看视频

◎ **原始文件：** 随书资源\15\素材\36.cr2
◎ **最终文件：** 随书资源\15\源文件\校正照片的白平衡.dng

技巧 快速去除图像中的过渡红边或青边

数码相机的镜头若没有准确地将不同波长（颜色）的光线对焦到同一点上，很可能会导致拍摄的图像出现色差。有一种色差会在物体的两边出现互补色的边缘，若一边出现红色边缘，则另一边会出现青色边缘。可拖动“镜头校正”选项卡中的“修复红/青边”和“修复蓝/黄边”滑块做修正。

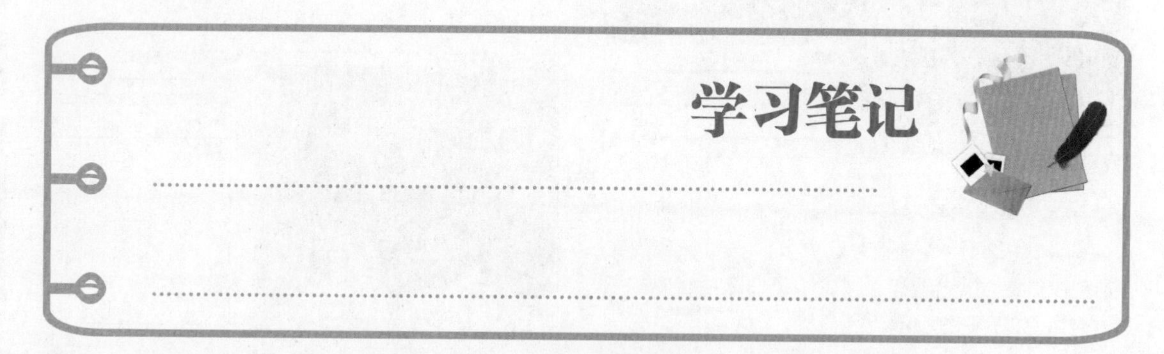